Mathématiques de l'informatique

Cours et exercices corrigés

Patrick Dehornoy
Professeur à l'université de Caen

DUNOD

Conseiller scientifique : Sinnou David

Illustration de couverture : *Lionel Auvergne*

ISBN 2 10 004446 X

Table des matières

Avant-propos

Chacun sent qu'il existe plusieurs notions d'existence en mathématiques : affirmer que tout entier est somme de quatre carrés n'est pas de même nature qu'affirmer que tout espace vectoriel admet une base. Dans un cas, le résultat d'existence est *effectif*, en ce sens que, quel que soit le nombre n proposé, on peut trouver, explicitement et en un temps fini, quatre entiers $n_1, ..., n_4$ vérifiant $n = n_1^2+n_2^2+n_3^2+n_4^2$. Dans l'autre cas, le résultat d'existence est au mieux un résultat de non-contradiction, l'affirmation qu'il n'y a aucun danger à considérer une telle base ; pour autant, il est dans le cas général sans espoir d'en expliciter une (songer au cas du $\mathbb{Q}$-espace vectoriel $\mathbb{R}$), et on a un exemple typique d'un résultat non effectif — ce dernier point pouvant être traduit en un énoncé mathématique précis[1].

Le but de ce livre est de présenter des concepts et des outils adaptés à l'étude de l'effectivité en mathématiques : formalisation de la notion, élaboration d'une théorie, mise en évidence des structures sous-jacentes.

Une telle démarche, entreprise dès la première moitié du XXe siècle par des logiciens comme K. Gödel, A. Church ou A. Turing, trouve aujourd'hui une justification supplémentaire dans le développement de l'informatique. Résultats effectifs et algorithmes sont aussi anciens que les mathématiques : il est même probable que celles-ci ont débuté par des résultats exclusivement effectifs, l'abstraction ne venant qu'ensuite. Point n'est donc besoin d'alléguer l'informatique pour parler d'effectivité. Cependant, en modifiant radicalement le champ des phénomènes accessibles

1. Il est probable que la plupart des mathématiciens considèrent comme plus satisfaisants, plus complets, les résultats effectifs. Ce serait néanmoins une courte vue que d'opposer radicalement mathématiques effectives et mathématiques non effectives, voire de rejeter les unes au profit exclusif des autres : dans bien des cas, il s'agit seulement de moments successifs, un premier résultat non effectif obtenu en utilisant le théorème de Hahn–Banach ou l'axiome du choix apparaissant comme une tête de pont, suivi ensuite de versions effectives, souvent plus compliquées et qui n'auraient pas vu le jour sans l'approche initiale.

à une approche expérimentale, cette dernière contribue à (re)mettre l'accent sur les résultats mathématiques de nature effective.

Par essence, l'informatique est effective, puisqu'un ordinateur ne peut manipuler que des objets complètement explicites. Les liens entre effectivité et informatique sont si essentiels qu'il est aujourd'hui commode de partir de l'intuition informatique pour *définir* comme effectif tout résultat ou méthode qui puisse se transcrire en un programme informatique. Une telle définition nécessite une élaboration qui la libère des contingences et la pérennise, mais, d'ores et déjà, elle permet de proposer comme réponse à la question « quelles sont les structures mathématiques de l'informatique ? » le principe que les mathématiques de l'informatique sont la ou les théories de l'effectivité et du calcul.

Il existe deux façons d'aborder l'effectivité en mathématiques : l'une, qu'on pourrait dire pratique, consiste à faire des mathématiques en privilégiant les résultats de nature effective ; l'autre, qu'on pourrait appeler théorique, consiste à réfléchir à ce qu'est l'effectivité elle-même et à en faire la théorie. Ces deux approches sont complémentaires, et de saveurs distinctes. Dans un cas, il s'agit de faire de l'algèbre, de la théorie des nombres, de l'analyse ou de la géométrie en accordant une attention spéciale aux calculs et, d'une façon générale, à ce qu'on peut appeler les aspects algorithmiques. Dans l'autre cas, il s'agit de développer des outils spécifiques pour étudier, d'un point de vue théorique, ce que sont l'effectivité en mathématiques, ses propriétés générales, ses limitations.

Dans ce livre, nous laissons de côté le premier aspect, c'est-à-dire l'étude de ce qu'on peut appeler les méthodes algorithmiques en mathématiques — les mathématiques *pour* l'informatique — pour nous concentrer sur le second, c'est-à-dire la théorie de l'effectivité elle-même — les mathématiques *de* l'informatique, ou, encore, les structures mathématiques de l'informatique, voire, tout simplement, la théorie de l'informatique.

Un objet mathématique peut être spécifié de façon effective soit en le calculant, soit en le définissant. La formalisation de la première notion mène à la « notion » de *modèle de calcul* : nous en présentons trois ici, à savoir les automates, les automates à pile et les machines de Turing — qu'on peut considérer respectivement comme des abstractions pour le calcul mental, le calcul mental en comptant sur ses doigts et le calcul avec une feuille de papier. La formalisation de la seconde notion mène à la « notion » de *logique* : nous en présentons deux ici, à savoir la logique booléenne et la logique du premier ordre.

Le but de ce cours est d'établir les résultats de base classiques pour chacune des notions mathématiques précédentes. Nous restons à un niveau élémentaire, ne supposant en particulier que très peu de connaissances antérieures, et introduisant tous les outils spécifiques requis : mots, langages, arbres, calculs, formules... Ces objets ne sont pas d'un usage particulièrement difficile, car ils sont par nature concrets et finitistes. La contrepartie de cette simplicité est qu'on ne peut appliquer ici les outils sophistiqués du reste des mathématiques, structures algébriques complexes, raisonnements d'analyse subtils, et qu'il est nécessaire de développer des habitudes et des méthodes nouvelles. À défaut d'aller très loin en direction des résultats les plus profonds, nous cherchons ici à donner au lecteur une familiarité avec des objets et des raisonnements souvent intuitifs, mais dont la formalisation requiert un point de vue syntaxique un peu éloigné des habitudes des mathématiciens. Quelques exercices montrent que, malgré le caractère très élémentaire des notions, on peut arriver rapidement à des problèmes difficiles. On espère que les quelques résultats importants qui sont démontrés, et les quelques autres qui sont simplement énoncés, donneront une idée des méthodes et de la saveur de ces mathématiques de l'effectivité.

Des notions comme l'automaticité et la décidabilité sont fondamentales, tant du point de vue des mathématiques que de celui de l'informatique, et il semble important que tout étudiant de mathématiques, et en particulier ceux qui se destinent à l'enseignement, les ait rencontrées dans ses études. Les ordinateurs changeront, la programmation également, mais, sous une forme ou une autre, les concepts de calcul et de définition resteront probablement centraux, et une reflexion théorique globale, même aussi modeste que celle présentée ici, devrait rester le meilleur bagage pour aborder les mutations du futur.

C'est un plaisir pour moi d'exprimer ici ma gratitude envers mon collègue et ami Philippe Toffin, avec qui j'ai collaboré pendant des années et à qui je dois de nombreux commentaires et suggestions. Je remercie également les étudiants de la maîtrise de mathématiques de l'université de Caen qui ont suivi mes cours et y ont apporté remarques et corrections.

À Caen, le 1er septembre 1999,
Patrick Dehornoy

Chapitre 1

Mots, langages et arbres

Les mathématiques étudient divers *types* d'objets : entiers, réels, points et droites, fonctions, ensembles, etc. Dans chaque cas, il s'agit d'objets formels apparus pertinents pour modéliser notre perception et notre interaction avec le monde extérieur : comptage, arpentage, découpage... Partant d'une idée intuitive d'un type d'objet, on en abstrait les propriétés de base (on axiomatise), pour étudier ensuite les conséquences de ces axiomes, approfondissant ainsi notre compréhension du type d'objet considéré tout en déduisant des applications pratiques.

La théorie des nombres étudie le type *entier*, l'analyse les types *réel* et *fonction de réel*, la géométrie les types tels que *point*, *droite*. De la même façon, la théorie des langages étudie les structures mathématiques sous-jacentes aux types *mot* et *langages*. Ces objets interviennent de façon récurrente dans les mathématiques effectives, car il est nécessaire d'y prendre en compte la représentation des objets, généralement par des mots, autrement dit les aspects syntaxiques. Il en est de même du type *arbre*, qui est sous-jacent dans de nombreuses représentations. Le but de ce chapitre préparatoire est de mettre en place des définitions précises et d'en tirer quelques conséquences.

1.1 LE TYPE MOT

Le type mot n'apparaît pas forcément au départ comme un type mathématique. On se sert de mots pour décrire et utiliser tous les autres types d'objets mathématiques, mais cela ne signifie pas que les mots eux-mêmes soient pris comme objets d'étude.

De fait, la théorie des mots est relativement récente, et son essor présent est spécialement lié au développement de l'informatique qui impose une réflexion renouvelée non seulement sur la façon de traiter les problèmes mathématiques (menant à l'algorithmique), mais aussi de les représenter. Une des applications et des motivations récentes de cette théorie est la construction des langages informatiques.

1.1.1 Mots

Un mot est défini comme une suite finie de caractères pris dans un alphabet fixé. Ce qu'est l'alphabet en question n'intervient pas (souvent on supposera qu'il est fini, mais c'est la seule restriction), et on pourra partir de la définition générale et abstraite suivante.

Définition 1.1. (mot) Soit Σ un ensemble quelconque. Un *mot* sur l'alphabet Σ (ou simplement sur Σ) est une suite finie d'éléments de Σ, c'est-à-dire une application définie sur un intervalle $\{1, ..., \ell\}$ de $\mathbb{N}$ et à valeurs dans Σ. Si w est un mot, l'unique entier ℓ tel que le domaine de w est l'intervalle $\{1, ..., \ell\}$ est appelé *longueur* de w, et noté $|w|$. L'ensemble des mots sur Σ est noté Σ^*. ■

Exemple 1.2. (mot) L'application w de $\{1, 2, 3\}$ dans $\{a, b, c\}$ définie par

$$w[1] = a, \qquad w[2] = b, \qquad w[3] = a$$

est un mot sur $\{a, b, c\}$. Les suites finies de longueur ℓ sont généralement notées sous forme de ℓ-uplets, c'est-à-dire que la suite w de domaine $\{1, ..., \ell\}$ est représentée sous la forme $(w[1], ..., w[\ell])$. Par exemple la suite w ci-dessus peut être représentée par (a, b, a).

D'après la définition, un mot est une application d'un intervalle initial des entiers à valeurs dans un alphabet Σ, c'est-à-dire un ensemble de couples dont le premier élément est un entier et le second un élément de Σ. L'ensemble vide $\emptyset$ est un ensemble de tels couples (vide), et constitue donc un cas particulier de la définition des mots.

Définition 1.3. (mot vide) On appelle *mot vide*, et on note ε, l'unique mot dont le domaine est l'ensemble vide ; sa longueur est 0. ■

Notons qu'avec cette définition il existe un seul mot vide, indépendamment de l'alphabet considéré.

Choisir une construction des mots n'est pas important : ce qui importe est la façon dont ceux-ci se comportent. Dans le cas présent, le critère d'égalité suivant compte seul, et toute autre construction (comme ensemble, comme matrice, *etc.*) qui aboutirait au même critère conviendrait aussi bien.

Lemme 1.4. *Deux mots w, w' sont égaux si et seulement si ils ont la même longueur ℓ et si, pour chaque i vérifiant $i \leqslant \ell$, le i-ème caractère de w est égal au i-ème caractère de w'.*

1.1.2 Concaténation

Étudier un type d'objets mathématiques, c'est principalement décrire les *opérations* ou les *relations* spécifiques qui s'appliquent à ce type d'objets : par exemple, l'arithmétique est l'étude des quatre opérations +, −, ×, / bien plus que celle des entiers en eux-mêmes, dont la nature intrinsèque importe peu.

Dans le cas des mots, si on ne suppose aucune propriété particulière aux éléments de l'alphabet considéré, la seule opération qu'on puisse appliquer et dont nous allons étudier les propriétés est la *concaténation* (ou produit), définie comme l'opération de mettre des mots bout à bout. Ayant défini les mots comme suites finies, il est facile de poser une définition rigoureuse.

Définition 1.5. (concaténation) Soient u, v deux mots sur un alphabet Σ. Le *concaténé* de u et v est défini comme le mot w dont la longueur est la somme des longueurs de u et de v, et qui est déterminé par

$$w[i] = \begin{cases} u[i] & \text{pour } 1 \leqslant i \leqslant |u|, \\ v[j] & \text{pour } i = |u| + j, \text{ avec } 1 \leqslant j \leqslant |v|. \end{cases}$$

Le concaténé de u et v est noté $u \cdot v$, ou simplement uv. ■

Lemme 1.6. *Pour tout alphabet Σ, la concaténation est une opération associative sur Σ^*, et le mot vide en est élément neutre.*

Démonstration : Soient u, v, w trois mots de longueurs respectives p, q, r. Les mots $(u \cdot v) \cdot w$ et $u \cdot (v \cdot w)$ ont tous deux pour longueur $p + q + r$, car l'addition des entiers est associative. Il suffit alors de vérifier que $((u \cdot v) \cdot w)[i]$ et $(u \cdot (v \cdot w))[i]$ coïncident pour chaque i entre 1 et $p + q + r$.

Cas 1. L'entier i est entre 1 et p. On a alors
$(u \cdot v) \cdot w[i] = u \cdot v[i] = u[i] = u \cdot (v \cdot w)[i]$.

Cas 2. L'entier i est $p + j$, avec j entre 1 et q. On a alors
$(u \cdot v) \cdot w[i] = u \cdot v[i] = v[j] = v \cdot w[j] = u \cdot (v \cdot w)[i]$.

Cas 2. L'entier i est $p + q + k$, avec k entre 1 et r. On a alors
$(u \cdot v) \cdot w[i] = w[k] = v \cdot w[q + k] = u \cdot (v \cdot w)[i]$.

Donc les mots $u \cdot (v \cdot w)$ et $(u \cdot v) \cdot w$ sont égaux, et la concaténation est une opération associative.

Soit u un mot quelconque, et soit p sa longueur. La longueur du mot vide étant 0, on a, pour $i \leqslant p$,

$$u\varepsilon[i] = u[i] \quad \text{et} \quad \varepsilon u[i] = u[i - 0] = u[i],$$

ce qui montre les égalités $u = u \cdot \varepsilon = \varepsilon \cdot u$. Donc le mot vide est élément neutre pour la concaténation.

Comme la concaténation est associative, il n'est pas nécessaire de distinguer entre $u(vw)$ et $(uv)w$, qu'on pourra donc noter uvw sans ambiguïté. Comme il est usuel, on notera u^2, u^3, ... pour uu, uuu, ... Noter qu'on a alors

$$u^{p+q} = u^p \cdot u^q \qquad (\#)$$

pour tous $p, q > 0$. La seule façon de définir u^0 de sorte que (#) soit encore valable lorsque p ou q est nul consiste à définir u^0 comme étant ε pour tout u, et, alors, (#) est vérifié pour $p, q \geqslant 0$.

Considérons la décomposition des mots arbitraires en produits de mots d'une lettre. Le lemme suivant résulte directement de nos définitions.

Lemme 1.7. *Soit Σ un alphabet quelconque. L'application I qui à chaque élément x de Σ associe le mot (x) (de longueur 1) est injective. Tout mot w de longueur ℓ est égal au produit des mots $I(w[1])$, ..., $I(w(\ell))$, et c'est la seule décomposition de w en produit de mots de longueur 1.*

Dans le cas particulier typographique où les éléments de l'alphabet Σ se trouvent représentés par des caractères simples et distincts, et puisque l'application I du lemme 1.7 est injective, on peut simplifier les notations, et écrire x pour le mot (x). De la sorte, un mot w de longueur ℓ est représenté par $w[1]...w[\ell]$. Par exemple, le mot (a, b, a) de l'exemple 1.2 devient simplement *aba*.

La notation précédente peut être ambiguë si les éléments de l'alphabet ne sont pas représentés par un seul caractère : par exemple, si Σ a trois éléments notés respectivement a, b et ab, les caractères ab peuvent aussi bien représenter le mot (a, b), de longueur 2, que le mot (ab), de longueur 1.

1.1.3 Monoïdes

Il est commode d'exprimer les propriétés de la concaténation des mots en faisant appel à la structure algébrique de monoïde.

Définition 1.8. (monoïde) Une structure $(M, \cdot, e)$ formée d'un ensemble M, d'une opération binaire $\cdot$ sur M et d'un élément particulier e de M est appelée un *monoïde* si

- l'opération $\cdot$ est associative ;
- l'élément e est élément neutre pour l'opération $\cdot$.

Un *sous-monoïde* de $(M, \cdot, e)$ est un monoïde $(M_1, \cdot_1, e_1)$ tel que M_1 est une partie de M, $\cdot_1$ est la restriction de $\cdot$ à M_1 et e_1 est égal à e. ■

Par définition, tout groupe est un monoïde, de même que la structure multiplicative de tout anneau unitaire, ou que $(\mathbb{N}, +, 0)$. Comme il est usuel pour toutes les structures algébriques, on dit souvent « le monoïde M » au lieu de « le monoïde $(M, \cdot, e)$ » – ce qui peut être ambigü : il existe deux structures de monoïde usuelles sur $\mathbb{N}$, à savoir $(\mathbb{N}, +, 0)$ et $(\mathbb{N}, \times, 1)$.

L'élément neutre d'un monoïde est toujours unique : si e et e' sont neutres, on a $e = ee' = e'$. Par contre, il peut se faire qu'une partie M_1 d'un monoïde M soit un monoïde vis-à-vis de la restriction du produit et d'un élément neutre distinct de celui de M : considérer par exemple la partie $\{\overline{0}\}$ de $\mathbb{Z}/2\mathbb{Z}$ muni du produit. Dans ce cas, et vue la définition posée ci-dessus, M_1 n'est *pas* un sous-monoïde de M.

Comme pour toute structure algébrique, on dit qu'une partie A d'un monoïde M engendre ce monoïde si le plus petit sous-monoïde de M qui inclut A est M (et non un sous-ensemble propre de M, voir chapitre 2). Utilisant la notion de monoïde, on peut réénoncer les lemmes 1.6 et 1.7 comme suit.

Proposition 1.9. (monoïde) *Pour tout alphabet Σ, $(\Sigma^*, \cdot, \varepsilon)$ est un monoïde. Ce monoïde est engendré par Σ, et tout élément de Σ^* admet une décomposition unique comme produit d'élements de Σ.*

En général, on notera simplement Σ^* pour $(\Sigma^*, \cdot, \varepsilon)$, ce qui ne pose pas de problème puisque la concaténation sera le seul produit considéré sur Σ^*. Remarquer que, si Σ est inclus dans Σ_1, alors le monoïde Σ^* est un sous-monoïde du monoïde Σ_1^*.

Les monoïdes Σ^* ne sont pas des groupes, et, en un certain sens (qui sera précisé au chapitre 2), ils sont même, dans la famille de tous les monoïdes, à l'opposé des groupes.

Proposition 1.10. (mots inversibles) *Pour tout alphabet Σ, le mot vide est le seul élément inversible du monoïde Σ^*.*

> ***Démonstration :*** Si uv est égal à ε, la somme des longueurs de u et v est 0 : comme les longueurs sont des entiers positifs ou nuls, cela ne laisse pas beaucoup de possibilités...

D'un autre côté, les monoïdes de mots partagent avec les groupes la propriété suivante.

Proposition 1.11. (simplification) *Pour tout alphabet Σ, le monoïde Σ^* admet la simplification à gauche et à droite, c'est-à-dire que $uv = uv'$ entraîne $v = v'$, et $uv = u'v$ entraîne $u = u'$.*

Démonstration : Supposons $uv = uv'$. Alors on a

$$|v| = |uv| - |u| = |uv'| - |u| = |v'|.$$

Supposons $1 \leqslant j \leqslant |v|$. On a alors

$$v[j] = (uv)[|u| + j] = (uv')[|u| + j] = v'[j],$$

et nous concluons que v et v' sont égaux. L'argument est analogue à droite.

Enfin, nous pouvons remarquer que les homomorphismes entre monoïdes de mots sont très simples.

Définition 1.12. (homomorphisme) Supposons que $(M, \cdot, e)$ et $(M_1, \cdot_1, e_1)$ sont deux monoïdes. Une application f de M dans M_1 est appelée *homomorphisme* du monoïde $(M, \cdot, e)$ dans le monoïde $(M_1, \cdot_1, e_1)$ si on a $f(a \cdot b) = f(a) \cdot_1 f(b)$ pour tous a, b dans M, et, en outre, $f(e) = e_1$. ■

Par exemple, pour tout alphabet Σ, l'applicationde Σ^* dans $\mathbb{N}$ qui à tout mot associe sa longueur est un homomorphisme du monoïde $(\Sigma^*, \cdot, \varepsilon)$ dans le monoïde $(\mathbb{N}, +, 0)$. Cet homomorphisme est un isomorphisme dans le cas où Σ est un singleton.

Le fait que chaque mot admet une décomposition unique comme produit de lettres entraîne la propriété suivante, sur laquelle nous reviendrons au chapitre 2.

Proposition 1.13. (homomorphisme) *Soient Σ et Σ_1 deux alphabets. Pour toute application f de Σ dans Σ_1^*, il existe un unique homomorphisme du monoïde Σ^* dans le monoïde Σ_1^* qui prolonge f, à savoir l'application f^* définie par*

$$f^*(w) = \begin{cases} f(x_1)...f(x_\ell) & \textit{pour } w = x_1...x_\ell \textit{ avec } x_1, ..., x_\ell \in \Sigma, \\ \varepsilon & \textit{pour } w = \varepsilon. \end{cases}$$

Inversement, tout homomorphisme du monoïde Σ^* dans le monoïde Σ_1^* est de ce type.

Démonstration : L'unicité de la décomposition de tout mot comme produit de lettre entraîne que l'application f^* est bien définie. Qu'elle soit un homomorphisme est alors immédiat. Inversement, si g est un homomorphisme de Σ^* dans Σ_1^*, on a par définition $g(w) = g(x_1)...g(x_\ell)$ pour $w = x_1...x_\ell$, ce qui montre que g est l'application $(g \restriction \Sigma)^*$ associée à la restriction $g \restriction \Sigma$ de g à Σ.

Exemple 1.14. (homomorphisme) Supposons $\Sigma = \{a, b\}$, $\Sigma_1 = \{x, y, z\}$. L'application f définie par $f(a) = xyx, f(b) = \varepsilon$ se prolonge en un unique homomorphisme f^* de Σ^* dans Σ_1^*. Par exemple, on a $f^*(a^2ba) = (xyx)^3$.

1.1.4 Ordre préfixe

À côté des opérations (binaires), une autre façon d'étudier un type d'objets mathématiques est d'introduire des *relations* qui lui sont spécifiques. Dans le cas des mots, et en utilisant la concaténation définie plus haut, on construit facilement des relations d'ordre.

Définition 1.15. (préfixe) On dit que le mot u est *préfixe* du mot v, noté $u \sqsubseteq v$, s'il existe un mot v_1 satisfaisant $v = uv_1$. On dit que u est préfixe *strict* de v, noté $u \sqsubset v$, s'il existe v_1 non vide satisfaisant $v = uv_1$. ■

Exemple 1.16. (préfixe) Le mot *ab* est un préfixe (strict) du mot *abba*, mais non du mot *aab*. Noter que, pour u et v dans Σ^*, la relation $u \sqsubseteq v$ signifie que u est un diviseur à gauche de v dans le monoïde Σ^* (il faut préciser le sens, puisque la concaténation n'est pas commutative en général).

Lemme 1.17. *Soient u, v des mots. Il y a équivalence entre*

- *le mot u est préfixe du mot v ;*
- *on a* $|u| \leqslant |v|$, *et, pour* $i \leqslant |u|$, $u[i] = v[i]$.

La démonstration est une application directe de la définition.

Proposition 1.18. (ordre préfixe) *Pour tout alphabet* Σ, *la relation* $\sqsubseteq$ *est une relation d'ordre sur* Σ^*. *Cet ordre est compatible avec le produit à gauche, c'est-à-dire que* $v \sqsubseteq w$ *entraîne* $uv \sqsubseteq uw$ *pour tout u, et il a la propriété que l'ensemble des prédécesseurs de tout mot donné est totalement ordonné.*

Démonstration : Puisque tout mot u est égal au produit $u\varepsilon$, la relation $u \sqsubseteq u$ est toujours vraie, et $\sqsubseteq$ est réflexive. Supposons $u \sqsubseteq v$ et $v \sqsubseteq u$. Par le lemme 1.17, les mots u et v ont même longueur, et, pour $1 \leqslant i \leqslant |u|$, $u[i]$ et $v[i]$ sont égaux, donc, par définition, u et v sont égaux, et $\sqsubseteq$ est antisymétrique. Ensuite supposons $u \sqsubseteq v \sqsubseteq w$: il existe v_1 et w_1 satisfaisant $v = uv_1$ et $w = vw_1$. On a

$$w = vw_1 = (uv_1)w_1 = u(v_1w_1),$$

donc $u \sqsubseteq w$: la relation $\sqsubseteq$ est transitive, et c'est donc une relation d'ordre.

Supposons $v \sqsubseteq w$, et soit u quelconque. Par définition, il existe w_1 satisfaisant $w = vw_1$. On a alors $uw = u(vw_1) = (uv)w_1$, donc $uv \sqsubseteq uw$.

Finalement, supposons que u et v sont des préfixes de w, et supposons par exemple $|u| \leqslant |v|$: pour $i \leqslant |u|$, on a $u[i] = w[i] = v[i]$, et donc u est un préfixe de v.

Sauf dans le cas où Σ a un seul élément, l'ordre préfixe sur Σ^* n'est pas un ordre total : si a et b sont deux éléments distincts de Σ, on n'a ni $a \sqsubseteq b$, ni $b \sqsubseteq a$. Par contre, on peut toujours prolonger l'ordre préfixe en un ordre total qui est encore compatible avec le produit à gauche. Par exemple, on peut utiliser l'ordre *lexicographique* : on fixe sur l'alphabet Σ un ordre total $<$, et on définit une nouvelle relation $<^*$ telle que $u <^* v$ est vraie si u est préfixe de v, ou si, pour le premier entier i tel que $u[i]$ et $v[i]$ diffèrent, on a $u[i] < v[i]$ (voir Exercices).

1.2 LE TYPE LANGAGE

Un langage est défini comme un ensemble quelconque de mots. Comme dans le cas des mots, nous introduisons ici les opérations spécifiques adaptées à ces objets mathématiques.

Définition 2.1. (langage) Soit Σ un alphabet. Un *langage* d'alphabet Σ – ou simplement langage sur Σ – est un ensemble de mots sur Σ, c'est-à-dire un sous-ensemble de Σ^*. ■

Ainsi, l'ensemble de tous les langages sur Σ est l'ensemble $\mathfrak{P}(\Sigma^*)$.

Exemple 2.2. (langage) Les ensembles suivants sont des langages typiques sur l'alphabet $\{a, b\}$:

➤ $\{a, bab\}$ (un langage à deux éléments),

➤ $\{w \in \{a, b\}^* \; ; \; |w| \text{ est pair}\}$ (un langage à une infinité d'éléments),

➤ le langage vide $\emptyset$ (un langage à zéro élément),

➤ le langage $\{\varepsilon\}$ (un langage à un élément, à savoir le mot vide) – ce langage est distinct du précédent, puisqu'il a un élément, alors que le précédent n'en a aucun.

1.2.1 Opérations sur les langages

Puisque les langages d'alphabet Σ sont les sous-ensembles de Σ^*, c'est-à-dire les éléments de $\mathfrak{P}(\Sigma^*)$, ils héritent automatiquement des opérations et relations définies sur tout ensemble de parties : union ($\cup$), intersection ($\cap$), différence ($\setminus$), différence symétrique (Δ), inclusion ($\subseteq$). On sait qu'un certain nombre d'identités algébriques sont vérifiées par ces opérations et relations : union et intersection sont distributives chacune par rapport à l'autre, et par rapport à la différence symétrique, $(\mathfrak{P}(\Sigma^*), \Delta, \cap)$ est un anneau de caractéristique 2 où tout élément est idempotent (anneau de Boole), $(\mathfrak{P}(\Sigma^*), \subseteq)$ est un ensemble ordonné où toute paire d'éléments a une borne inférieure et une borne supérieure (treillis), avec un minimum ($\emptyset$) et un maximum (Σ^*) tels que chaque élément L possède un complément, défini comme un élément $\neg L$ satisfaisant $L \cap \neg L = \emptyset$ et $L \cup \neg L = \Sigma^*$ (algèbre de Boole).

Mais, de plus, Σ^* étant lui-même un monoïde, on peut définir sur $\mathfrak{P}(\Sigma^*)$ des opérations spécifiques à partir du produit de Σ^*, c'est-à-dire de la concaténation.

Définition 2.3. (produit) Soient L_1, L_2 deux langages. Le *produit* de L_1 et L_2, noté $L_1 \cdot L_2$, ou simplement $L_1 L_2$, est le langage défini par

$$L_1 \cdot L_2 = \{w \; ; \; (\exists u \in L_1)(\exists v \in L_2)(w = uv)\}. \qquad \blacksquare$$

Proposition 2.4. (produit) *(i) Le produit des langages est une opération associative, et le langage $\{\varepsilon\}$ est élément neutre pour le produit des langages. (ii) Le produit des langages est distributif par rapport à l'union.*

Démonstration : (i) Soient L_1, L_2, L_3 trois langages d'alphabet Σ. Tout élément de $L_1 \cdot (L_2 \cdot L_3)$ peut s'écrire sous la forme $w_1 u$ où w_1 est dans L_1 et u dans $L_2 \cdot L_3$. À son tour, u peut s'écrire (d'au moins une façon) sous la forme $w_2 w_3$ où w_2 est dans L_2 et w_3 dans L_3. Alors le mot initial est $w_1(w_2 w_3)$, qui est aussi $(w_1 w_2) w_3$, et donc il appartient à $(L_1 \cdot L_2) \cdot L_3$. On a donc l'inclusion $L_1 \cdot (L_2 \cdot L_3) \subseteq (L_1 \cdot L_2) \cdot L_3$. L'inclusion réciproque se montre de même.

Si L est un langage quelconque et si w est un élément de L, on a l'égalité $w = w \cdot \varepsilon$, et donc w est dans le langage produit $L \cdot \{\varepsilon\}$. Inversement si w est dans $L \cdot \{\varepsilon\}$, il peut s'écrire uv avec u dans L et v dans $\{\varepsilon\}$: la seule possibilité est que v soit le mot vide, et que u soit égal à w, c'est-à-dire que w soit dans L. On en déduit $L \cdot \{\varepsilon\} = L$. L'égalité $\{\varepsilon\} \cdot L = L$ se montre de même.

(ii) Supposons que w est dans $L \cdot (L_1 \cup L_2)$. Alors w peut s'écrire comme uv où u est dans L et v dans $L_1 \cup L_2$. Si v est dans L_1, alors w est dans $L \cdot L_1$, si v est dans L_2, alors w est dans $L \cdot L_2$, dans tous les cas, w est dans $L \cdot L_1 \cup L \cdot L_2$. Inversement, si w est dans $L \cdot L_1$, il est *a fortiori* dans $L \cdot (L_1 \cup L_2)$, et, de même, $L \cdot L_2$ est inclus dans

$L \cdot (L_1 \cup L_2)$. Finalement on a $L \cdot (L_1 \cup L_2) = L \cdot L_1 \cup L \cdot L_2$, et, de même, l'égalité symétrique $(L \cup L_1) \cdot L_2 = L \cdot L_2 \cup L_1 \cdot L_2$

Le produit des langages n'est *pas* distributif par rapport à l'intersection : on a toujours $L \cdot (L_1 \cap L_2) \subseteq L \cdot L_1 \cap L \cdot L_2$, car, d'une façon générale $L'_1 \subseteq L_1$ implique $L \cdot L'_1 \subseteq L \cdot L_1$ pour tout L, mais l'inclusion réciproque n'est pas nécessairement vraie. Par exemple le mot a^3 est à la fois dans $\{a, a^2\} \cdot \{a\}$ et dans $\{a, a^2\} \cdot \{a^2\}$, alors que l'intersection de $\{a\}$ et $\{a^2\}$ est vide, ainsi que $\{a, a^2\} \cdot (\{a\} \cap \{a^2\})$.

Puisque le produit des langages est associatif, comme dans le cas des mots, on notera simplement $L_1 \cdot L_2 \cdot L_3$ la valeur commune de $L_1 \cdot (L_2 \cdot L_3)$ et $(L_1 \cdot L_2) \cdot L_3$. Si L est un langage, on notera L^2 le langage $L \cdot L$, et, plus généralement, pour $p \geqslant 1$, on notera L^p le langage $L \cdot \ldots \cdot L$, p fois L. À nouveau, la seule convention possible pour que la formule $L^p \cdot L^q = L^{p+q}$ s'étende au cas $p = 0$ ou $q = 0$ est de définir L^0 comme l'élément neutre du monoïde $(\mathfrak{P}(\Sigma^*), \cdot, \{\varepsilon\})$, c'est-à-dire de poser $L^0 = \{\varepsilon\}$ pour tout langage L.

Si L est un langage, le langage L^2 contient tous les mots de la forme w^2 avec w dans L, mais il ne se réduit pas en général à ces mots-là. Par exemple, si L est le langage $\{a, a^2\}$, L^2 est $\{a^2, a^3, a^4\}$.

Définition 2.5. (étoile) Soit L un langage. Le langage L^* est défini par

$$L^* = \bigcup_{p \geqslant 0} L^p. \qquad \blacksquare$$

Exemple 2.6. (étoile) Soit Σ un alphabet quelconque. Alors Σ est un langage d'alphabet Σ : Σ est l'ensemble des mots de longueur 1 dans Σ^*. Par définition, Σ^2 est l'ensemble des mots qui s'écrivent uv avec u et v dans Σ : c'est donc l'ensemble des mots de longueur 2 dans Σ^*. De même, pour tout p, Σ^p est l'ensemble des mots de longueur p dans Σ^*, et, finalement, $(\Sigma)^*$, le résultat de l'application de l'opération $*$ au langage Σ est l'ensemble de tous les mots sur Σ, c'est-à-dire précisément ce qu'on a noté Σ^* : les notations sont donc bien cohérentes.

Lemme 2.7. *L'opération étoile est croissante vis à vis de l'inclusion : $L \subseteq L'$ implique $L^* \subseteq L'^*$.*

Démonstration : Pour tout p, $L \subseteq L'$ implique $L^p \subseteq L'^p$.

Proposition 2.8. (étoile) *Quels que soient les langages L, L_1, L_2, on a*

$$(L^*)^* = L^*\,, \qquad (L_1 \cup L_2)^* = (L_1^* \cdot L_2)^* \cdot L_1^*$$
$$(L_1^* \cup L_2^*)^* = (L_1^* \cdot L_2^*)^*\,, \qquad (L_1 \cdot L_2)^* = \{\varepsilon\} \cup L_1 \cdot (L_2 \cdot L_1)^* \cdot L_2$$

Démonstration : Par le lemme 2.7, on a $L^* \subseteq (L^*)^*$, puisque L est inclus dans L^*. Inversement, si w est dans $(L^*)^*$, ou bien w est le mot vide, et il appartient donc à L^*, ou bien il s'écrit comme produit fini de mots dans L^* qu'on peut supposer non vides, donc comme produit fini de mots dans L : il appartient donc à L^*.

Pour la seconde égalité, soit w un élément quelconque de $(L_1 \cup L_2)^*$. Si w est le mot vide, il appartient bien à $(L_1^* \cdot L_2)^* \cdot L_1^*$, puisqu'il s'écrit $\varepsilon \cdot \varepsilon$ et que ε appartient à chacun des deux langages « étoile ». Sinon, w peut s'écrire $w_1 ... w_n$ où pour chaque i le mot w_i est dans $L_1 \cup L_2$. Soit I le sous-ensemble de l'intervalle $\{1, ..., n\}$ formé par les indices i tels que w_i n'appartienne pas à L_1. Si p est le nombre d'éléments de I, il existe une injection croissante f de l'intervalle $\{1, ..., p\}$ dans l'intervalle $\{1, ..., n\}$ qui énumère les points de I. Alors w s'écrit sous la forme

$$w_1 \ldots w_{f(1)-1} w_{f(1)} w_{f(1)+1} \quad \ldots w_{f(2)-1} w_{f(2)} w_{f(2)+1} \ldots$$
$$w_{f(p)-1} w_{f(p)} w_{f(p)+1} \ldots w_n .$$

Par hypothèse chacun des mots $w_1 ... w_{f(1)-1}$, $w_{f(1)+1} ... w_{f(2)-1}$, ..., $w_{f(p)+1} ... w_n$ (dont certains peuvent être vides) est dans L_1^*. Donc $w_1 ... w_{f(1)}$, $w_{f(1)+1} ... w_{f(2)}$, ..., $w_{f(p-1)+1} ... w_{f(p)}$ appartiennent à $L_1^* \cdot L_2$, $w_1 ... w_{f(p)}$ appartient à $(L_1^* \cdot L_2)^*$ et, finalement, w appartient à $(L_1^* \cdot L_2)^* \cdot L_1^*$. Réciproquement, on a, en utilisant le lemme 2.7,

$$\begin{aligned}(L_1^* \cdot L_2)^* \cdot L_1^* &\subseteq ((L_1 \cup L_2)^* \cdot (L_1 \cup L_2))^* \cdot (L_1 \cup L_2)^* \\ &\subseteq (L_1 \cup L_2)^* \cdot (L_1 \cup L_2)^* \\ &\subseteq (L_1 \cup L_2)^* .\end{aligned}$$

La seconde égalité est donc démontrée.

En l'appliquant au cas de langages de la forme L_1^* et L_2^*, on obtient la formule

$$(L_1^* \cup L_2^*)^* = (L_1^{**} \cdot L_2^*)^* \cdot L_1^{**},$$

c'est-à-dire

$$(L_1^* \cup L_2^*)^* = (L_1^* \cdot L_2^*)^* \cdot L_1^* .$$

Puisque le mot vide appartient à L_1^*, le langage $(L_1^* \cdot L_2^*)^* \cdot L_1^*$ inclut $(L_1^* \cdot L_2^*)^*$. Inversement, puisque le mot vide appartient à L_2^*, L_1^* est inclus dans $L_1^* \cdot L_2^*$, et $(L_1^* \cdot L_2^*)^* \cdot L_1^*$ est inclus dans $(L_1^* \cdot L_2^*)^* \cdot (L_1^* \cdot L_2^*)$, donc dans $(L_1^* \cdot L_2^*)^*$. Ceci démontre la troisième égalité.

Pour la dernière, supposons que w est un mot non vide dans $(L_1 \cdot L_2)^*$. Alors w s'écrit $w_1 ... w_n$, où chaque mot w_i est dans $L_1 \cdot L_2$. Il existe donc, pour chaque i, des mots u_i et v_i respectivement dans L_1 et dans L_2 tels que w_i est égal à $u_i v_i$. On a donc

$$w = u_1 v_1 u_2 v_2 ... u_n v_n = u_1 ((v_1 u_2) ... (v_{n-1} u_n)) v_n ,$$

ce qui montre que w est dans $L_1 \cdot (L_2 \cdot L_1)^{n-1} \cdot L_2$. On a donc l'inclusion

$$(L_1 \cdot L_2)^* \subseteq \{\varepsilon\} \cup L_1 \cdot (L_2 \cdot L_1)^* \cdot L_2 .$$

L'inclusion réciproque se montre par un argument similaire.

1.2.2 Homomorphismes

À tout homomorphisme sur les mots, on associe – comme pour tout ensemble de parties – *deux* opérations sur les ensembles de mots.

Définition 2.9. (images) Supposons que Σ et Σ' sont deux alphabets, et que f est un homomorphisme de Σ^* dans Σ'^*. Pour L langage sur Σ, et L' langage sur Σ', l'*image directe* de L par f, et l'*image réciproque* de L' par f, sont définies par

$$f[L] = \{w' \in \Sigma'^* \ ; \ (\exists w \in L)(w' = f(w))\},$$
$$f^{-1}[L'] = \{w \in \Sigma^* \ ; \ f(w) \in L'\}. \qquad \blacksquare$$

On vérifie facilement diverses relations entre les opérations images et les opérations booléennes.

Proposition 2.10. (images) *Supposons que Σ et Σ' sont deux alphabets, et que f est un homomorphisme de Σ^* dans Σ'^*.*

(i) Pour L_1, L_2, L langages sur Σ, on a

$$f[L_1 \cup L_2] = f[L_1] \cup f[L_2], \quad f[L_1 \cap L_2] \subseteq f[L_1] \cap f[L_2],$$
$$f[L_1 \cdot L_2] = f[L_1] \cdot f[L_2], \quad f[L^*] = f[L]^*.$$

(i) Pour L'_1, L'_2, L' langages sur Σ', on a

$$f^{-1}[L'_1 \cup L'_2] = f^{-1}[L'_1] \cup f^{-1}[L'_2], \quad f^{-1}[L'_1 \cap L'_2] = f^{-1}[L'_1] \cap f^{-1}[L'_2],$$
$$f^{-1}[L'_1] \cdot f^{-1}[L'_2] \subseteq f^{-1}[L'_1 \cdot L'_2], \quad (f^{-1}[L'])^* \subseteq f^{-1}[L'^*].$$

Les démonstrations sont laissées au lecteur, ainsi que la vérification du fait que les inclusions manquantes ne sont pas valides.

1.2.3 Notion de langage décidable

Comme dans le cas de tout ensemble, la spécification d'un langage L par une propriété caractéristique de ses éléments ne fournit pas nécessairement un moyen pratique de déterminer si un mot donné appartient à L ou non. Dans le cas d'un langage fini L, on peut toujours énumérer les éléments de L, mais, dans le cas général, on peut seulement chercher à construire une méthode effective, un algorithme qui, pour chaque mot w, permet de reconnaître en un temps fini si w appartient ou non à L. Ce problème – défini ici très informellement puisque nous n'avons pas défini ce qu'est une méthode effective ou un algorithme – est appelé *problème de décision* pour le langage L, et on dira que L est *décidable* s'il existe au moins une méthode pour résoudre systématiquement le problème de décision de L.

Nous décrirons dans la suite de ce cours plusieurs familles de langages décidables. Pour le moment, observons qu'un argument de dénombrement entraîne l'existence de (très nombreux) langages non décidables.

Proposition 2.11. (non décidables) *Soit Σ un alphabet fini ou dénombrable. L'ensemble des langages sur Σ^* est un ensemble non dénombrable, alors que l'ensemble des langages décidables sur Σ^* est un ensemble dénombrable. Il existe donc des langages non décidables.*

Démonstration : L'ensemble Σ^* des mots sur Σ est un ensemble infini dénombrable, donc l'ensemble $\mathfrak{P}(\Sigma^*)$ de tous les langages d'alphabet Σ est infini non dénombrable, en bijection avec l'ensemble $\mathbb{R}$. (On peut montrer qu'il n'existe pas de surjection de X sur $\mathfrak{P}(X)$ comme suit : soit f une application quelconque de X dans $\mathfrak{P}(X)$, posons $Y = \{x \in X; x \notin f(x)\}$. Alors Y n'appartient pas à l'image de f, qui n'est donc pas surjective.)

D'un autre côté, tout procédé de décision pour un langage L quel qu'il soit (un programme d'ordinateur, un algorithme, une recette...) doit être spécifié par une description dans un langage, donc par un mot. Comme l'ensemble des mots est dénombrable, il en est de même des langages décidables.

L'argument précédent ne donne évidemment pas la description d'un langage précis qui ne serait pas décidable. Bien que cela paraisse peu intuitif, nous verrons plus loin qu'une telle description peut être donnée. Pour le moment, notons qu'il semble bien difficile de travailler en pratique avec des langages qui ne seraient pas décidables.

1.3 LE TYPE ARBRE

À côté des mots (et en liaison avec eux), les arbres sont parmi les objets les plus usuels en combinatoire et en algèbre effective. Ils interviendront en particulier dans l'étude des grammaires formelles. Dans cette section préliminaire, nous établissons quelques propriétés simples.

1.3.1 Ordres et graphes

Une relation d'*ordre (large)* est une relation $\preceq$ qui est réflexive ($x \preceq x$ est toujours vraie), antisymétrique ($x \preceq y$ et $y \preceq x$ ne peuvent être simultanément vraies dès que x et y sont distincts) et transitive (la conjonction de $x \preceq y$ et $y \preceq z$ entraîne $x \preceq z$). De même une relation d'*ordre strict* est une relation $\prec$ antiréflexive ($x \prec x$ est toujours faux), antisymétrique et transitive. On sait que, si $\preceq$ est une relation d'ordre large, alors la relation $\prec$ définie par

$$x \prec y \Leftrightarrow (x \preceq y \text{ et } x \neq y)$$

est une relation d'ordre strict. Inversement, si $\prec$ est une relation d'ordre strict, alors la relation $\preceq$ définie par

$$x \preceq y \Leftrightarrow (x \prec y \text{ ou } x = y)$$

est une relation d'ordre large. Il est usuel, pour des ordres stricts notés $<$, $>$, $\sqsubset$, $\subset$, ... de noter $\leqslant$, $\geqslant$, $\sqsubseteq$, $\subseteq$, ... les ordres larges associés, et *vice versa*.

Dans le cas des ordres finis (ordres dont le domaine est un ensemble fini), on obtient des représentations simplifiées en faisant appel à la notion de successeur immédiat et de squelette. L'idée est que, d'une façon générale, la réflexivité et la transitivité s'obtiennent par une itération.

Définition 3.1. (produit) Supposons que R_1 et R_2 sont deux relations binaires sur un ensemble X. Le *produit* de R_1 et R_2 est la relation binaire définie par

$$x\,(R_1 \bullet R_2)\,z \quad \Leftrightarrow \quad (\exists y)(x\,R_1\,y \text{ et } y\,R_2\,z). \qquad \blacksquare$$

Si R_1 et R_2 sont des fonctions, c'est-à-dire que, pour tout x, il existe au plus un y en relation avec x, alors le produit $R_1 \bullet R_2$ est la fonction composée $R_2 \circ R_1$: le renversement de l'ordre provient de la convention de notation inversée $f(x)$ – plutôt que $(x)f$ – pour l'image de x par la fonction f.

Si R est une relation binaire sur X, on note R^2 pour $R \bullet R$, et, de même, R^p est défini comme $R^{p-1} \bullet R$ pour tout entier $p \geqslant 2$. Il est usuel de définir R^0 comme l'égalité, c'est-à-dire l'ensemble des couples (x, x) pour x dans X : c'est – comme dans le cas de w^0 et de L^0, la seule convention qui garantisse l'égalité $R^p \cdot R^q = R^{p+q}$ pour $p, q \geqslant 0$. Enfin on pose $R^* = \bigcup_{p \geqslant 0} R^p$.

Lemme 3.2. *Supposons que R est une relation binaire sur X. Alors R^* est, au sens de l'inclusion, la plus petite relation incluant R et qui soit réflexive et transitive.*

> ***Démonstration :*** La relation R^* est réflexive par définition. Elle est transitive, car on a $x\ R^*\ y\ R^*\ z$ s'il existe $p, q \geqslant 0$ satisfaisant $x\ R^p\ y\ R^q\ z$, et on a alors $x\ R^{p+q}\ z$, donc $x\ R^*\ z$. Inversement, supposons que R' est une relation reflexive et transitive qui inclut R. Alors R' inclut R^0 par définition, et R' inclut R^p pour $p \geqslant 1$, ainsi qu'une récurrence sur k le montre. Donc R' inclut R^*.

Dans le contexte précédent, on appelle R^* la *clôture réflexive transitive* de R. Il est facile de caractériser les relations dont la clôture réflexive transitive est un ordre.

Définition 3.3. (cycle) Supposons que R est une relation binaire sur X. Un *cycle* de longueur n pour R est une suite d'éléments $(x_1, ..., x_n)$ vérifiant $x_1\ R\ x_2, ..., x_{n-1}\ R\ x_n$ et $x_n\ R\ x_1$. $\blacksquare$

Proposition 3.4. (acyclicité) *Pour toute relation R, il y a équivalence entre*

- *la relation R^* est un ordre ;*
- *la relation R n'a que des cycles de longueur 1 au plus.*

> ***Démonstration :*** Supposons que $x_1, ..., x_n$ est un cycle pour R, donc pour R^*. Puisque R^* est transitive, les relations $x_1\ R^*\ x_2, ..., x_{n-1}\ R^*\ x_n$ entraînent $x_1\ R^*\ x_n$, ce qui, joint à $x_n\ R^*\ x_1$, entraîne $x_n = x_1$, et donc $n = 1$.
>
> Inversement, supposons que R n'a pas de cycle de longueur plus grande que 1, et supposons qu'on a à la fois $x\ R^*\ y$ et $y\ R^*\ x$. Par construction de R^*, cela signifie que le couple (x, y) est dans R^p pour un certain entier p, et que (y, x) est dans R^q pour un (autre) entier q. Il en résulte que (x, x) est dans R^{p+q}, donc il existe un cycle de longueur $p + q + 1$ dans R. Par hypothèse ceci n'est possible que pour $p = q = 0$, c'est-à-dire pour $x = y$. Donc R^* est antisymétrique, et c'est un ordre.

Si R est un ordre (strict ou large) sur X, on dit que y est un *successeur* de x, et x un *prédécesseur* de y, si $x\ R\ y$ est vraie et que x et y sont distincts (il n'y a donc pas à distinguer entre l'ordre large et l'ordre strict associé).

Définition 3.5. (squelette) Supposons que R est un ordre (strict ou large) sur X. On dit que y est un *successeur immédiat* de x pour R, et on note $x\widetilde{R}y$, si y est un successeur de x et qu'il n'existe aucun élément entre x et y strictement. La relation $\widetilde{R}$ est appelée le *squelette* de R. ■

Noter que, par définition, le squelette d'un ordre large coïncide avec le squelette de l'ordre strict associé.

Si X est un ensemble fini, et si un élément x de X a au moins un successeur, alors il a au moins un successeur immédiat. Par contre, ceci n'est pas nécessairement le cas pour un ordre infini : considérer par exemple l'ordre des nombres rationnels. La figure 1.1 montre l'exemple d'un ordre sur un ensemble à 6 éléments : à gauche, on a représenté le graphe complet de l'ordre, à droite seulement le graphe de son squelette. Le gain de lisibilité est évident. La question est alors de savoir si le squelette contient toute l'information nécessaire à la reconstruction de l'ordre initial. L'exemple de l'ordre sur $\mathbb{Q}$, dont le squelette est vide, montre que la réponse n'est pas nécessairement positive. Elle l'est dans le cas des ordres finis.

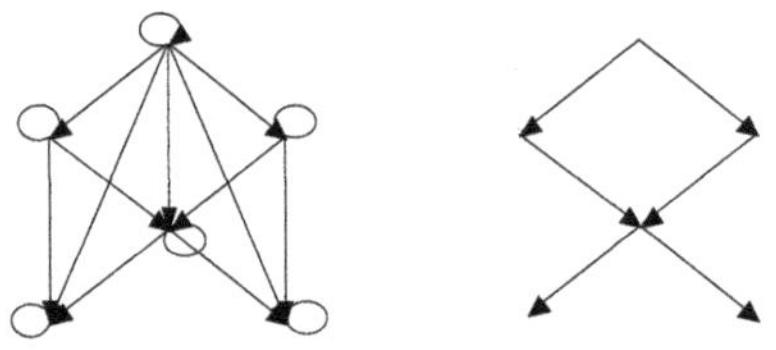

Figure 1.1 Un ordre et son squelette.

Proposition 3.6. (squelette) *Supposons que R est une relation d'ordre large sur un ensemble fini X. Alors R est la clôture réflexive transitive de son squelette $\widetilde{R}$. Plus précisément, $\widetilde{R}$ est la plus petite relation dont la clôture réflexive transitive est égale à R.*

Démonstration : Supposons $x\ R\ y$. Alors ou bien on a $y = x$, ou bien on a $x_1\ R\ y$, où x_1 est un successeur immédiat de x. En recommençant autant de fois que nécessaire, on obtient une suite d'éléments $x_0 = x, x_1, x_2, \ldots$ telle que $x_i\ \widetilde{R}\ x_{i+1}$ et $x_i\ R\ y$ sont vérifiées pour tout i. La relation $\widetilde{R}$ ne pouvant avoir de cycle puisque R est un ordre et que $x\ \widetilde{R}\ y$ entraîne $x\ R\ y$, les éléments x_i sont deux à deux distincts, et le processus doit s'arrêter en au plus n étapes, n étant le cardinal de X. Si x_m est la dernière valeur obtenue, on doit avoir $y = x_m$, et donc (x, y) est dans $\widetilde{R}^m$. Par conséquent $\widetilde{R}^*$, qui est incluse dans R puisque c'est le cas de $\widetilde{R}$, est égale à R.

Supposons que T est une autre relation sur X telle que T^* soit égale à R, et soit (x, y) un couple quelconque dans $\widetilde{R}$. Alors (x, y) est dans T^*. C'est dire que, sauf pour $x = y$, cas trivial, le couple (x, y) est dans T^p pour un certain exposant p au moins égal à 1. Choisissons p minimal. Il existe alors $z_0, \ldots, z_p$ deux à deux distincts (sinon p ne serait pas minimal) vérifiant $z_0 = x$, $z_p = y$, et $z_i\ T\ z_{i+1}$, et donc $z_i\ R\ z_{i+1}$, pour chaque i intermédiaire. On a donc à la fois $z_0\ \widetilde{R}\ z_p$, et $z_0\ R\ z_1\ R \ldots R\ z_p$: par définition de $\widetilde{R}$, ceci n'est possible que pour $p = 1$, c'est-à-dire $(x, y) \in T$. Donc nécessairement la relation T inclut la relation $\widetilde{R}$.

Pour un ordre fini, le résultat précédent permet de simplifier la représentation sans perdre d'information : comme dans l'exemple de la figure 1.1, il suffit de représenter le squelette, puisque l'ordre lui-même peut se retrouver à partir de ce dernier par clôture réflexive transitive. On appelle souvent *diagramme de Hasse* de l'ordre le diagramme de son squelette.

1.3.2 Arbres

Si X est un ensemble et $\preceq$ une relation d'ordre sur X, on dit que $\preceq$ est *total*, ou encore que $(X, \preceq)$ est une *chaîne*, si deux éléments quelconques de X sont toujours comparables pour $\preceq$, c'est-à-dire si au moins une des deux assertions (exactement une des deux pour $x \neq y$) $x \preceq y$, $y \preceq x$ est vraie.

Définition 3.7. (arbre) Un *arbre* est un ensemble ordonné $(X, \preceq)$ vérifiant les deux conditions suivantes :

- il existe un élément minimum ;
- l'ensemble des prédécesseurs de chaque élément est une chaîne finie. ■

Exemple 3.8. (arbre) Soit Σ un alphabet quelconque : l'ordre préfixe $\sqsubseteq$ fait de Σ^* un arbre : en effet, ε est élément minimum, et on a vu que, pour tout mot w, deux préfixes quelconques de w sont toujours comparables.

La formulation ci-dessus est un peu imprécise : l'ensemble des prédécesseurs d'un élément donné réfère évidemment à l'ordre $\preceq$, et, d'autre part, c'est un ensemble... et pas un ensemble ordonné : ce qui est une chaîne, c'est cet ensemble muni de la relation *induite* par $\preceq$, c'est-à-dire l'ensemble des couples (x, y) tels que x et y appartiennent à l'ensemble considéré et que $x \preceq y$ soit vérifiée. Notons que l'ordre de la figure 1.1 n'est *pas* un arbre : il possède bien un élément minimum, mais il existe un élément dont les prédécesseurs ne forment pas une chaîne, c'est-à-dire un élément qui possède deux prédécesseurs incomparables pour $\preceq$ (l'élément au bas du losange). Pour les arbres *finis*, deux autres formulations équivalentes de la définition sont les suivantes.

Proposition 3.9. (arbres finis) *Supposons que $(X, \preceq)$ est un ensemble ordonné fini. Alors il y a équivalence entre*

(i) $(X, \preceq)$ est un arbre ;

(ii) deux éléments incomparables de X ont au moins un prédécesseur commun, et deux prédécesseurs d'un même élément sont toujours comparables ;

(iii) tout élément de X a exactement un prédécesseur immédiat, à l'exception d'un unique élément qui n'en a aucun.

Démonstration : Supposons que $(X, \preceq)$ est un arbre fini. Alors le minimum est un prédécesseur de tout élément distinct de lui-même, donc deux éléments incomparables de X ont au moins un prédécesseur commun, à savoir le minimum. Inversement, puisque X est fini, il doit exister un élément a minimal pour $\preceq$ (c'est-à-dire un élément sans prédécesseur) ; si deux éléments incomparables de X ont au moins un prédécesseur commun, a doit être un minimum, c'est-à-dire un prédécesseur de tout élément distinct de lui-même. La condition que deux prédécesseurs quelconques d'un même élément sont comparables est une reformulation de la condition que les prédécesseurs d'un élément forment une chaîne. Donc (i) et (ii) sont équivalents.

Supposons à nouveau que $(X, \preceq)$ est un arbre fini. Le minimum n'a pas de prédécesseur, et c'est le seul élément à avoir cette propriété, puisque c'est le seul élément minimal. Comme X est fini, tout autre élément x a au moins un prédécesseur immédiat, et, s'il en admettait deux distincts, ces derniers seraient deux prédécesseurs incomparables de x, contredisant l'hypothèse que $(X, \preceq)$ est un arbre. Réciproquement supposons que $(X, \preceq)$ est un ordre fini vérifiant la condition du lemme. L'élément sans prédécesseur est nécessairement un minimum pour $\preceq$, car X est fini. Soit x un élément possédant (au moins) deux prédécesseurs incomparables, disons y, z, s'il en existe. Par hypothèse x possède un unique prédécesseur immédiat x_1, et donc y et z doivent être des prédécesseurs de x_1. On peut recommencer avec l'unique prédécesseur immédiat x_2 de x_1, et ainsi de suite sans possibilité de terminaison, ce qui contredit l'hypothèse que X est fini.

Les caractérisations précédentes sont en défaut pour des ordres infinis : les conditions de (ii) sont vraies dans $(\mathbb{Z}, <)$, qui n'a pas d'élément minimum, et celle de (iii) est vraie dans l'ordre obtenue en ajoutant un minimum $-\infty$ à l'ordre des entiers relatifs.

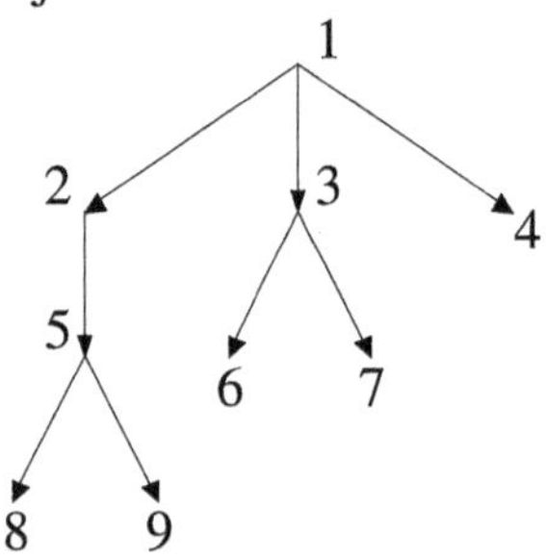

Figure 1.2 Squelette d'un arbre fini.

Toute chaîne finie est un arbre, mais tout arbre n'est pas une chaîne, il existe des arbres qui ne sont pas des chaînes, comme celui de la figure 1.2. Il est usuel de représenter les arbres (finis) au moyen du diagramme de leur squelette, et de placer en haut l'élément minimum, comme dans la figure : cette convention est cohérente avec l'emploi d'un vocabulaire mi-généalogique mi-botanique qui est assez intuitif.

Définition 3.10. (racine, feuille, branche, fils, père) Supposons que $(X, \preceq)$ est un arbre. La *racine* de $(X, \preceq)$ est son minimum. Une *feuille* de $(X, \preceq)$ est un élément sans successeur. Une *branche* de $(X, \preceq)$ est une suite d'éléments telle que le premier est la racine, chacun est le successeur immédiat du précédent et soit la suite est infinie, soit son dernier élément est une feuille. L'élément y est le *fils* (ou la fille) de l'élément x, et ce dernier en est le *père* (ou la mère) si y est le successeur immédiat de x pour $\preceq$. ■

Ainsi la racine de l'arbre de la figure 1.2 est 1, les feuilles sont 4, 6, 7, 8, 9. Les branches sont $(1,2,5,8)$, $(1,2,5,9)$, $(1,3,6)$, $(1,3,7)$, $(1,4)$. Par exemple 6 est le fils de 3, 1 est le grand-père de 7, et l'ancêtre de tout le monde. Quant à 6 et 7, ils sont frères, tandis que tout le monde est cousin avec tout le monde, en vertu de la proposition 3.9(ii).

1.3.3 Arbres et graphes

On va maintenant établir une caractérisation des arbres utilisant le vocabulaire de la théorie des graphes.

Définition 3.11. (graphe) Un *graphe orienté* est un ensemble muni d'une relation binaire, c'est-à-dire un couple (X, R) où X est un ensemble et R un ensemble de couples d'éléments de X. Un *graphe non orienté* est un couple (X, E) où X est un ensemble, et E est un ensemble de paires d'éléments (distincts) de X. ■

L'utilisation simultanée des noms « relation binaire » et « graphe orienté » peut paraître stupide, puisqu'il s'agit de la même notion : il s'agit simplement d'usages suivant la nature des questions abordées. On représente usuellement un graphe orienté, tout comme une relation binaire, en marquant les sommets (les éléments de l'ensemble X) comme des points distincts du plan, et en reliant d'une flèche orientée de x à y les sommets x, y tels que (x, y) est une *arête* du graphe, c'est-à-dire tels que $x\ R\ y$ est vérifiée. Un graphe non orienté est semblable à un graphe orienté, à ceci près qu'on ne distingue plus entre les arêtes (x, y) et (y, x). De façon évidente, on représente un tel graphe en reliant d'un trait (et non plus d'une flèche orientée) les sommets x, y tels que la paire $\{x, y\}$ soit dans E. Tout graphe orienté a un unique graphe non orienté sous-jacent, à savoir celui obtenu en oubliant le sens des flèches et en confondant les traits en double ; inversement, il y a évidemment de nombreuses façons d'enrichir un graphe non orienté en un graphe orienté dont le premier soit le graphe non orienté sous-jacent : on perd de l'information en passant d'un graphe orienté au graphe non orienté sous-jacent.

Définition 3.12. (connexe) Un graphe non orienté (X, E) est dit *connexe* si, quels que soient les éléments x, y de X, il existe au moins un *chemin* reliant x à y dans (X, E), c'est-à-dire une suite finie de sommets z_0, ..., z_m vérifiant $z_0 = x$, $z_m = y$, et $\{z_i, z_{i+1}\} \in E$ pour tout i intermédiaire. ■

La longueur d'un chemin dans un graphe est, par définition, le nombre de paires qui y apparaissent, donc, dans le cas où les sommets soient deux à deux distincts, ce qui n'est pas nécessaire, une unité de moins que le nombre de sommets. La notion de *cycle*, introduite pour les relations, c'est-à-dire pour les graphes orientés, peut être considérée de façon analogue pour les graphes non orientés, mais on ne considérera que des cycles de longueur au moins égale à 3 (pourquoi ?). On peut alors donner une caractérisation très simple des arbres en termes de cycles de graphes non orientés.

Proposition 3.13. (arbres et cycles) *(i) Supposons que (X, R) est un arbre. Alors le squelette non orienté de (X, R), défini comme le graphe non orienté (X, E) où E est l'ensemble des paires $\{x, \text{fils de } x\}$ pour x dans X, est connexe et n'a pas de cycle.*

(ii) Inversement, si (X, E) est un graphe non orienté connexe et sans cycle, et si r est un élément quelconque de X, il existe une unique relation d'ordre R sur X telle que (X, R) soit un arbre de racine r admettant E comme squelette non orienté.

Démonstration : (i) Le squelette non orienté d'un arbre est le graphe non orienté sous-jacent à son squelette (ceci vaut pour toute relation). Par hypothèse la racine r de (X, R) est un prédécesseur de tout élément x distinct de r, ce qui implique qu'il existe dans E un chemin allant de r à x. Si y est un autre sommet quelconque, la concaténation d'un chemin de x à r et d'un chemin de r à y fournit un chemin de x à y dans (X, E), qui est donc connexe. Pour l'absence de cycle, c'est un peu plus délicat. On sait déjà que le squelette d'un ordre n'a pas de cycle, mais cela ne dit rien quant au graphe non orienté sous-jacent : le squelette non orienté de l'ordre de la figure 1.1 a un cycle de longueur 4 (le losange). Il faut donc montrer davantage. Supposons que $x_1, ..., x_n$ est un cycle pour E, avec $n \geqslant 3$. Posons $x_k = x_{k \bmod n}$ pour tout entier k non nul. L'hypothèse implique que, pour tout i, on a soit $x_i \; R \; x_{i+1}$, soit $x_{i+1} \; R \; x_i$. Comme R n'a pas de cycle, il est impossible que, dans les relations ci-dessus, on ait toujours $x_i \; R \; x_{i+1}$, ou toujours $x_{i+1} \; R \; x_i$ à partir d'un certain indice. Il doit donc exister un indice i pour lequel on a $x_{i-1} \; R \; x_i$ et $x_{i+1} \; R \; x_i$. Si x_{i-1} et x_{i+1} étaient égaux, on aurait $n = 2$, ce qui est exclu. Mais alors x_{i-1} et x_{i+1} sont deux prédécesseurs immédiats de x_i pour R, ce qui est aussi contradictoire.

(ii) Inversement, supposons que (X, E) est un graphe non orienté connexe et sans cycle. Le sommet r étant fixé, il existe, pour tout sommet x, un chemin (fini) qui va de r à x. Ce chemin est unique : en effet, supposons qu'il existe deux chemins distincts $(r, z_1, ..., z_{n-1}, x)$ et $(r, z'_1, ..., z'_{n'-1}, x)$: il doit exister un plus petit indice i tel que z_i et z'_i soient différents, et deux plus petits indices j et j' plus grands que i tels que z_j et $z'_{j'}$ soient égaux. Alors $(z_{i-1}, z_i, ..., z_j, z'_{j'-1}, ..., z'_i)$ est un cycle non trivial de (X, E). Notons alors C_x l'unique chemin entre r et x dans (X, E). On définit la relation R par

$$x \, R \, y \quad \text{si et seulement si} \quad C_x \text{ est un début de } C_y.$$

La relation R est une relation d'ordre : la réflexivité et la transitivité sont évidentes. D'autre part, si C_x est un début de C_y et inversement, la seule possibilité est que C_x et C_y coïncident, c'est-à-dire que x et y soient égaux. Comme C_r est le chemin (r), de longueur 0, qui est un début de tout chemin C_x, r est élément minimum de l'ordre R. Soit alors x un sommet quelconque. Si y et z sont deux prédécesseurs de x, les chemins C_y et C_z sont des débuts de C_x, et donc forcément l'un est un début de l'autre, ce qui est dire que y et z sont comparables pour R. Ainsi (X, R) est un arbre de racine r. Enfin dire que y est un successeur immédiat (ou fils) de x pour R, c'est dire que le chemin C_y est obtenu à partir du chemin C_x en ajoutant exactement un sommet, à savoir le dernier, y, et donc cela entraîne que $\{x, y\}$ est dans E. Inversement, si $\{x, y\}$ est dans E, ou bien C_x passe par y, ou bien C_y passe par x puisque, sinon, il n'y aurait pas unicité de C_x ou de C_y. Alors, pour la même raison, ou bien C_y s'obtient en ajoutant y à C_x, ou bien l'inverse, ce qui signifie que ou bien y est fils de x, ou bien x est fils de y. Donc finalement (X, E) est bien le squelette non orienté de l'arbre (X, R).

Le résultat précédent illustre la propriété géométrique que, dans un arbre, les branches ne peuvent que diverger et jamais reconverger. Donner le squelette non orienté d'un arbre est une façon concise de le spécifier, mais on notera qu'il est alors nécessaire de spécifier également la racine, faute de quoi la reconstruction à partir du squelette non

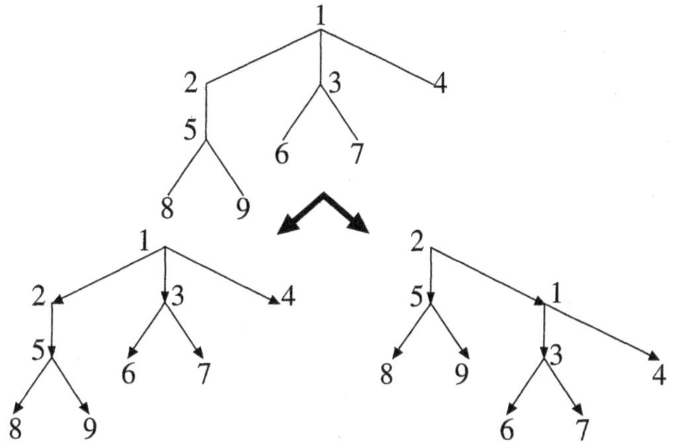

Figure 1.3 Squelette non orienté d'un arbre.

orienté peut être ambiguë : la figure 1.3 représente le squelette non orienté de l'arbre de la figure 1.2, et la reconstruction d'un arbre de racine 2, au lieu de 1, à partir de ce graphe non orienté. Les arbres obtenus sont distincts, et même non isomorphes : l'un possède une branche de longueur 2, l'autre pas.

1.3.4 Niveaux et branches

Nous avons déjà introduit les branches des arbres comme chaînes maximales, c'est-à-dire non incluses dans une chaînes strictement plus grande : ceci impose de ne sauter aucun sommet intermédiaire, et de ne s'arrêter qu'à une feuille. La notion de *niveau* est naturelle à partir du moment où on sait que tout sommet d'un arbre est relié à la racine par un chemin unique dans le squelette non orienté.

Définition 3.14. (niveau, profondeur) Supposons que (X,R) est un arbre. Pour n entier, le *n-ième niveau* de (X,R) est défini comme l'ensemble des sommets x tels que la longueur du chemin C_x reliant x à la racine est n. La *profondeur* (ou *hauteur*) de l'arbre est définie comme la borne supérieure des entiers n tel que le n-ième niveau ne soit pas vide. ■

Les figures 1.2 et 1.3 ont été faites de sorte que les niveaux correspondent à des sommets de même ordonnée. Par exemple le niveau 0 ne contient que la racine – ceci est toujours le cas – tandis que le niveau 1 (dans l'arbre de la figure 1.2, qui est l'arbre de gauche dans la figure 1.3) contient les 3 points 2, 3, 4. La hauteur de l'arbre est 3.

Sauf mention du contraire, ce qui a été dit jusqu'à présent est valable pour un arbre infini. Un résultat important, car très souvent utilisé notamment en algèbre de façon plus ou poins implicite est le théorème suivant.

Proposition 3.15. (théorème de König) *Supposons que (X,R) est un arbre infini dont tous les niveaux sont finis. Alors (X,R) possède au moins une branche infinie.*

Démonstration : Pour x dans X, notons S_x l'ensemble formé de x et des successeurs de x, c'est-à-dire l'ensemble $\{y \; ; \; x \; R \; y\}$. Muni de l'ordre induit par R, l'ensemble S_x est, pour tout x, un arbre de racine x. En effet, il est clair que $(S_x, R \upharpoonright S_x)$ est un ordre admettant x comme minimum. Pour y dans S_x, l'ensemble des prédécesseurs de y dans S_x contient x si y est distinct de x, et il est inclus dans la chaîne formée par l'ensemble de tous les prédécesseurs de y dans X : cet ensemble est un intervalle dans une chaîne, et il est donc lui-même une chaîne. Donc S_x est un arbre de racine x. De plus, si x est dans le p-ième niveau de (X, R), et si y est dans le q-ième niveau de $(S_x, R \upharpoonright S_x)$, alors y est dans le $p + q$-ième niveau de (X, R) : ceci résulte du fait que l'unique chemin entre la racine et y dans le squelette non orienté de l'arbre est obtenu en concaténant l'unique chemin entre la racine et x et l'unique chemin entre x et y.

Soit r_0 la racine de l'arbre (X, R), et x_1, ..., x_n une énumération de son niveau 1. Par construction on a

$$X = \{r_0\} \cup S_{x_1} \cup \ldots \cup S_{x_n}.$$

Soit i le plus petit entier tel que S_{x_i} est infini : puisque X est infini, un tel entier doit exister d'après l'égalité ci-dessus. On pose $r_1 = x_i$, et $(X_1, R_1) = (S_{r_1}, R \upharpoonright S_{r_1})$. L'arbre (X_1, R_1) vérifie les mêmes hypothèses que l'arbre (X, R), et on peut recommencer la construction, c'est-à-dire trouver un successeur immédiat r_2 de r_1 tel que le sous-arbre $(S_{r_2}, R \upharpoonright S_{r_2})$, noté (X_2, R_2), soit infini, *etc.* Comme la construction ne peut s'arrêter, on obtient ainsi de proche en proche une suite infinie

$$r_0 = r, \quad r_1, \quad r_2, \ldots$$

qui constitue une branche de l'arbre initial (X, R). ▪

Exemple 3.16. (théorème de König) Voici un exemple d'application du théorème de König. Soit à démontrer le résultat suivant : « Si R est un anneau noethérien, tout élément non inversible s'écrit comme produit d'éléments irréductibles. » Soit x un élément de R. Si x n'est pas inversible et n'est pas irréductible, x s'écrit comme produit de deux éléments non inversibles x_1 et x_2. Si x_1 n'est pas irréductible, il s'écrit comme produit d'éléments non inversibles x_{11} et x_{12}, de même x_2. On continue... et on dit pudiquement : cela doit s'arrêter car sinon il existerait une suite infinie décroissante pour la division dans R, en contradiction de l'hypothèse de noethérianité. Il s'agit d'une application du théorème de König. La preuve esquissée ci-dessus consiste en effet à construire un arbre dont la racine est x, les feuilles des éléments irréductibles, et les sommets intérieurs (ceux qui ne sont pas des feuilles) des éléments non irréductibles qui ont exactement deux fils et sont égaux au produit de leurs deux fils – en fait rien ne prouve qu'un même facteur ne puisse pas réapparaître deux fois dans le processus, et on ne veut *pas* identifier les sommets correspondants : donc les éléments de l'arbre doivent être par exemple des couples formé d'un élément de R et d'un entier servant à distinguer les facteurs qui se répètent. Alors dire que x est décomposable en produit d'irréductibles, c'est dire que l'arbre de décomposition ainsi construit est fini, auquel cas x est le produit des feuilles de l'arbre. Comme par hypothèse le n-ième niveau de l'arbre a au plus 2^n éléments car chaque sommet a zéro ou deux fils, le théorème de König affirme que, si x n'était pas décomposable, alors l'arbre devrait avoir une branche infinie, ce qui est la contradiction souhaitée avec l'hypothèse de noethérianité. Notons que cette preuve évidente ne l'est pas tant que cela, car le résultat n'est pas prouvable sans une certaine forme faible de l'axiome du choix, précisément celle exprimée par le théorème de König lorsqu'on construit de proche en proche la suite des sommets r_i ayant une infinité de successeurs (axiome des choix dépendants).

1.3.5 Parcours d'arbres

Si (X, R) est un arbre, on appelle *parcours* de cet arbre tout ordre total sur X qui prolonge R : cela revient à dire qu'on énumère les éléments de X dans un ordre tel qu'un fils ne peut venir qu'après son père. Fixer un parcours d'un arbre suppose de choisir un ordre parmi les différents fils d'un sommet. Ce n'est pas tout : il faut aussi décider si on parcourt l'arbre horizontalement (c'est-à-dire en énumérant d'abord le premier niveau complètement, puis le second, *etc.* comme par exemple dans l'ordre correspondant à la numérotation des sommets dans la figure 1.2 ci-dessus), verticalement (c'est-à-dire en énumérant d'abord la descendance complète d'un sommet avant de passer à ses frères), ou toute combinaison de ces possibilités. Les détails sont faciles.

EXERCICES

1.1. Les monoïdes $(\mathbb{N}, +, 0)$ et $(\mathbb{N}, \times, 1)$ sont-ils isomorphes ?

1.2. Pour w mot sur Σ, on note w^R le mot obtenu en recopiant w de droite à gauche : par exemple, on a $(aaba)^R = abaa$. L'application $w \mapsto w^R$ est-elle un endomorphisme du monoïde Σ^* (c'est-à-dire un homomorphisme de Σ^* dans lui-même) ?

1.3. (i) On suppose que Σ un alphabet, et $<$ une relation d'ordre total strict sur Σ. Pour u, v dans Σ^*, on dit que $u \ll v$ est vrai s'il existe un mot w et deux lettres x, y vérifiant $x < y$, $wx \sqsubseteq u$, et $wy \sqsubseteq v$. Montrer que la relation $\ll$ est une relation d'ordre partiel strict sur Σ^*, compatible avec le produit à gauche et à droite.

(ii) Montrer que la relation $\leqslant^*$ sur Σ^* telle que $u \leqslant^* v$ est vraie si et seulement si ou bien $u \sqsubseteq v$, ou bien $u \ll v$ est vraie est une relation d'ordre total sur Σ^*.

1.4. Montrer que, pour tout langage L, il y a équivalence entre : (i) $\varepsilon \in L$; (ii) $L \subseteq L^2$.

1.5. Soit $(M, \cdot, 1)$ un monoïde quelconque. Sur l'ensemble $\mathfrak{P}(M)$, on définit un produit par $A \cdot B = \{a \cdot b \,;\, a \in A,\, b \in B\}$. Montrer que $(\mathfrak{P}(M), \cdot, \{1\})$ est un monoïde.

1.6. Pour tout mot w, on note Pref(w) l'ensemble des préfixes de w, et, pour L langage, on note Pref(L) la réunion des langages Pref(w) pour w dans L.

(i) Que vaut Pref(L) si L est un langage infini sur un alphabet à une lettre ?

(ii) Montrer qu'on a toujours $\mathrm{Pref}(L_1 \cup L_2) = \mathrm{Pref}(L_1) \cup \mathrm{Pref}(L_2)$.

(iii) A-t-on $\mathrm{Pref}(L_1 \cdot L_2) = \mathrm{Pref}(L_1) \cdot \mathrm{Pref}(L_2)$? $\mathrm{Pref}(L_1 \cap L_2) = \mathrm{Pref}(L_1) \cap \mathrm{Pref}(L_2)$? (si oui, on le démontrera, sinon, on donnera un contre-exemple).

1.7. (i) Montrer que, pour tous mots u, v, il y a équivalence entre

- u et v commutent : $uv = vu$;
- il existe un mot w et des entiers p et q vérifiant $u = w^p$ et $v = w^q$.

(ii) Montrer que, pour tous mots u, v, w il y a équivalence entre

- $uvw = wuv$,
- il existe deux mots w_1, w_2 et des entiers $p, q, r \geqslant 0$ vérifiant $u = (w_1w_2)^p w_1$, $v = w_2(w_1w_2)^q$ et $w = (w_1w_2)^r$.

1.8. Montrer que, pour tout couple de mots (u, v), il y a équivalence entre

(i) les mots u et v sont conjugués, c'est-à-dire qu'il existe w vérifiant $wu = vw$;

(ii) il existe deux mots w_1 et w_2 vérifiant $u = w_1w_2$ et $v = w_2w_1$.

1.9. On note L l'ensemble des mots sur l'alphabet $\{a, b\}$ qui ont autant de a que de b. Montrer que tout mot non vide dans L s'écrit ou bien aub avec u dans L, ou bien bua avec u dans L, ou bien uv avec u et v non vides dans L.

1.10. Ayant fixé deux langages L_1, L_2 d'alphabet Σ, on considère, dans $(\mathfrak{P}(\Sigma^*), \cup, \cdot, ^*)$, l'équation en L

$$L = L_1 \cdot L \cup L_2, \qquad (E)$$

c'est-à-dire qu'on cherche à déterminer tous les langages L qui vérifient (E).

(i) Montrer que $L_1^* \cdot L_2$ est toujours solution de l'équation (E), et que, si L_1 contient le mot vide, alors $L_1^* \cdot L'$ est solution de (E) pour tout langage L' incluant L_2.

(ii) Inversement, on suppose que L est une solution de (E). Montrer que $L_1^* \cdot L_2$ est inclus dans L. Montrer, par récurrence sur $n \geqslant 0$, l'égalité

$$L = L_1^{n+1} \cdot L \cup (\{\varepsilon\} \cup L_1 \cup L_1^2 \cup \ldots \cup L_1^n) \cdot L_2,$$

et en déduire que, pour tout entier n, on a

$$L = L_1^{n+1} \cdot L \cup L_1^* \cdot L_2, \text{ et } L = L_1^* \cdot (L \cup L_2).$$

Montrer que les solutions de l'équation (E) trouvées en (i) sont les seules : on distinguera les cas $\varepsilon \in L_1$ et $\varepsilon \notin L_1$, et on utilisera respectivement l'une ou l'autre des deux égalités précédentes.

Chapitre 2

Monoïdes et groupes libres

Parmi tous les monoïdes, les monoïdes de mots du type Σ^* occupent une place particulière, qui explique leur importance en algèbre : ils constituent les monoïdes *libres*, ce qui signifie que tout monoïde, et donc en particulier tout groupe, peut se décrire comme quotient d'un tel monoïde. Les monoïdes Σ^* sont donc, en un certain sens, les plus gros de tous les monoïdes. Dans ce chapitre, nous donnons d'abord un sens précis à cette notion de liberté en partant de l'exemple bien connu des espaces vectoriels, puis nous examinons le cas des monoïdes et celui, voisin, des groupes. Ceci nous permet en particulier de décrire facilement les groupes libres et d'introduire ce qu'on appelle une présentation de monoïde ou de groupe.

2.1 STRUCTURES LIBRES

Dans cette section, nous définissons les structures libres en algèbre, en partant du cas des espaces vectoriels qui est à la fois l'exemple le plus simple et le mieux connu. Supposons que E est un espace vectoriel, et que $\{e_1, ..., e_n\}$ est une famille d'éléments de E. On dit que cette famille est *libre* s'il n'existe aucune combinaison linéaire non triviale, c'est-à-dire à coefficients non tous nuls, des e_i qui soit nulle. Cette propriété peut être reformulée différemment.

Lemme 1.1. *Soit E un espace vectoriel, et e_1, ..., e_n des éléments de E. Il y a équivalence entre :*

(i) aucune combinaison linéaire non triviale de e_1, ..., e_n n'est nulle, c'est-à-dire que $\sum \lambda_i e_i = 0$ entraîne $\lambda_1 = ... = \lambda_n = 0$;

(ii) quel que soit l'espace vectoriel E', et quels que soient les éléments e'_1, ..., e'_n de E', il existe une application linéaire du sous-espace F de E engendré par e_1, ..., e_n dans E' qui envoie e_i sur e'_i pour tout i.

Démonstration : Supposons (i). Soit F le sous-espace vectoriel de E engendré par e_1, ..., e_n. Tout élément de F s'écrit sous la forme $\sum \lambda_i e_i$, et l'hypothèse que la famille $\{e_1, ..., e_n\}$ est libre entraîne que cette écriture est *unique*. On définit alors une application f de F dans E' en posant $f(\sum \lambda_i e_i) = \sum \lambda_i e'_i$. Le point important est que, comme la décomposition est unique, l'égalité précédente définit bien une application : chaque élément de F a exactement une image, et pas davantage. Cette application est linéaire par construction, et on a $f(e_i) = e'_i$. Donc (ii) est vrai.

Inversement, supposons (i) en défaut. Il existe donc une relation du type $\sum \lambda_i e_i = 0$ avec les scalaires λ_i non tous nuls. Supposons que f est une application linéaire de F dans un espace vectoriel E' quelconque. Alors, si e'_i est l'image de e_i par f, on a nécessairement

$$\sum \lambda_i e'_i = \sum \lambda_i f(e_i) = f(\sum \lambda_i e_i) = f(0) = 0.$$

Cela signifie que (ii) ne peut être vrai : par exemple, si K est le corps de base, alors K^n est un espace vectoriel sur K, et, si e'_i est le vecteur $(0, ..., 0, 1, 0, ..., 0)$, 1 à la i-ème position, alors $\sum \lambda_i e'_i$ est le vecteur $(\lambda_1, ..., \lambda_n)$, qui, par hypothèse, n'est pas le vecteur nul. Il est donc impossible qu'une application linéaire envoie les vecteurs e_i de F sur les vecteurs e'_i de K^n.

Le lemme précédent établit une équivalence entre une définition *interne* de la notion de famille libre, qui ne met en jeu que l'espace et les vecteurs considérés, et une définition *externe* qui fait appel à tous les autres espaces vectoriels possibles. Cette dernière correspond particulièrement bien au terme employé : dire que les éléments e_1, ..., e_n forment une famille libre signifie qu'on peut *librement* les envoyer où on veut : il n'y a aucune contrainte à respecter pour définir leurs images. C'est cette notion que nous allons généraliser au cas d'autres structures.

2.1.1 Variétés équationnelles

Considérons les epaces vectoriels, les groupes, les monoïdes, les anneaux : toutes ces structures sont définies par le fait qu'elles comportent un certain nombre d'opérations satisfaisant diverses *identités algébriques*. Par identité algébrique, on entend une égalité entre des expressions construites à partir de variables libres et d'opérations algébriques – on parle de *termes* pour de telles expressions.

Exemple 1.2. (identité) La relation $x + y = y + x$ est une identité (mettant en jeu l'opération binaire +), $x \cdot (y + z) = x \cdot y + x \cdot z$ en est une autre (mettant en jeu deux opérations binaires, à savoir · et +), $x \cdot (y \cdot z) = (x \cdot y) \cdot (x \cdot z)$ en est une troisième.

Définition 1.3. (variété) Soit I une famille d'identités algébriques. La famille de toutes les structures algébriques qui satisfont aux identités de I est appelée la *variété équationnelle* associée à I. ■

Exemple 1.4. (variété) La variété des monoïdes est la variété équationnelle associée aux trois identités $(xy)z = x(yz)$, $x1 = x$, et $1x = x$. Notons que, pour que ceci ait un sens précis, il faut considérer qu'un monoïde a deux opérations, à savoir une opération binaire qui est le produit, et une opération 0-aire (c'est-à-dire, à zéro variable) qui est la constante 1.

De la même façon, la variété des groupes est la variété équationnelle associée aux cinq identités $(xy)z = x(yz)$, $x1 = x$, $1x = x$, $xi(x) = 1$ et $i(x)x = 1$. Ici, nous considérons qu'un groupe a trois opérations, une opération binaire (le produit), une opération unaire i (l'inverse), et une opération 0-aire, la constante 1. Si nous omettons l'opération i, et que nous écrivons simplement les axiomes de l'inverse sous la forme $(\forall x)(\exists y)(xy = yx = 1)$, nous obtenons les mêmes structures, mais il ne s'agit plus d'identités puisqu'on utilise dans la définition un quantificateur existentiel.

De même encore, la variété des espaces vectoriels sur un corps K donné est associée à la famille d'identités suivante, qui est infinie si K est infini : $x + y = y + x$, $x + (y + z) = (x + y) + z$, $x + 0 = x$, $x + (-x) = 0$, $\lambda(x + y) = \lambda x + \lambda y$, $(\lambda + \mu)x = \lambda x + \mu x$, $\lambda(\mu x) = (\lambda\mu)x$, et $1x = x$. Dans ce cas, on considère une opération binaire (la somme), une opération unaire (l'opposé), une opération 0-aire (la constante 0), et, pour chaque scalaire λ, une opération unaire (la multiplication par λ).

Les corps ne forment *pas* une variété équationnelle. La définition usuelle comporte une formule qui n'est pas une identité, à savoir

$$(\forall x)(x \neq 0 \Rightarrow (\exists y)(xy = yx = 1)).$$

Cela ne prouve pas qu'on ne pourrait pas trouver une définition équivalente qui ne contiendrait que des identités, ainsi qu'on l'a fait dans le cas des groupes. En fait, c'est impossible dans le cas des corps. Pour le démontrer, notons que, si I est une famille d'identités algébriques et si S_1 et S_2 sont deux structures qui satisfont à toutes les identités de I, alors le produit $S_1 \times S_2$ satisfait aussi à toutes les identités de I. Autrement dit, toute variété équationnelle est close par produit cartésien. Or le produit de deux corps n'est jamais un corps : c'est un anneau non intègre, puisqu'on a toujours $(1, 0) \cdot (0, 1) = (0, 0)$. C'est donc que les corps ne peuvent pas être caractérisés par des identités.

2.1.2 Sous-structure engendrée par une partie

Dans la variété des espaces vectoriels sur un corps K, comme dans toute variété équationnelle, on a une notion naturelle de *sous-structure engendrée* par une famille d'éléments.

Proposition 1.5. (sous-structure engendrée) *Supposons que $\mathcal{V}$ est une variété équationnelle, que S est une structure appartenant à $\mathcal{V}$, et que A est une partie de S. Alors il existe une plus petite sous-structure de S incluant A dans $\mathcal{V}$, à savoir la clôture de A vis-à-vis de l'ensemble des opérations.*

Démonstration : Si S' est une sous-structure de S, elle est close par définition pour chacune des opérations et donc, si elle inclut A, elle inclut aussi nécessairement tous les éléments qui s'obtiennent à partir des éléments de A en appliquant les opérations de S. Inversement, soit S' la clôture de A pour les opérations de S. Par construction, S' est close pour chaque opération. De plus, la variété $\mathcal{V}$ est définie par une famille d'identités I. Or, si des identités sont vraies dans S, elles sont *a fortiori* vraies dans toute partie de S, car il n'y a pas de quantificateur dans une identité, ou, si on préfère, tous les quantificateurs sont des quantificateurs universels. Donc S' est élément de la variété $\mathcal{V}$.

Définition 1.6. (partie génératrice) Supposons que $\mathcal{V}$ est une variété équationnelle, que S est une structure appartenant à $\mathcal{V}$, et que A est une partie de S. La plus petite sous-structure de S incluant A est appelée la sous-structure de S *engendrée* par A, et elle est notée $\mathrm{cl}_S(A)$; la partie A est dite *génératrice* dans S si $\mathrm{cl}_S(A)$ coïncide avec S – autrement dit, si tout élément de S appartient à $\mathrm{cl}_S(A)$. ■

Il conviendrait de distinguer entre une structure et l'ensemble sous-jacent, appelé son domaine : la structure se compose à la fois du domaine et des opérations sur ce domaine. Lorsqu'on parle de sous-ensemble, il faudrait alors parler de sous-ensemble du domaine de la structure S plutôt que de sous-ensemble de S. Par contre, il s'agit bien de sous-structures de S.

Exemple 1.7. (partie génératrice) Le sous-espace vectoriel d'un espace vectoriel E engendré par une partie A est la clôture de A par rapport aux opérations de la structure, c'est-à-dire, par rapport à l'addition, l'opposé, la constante 0 et chacune des multiplications par un scalaire. *A priori*, il faut considérer tous les empilements possibles de ces opérations, par exemple des expressions du type $-(e_1 + \lambda(e_2 + (-\mu(\nu e_3))))$. En fait, grâce aux identités des espaces vectoriels, on peut se contenter des combinaisons linéaires d'éléments de A au sens usuel, puisque la famille de ces combinaisons est déjà close pour chacune des opérations. On retrouve bien ainsi le fait que le sous-espace engendré par A est l'ensemble des combinaisons linéaires d'éléments de A.

De même, le sous-groupe d'un groupe G engendré par une partie A est la clôture de A par rapport aux opérations de produit et d'inverse. Attention ! Pour appliquer ce qui précède, il faut être dans le contexte des variétés équationnelles, donc, dans le cas des groupes, considérer les trois opérations produit, inverse et constante 1. Cela signifie que la clôture de A à considérer est l'ensemble des éléments obtenus à partir de A en utilisant à la fois les trois opérations précédentes – et pas seulement le produit. À nouveau, et comme dans le cas précédent, les identités des groupes permettent de vérifier que la clôture de A est l'ensemble des éléments de la forme $a_1^{e_1}...a_n^{e_n}$ avec $a_1, ..., a_n$ dans A et $e_1, ..., e_n = \pm 1$, augmenté de l'élément 1 (le montrer). Noter que, toutes les fois que les structures comportent des opérations 0-aires (constantes), celles-ci font automatiquement partie de la clôture de tout ensemble (et même de l'ensemble vide !).

2.1.3 Familles libres

Pour toute famille de structures algébriques, on a une notion d'homomorphisme associée : l'application f de S dans S' est un homomorphisme si elle préserve chacune des opérations de la structure, c'est-à-dire si, pour chaque opération k-aire ω, on a $f(\omega^S(x_1, ..., x_k) = \omega^{S'}(f(x_1), ..., f(x_k))$, en notant ω^S la valeur de ω dans S, c'est-à-dire l'opération sur S associée à ω, et, de même, $\omega^{S'}$ sa valeur dans S'. On peut alors poser une définition générale sur le modèle des espaces vectoriels.

Définition 1.8. (famille libre) Supposons que $\mathcal{V}$ une variété équationnelle, et S est une structure appartenant à $\mathcal{V}$. Une famille A d'éléments de S est dite *libre* si, pour toute structure S' de $\mathcal{V}$ et toute application f de A dans S', il existe un homomorphisme de $\mathrm{cl}_S(A)$ dans S' qui prolonge f. ■

Exemple 1.9. (famille libre) Le lemme 1.1 montre que, dans le cas de la variété des espaces vectoriels sur un corps K, la notion de famille libre coïncide avec la notion élémentaire de famille dont aucune combinaison linéaire non triviale n'est nulle.

Dans le cas des espaces vectoriels, on sait qu'une famille à un élément, disons $\{a\}$, est libre pourvu que a ne soit pas le vecteur nul (pourquoi ?). Ce résultat n'est pas vrai dans la variété équationnelle des groupes. Il est certes vrai que, dans un groupe d'élément neutre 1, le singleton $\{1\}$ n'est pas une famille libre (pourquoi ?). Mais ce n'est pas nécessairement le seul cas où un singleton $\{a\}$ est non libre. Considérons par exemple, dans le groupe $\mathbb{Z}/2\mathbb{Z}$, la classe $\overline{1}$ de 1. Dans $\mathbb{Z}/2\mathbb{Z}$, on a $\overline{1} + \overline{1} = \overline{0}$. Ceci entraîne que, si f est un homomorphisme de $\mathbb{Z}/2\mathbb{Z}$ dans un groupe $(H, *, e)$ quelconque, alors nécessairement l'image de $\overline{1}$ doit satisfaire $f(\overline{1}) * f(\overline{1}) = e$. Si nous prenons $(H, *, e) = (\mathbb{Z}, +, 1)$, nous obtenons une contradiction : il est impossible d'envoyer par un homomorphisme $\overline{1}$ sur 1, puisque, dans $\mathbb{Z}$, on n'a pas $1 + 1 = 0$.

Lemme 1.10. *Supposons que $\mathcal{V}$ est une variété équationnelle, que S est dans $\mathcal{V}$, que A est une famille libre dans S et que f est une application de A dans une structure S' de $\mathcal{V}$. Alors il existe un unique prolongement de f en un homomorphisme de* $\mathrm{cl}_S(A)$ *dans S'.*

Démonstration : L'existence d'un prolongement résulte de la définition d'une famille libre. Il reste à montrer l'unicité. Supposons que f' et f'' sont deux homomorphismes qui prolongent f à $\mathrm{cl}_S(A)$. Notons B l'ensemble des points a de $\mathrm{cl}_S(A)$ vérifiant $f'(a) = f''(a)$. Par hypothèse A est inclus dans B. Nous allons montrer que B est clos par rapport à toutes les opérations de S. Supposons que ω est une opération k-aire et que a_1, ..., a_k sont des éléments de B. Par hypothèse, on a $f'(a_1) = f''(a_1)$, ..., $f'(a_k) = f''(a_k)$, et f' et f'' sont des homomophismes. On a donc

$$\begin{aligned} f'(\omega^S(a_1, ..., a_k)) &= \omega^{S'}(f'(a_1), ..., f'(a_k)) \\ &= \omega^{S'}(f''(a_1), ..., f''(a_k)) = f''(\omega^S(a_1, ..., a_k)), \end{aligned}$$

c'est-à-dire que $\omega^S(a_1, ..., a_k)$ est dans B. Il en résulte que B inclut la clôture de A par rapport aux opérations, qui est $\mathrm{cl}_S(A)$. Autrement dit, on a $B = \mathrm{cl}_S(A)$, c'est-à-dire que f' et f'' coïncident partout.

2.1.4 Bases

Nous pouvons alors poser les dernières définitions.

Définition 1.11. (base) Supposons que $\mathcal{V}$ est une variété équationnelle, et que S est une structure appartenant à $\mathcal{V}$. Une partie B de S est une *base* de S si elle est à la fois génératrice et libre dans S. ■

Définition 1.12. (structure libre) Supposons que $\mathcal{V}$ est une variété équationnelle. Une structure S appartenant à $\mathcal{V}$ est dite *libre* si elle possède (au moins) une base. ■

Dans le cas des espaces vectoriels, nous retrouvons la notion usuelle de base, et nous pouvons réénoncer le résultat classique sur l'existence des bases sous la forme suivante :

Proposition 1.13. (libre) *Tous espace vectoriel est libre.*

Ce résultat explique dans une large mesure le succès de l'algèbre linéaire, en particulier la possibilité d'utiliser le calcul matriciel. Il est proprement miraculeux, dans la mesure où aucun résultat semblable ne s'applique aux autres variétés équationnelles usuelles.

Exemple 1.14. (structures libres) Considérons le cas des groupes, et celui du groupe à deux éléments $\mathbb{Z}/2\mathbb{Z}$. Nous avons vu que ni $\{\overline{0}\}$, ni $\{\overline{1}\}$ n'étaient des familles libres. Autrement dit, le groupe $\mathbb{Z}/2\mathbb{Z}$ ne possède aucune famille libre non vide. Comme il n'est pas réduit à son élément neutre, il ne saurait posséder une base. Donc ce groupe n'est pas libre.

Les groupes commutatifs forment aussi une variété équationnelle (distincte de celle des groupes). Comme $\mathbb{Z}/2\mathbb{Z}$ est un groupe commutatif *et* que le groupe $\mathbb{Z}$ qui a servi à montrer que la famille $\{\overline{1}\}$ n'est pas libre était lui aussi commutatif, nous en déduisons que $\mathbb{Z}/2\mathbb{Z}$ n'est pas non plus un groupe commutatif libre. Noter qu'*a priori* il n'y a pas de lien entre le fait d'être un groupe libre et celui d'être un groupe commutatif libre, puisque les homomorphismes qui interviennent dans la définition d'une famille libre ne sont pas les mêmes (voir la fin du paragraphe 3 pour plus de détails).

Notons enfin que les groupes commutatifs sont simplement les modules sur l'anneau $\mathbb{Z}$, et qu'on peut donc réénoncer le résultat précédent en disant que le $\mathbb{Z}$-module $\mathbb{Z}/2\mathbb{Z}$ n'admet pas de base. Un $\mathbb{Z}$-module est exactement l'analogue d'un espace vectoriel, à ceci près que le corps de base est remplacé par l'anneau $\mathbb{Z}$: l'exemple précédent illustre combien la situation des espaces vectoriels est miraculeuse...

Dans le cas des espaces vectoriels, on sait que deux espaces sont isomorphes s'ils ont même dimension, c'est-à-dire s'ils ont des bases de même cardinal. Cette propriété s'étend aux structures libres de toute variété équationnelle.

Proposition 1.15. (rang) *Supposons que S et S' sont deux structures libres de bases respectives B et B' dans une variété équationnelle $\mathcal{V}$, et supposons qu'il existe une injection (resp. une bijection) de B dans B'. Alors il existe un homomorphisme injectif (resp. un isomorphisme) de S dans S'.*

Démonstration : Soit f une injection de B dans B'. Puisque B est une famille libre dans S, il existe un homomorphisme $\widehat{f}$ de $\mathrm{cl}_S(B)$ dans S' qui prolonge f. Puisque B est famille génératrice dans S, $\mathrm{cl}_S(B)$ est S tout entier, c'est-à-dire que $\widehat{f}$ est un homomorphisme de S dans S'. Ensuite, puisque f est injective, il existe une application g de B' dans B telle que $f \circ g$ est l'identité de B'. Puisque B' est libre dans S', il existe un homomorphisme $\widehat{g}$ de $\mathrm{cl}_{S'}(B')$ dans S qui prolonge g. À nouveau, B' est partie génératrice dans S', donc $\mathrm{cl}_{S'}(B')$ est S' tout entier, et $\widehat{g}$ est un homomorphisme de S' dans S qui prolonge g. Donc $\widehat{f} \circ \widehat{g}$ est un homomorphisme de S' dans S' qui est l'identité sur B'. Or l'identité est aussi un homomorphisme de S' dans S' qui est l'identité sur B' : par le lemme 1.10, on a donc $\widehat{f} \circ \widehat{g} = \mathrm{id}$. Ceci prouve que $\widehat{f}$ est injectif. Si, en outre, f est bijectif, le même argument montre que $\widehat{g} \circ \widehat{f}$ est l'identité de S, et, dans ce cas, $\widehat{f}$ est un isomorphisme dont $\widehat{g}$ est la réciproque.

Pour terminer, mentionnons sans démonstration le résultat général suivant :

Proposition 1.16. (existence) *Soit $\mathcal{V}$ une variété équationnelle. Pour tout ensemble B, il existe dans $\mathcal{V}$ une structure libre de base B.*

D'après le lemme 1.10, la structure libre dont le théorème précédent affirme l'existence est unique à isomorphisme près. Le résultat d'existence précédent est essentiellement *facile* – la démonstration n'est omise ici que parce qu'elle requiert quelques définitions supplémentaires. Par contre, il s'agit d'un résultat non constructif, au sens où les structures libres dont on montre l'existence ne sont pas décrites de façon explicite permettant par exemple d'y faire des calculs concrets. On verra dans les sections suivantes une description explicite des monoïdes et des groupes libres. Mentionnons qu'il existe des variétés équationnelles (donc des identités algébriques) pour lesquelles la description explicite des structures libres correspondantes est une tâche très difficile, voire impossible.

2.1.5 Congruences et quotients

Qu'il s'agisse de groupes, d'espaces vectoriels ou de monoïdes, on a une notion naturelle de relation d'équivalence compatible avec les opérations.

Définition 1.17. (congruence) Supposons que $\equiv$ est une relation d'équivalence sur une structure S, et que ω est une opération k-aire de S. La relation $\equiv$ est dite *compatible* avec ω si les conditions $a_1 \equiv a'_1, \ldots, a_k \equiv a'_k$ entraînent $\omega(a_1, \ldots, a_k) \equiv \omega(a'_1, \ldots, a'_k)$. Une *congruence* sur la structure S est une relation d'équivalence qui est compatible avec chacune des opérations de S. ■

Exemple 1.18. (congruence) Dans le cas d'un groupe G, il existe une correspondance bijective entre les congruences sur G et les sous-groupes distingués de G. En effet, si $\equiv$ est une congruence sur G, la classe de l'élément neutre de G est un sous-groupe distingué, et, inversement, si H est un sous-groupe distingué de G, alors la relation $\equiv_H$ définie par $x \equiv_H y \Leftrightarrow x^{-1}y \in H$ est une congruence sur G. De plus, les deux correspondances ci-dessus sont réciproques l'une de l'autre.

De la même façon, il existe une correspondance entre les congruences sur un anneau A et les idéaux de A. Si $\equiv$ est une congruence sur A, la classe de 0 dans A est un idéal de A, et, inversement, si I est un idéal de A, alors la relation $\equiv_I$ définie par $x \equiv_I y \Leftrightarrow x - y \in I$ est une congruence sur A. Les deux correspondances ci-dessus sont réciproques l'une de l'autre.

La propriété essentielle des congruences est de permettre la définition d'une structure-quotient naturelle : si $\cdot$ est une opération binaire sur une structure S, et si $\equiv$ est une relation d'équivalence sur S, alors, si on note $\overline{a}$ la classe d'équivalence de l'élément a, pour que la relation

$$\overline{a} \cdot \overline{b} = \overline{a \cdot b} \qquad (*)$$

définisse une opération binaire sur l'ensemble quotient $S/\equiv$, il faut et il suffit que la classe de $a \cdot b$ ne dépende que des classes de a et b, et non du choix de a et b dans leurs classes. Autrement dit, il faut et il suffit que $a \equiv a'$ et $b \equiv b'$ entraînent $a \cdot b \equiv a' \cdot b'$: c'est précisément la définition de la compatibilité de la relation $\equiv$ par rapport à l'opération.

Proposition 1.19. (quotient) *Supposons que $\mathcal{V}$ est une variété équationnelle, que S est un élément de $\mathcal{V}$, et que $\equiv$ est une relation d'équivalence sur S. Alors il y a équivalence entre :*

(i) la relation $\equiv$ est une congruence sur S ;

(ii) il existe des opérations sur l'ensemble $S/\equiv$ qui en font un élément de $\mathcal{V}$ et qui font de la projection de S sur $S/\equiv$ un homomorphisme surjectif.

Démonstration : Si la relation $\equiv$ est compatible avec les opérations de S, alors les opérations prescrites par $(*)$ sont bien définies. De plus, si I est une identité algébrique vraie dans S, alors elle est automatiquement vérifiée dans $S/\equiv$: par exemple, si I est l'identité $x \cdot y = y \cdot x$ (commutativité), et si I est vérifiée dans S, alors on a $a \cdot b = b \cdot a$ pour tous a, b dans S, donc, par construction, on a dans $S/\equiv$

$$\overline{a} \cdot \overline{b} = \overline{a \cdot b} = \overline{b \cdot a} = \overline{b} \cdot \overline{a},$$

c'est-à-dire que $S/\equiv$ satisfait aussi I. L'argument précédent ne dépend pas de l'identité considérée. Donc, si S satisfait les identités qui définissent $\mathcal{V}$, il en est de même de $S/\equiv$, qui est donc un élément de $\mathcal{V}$. Enfin la projection $a \mapsto \overline{a}$ de S sur $S/\equiv$ est, par construction des opérations sur $S/\equiv$, un homomorphisme surjectif.

Inversement, dire que la projection de S sur $S/\equiv$ est un homomorphisme impose que les opérations de $S/\equiv$ soient celles définies par la relation $(*)$. Or on a vu que $(*)$ et les relations analogues ne définissent des opérations que si la relation d'quivalence $\equiv$ est compatible avec lesdites opérations, c'est-à-dire si $\equiv$ est une congruence.

Nous pouvons alors énoncer le résultat général suivant.

Proposition 1.20. (quotient) *Soit $\mathcal{V}$ une variété équationnelle, et S une structure libre de base B dans $\mathcal{V}$. Alors, pour toute structure S' dans $\mathcal{V}$ qui inclut B, il y a équivalence entre*

(i) S' est engendrée par B ;

(ii) S' est image homomorphe de S ;

(iii) S' est un quotient de S.

Démonstration : On suppose $B \subseteq S'$. Soit i l'application de B dans S' qui envoie chaque élément sur lui-même – l'identité de B, donc. Puisque S est libre, il existe un prolongement (unique) de i en un homomorphisme $\widehat{i}$ de S dans S'. Par construction, l'image de $\widehat{i}$ est la sous-structure de S' engendrée par B. Donc, si B engendre S', alors $\widehat{i}$ est surjectif, et (i) entraîne (ii).

Supposons (ii), et soit f un homomorphisme surjectif de S sur S'. On considère la relation $\equiv_f$ définie par $x \equiv_f y \Leftrightarrow f(x) = f(y)$. La relation $\equiv_f$ est une relation d'équivalence, et c'est une congruence puisque f est un homomorphisme. Alors f induit un isomorphisme entre l'image de f et l'ensemble-quotient $S/\equiv_f$. Donc (ii) entraîne (iii).

Enfin, B engendre S par définition, donc, si S' est un quotient de S, les classes des éléments de B engendrent S. Donc (iii) entraîne (i).

Le résultat précédent affirme que la structure libre de base B est, en un certain sens, la *plus grossse* de toutes les structures engendrées par B dans la variété équationnelle considérée : toute autre structure engendrée par B s'obtient à partir de celle-ci en quotientant, c'est-à-dire en regroupant des éléments, donc en diminuant la taille de la structure.

Dans le cas particulier des groupes, ou dans celui des anneaux, les congruences ont des caractérisations particulières, respectivement en termes de sous-groupes distingués et d'idéaux. Dans le cas général, on ne peut espérer de description uniforme, mais il existe un résultat général (facile) affirmant l'existence d'une plus petite congruence engendrée par une famille donnée de couples.

Proposition 1.21. (congruence engendrée) *Supposons que $\mathcal{V}$ est une variété équationnelle, S un structure de $\mathcal{V}$, et R une famille de couples d'éléments de S. Alors il existe une (unique) plus petite congruence sur S incluant R.*

Démonstration : On remarque que toute intersection de congruences est encore une congruence : si $(\equiv_i\ ;\ i \in I)$ est une famille de congruences sur S, dire que le couple (x, y) appartient à l'intersection des $\equiv_i$, c'est simplement dire qu'on a $x \equiv_i y$ pour chaque i, et il est alors facile de vérifier les conditions définissant une relation d'équivalence et la compatibilité avec les opérations. Partant alors d'une famille R quelconque, on considère les congruences sur S qui incluent R : il en existe toujours au moins une, à savoir la congruence grossière $\equiv_0$ telle que $x \equiv_0 y$ est vraie pour tout couple (x, y) dans S^2. Soit alors $\equiv$ l'intersection de toutes les congruences sur S qui incluent R : c'est une congruence incluant R, et, par construction, elle est incluse dans toutes les congruences qui incluent R, donc c'est la plus petite d'entre elles.

Comme dans le cas de l'existence de la sous-structure engendrée par un ensemble, le résultat précédent d'existence de la congruence engendrée par une relation est plus théorique que pratique, en ce sens qu'il ne nous donne pas un critère effectif pour reconnaître si des éléments donnés de la structure considérée sont ou non équivalents vis-à-vis de la congruence dont on affirme l'existence.

2.2 MONOÏDES LIBRES

Le cadre général étant précisé, nous pouvons revenir aux monoïdes. Comme on l'a dit, ceux-ci forment une variété équationnelle, à savoir la variété associée aux trois identités $x(yz) = (xy)z$, $x1 = x$ et $1x = x$. Nous disposons donc des notions de familles libres et génératrices dans un monoïde, ainsi que de la notion de monoïde libre. Nous allons voir dans cette section que les monoïdes libres sont les monoïdes du type Σ^*.

2.2.1 Familles génératrices

Proposition 2.1. (famille génératrice) *Supposons que* $(M, \cdot, e)$ *est un monoïde, et que* A *est une partie de* M.

(i) Le sous-monoïde de M *engendré par* A *est la réunion de* $\{e\}$ *et de l'ensemble de tous les produits de la forme* $a_1 \ldots a_n$ *avec* $a_1, \ldots, a_n$ *dans* A.

(ii) La famille A *est génératrice dans le monoïde* M *si et seulement si chaque élément de* M *distinct de* e *peut s'écrire d'au moins une façon comme un produit d'éléments de* A.

Démonstration : Comme les opérations d'un monoïde sont le produit et la constante « élément neutre », ici e, la clôture d'un ensemble A est l'ensemble des éléments qui s'expriment comme produits itérés de e et d'éléments de A. Grâce à l'associativité, l'ordre des produits n'importe pas, et, e étant élément neutre, on peut supprimer tous les e dans les produits, sauf dans le cas où il n'y a pas d'élément de A, c'est-à-dire dans le cas de e lui-même. On a donc (i), et (ii) en découle directement.

Exemple 2.2. (partie génératrice) Soit Σ un ensemble non vide. Alors Σ est une partie génératrice dand le monoïde Σ^*. En effet, par construction, tout mot non vide s'écrit comme produit fini de lettres, c'est-à-dire d'éléments de Σ.

Si, pour A, B inclus dans un monoïde $(M, \cdot, e)$, on définit $A \cdot B$ comme

$$A \cdot B = \{a \cdot b \ ; \ a \in A \text{ et } b \in B\},$$

et A^2 comme $A \cdot A$, et ainsi de suite, on peut réécrire le résultat précédent sous la forme

$$\mathrm{cl}_M(A) = \{e\} \cup A \cup A^2 \cup A^3 \cup \ldots = \{e\} \cup \bigcup_{p=1}^{\infty} A^p.$$

On peut étendre cette notation de façon cohérente en *définissant* le produit d'une famille vide d'éléments comme valant toujours e, de sorte qu'on a alors $A^0 = \{e\}$ pour toute partie A, et on peut alors écrire

$$\mathrm{cl}_M(A) = \bigcup_{p=0}^{\infty} A^p.$$

Même si A est une partie infinie de M, on ne considère que des produits *finis* d'éléments de A : la notion même de produit infini n'a *aucun* sens dans le cas d'un monoïde quelconque. Ce n'est que dans le cas très particulier de monoïdes avec une topologie, par exemple les réels, qu'on peut définir éventuellement un produit infini comme une limite de produits finis.

2.2.2 Familles libres

Comme dans le cas des espaces vectoriels, nous pouvons donner des caractérisations spécifiques des familles libres et génératrices dans le cas des monoïdes.

Proposition 2.3. (famille libre) *Supposons que $(M, \cdot, e)$ est un monoïde, et que A est une partie de M. Il y a équivalence entre*

(i) A est libre dans M ;

(ii) il n'existe pas dans M d'égalité non triviale du type $\prod_1^p a_i = \prod_1^q b_j$ entre éléments de A, c'est-à-dire que $\prod_1^p a_i = \prod_1^q b_j$ entraîne $p = q$, $a_1 = b_1$, ..., $a_p = b_p$ (donc, en particulier, toute égalité du type $a_1...a_p = e$, est impossible).

Démonstration : Supposons (ii). Soit $(M', \cdot', e')$ un monoïde quelconque, et f une application quelconque de A dans M'. D'après la proposition 2.1, les éléments du sous-monoïde $\mathrm{cl}_M(A)$ sont d'une part e, d'autre part les produits finis d'éléments de A. On définit l'application $\widehat{f}$ sur $\mathrm{cl}_M(A)$ par

$$\widehat{f}(e) = e', \quad \widehat{f}(a_1...a_p) = f(a_1) \cdot' ... \cdot' f(a_p).$$

L'hypothèse (ii) implique que chaque élément de $\mathrm{cl}_M(A)$ n'a qu'une seule écriture sous la forme précédente, donc $\widehat{f}$ est bien une application puisque chaque élément n'a qu'une seule image. Alors $\widehat{f}$ est un homomorphisme, car e et e' sont neutres pour leurs opérations respectives, et, par construction, $\widehat{f}$ prolonge f.

Inversement, supposons (ii) en défaut. Il existe des éléments distincts a_1, ..., a_r de A et une relation non triviale entre ces éléments, qu'on peut écrire sous la forme $a_{i_1}...a_{i_p} = a_{j_1}...a_{j_q}$. Mais alors on doit avoir $f(a_{i_1})...f(a_{i_p}) = f(a_{j_1})...f(a_{j_q})$ pour tout homomorphisme f de $\mathrm{cl}_M(A)$ dans un monoïde M'. Or, l'hypothèse que la relation précédente est non triviale signifie que les suites $(i_1, ..., i_p)$ et $(j_1, ..., j_q)$ ne coïncident pas. Soit $\Sigma = \{x_1, ..., x_r\}$ un alphabet à r lettres. Alors les mots $x_{i_1}...x_{i_p}$ et $x_{j_1}...x_{j_q}$ sont distincts dans le monoïde Σ^* : il est donc impossible qu'il existe un homomorphisme de $\mathrm{cl}_M(A)$ dans Σ^* qui envoie a_k sur x_k pour tout k. Donc la famille A n'est pas libre dans M.

Exemple 2.4. (famille libre) Dans le monoïde Σ^*, la famille Σ est libre. En effet, si deux mots $a_{i_1}...a_{i_p}$ et $a_{j_1}...a_{j_q}$ sont égaux, où a_1, ..., a_n sont les éléments de Σ, nécessairement on a $p = q$, car ces paramètres sont la longueur du mot en question, puis on a $j_1 = i_1$ puisque ceci est le numéro de la première lettre du mot, *etc.* On voit que le résultat est trivial : il s'agit simplement de remarquer que, par construction, la décomposition d'un mot en produit de lettres est unique.

2.2.3 Bases

Ainsi que nous l'avons vu ci-dessus, quel que soit l'ensemble Σ, Σ est à la fois famille génératrice et famille libre dans le monoïde Σ^*. Nous pouvons donc énoncer :

Proposition 2.5. (base) *Soit Σ un ensemble quelconque. Alors Σ est une base du monoide Σ^*. Ce dernier est donc un monoïde libre.*

Exemple 2.6. (base) Dans le cas d'un seul générateur, c'est-à-dire dans le cas du monoïde Σ^* associé à un alphabet à une seule lettre, le monoïde obtenu est isomorphe à celui des entiers positifs munis de l'addition : l'application

$$n \mapsto a^n \text{ (} aaa..., n \text{ fois } a)$$

établit un isomorphisme entre le monoïde $(\{a\}^*, \cdot, \varepsilon)$ et le monoïde $(\mathbb{N}, +, 0)$. Ce dernier est donc un monoïde libre de base $\{1\}$.

Les résultats généraux de la section 1 donnent le corollaire suivant :

Proposition 2.7. (prolongement) *Soit $(M, \cdot, e)$ un monoïde quelconque, et f une application de Σ dans M. Alors, il existe un unique prolongement de f en un homomorphisme du monoïde Σ^* dans le monoïde M.*

2.2.4 Congruences

Supposons que $(M, \cdot, e)$ est un monoïde. Une congruence sur $(M, \cdot, e)$ est une relation d'équivalence sur M qui est compatible avec le produit, et on sait d'après les résultats de la section 1 que les congruences sont exactement les relations d'équivalence pour lesquelles il existe une structure de monoïde-quotient.

Exemple 2.8. (quotient) Considérons un monoïde libre Σ^*. Alors la relation $\equiv$ telle que $w \equiv w'$ est vraie si et seulement si w et w' ont même longueur est une congruence sur Σ^*. L'ensemble-quotient est en bijection avec l'ensemble des entiers naturels, puisque chaque classe d'équivalence correspond à exactement une longueur. Comme $|uv|$ est égal par construction à $|u| + |v|$, et que $|\varepsilon|$ est égal à 0, le monoïde-quotient $(\Sigma^*, \cdot, \varepsilon)/\equiv$ est isomorphe à $(\mathbb{N}, +, 0)$.

À la différence du cas des groupes, une congruence sur un monoïde n'est pas forcément déterminée par la classe de l'élément neutre. Supposons par exemple que Σ est un alphabet à au moins deux éléments, et, sur Σ^*, considérons les deux relations $\equiv_1$ et $\equiv_2$ telles que $w \equiv_1 w'$ est vraie si et seulement si w et w' sont égaux, et $w \equiv_2 w'$ est vraie si et seulement si w et w' ont même longueur. Ces deux relations sont des congruences sur Σ^*, elles sont distinctes, et pourtant la classe du mot vide ε est dans les deux cas réduite à $\{\varepsilon\}$.

En appliquant la proposition 1.20, nous obtenons :

Proposition 2.9. (quotient) *Tout monoïde engendré par un ensemble Σ est un quotient du monoïde Σ^*.*

Un monoïde libre possède une base unique, et donc le résultat sur les espaces vectoriels qui affirme que toutes les bases d'un espace donné ont le même nombre d'éléments est aussi vrai pour les monoïdes. Par contre, le résultat affirmant que tout sous-espace d'un espace vectoriel (libre) est aussi libre et que sa dimension – le cardinal d'une base, dans le cas général on parle plutôt de *rang* – est au plus la dimension de l'espace de départ n'est *pas* valable pour les monoïdes (voir Exercices).

2.2.5 Présentations

Puisque tout monoïde est un quotient de monoïde libre, il suffit, pour spécifier un monoïde, de spécifier un monoïde libre, donc simplement un alphabet, et une congruence. D'après la proposition 1.21, on sait que, pour tout ensemble de couples R d'un monoïde M, il existe une plus petite congruence sur M qui inclue R. Utilisant les identités spécifiques des monoïdes, on peut donner une description plus précise de cette congruence.

Proposition 2.10. (congruence engendrée) *Soit M un monoïde, et R un sous-ensemble de $M \times M$. Alors il existe une plus petite congruence sur M qui inclue R, à savoir la relation $\widehat{R}$ telle que $a\,\widehat{R}\,b$ est vraie si et seulement si il existe une suite finie $(c_0, c_1, ..., c_n)$ d'éléments de M telle que c_0 est a, c_n est b, et, pour tout $i < n$, il existe (x_i, y_i) dans R et d_i, e_i dans M vérifiant $\{c_i, c_{i+1}\} = \{d_ix_ie_i, d_iy_ie_i\}$.*

Démonstration : La relation $\widehat{R}$ est réflexive par définition ; elle est symétrique car, si $(c_0, ..., c_n)$ est une suite qui relie a à b, alors $(c_n, ..., c_0)$ relie b à a. De même, elle est transitive, car, si $(c_0, ..., c_n)$ relie a à b et $(c'_0, ..., c'_{n'})$ relie b à c, alors $(c_0, ..., c_n = c'_0, ..., c'_{n'})$ relie a à c. Ensuite, la relation $\widehat{R}$ est compatible avec le produit, car, si $(c_0, ..., c_n)$ relie a à b, alors $(dc_0e, ..., dc_ne)$ relie dae à dbe. C'est donc une congruence, et, par construction, elle inclut R.

Supposons maintenant que $\equiv$ est une congruence sur M incluant R. Puisque $\equiv$ est symétrique et compatible avec le produit, si (x, y) est dans R, on a $dxe \equiv dye$ et $dye \equiv dxe$ pour tous d, e. Comme, en outre, $\equiv$ est transitive, il en résulte que $a\widehat{R}b$ entraîne $a \equiv b$. Donc $\widehat{R}$ est incluse dans $\equiv$, et donc $\widehat{R}$ est la plus petite congruence qui inclue R.

Définition 2.11. (présentation) Supposons que Σ est un alphabet, et que R est un ensemble de couples de mots dans Σ^*. On appelle monoïde *de présentation* $[\Sigma\,;\,R]$ le monoïde-quotient du monoïde libre Σ^* par la congruence sur Σ^* engendrée par R. ■

Exemple 2.12. (présentation) Le monoïde libre Σ^* admet la présentation $[\Sigma\,;\,\emptyset]$: c'est le quotient de Σ^* par la congruence triviale sur Σ^*, à savoir la congruence $\equiv$ pour laquelle aucun mot n'est équivalent à un mot différent de lui-même, c'est-à-dire l'égalité.

Quotienter par la congruence engendrée par R implique que, pour chaque couple (w, w') dans R, les classes de w et w' dans le monoïde-quotient sont égales. Autrement dit, quotienter par R signifie imposer la relation $w = w'$ pour chaque paire (w, w') dans R, ou, plus exactement, $\overline{w} = \overline{w}'$ en notant $\overline{w}$ la classe de w. Pour cette raison, au lieu de représenter R comme ensemble de couples, il est usuel de le représenter comme des égalités.

Exemple 2.13. (présentation) Considérons la congruence sur $\{a\}^*$ engendrée par le couple unique (a^3, a). Le monoïde $[a\ ;\ (a^3, a)]$ est noté de façon alternative $[a\ ;\ a^3 = a]$. On vérifiera que ce monoïde a 3 éléments, à savoir les classes de ε, a et a^2, et que sa table de multiplication est

	ε	a	a^2
ε	ε	a	a^2
a	a	a^2	a
a^2	a^2	a	a^2

que nous pouvons réécrire sous une forme isomorphe plus agréable comme

	0	1	2
0	0	1	2
1	1	2	1
2	2	1	2

2.3 GROUPES LIBRES

La notion de groupe libre est analogue à celle de monoïde libre, comme à celle de toute structure libre dans une variété équationnelle. Enoncée dans le cas particulier des groupes, la définition est la suivante.

Définition 3.1. (groupe libre) Le groupe G est *libre* de base B si B est une partie génératrice de G et si, pour tout groupe G' et toute application f de B dans G', il existe une extension de f en un homomorphisme de G dans G'. ■

De la même façon qu'on caractérise les familles libres dans un espace vectoriel comme celles dont aucune combinaison linéaire non triviale n'est nulle, on peut caractériser de façon interne les familles libres dans un groupe.

Proposition 3.2. (famille libre) *Supposons que G est un groupe, et que a_1, ..., a_n sont des éléments de G. Alors il y a équivalence entre :*

(i) il n'existe pas de relation non triviale du type $a_{i_1}^{e_1}...a_{i_p}^{e_p} = 1$, où non trivial signifie que deux indices i_ℓ consécutifs sont toujours distincts, et où les exposants sont des entiers relatifs non nuls.

(ii) la famille $\{a_1, ..., a_n\}$ est libre.

Démonstration : Supposons (i). Soit H le sous-groupe de G engendré par a_1, ..., a_n ; soit G' un groupe quelconque, et soient a'_1, ..., a'_n des éléments quelconques de G'. Alors tout élément a de H admet une *unique* décomposition non triviale de la forme $a_{i_1}^{e_1}...a_{i_k}^{e_k}$ – non triviale signifiant que les puissances sont regroupées et simplifiées : a_i^{-3} à la place de $a_i^2 a_i^{-5}$, *etc.* Il n'y a alors pas d'ambiguïté à définir une application f par $f(a_{i_1}^{e_1}...a_{i_p}^{e_p}) = {a'_{i_1}}^{e_1}...{a'_{i_p}}^{e_p}$, et f est bien un homomorphisme.

Inversement, supposons (i) en défaut. Il existe une relation non triviale $a_{i_1}^{e_1}...a_{i_p}^{e_p} = 1$, et on doit avoir $f(a_{i_1})^{e_1}...f(a_{i_p})^{e_p} = 1$ pour tout homomorphisme f. Or il existe un groupe G' et des éléments a'_1, ..., a'_n de G' qui ne vérifient pas la relation $a'_{i_1}{}^{e_1}...a'_{i_p}{}^{e_p} = 1$: par exemple, on peut prendre pour G' un groupe libre à n générateurs, et pour $\{a'_1, ..., a'_n\}$ une base de G' – voir la suite de ce chapitre.

2.3.1 Construction des groupes libres

D'après les résultats généraux mentionnés dans la section 1, les groupes libres existent, et tout groupe est quotient d'un groupe libre. Ceci ne constitue pas une description concrète, effective, des groupes libres. C'est une telle description qu'on va donner maintenant.

Le point de départ est la remarque qu'un groupe est un monoïde particulier, donc un groupe peut toujours s'exprimer comme quotient d'un monoïde libre, c'est-à-dire d'un monoïde du type Σ^*. Cependant, les opérations utilisées ne sont pas les mêmes : dans le cas des groupes, en plus du produit et de l'élément neutre, on utilise une opération unaire, l'inverse. De ce fait, les notions de sous-monoïde et de sous-groupe engendrés par une famille d'éléments ne coïncident pas nécessairement. Par exemple dans le groupe additif $(\mathbb{Z}, +)$ – c'est-à-dire $(\mathbb{Z}, +, 0, -)$ – le sous-groupe engendré par 1 est $\mathbb{Z}$ entier, alors que le sous-monoïde du monoïde $(\mathbb{Z}, +, 0)$ engendré par 1 est $\mathbb{N}$. On peut donc seulement affirmer qu'un groupe engendré par une famille Σ est engendré, en tant que monoïde, par la réunion de Σ et des inverses des éléments de Σ. Ceci amène à introduire, pour chaque alphabet Σ, une copie disjointe Σ^{-1} de Σ, et à construire les groupes engendrés par Σ comme quotients du monoïde libre $(\Sigma \cup \Sigma^{-1})^*$: pour chaque lettre x dans Σ, on a introduit une nouvelle lettre x^{-1} pour représenter l'inverse de x. Dans les exemples, il est commode, si les lettre de Σ sont notées par des caractères minuscules, d'utiliser les majuscules correspondantes pour les inverses : A pour a^{-1}, B pour b^{-1}, *etc.*

Sur le monoïde libre $(\Sigma \cup \Sigma^{-1})^*$, on définit une application involutive I comme suit : pour x dans Σ, $I(x)$ est la copie x^{-1} de x dans Σ^{-1}, pour x^{-1} dans Σ^{-1}, $I(x^{-1})$ est x, puis on pose

$$I(\varepsilon) = \varepsilon$$
$$I(x_1, ..., x_n) = I(x_n)...I(x_1).$$

Exemple 3.3. (inversion) Supposons que Σ a deux éléments a et b. Un élément typique w de $(\Sigma \cup \Sigma^{-1})^*$ est *abAbBaa*. On a alors $I(w)$ = *AAbBaBA*. Noter le renversement de l'ordre des caractères.

Définition 3.4. (réduction) Soient w, w' deux mots de $(\Sigma \cup \Sigma^{-1})^*$. On dit que le mot w *se réduit au mot* w' en une étape, ce qu'on note $w \vdash w'$, s'il existe des mots u, v dans $(\Sigma \cup \Sigma^{-1})^*$ et une lettre x dans Σ vérifiant $w = uxx^{-1}v$ ou $w = ux^{-1}xv$ et $w' = uv$. Pour $p \geqslant 0$, on dit que le mot w se réduit au mot w' en p étapes s'il existe une suite de mots w_0, ..., w_p tels que w_0 est w, w_p est w', et, pour tout i intermédiaire,

w_i se réduit à w_{i+1} en une étape. On note $w \vdash^* w'$ si w se réduit à w' en un nombre d'étapes quelconque. ∎

Exemple 3.5. (réduction) Réduire un mot, c'est y supprimer, de façon itérée, des motifs xx^{-1} ou $x^{-1}x$ qui y apparaissent. Par exemple, on a

$$ba\underline{Aa}AbAaB \vdash baAb\underline{Aa}B \vdash baA\underline{bB} \vdash b\underline{aA} \vdash b$$

où, à chaque fois, on a souligné le motif qui est réduit.

Il ne peut y avoir qu'un nombre fini de réductions à partir d'un mot donné, car chaque étape diminue d'exactement deux unités la longeur du mot. Par contre, il peut y avoir plusieurs réductions simultanément possibles, et il n'est pas clair *a priori* que toutes les réductions doivent mener à un résultat final unique. C'est pourtant le cas, grâce au résultat suivant.

Lemme 3.6. *Supposons qu'on a à la fois $w \vdash^* w'$ et $w \vdash^* w''$. Alors il existe un mot w''' tel qu'on ait à la fois $w' \vdash^* w'''$ et $w'' \vdash^* w'''$.*

Démonstration : On note $w_1 \vdash^p w_2$ si w_1 se réduit à w_2 en p étapes On va montrer que si $w \vdash^p w'$ et $w \vdash^q w''$ sont vrais, alors il existe w''' et p', q' vérifiant $w' \vdash^{q'} w'''$ et $w'' \vdash^{p'} w'''$ avec $p' \leqslant p$ et $q' \leqslant q$. Supposons d'abord $p = q = 1$. Deux cas sont possibles. Ou bien les deux motifs à simplifier sont disjoints, c'est à dire qu'il existe des mots u, u', u'' et x, y dans $\Sigma \cup \Sigma^{-1}$ tels qu'on ait (quitte à permuter w' et w'', et à échanger x et x^{-1} ou y et y^{-1} si nécessaire)

$$w = uxx^{-1}u'yy^{-1}u'', \qquad w' = uu'yy^{-1}u'', \quad \text{et} \quad w'' = uxx^{-1}u'u''.$$

Alors le mot $uu'u''$ convient pour w''' avec $p' = q' = 1$. Ou bien les deux motifs à simplifier ont un caractère en commun (s'il en ont deux, c'est que w' et w'' sont égaux, cas trivial), c'est-à-dire qu'il existe des mots u, u' et x dans $\Sigma \cup \Sigma^{-1}$ vérifiant

$$w = uxx^{-1}xu', \qquad w' = uxu', \quad \text{et} \quad w'' = uxu'.$$

Donc dans ce cas w' et w'' sont toujours égaux, et le résultat est vrai avec $p' = q' = 0$. Ensuite on montre le résultat du lemme pour tout p et $q = 1$ par induction sur $p \geqslant 1$. Supposons $w \vdash^p w' \vdash w'_1$ et $w \vdash w''$. Par hypothèse d'induction il existe w''' et $p' \leqslant p$, $q' \leqslant 1$ vérifiant

$$w' \vdash^{q'} w''' \quad \text{et} \quad w'' \vdash^{p'} w'''.$$

Or il existe w'''_1 vérifiant $w'_1 \vdash^{q_1} w'''_1$ et $w''' \vdash^{p_1} w'''_1$ avec $q_1 \leqslant 1$ et $p_1 \leqslant 1$. Alors on a $w'' \vdash^{p'+p_1} w'''_1$, ce qui est le résultat souhaité. Enfin on fait une induction sur $q \geqslant 1$ suivant le même principe.

On déduit du lemme précédent que, partant d'un mot w quelconque, il existe un *unique* mot réduit (c'est-à-dire irréductible) auquel w se réduise : qu'un tel mot existe vient de ce que le nombre de réductions possibles est fini, qu'il soit unique vient de la propriété de confluence ci-dessus : si w se réduit à w' et w'', et qu'en plus w' soit réduit, alors forcément w'' se réduit à w' : en effet, il doit exister w''' auquel à la fois w' et w'' se réduisent, or, w' étant irréductible, la seule possibilité est que w''' soit égal à w'.

Définition 3.7. (mot réduit) Pour tout mot w de $(\Sigma \cup \Sigma^{-1})^*$, on note red($w$) l'unique mot réduit auquel w se réduise. ■

Exemple 3.8. (mot réduit) Si w est, comme ci-dessus, le mot $baAaAbAaB$, alors red(w) est le mot b, puisque b est irréductible et que w se réduit à b.

Lemme 3.9. *La relation « avoir même réduction » est une congruence sur* $(\Sigma\cup\Sigma^{-1})^*$, *et le monoïde-quotient est un groupe.*

Démonstration : Supposons $w \equiv w'$, et soient u, v deux mots quelconques. Par définition on a $w \vdash^* w''$ et $w' \vdash^* w''$, où w'' est la valeur commune de red(w) et red(w'). Ceci entraîne

$$uwv \vdash^* uw''v \quad \text{et} \quad uw'v \vdash^* uw''v,$$

par définition de la réduction, donc, de là,

$$\mathrm{red}(uwv) = \mathrm{red}(uw''v) = \mathrm{red}(uw'v),$$

soit $uwv \equiv uw'v$: la relation $\equiv$ est compatible avec le produit de $(\Sigma \cup \Sigma^{-1})^*$. Le monoïde-quotient existe donc. Pour montrer que c'est un groupe, il reste à montrer que toute classe a un inverse. Or, pour tout mot w, les mots $wI(w)$ et $I(w)w$ se réduisent au mot vide, ainsi que le montre une récurrence triviale sur la longueur de w : c'est dire que la classe de $I(w)$ est l'inverse de la classe de w.

Définition 3.10. (groupe F_Σ) Soit Σ un ensemble (non vide) quelconque. On note F_Σ le groupe $(\Sigma \cup \Sigma^{-1})^*/\equiv$, où $\equiv$ est la congruence « avoir même réduction ». ■

Le groupe F_Σ n'est pas un objet compliqué comme un quotient peut l'être *a priori*, car nous connaissons un représentant distingué pour chaque classe d'équivalence, à savoir l'unique mot réduit que contient cette classe. On peut alors éventuellement identifier $(\Sigma \cup \Sigma^{-1})^*/\equiv$ avec l'ensemble des mots réduits. Il ne reste alors qu'à décrire le produit de deux mots réduits : par construction, ce doit être le mot réduit qui appartient à la classe d'équivalence du produit des deux mots, ce qui revient, pour les mots réduits, à définir un *nouveau* produit par

$$u * v = \mathrm{red}(uv).$$

Proposition 3.11. (libre) *Pour tout ensemble Σ, le groupe F_Σ est un groupe libre de base Σ.*

Démonstration : D'abord Σ engendre F_Σ en tant que groupe, car $\Sigma\cup\Sigma^{-1}$ engendre $(\Sigma \cup \Sigma^{-1})^*$ en tant que monoïde. Soit G un groupe quelconque, et f une application quelconque de Σ dans G. On étend f à Σ^{-1} en posant $f(x^{-1}) = f(x)^{-1}$. Il existe alors une (unique) extension de f en un homomorphisme f^* du monoïde libre $(\Sigma \cup \Sigma^{-1})^*$ dans le *monoïde* G. Supposons que le mot w se réduit en une étape au mot w' : il existe des mots u, v et un élément x de $\Sigma \cup \Sigma^{-1}$ vérifiant $w = uxx^{-1}v$ (ou bien $w = ux^{-1}xv$) et $w' = uv$. On a donc alors

$$\begin{aligned} f^*(w) &= f^*(uxx^{-1}v) = f^*(u)f^*(x)f^*(x^{-1})f^*(v) \\ &= f^*(u)f^*(x)f^*(x)^{-1}f^*(v) = f^*(u)f^*(v) = f^*(uv) = f^*(w'). \end{aligned}$$

Une récurrence immédiate donne le même résultat si w se réduit à w' en un nombre quelconque d'étapes, puis si w et w' sont équivalents pour $\equiv$, puisqu'alors il se réduisent tous deux à un même troisième mot. C'est dire que la fonction f^* induit une application bien définie sur l'ensemble-quotient $(\Sigma \cup \Sigma^{-1})^* / \equiv$. Cette application est automatiquement un homomorphisme du groupe $(\Sigma \cup \Sigma^{-1})^* / \equiv$ dans le groupe G, et elle prolonge f moyennant le fait de confondre les éléments de Σ et leurs classes d'équivalence, ce qui est loisible puisqu'un mot d'une lettre est toujours réduit, et donc en particulier deux lettres distinctes ne sont jamais équivalentes.

Comme plus haut, nous savons que le groupe libre de base Σ est le plus gros des groupes engendrés par Σ, au sens où tout groupe engendré par Σ en est un quotient. Notons que, si Σ n'a qu'un élément, le groupe libre de base Σ est isomorphe au groupe $(\mathbb{Z}, +)$. Si Σ a deux éléments, le groupe libre engendré par Σ (« groupe libre à deux générateurs ») n'est pas commutatif – et il n'est donc pas isomorphe à $(\mathbb{Z}, +)^2$. En effet, en notant a et b les deux générateurs, on a $ab \not\equiv ba$ puisque ab et ba sont deux mots réduits distincts. Plus généralement le monoïde Σ^* est inclus dans le groupe libre engendré par Σ puisque des mots positifs, c'est-à-dire sans lettre x^{-1} avec x dans Σ, sont nécessairement réduits.

On peut aussi montrer qu'il est impossible que tous les groupes libres soient commutatifs en utilisant le raisonnement suivant : tout quotient d'un groupe commutatif est commutatif et tout groupe est quotient d'un groupe libre, or il existe un groupe non commutatif, donc il existe un groupe libre non commutatif.

Dans le cas des monoïdes, tous les sous-monoïdes d'un monoïde libre ne sont pas nécessairement libres (voir Exercices). La situation est différente dans le cas des groupes : tout sous-groupe d'un groupe libre est un groupe libre (c'est un résultat tout à fait non trivial). Par contre, il est faux que tout sous-groupe d'un groupe libre de rang r ait nécessairement un rang inférieur ou égal à r, sauf pour $r = 1$ (voir Exercices).

2.3.2 Présentations de groupes

Tout groupe est un quotient de groupe libre. Plus précisément, tout groupe engendré par un ensemble Σ est quotient du groupe libre F_Σ. De la même façon que pour les monoïdes, nous pouvons donc spécifier un groupe G engendré par Σ en décrivant la congruence $\equiv$ sur F_Σ telle que G est $F_\Sigma / \equiv$: ceci à nouveau peut se faire en spécifiant une liste de paires qui engendrent $\equiv$.

Définition 3.12. (présentation) Supposons que Σ est un ensemble quelconque et R un ensemble de couples d'éléments de F_Σ ; le groupe de *présentation* $\langle \Sigma \,;\, R \rangle$ est le quotient de F_Σ par la congruence engendrée par R. ■

Comme dans le cas des monoïdes, on écrira plutôt $u = v$ que (u, v) dans la spécification des paires engendrant une congruence.

Exemple 3.13. (présentation) Le groupe libre F_Σ admet la présentation $\langle \Sigma\ ;\ \emptyset \rangle$: la congruence engendrée par l'ensemble vide est l'égalité, et quotienter par l'identité, c'est ne rien quotienter du tout.

Comme les éléments du groupe F_Σ sont, par construction, des mots réduits sur l'alphabet $\Sigma \cup \Sigma^{-1}$, se donner une famille de couples d'éléments de F_Σ, c'est simplement se donner une famille de couples de mots. Rien n'empêche de considérer des mots non réduits : c'est simplement une autre façon (un peu stupide) de représenter des éléments du groupe libre. Par exemple, la congruence engendrée par le couple $(x^3x^{-1}, 1)$ est la congruence engendrée par le couple $(x^2, 1)$, puisque les mots x^3x^{-1} et x^2 représentent le même élément dans tout groupe libre dont la base contient x.

Il résulte de la construction que le groupe libre F_Σ admet, en tant que monoïde, la présentation $[\Sigma \cup \Sigma^{-1}\ ;\ \{xx^{-1} = x^{-1}x = \varepsilon\ ;\ x \in \Sigma\}]$, ce qu'on peut écrire (de façon un peu abusive, car un groupe n'est pas exactement un monoïde, puisqu'ils n'ont pas les mêmes opérations)

$$\langle \Sigma\ ;\ \emptyset \rangle = [\Sigma \cup \Sigma^{-1}\ ;\ \{xx^{-1} = x^{-1}x = \varepsilon\ ;\ x \in \Sigma\}].$$

Cet exemple peut se généraliser.

Proposition 3.14. (groupe comme monoïde) *Supposons que R est un ensemble de couples de mots dans $(\Sigma \cup \Sigma^{-1})^*$. Alors le groupe $\langle \Sigma\ ;\ R \rangle$ est isomorphe au monoïde $[\Sigma \cup \Sigma^{-1}\ ;\ R \cup \{xx^{-1} = x^{-1}x = \varepsilon\ ;\ x \in \Sigma\}]$.*

Démonstration : Notons $\equiv$ la congruence sur F_Σ engendrée par R, et $\cong$ la congruence sur $(\Sigma \cup \Sigma^{-1})^*$ engendrée par R auquel on ajoute tous les couples (xx^{-1}, ε) et $(x^{-1}x, \varepsilon)$ pour x dans Σ. Posons $G = F_\Sigma/\equiv$, et $M = (\Sigma \cup \Sigma^{-1})^*/\cong$. Il s'agit de montrer que le groupe G est isomorphe au monoïde M. Soit f l'application de $\Sigma \cup \Sigma^{-1}$ dans G qui associe à x sa classe vis-à-vis de $\equiv$ – ce qui a un sens puisque x est un mot réduit, donc un élément de F_Σ – et à x^{-1} l'inverse de la classe de x vis-à-vis de $\equiv$. Par hypothèse, il existe une extension de f en un homomorphisme f^* du monoïde libre $(\Sigma \cup \Sigma^{-1})^*$ dans G considéré comme un monoïde. Une induction immédiate sur la longueur montre que, pour tout mot w dans $(\Sigma \cup \Sigma^{-1})^*$, $f^*(w)$ est la classe pour $\equiv$ du mot $\mathrm{red}(w)$. Comme G, en tant que monoïde, est engendré par l'image de $\Sigma \cup \Sigma^{-1}$, l'application f^* est surjective.

Ensuite, on a $f^*(xx^{-1}) = f^*(x^{-1}x) = 1 = f^*(\varepsilon)$ pour tout x dans Σ, et, d'autre part, si (w, w') est dans R, on a par hypothèse $\mathrm{red}(w) \equiv \mathrm{red}(w')$, et donc $f^*(w) = f^*(w')$. Comme la congruence $\cong$ est engendrée par les couples (xx^{-1}, ε) et $(x^{-1}x, \varepsilon)$ et les éléments de R, on déduit que $w \cong w'$ entraîne $f^*(w) = f^*(w')$. Par conséquent, l'homomorphisme f^* se factorise à travers $\cong$, c'est-à-dire qu'il existe un homomorphisme surjectif $\overline{f}$ de $(\Sigma \cup \Sigma^{-1})/\cong$, qui est M, sur G tel que $\overline{f}(\overline{w})$ est $f^*(w)$, où $\overline{w}$ représente la classe de w pour $\cong$.

Remarquons maintenant que M est un groupe. En effet, pour chaque mot w dans $(\Sigma \cup \Sigma^{-1})^*$, on a par construction $wI(w) \cong I(w)w \cong \varepsilon$, donc $\overline{I(w)}$ est, dans M, un inverse pour $\overline{w}$. Donc, à ce point, on a deux groupes, M et G, et un homomorphisme surjectif $\overline{f}$ de M sur G. Il reste à voir que $\overline{f}$ est injectif, c'est-à-dire à montrer que $\mathrm{red}(w) \equiv \mathrm{red}(w')$ entraîne $w \cong w'$. Comme, par définition, la congruence $\equiv$ est engendrée par R, il suffit de montrer qu'on a $w \cong w'$ pour chaque couple dans R. Or ceci résulte de la définition de $\cong$.

Exemple 3.15. (présentation) D'après la proposition précédente, le groupe $\langle a, b\ ;\ ab = ba\rangle$ s'identifie au monoïde $[a, b, A, B\ ;\ ab = ba, aA = Aa = bB = Bb = \varepsilon]$.

Le résultat précédent permet d'exprimer un groupe directement comme quotient d'un monoïde libre, et non comme quotient d'un groupe libre qui est déjà lui-même un quotient de monoïde libre, donc d'éviter un quotient de quotient.

Montrer qu'un groupe donné a une certaine présentation, ou, inversement, décrire complètement un groupe à partir d'une présentation (par exemple en construisant explicitement sa table de multiplication) ne sont, en général, pas des tâches aisées. On peut même *prouver* qu'il n'existe pas de méthode générale pour décider par exemple si un groupe est fini ou non à partir d'une présentation.

Considérons ici le problème de trouver une présentation pour un groupe G donné. Supposons qu'on a trouvé une famille de générateurs Σ dans G. La question est de trouver une présentation de type $\langle \Sigma\ ;\ R\rangle$ pour G, c'est-à-dire de décrire les relations satisfaites par les éléments de Σ. Le principe général est de chercher *des* relations satisfaites par les éléments de Σ. À ce moment, on peut utiliser le principe suivant.

Lemme 3.16. *Supposons que Σ engendre le groupe G, et que R est un ensemble de relations satisfaites par les éléments de Σ dans G. Alors G est un quotient du groupe $\langle \Sigma\ ;\ R\rangle$.*

Démonstration : Soir f l'application de F_Σ dans G qui envoie chaque élément de Σ sur lui-même. Par définition, f se prolonge en un homomorphisme $\widehat{f}$ de F_Σ dans G. Comme Σ engendre G, cet homomorphisme est surjectif. Par construction, on a $\widehat{f}(w) = \widehat{f}(w')$ pour chaque couple (w, w') dans R. Donc $\widehat{f}$ se factorise à travers la congruence $\equiv_R$ sur F_Σ engendrée par R, ce qui signifie que $\widehat{f}$ induit un homomorphisme surjectif du groupe $\langle \Sigma\ ;\ R\rangle$ sur le groupe G.

Exemple 3.17. (présentation) Considérons le groupe symétrique S_3. Soit a la transposition $(1, 2)$ et b la transposition $(2, 3)$. On sait que S_3 est engendré par a et b. Par ailleurs, il est facile de vérifier que, dans S_3, on a les relations $aba = bab$ et $a^2 = b^2 = 1$. Il en résulte que S_3 est un quotient du groupe de présentation $\langle a, b\ ;\ aba = bab, a^2 = b^2 = 1\rangle$.

Montrer que $\langle \Sigma\ ;\ R\rangle$ est une présentation du groupe G consiste alors à montrer que l'homomorphisme fourni par le lemme précédent est injectif, donc est un isomorphisme. Il n'existe pas de méthode générale. Une méthode commode peut consister, dans le cas de groupes finis, à montrer que G et $\langle \Sigma\ ;\ R\rangle$ ont le même nombre d'éléments, ce qui suffit pour conclure.

Exemple 3.18. (présentation) Reprenons le cas de S_3, dont on sait qu'il a 6 éléments. Soit G_0 le groupe de présentation $\langle a, b\ ;\ aba = bab, a^2 = b^2 = 1\rangle$. Tout élément de G_0 peut se représenter comme la classe d'un mot sur l'alphabet $\{a, b, A, B\}$ vis-à-vis de la congruence $\cong$ sur $\{a, b, A, B\}^*$ engendrée par les couples (Aa, ε), (aA, ε), (Bb, ε), (bB, ε), (aba, bab), (a^2, ε) et (b^2, ε). Si nous pouvons montrer que $\cong$ n'a pas plus de 6 classes d'équivalence, nous pourrons conclure que G_0 a au plus 6 éléments, et donc que l'homomorphisme de G_0 sur S_3 est nécessairement injectif. Ceci entraînera que cet homorphisme est bijectif, et donc, en particulier, que $\cong$ a exactement 6 classes.

Or soit w un mot quelconque sur $\{a, b, A, B\}$. D'abord w est équivalent au mot obtenu en remplaçant partout A par a et B par b. En effet, on a $A \cong A\varepsilon \cong Aaa \cong \varepsilon a \cong a$, et, de même, $B \cong b$. Donc toute classe contient un mot formé sur a et b. Ensuite, tout tel mot est équivalent au mot obtenu en supprimant de façon itérée tous les motifs a^2 et b^2, puisqu'on a $a^2 \cong b^2 \cong \varepsilon$. Donc toute classe contient un mot de la forme *ababab*... ou *bababa*... (où a et b alternent). Considérons le mot *abab* : on a $abab \cong aaba \cong ba$. Le même type de calcul s'applique à tout mot du type $(ab)^n$ et $(ba)^n$ de longueur au moins égale à 4. Il en résulte que toute classe suivant $\cong$ doit contenir un mot de longueur au plus 3, et, par conséquent, toute classe contient au moins un des 6 mots ε, a, b, ab, ba ou aba. Il y a donc au plus 6 classes, et on conclut que S_3 admet la presentation $\langle a, b\ ;\ aba = bab, a^2 = b^2 = 1\rangle$.

Nous n'irons pas ici au-delà de cet exemple simple : comme on l'a dit plus haut, le problème de reconnaître et d'étudier un groupe d'après une présentation est en général difficile, et c'est la question centrale de toute une théorie dite *théorie combinatoire (ou géométrique) des groupes*.

EXERCICES

2.1. Quelles sont les congruences d'un espace vectoriel ?

2.2. Montrer qu'une famille A est libre dans une structure S si et seulement si A est une base de la sous-structure qu'elle engendre.

2.3. Soit Σ un alphabet. Montrer qu'une partie A de Σ^* engendre le monoïde Σ^* si et seulement si A inclut Σ. En déduire que Σ est la seule base du monoïde Σ^* et, de là, que, si Σ et Σ' ne sont pas en bijection, alors les monoïdes Σ^* et Σ'^* ne sont pas isomorphes.

2.4. (i) Montrer que la famille $\{aa, ab, ba, bb\}$ est libre dans le monoïde $\{a, b\}^*$. Est-elle génératrice ? Montrer que le sous-monoïde M du monoïde libre $\{a, b\}^*$ engendré par *aa*, *ab*, *ba* et *bb* est libre, et donc qu'un monoïde libre de rang 2 admet un sous-monoïde libre de rang 4.

(ii) Construire de même un sous-monoïde de $\{a, b\}^*$ de n'importe quel rang donné – même infini.

2.5. Soit Σ un alphabet, et soit c un élément fixé de Σ. Montrer que la relation $\equiv_c$ sur Σ^* définie par $w \equiv_c w' \Leftrightarrow |w|_c = |w'|_c$ est une congruence sur Σ^*, et décrire le monoïde-quotient correspondant.

2.6. (i) On suppose que M est un sous-monoïde du monoïde Σ^*. On appelle B l'ensemble $(M \setminus \{\varepsilon\}) \setminus (M \setminus \{\varepsilon\})^2$, c'est-à-dire l'ensemble des mots non vides de M qui ne peuvent pas se décomposer comme produit de deux mots non vides de M. Montrer que B est l'unique famille génératrice de M minimale au sens de l'inclusion.

(ii) On considère le cas particulier où Σ est $\{a, b\}$ et où M est l'ensemble des mots sur $\{a, b\}$ qui ne sont pas de la forme b^q avec $q > 0$ – autrement dit, M contient ε et tous les mots qui ont au moins un a. Montrer que M est un monoïde, déterminer l'ensemble B correspondant, et montrer qu'il n'est pas une famille libre. En déduire que M n'est pas un monoïde libre.

2.7. Soit Σ un alphabet. Montrer que le monoïde $(\mathfrak{P}(\Sigma^*), ., \{\varepsilon\})$ n'est pas un monoïde libre.

2.8. (i) Pour $m \geqslant 0, p \geqslant 1$, on note $\equiv_{m,p}$ la relation sur $\mathbb{N}$ telle que $x \equiv_{m,p} y$ est vraie si on a $x = y$, ou $x, y \geqslant m$ et $x \equiv y \pmod p$. Montrer que $\equiv_{m,p}$ est une congruence sur le monoïde $(\mathbb{N}, +, 0)$. Combien d'éléments a le monoïde-quotient ?

(ii) Inversement, on suppose que $(M, \cdot, 1)$ est un monoïde engendré par un élément a, et on définit l'application f de $\mathbb{N}$ dans M par $f(n) = a^n$ pour $n \geqslant 1$ et $f(0) = 1$. Pourquoi la relation $f(x) = f(y)$ est-elle une congruence sur le monoïde $(\mathbb{N}, +, 0)$? Que dire si f est injective ?

(iii) On suppose f non injective. On appelle m le plus petit entier vérifiant $(\exists n > m)(f(n) = f(m))$, et p le plus petit entier vérifiant $f(m + p) = f(m)$. Montrer que $f(x) = f(y)$ équivaut à $x \equiv_{m,p} y$. En déduire une classification de tous les monoïdes à un générateur.

2.9. Soit M le monoïde de présentation $[a, b\ ;\ ab = ba]$.

(i) Montrer que M est commutatif.

(ii) Montrer que M est isomorphe à $(\mathbb{N}, +)^2$.

(iii) Montrer que M est un monoïde commutatif libre de base $\{a, b\}$, c'est-à-dire que, dans la variété équationnelle des monoïdes commutatifs, M est libre de base $\{a, b\}$ – on considérera donc des homomorphismes de M vers des monoïdes commutatifs exclusivement.

(iv) Généraliser cet exemple au cas d'un nombre quelconque de générateurs.

2.10. (i) Soit M le monoïde de présentation $[a, b\ ;\ ba = a]$. Montrer que tout élément de M peut s'écrire sous la forme $a^p b^q$ avec p, q positifs ou nuls, et qu'on a $a^p b^q \cdot a^{p'} b^{q'} = a^{p+p'} b^{q'}$ pour $p' \geqslant 1$, et $= a^p b^{q+q'}$ pour $p' = 0$.

(ii) Montrer que $\mathbb{N}^2$ muni du produit défini par $(p,q) * (p',q') = (p+p',q')$ pour $p' \geqslant 1$, et $= (p, q+q')$ pour $p' = 0$ est un monoïde d'élément neutre $(0,0)$. Montrer que M est isomorphe à $(\mathbb{N}^2, *)$.

2.11. (i) Soit M le monoïde de présentation $[a,b\ ;\ ba = a^2b]$. Montrer que tout élément de M peut s'écrire sous la forme $a^p b^q$ avec p, q positifs ou nuls, et qu'on a $a^p b^q \cdot a^{p'} b^{q'} = a^{p+2^q p'} b^{q+q'}$.

(ii) Montrer que $\mathbb{N}^2$ muni du produit défini par $(p,q) * (p',q') = (p + 2^q p', q + q')$ est un monoïde d'élément neutre $(0,0)$. Montrer que M est isomorphe à $(\mathbb{N}^2, *)$.

2.12. (i) Montrer que, si a est un élément d'un groupe G satisfaisant $a^n = 1$, alors la famille $\{a\}$ n'est pas libre dans G.

(ii) De même, montrer que, si a et b sont deux éléments d'un groupe G qui commutent, alors la famille $\{a, b\}$ n'est pas libre dans G.

2.13. Vérifier directement que le groupe additif $(\mathbb{Z}, +)$ est un groupe libre de base $\{1\}$. Retrouver ainsi la classification complète des groupes monogènes.

2.14. Montrer qu'un groupe fini à au moins deux éléments n'est pas libre.

2.15. Montrer que le groupe additif $\mathbb{Z}/n\mathbb{Z}$ admet la présentation

$$\langle x\ ;\ x + \ldots + x \ (n \text{ termes}) \ = 0\rangle$$

soit $\langle x\ ;\ x^n = 1\rangle$ en notation multiplicative.

2.16. Montrer que le groupe additif $\mathbb{Z}^2$ admet la présentation $\langle x, y\ ;\ x + y = y + x\rangle$ – soit $\langle x, y\ ;\ xy = yx\rangle$ en notation multiplicative).

2.17. Montrer en suivant l'exemple 3.18 que le groupe symétrique S_4 admet la présentation

$$\langle a, b, c\ ;\ aba = bab, bcb = cbc, ac = ca, a^2 = b^2 = c^2 = 1\rangle.$$

On introduira pour cela les transpositions $a = (1\ 2)$, $b = (2\ 3)$, $c = (3\ 4)$

2.18. Montrer que le groupe diédral D_{2n}, défini comme le groupe des isométries du plan qui laissent invariant un polygone régulier à n côtés, admet la présentation $\langle a, b,\ ;\ a^n = 1, b^2 = 1, bab = b^{n-1}\rangle$. On introduira a comme rotation d'angle $2\pi/n$, et b comme symétrie axiale.

2.19. Résoudre dans le groupe libre de base $\{a, b\}$ le système d'équations $xyx^{-1} = a$, $xy^2 = b$.

2.20. On se propose de montrer que le rang d'un groupe libre est bien défini, c'est-à-dire que toutes les bases d'un groupe libre ont le même nombre d'éléments.

(i) Soit d'abord G un groupe quelconque, et H un sous-groupe de G d'indice 2, c'est-à-dire tel que la relation d'équivalence $xy^{-1} \in H$ a exactement deux classes. Montrer que H est distingué, et montrer qu'on a les implications

$$\begin{cases} x \in H \text{ et } y \in H \Rightarrow xy \in H \\ x \notin H \text{ et } y \in H \Rightarrow xy \notin H \\ x \in H \text{ et } y \notin H \Rightarrow xy \notin H \\ x \notin H \text{ et } y \notin H \Rightarrow xy \in H \end{cases}$$

(ii) On suppose que F est un groupe libre de base $\{a_1, ..., a_n\}$, et que H est un sous-groupe de F d'indice 2. On note $I(H)$ l'ensemble des indices i tels que a_i n'est pas dans H. Montrer que $I(H)$ est un sous-ensemble non vide de $\{1, ..., n\}$, et que $I(H)$ détermine H : on montrera qu'un mot (réduit) $a_{i_1}^{\pm 1}...a_{i_p}^{\pm 1}$ appartient à H si et seulement si dans la suite $(i_1, ..., i_p)$ le nombre d'indices dans $I(H)$ est pair. En déduire que F possède exactement $2^n - 1$ sous-groupes d'indice 2, et conclure.

2.21. (i) Montrer que $\{aa, ab, ba, bb\}$ n'est pas une famille libre dans le groupe libre engendré par a et b

(ii) Montrer que la famille $\{b, aba^{-1}, a^2ba^{-2}\}$ est une famille libre dans le groupe libre engendré par a et b : on montrera par induction sur ℓ que, si sw est un mot réduit de longueur ℓ sur l'alphabet $\{x^{\pm 1}, y^{\pm 1}, z^{\pm 1}\}$, alors le mot red($f(sw)$) commence toujours par la première moitié de $f(s)$ – f étant l'homomorphisme qui envoie $x^{\pm 1}$ sur $b^{\pm 1}$, $y^{\pm 1}$ sur $ab^{\pm 1}a^{-1}$, $z^{\pm 1}$ sur $a^2b^{\pm 1}a^{-2}$, et la première moitié d'un mot de longueur $2p - 1$ étant définie comme son préfixe de longueur p.

(iii) Le résultat « un sous-espace vectoriel d'un espace vectoriel de dimension 2 est de dimension au plus 2 » admet-il une contrepartie dans le monde des groupes ?

Chapitre 3

Automates

Nous abordons ici une des notions les plus importantes de ce cours, celle d'automate et de langage automatique. La notion d'automaticité est une forme de notion de finitude, qu'on peut rapprocher de la compacité en analyse. Elle joue un rôle important dans des développements variés, par exemple en algèbre (théorie des groupes automatiques) et en combinatoire et théorie des nombres (suites automatiques). Par ailleurs, les automates fournissent un moyen concis de spécifier des langages compliqués et leur implantation sur ordinateur est très aisée, ce qui explique leur intérêt pratique en informatique.

3.1 AUTOMATES

Comme on le verra plus loin, l'automaticité d'un langage peut se définir en termes de relations d'équivalence sur des mots. Il est cependant plus naturel de les introduire ici à partir d'une méthode de décision plutôt que dans un contexte d'algèbre pure.

3.1.1 La notion d'automate

Spécifier un langage L, c'est donner une description des mots qui sont dans L, ou, de façon équivalente, donner une méthode algorithmique permettant de décider si un mot w quelconque est, ou n'est pas, dans L : c'est ce qu'on a appelé au chapitre 1 résoudre le problème de décision de L. Par exemple, si L est l'ensemble des mots qui contiennent deux lettres a et pas de lettre b, une telle méthode (dont on voit bien qu'elle est algorithmique au sens où on pourrait la transcrire en un programme d'ordinateur) peut consister à lire le mot de gauche à droite en comptant les caractères rencontrés : il sera aisé de conclure lorsque le mot aura été lu entièrement s'il répond ou non aux critères d'appartenance à L. L'idée des automates est d'introduire un cadre général pour des méthodes de décision de ce type, à savoir des méthodes consistant à lire le mot testé de gauche à droite en mettant en mémoire au fur et à mesure les éléments souhaités, et à conclure à la fin de la lecture en fonction des éléments présents dans la mémoire. Le point essentiel est qu'on suppose toujours la mémoire finie et d'une taille fixée indépendante du mot w considéré, ce qui interdit de garder en mémoire tout le mot w.

Exemple 1.1. (multiples) Considérons l'ensemble des nombres entiers écrits en base 10, donc vus comme des mots sur l'alphabet formé des dix chiffres 0, 1, ..., 9, et soit L l'ensemble des nombres divisibles par 9. Comment reconnaître si un nombre donné est divisible par 9 ? On peut poser la division, ce qui nous amènera à *écrire* de nouveaux chiffres, en nombre au moins proportionnel au nombre de chiffres du nombre initial, et donc non borné. Mais on sait qu'on peut aussi se contenter d'appliquer la preuve par 9, c'est-à-dire lire (de gauche à droite ou de droite à gauche, peu importe) les chiffres du nombre les uns après les autres, et retenir simplement la classe *modulo* 9 de leur somme : il y a exactement 9 possibilités pour cette classe, et tout ce qu'il faut retenir à chaque instant est l'endroit où on en est. En particulier, le nombre initial est divisible par 9 si et seulement si la dernière classe obtenue est celle de 9 (donc de 0). Cet algorithme est typique de ce que nous allons appeler automate dans la suite.

Exemple 1.2. (scores au tennis) Dans un jeu de tennis, la règle est qu'au-delà de 40, le premier qui a deux points d'avance emporte le jeu. L'annonce des scores tient compte de cela : alors qu'en début de jeu on met en mémoire exactement tous les points (15–0, 30–0, 30–15, *etc.*), ensuite, une fois parvenu à 40–40, on ne continue plus à indiquer les points, mais simplement ce qu'il faut en retenir pour conclure, soit l'une des cinq possibilités « égalité», « avantage A », « avantage B », « jeu A », « jeu B ». Ainsi, l'ensemble des scores possibles est *fini* – à la différence de la plupart des autres sports où l'ensemble des scores possibles est $\mathbb{N}^2$.

Pour formaliser l'approche précédente, on considère un ensemble *fini* Q dont les éléments sont les différents *états* possibles de la mémoire. Dire qu'on lit un caractère en mettant en mémoire les éléments nécessaires revient alors à dire qu'on se donne une application

$$T : Q \times \Sigma \longmapsto Q,$$

à savoir celle qui prescrit le nouvel état de la mémoire à partir de son ancien état et du caractère lu – ici Σ désigne, comme toujours, l'alphabet utilisé. Il faut aussi préciser la façon de conclure, c'est-à-dire décider, en fonction de l'état final de la mémoire lorsque le mot a été entièrement lu, s'il est *accepté* ou *refusé* : ceci revient à fixer une partition de l'ensemble Q en deux sous-ensembles, l'ensemble des états *acceptants* et l'ensemble des états *refusants*. Enfin, il est commode de décider qu'on part d'un état de mémoire qui est toujours le même (mémoire vide, si on veut), et qu'on appellera état *initial*. Ceci nous mène à la notion suivante.

Définition 1.3. (automate) Un *automate*, ou automate fini déterministe, ou AFD, est un quintuplet (Q, Σ, T, q_0, A) où Q et Σ sont deux ensembles finis, appelés l'*ensemble des états* et l'*alphabet* de l'automate, T est une application de $Q \times \Sigma$ dans Q, appelée la *fonction de transition* de l'automate, q_0 est un élément de Q, appelé l'*état initial*, et A est un sous-ensemble de Q, appelé l'*ensemble des états acceptants*. ■

Pour représenter un automate, on peut donner la table des valeurs de T, comme un tableau à double entrée (la plupart du temps, états pour les lignes et caractères pour les colonnes), ou comme un graphe dont les sommets représentent les états et où les flèches sont étiquetées par les caractères et indiquent les transitions entre états provoquées par lesdits caractères. Dans les deux cas, l'état initial est indiqué par une flèche « entrante », et les états acceptants en entourant les états concernés.

Exemple 1.4. (automate) La table et le graphe suivants représentent un automate d'ensemble d'états $\{1, 2, 3\}$ et d'alphabet $\{a, b\}$; l'état 1 est initial, et l'état 3 acceptant.

	a	b
→1	2	1
2	3	3
[3]	3	1

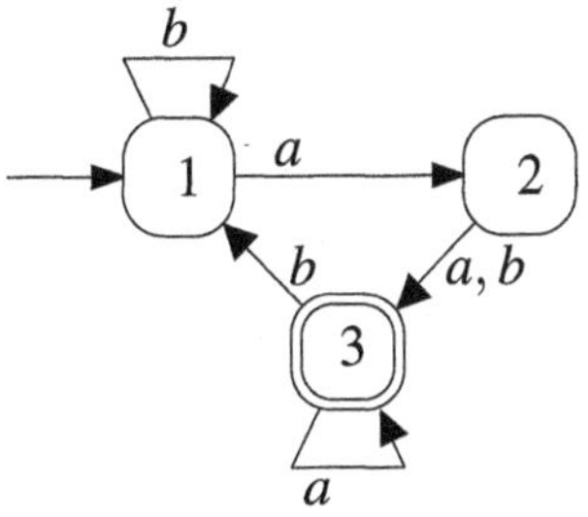

On utilise alors un automate à *lire* des mots.

Définition 1.5. (mot accepté, langage décidé) Supposons que $\boldsymbol{M}$ est un automate, soit $\boldsymbol{M} = (Q, \Sigma, T, q_0, A)$. La *fonction de transition itérée* est l'application $T^* : Q \times \Sigma^* \to Q$ définie par

$$T^*(q, w) = \begin{cases} q & \text{pour } w = \varepsilon, \\ T(T^*(q, w_0), x) & \text{pour } w = w_0 x \text{ avec } x \in \Sigma. \end{cases}$$

On dit que le mot w est *accepté* par l'automate $\boldsymbol{M}$ si et seulement si l'état $T^*(q_0, w)$ est dans A ; w est *refusé* dans le cas contraire. Si $\boldsymbol{M}$ est un automate d'alphabet Σ, et L un langage sur Σ, on dit que $\boldsymbol{M}$ *décide* L si L est l'ensemble des mots acceptés par $\boldsymbol{M}$. ■

Ces définitions sont naturelles par rapport à la présentation initiale des automates : $T^*(q, w)$ est l'état où on arrive en lisant le mot w à partir de l'état q, et, puisqu'on a convenu de toujours partir de q_0, il est logique de déclarer acceptés les mots qui mènent à un état acceptant lorsqu'on les lit à partir de l'état initial. La présentation d'un automate par graphe permet de reconnaître facilement si un mot donné est ou non accepté par cet automate : il suffit de partir de l'état initial et de parcourir l'unique chemin dont les étiquettes forment la suite des caractères du mot : le mot est accepté si le dernier état obtenu est un état acceptant.

Exemple 1.6. (mot accepté) Le mot *aababba* est refusé par l'automate ci-dessus : la suite des états correspondant à la lecture du mot, à partir de l'état initial 1, est

1, 2, 3, 1, 2, 3, 1, 2,

et le dernier état n'est pas acceptant.

Un automate lisant un mot *w* peut être vu comme une « machine » travaillant sur *w* et effectuant une suite finie de transitions consistant à lire une lettre, faire un changement d'état, et rendre accessible la lettre suivante : à chaque instant, exactement une lettre est accessible. On peut imaginer les lettres de *w* comme écrites sur les cases successives d'un ruban, et représenter la suite des configurations du système dans le cas de l'exemple ci-dessus, comme suit :

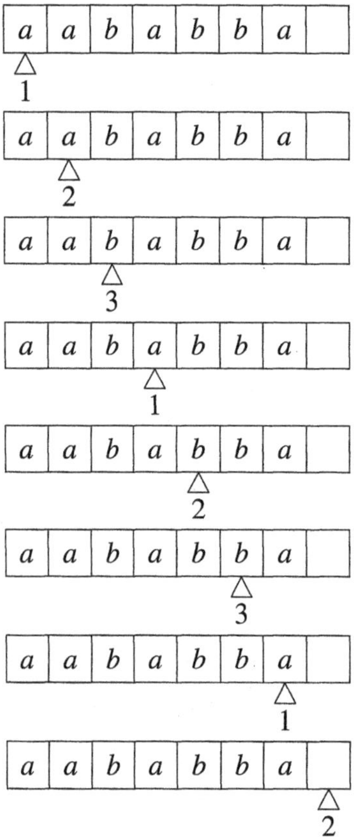

Ce point de vue sera repris et étendu dans la suite de ce cours (automates à pile, machines de Turing).

Dans l'exemple précédent, et bien que l'automate soit très petit (au sens où par exemple on peut en décrire la table ou le graphe avec très peu de caractères), il n'est pas évident *a priori* de décrire en français le langage décidé par cet automate autrement précisément que comme ensemble des mots acceptés par l'automate.

Exemple 1.7. (mot accepté) Il existe un automate qui décide le langage d'alphabet $\{0, 1, ..., 9\}$ formé par tous les nombres divisibles par 9. En effet, conformément au principe de la preuve par 9 évoqué plus haut, ce langage est décidé par l'automate suivant, dont les états sont les 9 classes possibles *modulo* 9 :

	1	2	3	4	5	6	7	8	9	0
1	2	3	4	5	6	7	8	9	1	1
2	3	4	5	6	7	8	9	1	2	2
3	4	5	6	7	8	9	1	2	3	3
4	5	6	7	8	9	1	2	3	4	4
5	6	7	8	9	1	2	3	4	5	5
6	7	8	9	1	2	3	4	5	6	6
7	8	9	1	2	3	4	5	6	7	7
8	9	1	2	3	4	5	6	7	8	8
→[9]	1	2	3	4	5	6	7	8	9	9

Noter que ce qui précède est légèrement incorrect : on requiert en général qu'un nombre soit ou bien 0, ou bien commence à gauche par un chiffre entre 1 et 9. Peut-on adapter l'automate précédent à cette requête ?

On pourrait considérer comme optimal un automate qui retiendrait tout, c'est-à-dire qui, pour chaque état q et chaque lettre x, aurait un état « q, puis x » spécifique. Ceci permettrait de sélectionner exactement tous les mots souhaités, c'est-à-dire, pour chaque ensemble de mots L, d'écrire un automate tel que L soit exactement l'ensemble des mots acceptés par cet automate. Cette hypothèse n'est pas retenue, car il faudrait considérer un ensemble d'états *infini*, contrairement à la définition actuelle, et à la réalité qu'il s'agit de modéliser : un automate avec ensemble infini d'états ne pourrait être programmé, et ne correspondrait à aucun système concret.

Avant de passer à la suite, notons que la fonction de transition itérée vérifie la condition de compatibilité suivante, généralisant la définition, qui correspond au cas où le mot v a une seule lettre.

Lemme 1.8. *Supposons que (Q, Σ, T, q_0, A) est un automate. Pour tout état q et tous mots u, v dans Σ^*, on a l'égalité $T^*(q, uv) = T^*(T^*(q, u), v)$.*

Démonstration : Par induction sur la longueur du mot v. Si v est vide, l'égalité est vraie puisqu'on a $T^*(q, \varepsilon) = q$ par définition. Sinon, supposons $v = v_0x$, avec $x \in \Sigma$. On a alors

$$\begin{aligned} T^*(q, uv) &= T^*(q, (uv_0)x) = T(T^*(q, uv_0), x) \\ &= T(T^*(T^*(q, u), v_0), x) = T^*(T^*(q, u), v_0x) = T^*(T^*(q, u), v) \end{aligned}$$

en appliquant l'hypothèse de récurrence.

3.1.2 Langages automatiques

Le fait pour un langage L d'être décidé par un automate est important, tant sur le plan théorique que sur le plan pratique. Sur le plan théorique, nous verrons au chapitre suivant qu'il entraîne des contraintes structurelles fortes pour L, et, en particulier, permet d'affirmer que L se construit à partir des singletons par une suite d'opérations simples. Sur le plan pratique, la connaissance d'un automate décidant L permet de travailler avec L de façon très simple. Il est donc naturel de donner un nom à cette propriété de L – en fait, plusieurs noms sont employés dans la littérature.

Définition 1.9. (automatique) Supposons que L est un langage. On dit que L est *automatique* – ou *rationnel*, ou *décidable par automate* – s'il existe au moins un automate qui décide L. ■

Proposition 1.10. (décidabilité) *Tout langage automatique est décidable.*

> ***Démonstration :*** Voilà un résultat bien naturel... mais impossible à *démontrer* pour l'instant puisque nous n'avons pas posé de définition précise de la décidabilité. Ce qui est clair, c'est qu'étant donné un mot w, et un langage automatique L, nous pouvons décider si w appartient à L en appliquant au mot w un automate $\boldsymbol{M}$ qui décide L : par définition, w est dans L si et seulement si $\boldsymbol{M}$ accepte w, et le seul point qui soit à vérifier est que la détermination de l'état final de $\boldsymbol{M}$ après lecture de w correspond bien à ce que nous considérerons comme un procédé effectif. Comme il s'agit d'un processus fini dans une table elle-même finie, le résultat est naturel.

3.2 CONSTRUCTION D'AUTOMATES

À chaque automate est associé un langage, à savoir l'ensemble des mots qu'il accepte. Inversement, étant donné un langage, il n'existe pas nécessairement d'automate qui le décide, mais cela peut être le cas. Se posent donc deux questions concrètes :

- étant donné un automate, décrire le langage qu'il décide ;
- étant donné un langage, construire un automate qui le décide, s'il en existe.

Nous reviendrons plus loin sur la première question (dont la formulation est imprécise : le langage décidé par un automate donné est parfaitement spécifié par cette propriété), et nous abordons ici la seconde.

3.2.1 Construction directe

Dans des cas simples, il arrive qu'on puisse construire directement un automate à partir d'une définition du langage.

Proposition 2.1. (singleton) *Tout langage composé d'un mot unique est automatique.*

> ***Démonstration :*** Supposons $w = x_1 ... x_\ell$ avec $x_1, ..., x_\ell$ dans Σ. Considérons l'automate $\boldsymbol{M}_w$ dont le graphe est

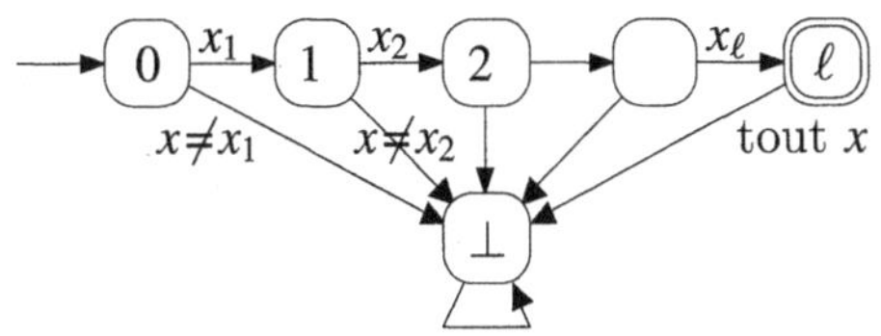

La lecture du mot w fait passer de l'état initial 0 à l'état acceptant ℓ, alors que la lecture de tout autre mot fait passer de 0 soit à l'un des états non acceptants 0, ..., $\ell - 1$ (si le mot est un préfixe strict de w), soit à l'état-« puits» $\perp$ (dans tous les autres cas). Donc l'automate $\boldsymbol{M}_w$ accepte le mot w, et refuse tout autre mot. En d'autres termes, l'automate $\boldsymbol{M}_w$ décide le langage $\{w\}$.

Voici deux autres exemples.

Exemple 2.2. (construction d'automate) Considérons

$$L = \{w \in \{a, b\}^* \; ; \; |w|_a \text{ est pair}\},$$

où $|w|_a$ désigne le nombre de a dans w. Pour décider si un mot donné w appartient ou non à L, il s'agit de connaître la parité du nombre de a dans w, laquelle ne peut prendre que deux valeurs, « pair » et « impair ». De plus, pour chaque lettre x, la parité du nombre de a dans wx ne dépend que de la parité du nombre de a dans w et de x, suivant les règles

$$T(\text{pair}, a) = \text{impair} \quad , \quad T(\text{pair}, b) = \text{pair},$$
$$T(\text{impair}, a) = \text{pair} \quad , \quad T(\text{impair}, b) = \text{impair}.$$

Considérons alors l'automate suivant :

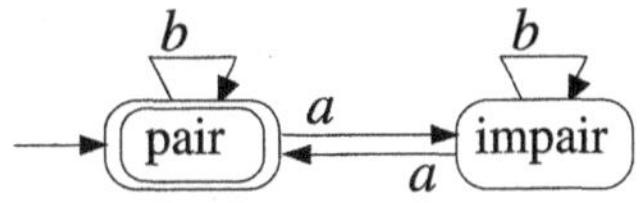

Sa fonction de transition est la fonction T définie plus haut. Une récurrence sur n montre que, pour tout mot w de longueur n, on a

$$T^*(\text{pair}, w) = \begin{cases} \text{pair} & \text{si } |w|_a \text{ est pair,} \\ \text{impair} & \text{si } |w|_a \text{ est impair,} \end{cases}$$

et donc w est accepté par l'automate si et seulement si $|w|_a$ est pair. Notons que les noms donnés aux états n'importent pas, de sorte qu'on peut tout aussi bien remplacer l'automate précédent par

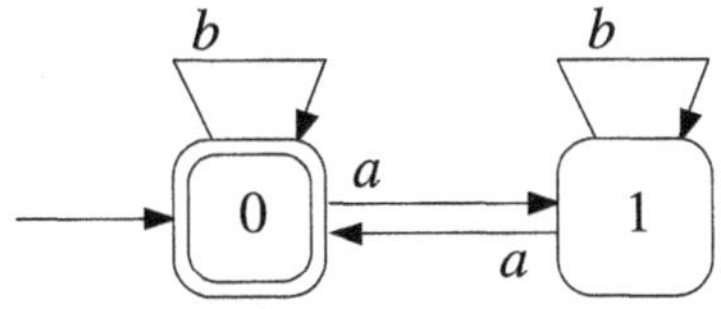

La construction précédente peut être étendue à tout langage défini par une condition du type « le nombre de a dans w est congru à q *modulo* p ».

Exemple 2.3. (construction d'automate) Nous avons vu plus haut que l'ensemble des nombres qui sont le développement en base 10 d'un entier multiple de 9 est un langage automatique : nous avons construit un automate à 9 états qui mime la preuve par 9, et accepte les nombres dont la somme des chiffres est un multiple de 9, donc les multiples de 9. Que se passe-t-il si on considère un autre module, par exemple 7 ? Les propriétés spécifiques de l'entier 9 par rappport à la base considérée ($9 = 10 - 1$) ne s'appliquent pas à 7, et il n'existe pas de « preuve par 7 ».

En fait, le résultat reste le même, et nous allons construire un automate qui décide le langage $L_{7,10}$ formé par les développements en base 10 des multiples de 7. Pour décider si un mot appartient à $L_{7,10}$, il suffit d'être capable de déterminer la classe de N *modulo* 7 à partir du développement de N en base 10, qu'on notera $[N]_{10}$. Plus précisément, pour que ce calcul puisse être effectué par un automate, il s'agit de déterminer cette classe en lisant $[N]_{10}$ de gauche à droite. Lire un nouveau chiffre x revient à passer de l'entier N à l'entier $10N + x$, et la question est de savoir si la donnée de $\overline{N}$, classe de N *modulo* 7, et de x, chiffre entre 0 et 9, permet de déterminer la classe $\overline{10N + x}$ de l'entier $10N + x$ *modulo* 7. La réponse est positive, puisqu'on peut écrire dans l'anneau-quotient $\mathbb{Z}/7\mathbb{Z}$

$$\overline{10N + x} = \overline{10} \cdot \overline{N} + \overline{x}.$$

Donc, si on pose $Q = \{\overline{0}, \overline{1}, ..., \overline{6}\}$, et qu'on définit la fonction T par

$$T(q,x) = \overline{10} \cdot q + \overline{x} \quad (= \overline{3} \cdot q + \overline{x}),$$

on obtient $T^*(\overline{0}, [N]_{10}) = \overline{N}$ pour tout N, et donc l'automate $(Q, \{0, ..., 9\}, T, \overline{0}, \{\overline{0}\})$ décide le langage $L_{7,10}$.

Remarquer que le choix de 7 est indifférent, et que l'argument précédent s'applique à tout module et toute base. Par ailleurs, comme dans l'exemple 1.7, il resterait à prendre l'intersection du langage précédent avec le langage formé des mots qui sont effectivement des développements d'entiers en base 10, c'est-à-dire à éliminer les mots commençant par 0 et non égaux à 0.

3.2.2 Opérations booléennes

Pour des langages plus compliqués, il est commode de disposer de méthodes systématiques. Une situation fréquente est celle où on connaît des automates décidant des langages $L_1, L_2, ...$ et où on cherche un automate décidant un langage L défini à partir de $L_1, L_2, ...$ au moyen d'opérations sur les langages.

Proposition 2.4. (complément) *Supposons que l'automate (Q, Σ, T, q_0, A) décide le langage L. Alors l'automate $(Q, \Sigma, T, q_0, Q \setminus A)$ décide le langage complémentaire $\Sigma^* \setminus L$.*

Démonstration : Soit w un mot quelconque dans Σ^*. Alors l'état $T^*(q_0, w)$ est dans $Q \setminus A$ si et seulement si il n'est pas dans A : c'est dire que l'automate $(Q, \Sigma, T, q_0, Q \setminus A)$ accepte le mot w si et seulement si l'automate (Q, Σ, T, q_0, A) le refuse.

Les choses sont moins triviales lorsqu'on part de deux langages, et donc de deux automates. L'idée que nous développons maintenant consiste à utiliser simultanément les deux automates, c'est-à-dire à construire un automate dont le calcul contient à la fois toutes les informations des deux calculs des automates de départ. Il suffit pour cela d'utiliser comme états des couples formés d'un état du premier automate et d'un état du second.

Définition 2.5. (produit cartésien) Supposons que T_1 et T_2 sont des fonctions respectivement de $Q_1 \times \Sigma$ dans Q_1 et de $Q_2 \times \Sigma$ dans Q_2. On note $T_1 \times T_2$ la fonction de $(Q_1 \times Q_2) \times \Sigma$ dans $Q_1 \times Q_2$ définie par $T_1 \times T_2((q_1, q_2), x) = (T_1(q_1, x), T_2(q_2, x))$. ■

Le résultat suivant montre qu'un calcul unique avec $T_1 \times T_2$ correspond à deux calculs simultanés, l'un avec T_1, l'autre avec T_2.

Lemme 2.6. *Supposons que T_1 et T_2 sont des fonctions respectivement de $Q_1 \times \Sigma$ dans Q_1 et de $Q_2 \times \Sigma$ dans Q_2. Alors, pour tout couple (q_1, q_2) dans $Q_1 \times Q_2$ et pour tout mot w dans Σ^*, on a*

$$(T_1 \times T_2)^*((q_1, q_2), w) = (T_1^*(q_1, w), T_2^*(q_2, w)).$$

Démonstration : On raisonne par induction sur la longueur n de w. Pour $n = 0$, c'est-à-dire pour $w = \varepsilon$, on a par définition

$$(T_1 \times T_2)^*((q_1, q_2), w) = (q_1, q_2) = (T_1^*(q_1, w), T_2^*(q_2, w)).$$

Si w est de longueur 1, l'égalité résulte de la définition de $T_1 \times T_2$. Sinon, supposons $w = w_0 x$, avec $x \in \Sigma$. On obtient

$$\begin{aligned}(T_1 \times T_2)^*((q_1, q_2), w) &= (T_1 \times T_2)^*((q_1, q_2), w_0 x)\\ &= (T_1 \times T_2)((T_1 \times T_2)^*((q_1, q_2), w_0), x)\\ &= (T_1 \times T_2)((T_1^*(q_1, w_0), T_2^*(q_2, w_0)), x)\\ &= (T_1(T_1^*(q_1, w_0), x), T_2^*(T_2(q_2, w_0), x))\\ &= (T_1^*(q_1, w), T_2^*(q_2, w)),\end{aligned}$$

en utilisant l'hypothèse de récurrence.

Il est alors facile de traiter les opérations booléennes sur les langages.

Proposition 2.7. (intersection) *Supposons que, pour $i = 1, 2$, l'automate $(Q_i, \Sigma, T_i, q_{0,i}, A_i)$ décide le langage L_i. Alors l'automate $(Q_1 \times Q_2, \Sigma, T_1 \times T_2, (q_1, q_2), A_1 \times A_2)$ décide le langage $L_1 \cap L_2$.*

Démonstration : Par définition, l'automate $(Q_1 \times Q_2, \Sigma, T_1 \times T_2, (q_1, q_2), A_1 \times A_2)$ accepte le mot w si et seulement si l'état $(T_1 \times T_2)^*((q_1, q_2), w)$ est dans $A_1 \times A_2$. D'après le lemme 2.6, ceci est vrai si et seulement si le couple $(T_1^*(q_1, w), T_2^*(q_2, w))$ est dans $A_1 \times A_2$, c'est-à-dire si et seulement si $T_1^*(q_1, w)$ est dans A_1 et $T_2^*(q_2, w)$ est dans A_2. Cette dernière conjonction signifie que les deux automates (T_1, q_1, A_1) et (T_2, q_2, A_2) acceptent w, c'est-à-dire que w est dans l'intersection de L_1 et L_2.

Exemple 2.8. (intersection) Soient

$L_1 = \{w \in \{a,b\}^* \ ; \ w \text{ finit par } a\}$ et $L_2 = \{w \in \{a,b\}^* \ ; \ w \text{ a un nombre pair de } a\}$.

Les langages L_1 et L_2 sont décidés respectivement par les automates

L_1	a	b
$\to 0$	1	0
$\boxed{1}$	1	0

et

L_2	a	b
$\to \boxed{0}$	1	0
1	0	1

(le démontrer). Il en résulte que le langage $L_1 \cap L_2$ est décidé par l'automate

$L_1 \cap L_2$	a	b
$\to(0,0)$	$(1,1)$	$(0,0)$
$(0,1)$	$(1,0)$	$(0,1)$
$\boxed{(1,0)}$	$(1,1)$	$(0,0)$
$(1,1)$	$(1,0)$	$(0,1)$

Proposition 2.9. (union) *Supposons que, pour $i = 1, 2$, l'automate $(Q_i, \Sigma, T_i, q_{0,i}, A_i)$ décide le langage L_i. Alors l'automate $(Q_1 \times Q_2, \Sigma, T_1 \times T_2, (q_1, q_2), A_1 \times Q_2 \cup Q_1 \times A_2)$ décide le langage $L_1 \cup L_2$.*

Démonstration : L'argument est le même que ci-dessus, à ceci près que $(T_1 \times T_2)^*((q_1, q_2), w)$ est dans $A_1 \times Q_2 \cup Q_1 \times A_2$ si $T_1^*(q_1, w)$ est dans A_1 *ou* $T_2^*(q_2, w)$ est dans A_2, donc si w est dans L_1 ou dans L_2.

Proposition 2.10. (différence) *Supposons que, pour $i = 1, 2$, l'automate $(Q_i, \Sigma, T_i, q_{0,i}, A_i)$ décide le langage L_i.*
Alors l'automate $(Q_1 \times Q_2, \Sigma, T_1 \times T_2, (q_1, q_2), A_1 \times Q_2 \setminus Q_1 \times A_2)$ décide le langage $L_1 \setminus L_2$.

L'argument est à nouveau le même. D'une façon générale, pour toute combinaison booléenne L des langages L_1, ..., L_n, on peut ainsi construire un automate décidant L à partir d'automates décidant L_1, ..., L_n (s'il en existe).

En itérant la proposition 2.9, on déduit que tout union *finie* de langages automatiques est automatique. En particulier, puisque tout singleton est automatique, nous obtenons le corollaire suivant.

Proposition 2.11. (fini) *Tout langage fini est automatique.*

Démonstration : Un langage fini est une union finie de singletons.

La proposition 2.9 ne donne *rien* en ce qui concerne les réunions infinies. Notons qu'il existe certainement des réunions de langages automatiques qui ne sont pas automatiques : en effet, tout langage L est égal à la réunion des singletons $\{w\}$ pour $w \in L$.

3.2.3 Homomorphismes

Un autre procédé permettant de construire des automates est l'utilisation des homomorphismes.

Proposition 2.12. (image inverse) *Supposons que (Q, Σ, T, q_0, A) décide le langage L, et que f est un homomorphisme de Σ_1^* dans Σ^*. Alors l'automate $(Q, \Sigma_1, T_1, q_0, A)$ défini par $T_1(q, x) = T^*(q, f(x))$ décide le langage $f^{-1}[L]$.*

Démonstration : Nous montrons par récurrence sur n que, pour tout mot w dans Σ_1^* de longueur au plus n, on a

$$T_1^*(q, w) = T^*(q, f(w))$$

pour tout état q. La formule est vraie pour w vide, et pour w de longueur 1 par construction. Sinon, écrivant w comme w_0x avec $x \in \Sigma_1$, on trouve

$$\begin{aligned} T_1^*(q, w) &= T_1(T_1^*(q, w_0), x) \\ &= T_1(T^*(q, f(w_0)), x) \\ &= T^*(T^*(q, f(w_0)), f(x)) = T^*(q, f(w_0x)) = T^*(q, f(w)). \end{aligned}$$

Alors $T_1^*(q_0, w) \in A$ équivaut à $T^*(q_0, f(w)) \in A$, donc à $f(w) \in L$, qui est aussi $w \in f^{-1}[L]$ par définition de $f^{-1}[L]$.

Nous laissons pour le moment ouverte la question analogue pour l'image directe par homomorphisme. Nous y reviendrons au chapitre suivant.

3.3 EXTENSIONS DE LA NOTION D'AUTOMATE

La définition des automates comporte plusieurs aspects contingents sinon arbitraires, et on peut imaginer des variantes et extensions. Dans cette section, on introduit de telles variantes de la notion d'automate, et on montre des résultats d'équivalence entre celles-ci et la notion initiale. Ceci montre que la définition initiale n'est pas si arbitraire qu'il pouvait paraître, puisque les variantes mènent à la même notion de langage décidé. Ceci permet également l'utilisation des variantes d'automate lorsque cela facilite les constructions.

3.3.1 Automates non déterministes

Revenons sur la question de la construction d'un automate décidant la réunion de deux langages L_1 et L_2 à partir d'automates $\boldsymbol{M}_1$ et $\boldsymbol{M}_2$ décidant L_1 et L_2. Supposons que les ensembles d'états de $\boldsymbol{M}_1$ et $\boldsymbol{M}_2$ sont disjoints, et considérons l'« automate» $\boldsymbol{M}$ obtenu en prenant la réunion de $\boldsymbol{M}_1$ et $\boldsymbol{M}_2$. Si nous convenons que $\boldsymbol{M}$ accepte un mot w s'il existe un chemin étiqueté par w qui mène d'un état initial à un état acceptant, alors l'ensemble des mots acceptés par $\boldsymbol{M}$ est exactement la réunion de L_1 et L_2. Ceci fournit donc un moyen très simple pour construire un automate pour la réunion de deux langages... , à ceci près que $\boldsymbol{M}$ n'est *pas* un automate puisqu'il a deux états initiaux. Rien n'empêche cependant de considérer des objets tels que $\boldsymbol{M}$, à condition de ne pas les appeler des automates et de ne pas leur appliquer sans justification des résultats démontrés seulement pour les « vrais » automates. C'est ce que nous allons faire ici.

La distinction entre le pseudo-automate ***M*** précédent et un vrai automate est que, pour un mot w donné, il peut exister plusieurs lectures de w, puisqu'il peut exister plusieurs états initiaux. Plus généralement, on va considérer maintenant des systèmes *non déterministes*, définis comme des systèmes où, partant d'une configuration donnée, on peut passer (éventuellement) à plus d'une nouvelle configuration par une étape de calcul. Un système déterministe est, au contraire, un système où, partant d'une configuration, il existe (au plus) une configuration qui la suit. Un automate est un exemple de système déterministe : arrivé à un certain état, et ayant à lire une lettre, il n'y a qu'un nouvel état possible, et donc, au total, une seule lecture (un seul calcul) associée à un mot donné.

On peut définir une notion non déterministe d'automate en admettant la présence de plusieurs états initiaux, et, pour chaque état et chaque caractère, la possibilité de passer dans plusieurs états au choix. Techniquement, Q étant l'ensemble des états, et Σ l'alphabet considéré, il suffit de remplacer une fonction de transition allant de $Q \times \Sigma$ dans Q par une fonction de transition allant de $Q \times \Sigma$ dans l'ensemble des parties $\mathfrak{P}(Q)$: $T(q,x)$ représente maintenant l'ensemble des états où on peut aller en partant de q et en lisant x, le cas d'un automate déterministe correspondant alors au cas où $T(q,x)$ est toujours un singleton.

Définition 3.1. (AFN) Un *automate fini non déterministe*, ou AFN, d'ensemble d'états Q et d'alphabet Σ, est un quintuplet (Q, Σ, T, I, A) où Q et Σ sont deux ensembles finis, appelés l'*ensemble des états* et l'*alphabet* de l'AFN, T est une application de $Q \times \Sigma$ dans $\mathfrak{P}(Q)$, appelée la *fonction de transition* de l'AFN, et I et A sont deux sous-ensembles de Q, appelés respectivement l'*ensemble des états initiaux* et l'*ensemble des états acceptants* de l'AFN. ∎

Exemple 3.2. (AFN) On représente les AFN comme les automates, soit par une table (qui pourra comporter plusieurs, ou aucune, valeurs dans chaque case) ou un graphe (qui pourra comporter plusieurs, ou aucune, flèche associées à un caractère donné partant d'un sommet donné). Ce qui suit est la table d'un AFN d'ensemble d'états $\{0, 1\}$ et d'alphabet $\{a, b\}$.

	a	b
→0	0, 1	0
$\boxed{1}$	1	1

Il ne s'agit pas d'un automate, puisque deux transitions sont possibles à partir de l'état 0 en lisant le caractère a. Le graphe associé est :

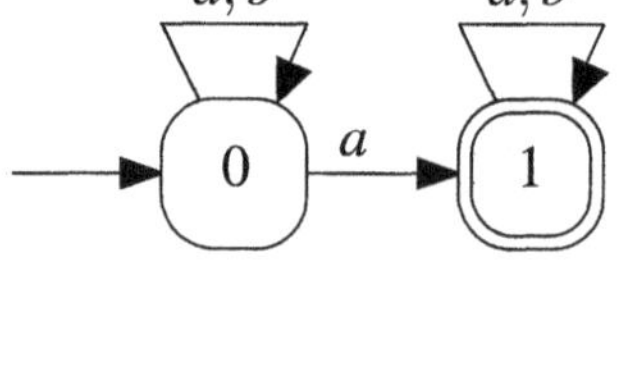

L'avantage d'introduire la fonction de transition d'un AFN d'ensemble d'états Q et d'alphabet Σ comme une application de $Q \times \Sigma$ dans $\mathfrak{P}(Q)$ est qu'ainsi on a une fonction partout définie : le cas où aucune transition n'est possible à partir de (q, x) correspond simplement au cas où $T(q, x)$ est l'ensemble vide ; de même, le cas où une transition est possible correspond à celui où $T(q, x)$ est un singleton, celui où deux transitions sont possibles à celui où $T(q, x)$ est une paire, *etc.* Dans toute la suite, le cas de l'ensemble vide ne se distingue pas des autres cas, et il n'est pas nécessaire de faire de convention particulière.

Comme les automates, les AFN sont utilisés pour accepter ou refuser des mots. On a une notion naturelle de lecture d'un mot par un AFN, mais il n'y a plus nécessairement unicité de celle-ci. La convention qui est choisie est d'accepter les mots pour lesquels au moins une lecture mène à un état acceptant.

Définition 3.3. (lecture, acceptation) Supposons que $\boldsymbol{M}$ est un AFN, soit $\boldsymbol{M} = (Q, \Sigma, T, I, A)$, et w est un mot sur Σ, soit $w = x_1 ... x_\ell$. Une *lecture* de w par $\boldsymbol{M}$ est une suite d'états $(q_0, q_1, ..., q_\ell)$ vérifiant

(i) $q_0 \in I$, et

(ii) $q_i \in T(q_{i-1}, x_i)$ pour $1 \leqslant i \leqslant \ell$.

On dit que le mot w est *accepté* par $\boldsymbol{M}$ s'il existe au moins une lecture de w par $\boldsymbol{M}$ qui se termine par un état acceptant. ■

Exemple 3.4. (acceptation) Reprenons l'AFN de l'exemple précédent. Les mots acceptés par cet AFN sont les mots qui contiennent au moins un caractère a. En effet, si w s'écrit uav, $(0, ..., 0)$ est une lecture de u, $(0, 1)$ est une lecture de a, et $(1, ..., 1)$ est une lecture de v, donc $(0, ..., 0, 1, ..., 1)$ est une lecture de w, qui se termine par un état acceptant. Donc w est accepté. Inversement, si w est accepté, c'est qu'une lecture de w se termine par l'état 1. Comme tout lecture commence par l'état 0, et que a est le seul caractère qui fasse passer de l'état 0 à l'état 1, w doit contenir un caractère a.

Dans le cas d'un automate déterministe, nous avons étendu la définition de la fonction de transition des lettres aux mots par récurrence, de sorte que $T^*(q, w)$ est l'état obtenu en lisant w à partir de q. Nous pouvons faire de même pour les AFN.

Définition 3.5. (transition itérée) Supposons que (Q, Σ, T, I, A) est un AFN. La *fonction de transition itérée* de cet AFN est la fonction T^* de $\mathfrak{P}(Q) \times \Sigma$ dans $\mathfrak{P}(Q)$ définie par

$$T^*(X, w) = \begin{cases} X & \text{pour } w = \varepsilon, \\ \displaystyle\bigcup_{q \in T^*(X, w_0)} T(q, x) & \text{pour } w = w_0 x, \text{ avec } x \in \Sigma. \end{cases}$$

■

Lemme 3.6. *Supposons que (Q, Σ, T, I, A) est un AFN, et que w est un mot sur Σ. Alors $T^*(I, w)$ est l'ensemble des états finaux des lectures de w par (Q, Σ, T, I, A).*

Démonstration : Récurrence sur la longueur de w. Pour $w = \varepsilon$, alors une lecture de w est une suite (q), où q est un état initial de l'AFN, et le résultat est vrai. Sinon, w s'écrit w_0x, avec $x \in \Sigma$. Par définition, une lecture de w par l'AFN est une suite $(q_0, ..., q_{\ell-1}, q_\ell)$, où $(q_0, ..., q_{\ell-1})$ est une lecture de w_0, et où q_ℓ est un élément de $T(q_{\ell-1}, x)$. Par hypothèse de récurrence, l'ensemble des états $q_{\ell-1}$ possibles est $T^*(I, w_0)$, et donc l'ensemble des états q_ℓ possibles est la réunion des ensembles $T(q, x)$ pour q dans $T^*(I, w_0)$, c'est-à-dire, par définition, $T^*(w)$.

De façon formelle, un automate n'est pas un AFN, puisque les fonctions de transitions ne vont pas vers les mêmes ensembles. Cependant, il est clair qu'à chaque automate (Q, Σ, T, q_0, A), on peut associer l'AFN $(Q, \Sigma, T', \{q_0\}, A)$ où $T'(q, x)$ est le singleton $\{T(q, x)\}$ et, pour chaque mot w, la lecture de w par (Q, Σ, T, q_0, A) est l'unique lecture de w par $(Q, \Sigma, T', \{q_0\}, A)$. Il en résulte que les mots acceptés par l'AFN $(Q, \Sigma, T', \{q_0\}, A)$ sont exactement les mots acceptés par l'automate (Q, Σ, T, q_0, A). On peut énoncer le résultat en termes d'équivalence de deux systèmes.

Définition 3.7. (équivalence) Supposons que $\boldsymbol{M}$ et $\boldsymbol{M}'$ sont deux automates, AFN, ou, plus généralement, deux systèmes quelconques permettant d'accepter et de refuser des mots sur un même alphabet (des exemples définis précisément apparaîtront dans les chapitres ultérieurs). On dit que $\boldsymbol{M}$ et $\boldsymbol{M}'$ sont *équivalents* s'ils acceptent, et donc refusent, exactement les mêmes mots. ■

La remarque précédente exprime alors que tout automate, aussi appelé « automate fini déterministe », ou AFD, est équivalent à un AFN. Par contre, puisqu'il existe des AFN qui ne sont pas déterministes, l'équivalence réciproque est moins claire. En fait, elle est vraie.

Proposition 3.8. (déterminisation) *Supposons que* $\boldsymbol{M}$ *est un AFN, soit* $\boldsymbol{M} = (Q, \Sigma, T, I, A)$. *Alors* $\boldsymbol{M}$ *est équivalent à l'automate* $\widetilde{\boldsymbol{M}}$, *défini par* $\widetilde{\boldsymbol{M}} = (\mathfrak{P}(Q), \Sigma, \widetilde{T}, I, \widetilde{A})$, *avec*

$$\widetilde{T}(X, x) = \bigcup_{q \in X} T(q, x), \qquad \widetilde{A} = \{X \subseteq Q \,;\, X \cap A \neq \emptyset\}.$$

Démonstration : On montre par récurrence sur n l'égalité

$$\widetilde{T}^*(I, w) = T^*(I, w)$$

pour w mot sur Σ de longueur n. Pour $n = 0$, on a $w = \varepsilon$, $\widetilde{T}^*(I, w) = I$ par définition de la fonction de transition itérée d'un automate, et $T^*(I, w) = I$, par définition de la fonction de transition itérée d'un AFN. Sinon, on écrit $w = w_0x$, avec $x \in \Sigma$. Par hypothèse d'induction, on a $\widetilde{T}^*(I, w_0) = T^*(I, w_0)$. Donc, en appliquant à nouveau les définitions des fonctions de transition itérées dans le cas d'un automate et d'un AFN, on trouve

$$\begin{aligned} \widetilde{T}^*(I, w) &= \widetilde{T}(\widetilde{T}^*(I, w_0), x) \\ &= \textstyle\bigcup_{q \in \widetilde{T}^*(I, w_0)} T(q, x) = \bigcup_{q \in T^*(I, w_0)} T(q, x) = T^*(I, w). \end{aligned}$$

Par définition, l'AFN M accepte le mot w si et seulement si l'ensemble $T^*(I, w)$ rencontre l'ensemble A, c'est-à-dire si et seulement si $T^*(I, w)$ appartient à $\widetilde{A}$. Comme $T^*(I, w)$ est aussi $\widetilde{T}^*(I, w)$, la dernière condition signifie que l'automate $\widetilde{M}$ accepte le mot w.

Le résultat précédent n'est pas seulement un résultat d'existence abstraite : il donne aussi un procédé effectif, algorithmique, permettant d'associer à tout AFN un automate équivalent, c'est-à-dire de le « déterminiser ». Ce qui suit est la traduction sous forme d'algorithme de la construction de la proposition.

Algorithme 3.9. (déterminisation)

But : *Partant d'un AFN (Q, Σ, T, I, A), construire un AFD équivalent.*

Méthode : *Construire une suite croissante de fonctions de transitions $\widetilde{T}_k$ sur des ensembles d'états $\widetilde{Q}_k$ inclus dans $\mathfrak{P}(Q)$ en partant de $\widetilde{T}_0 = \emptyset$, $\widetilde{Q}_0 = I$, puis en posant*

$$\widetilde{T}_{k+1} = \widetilde{T}_k \cup \{(X, x, T(X, x)) \ ; \ X \in \widetilde{Q}_k, x \in \Sigma\},$$
$$\widetilde{Q}_{k+1} = \widetilde{Q}_k \cup \bigcup_{X \in \widetilde{Q}_k, x \in \Sigma} \{T(X, x)\},$$

où $T(X, x)$ désigne $\bigcup_{q \in X} T(q, x)$. Arrêter au plus petit indice ℓ tel que $\widetilde{Q}_{\ell+1}$ est égal à $\widetilde{Q}_\ell$. L'automate cherché est $(\widetilde{Q}_\ell, \Sigma, \widetilde{T}_{\ell+1}, I, \{X \in \widetilde{Q}_\ell \ ; \ X \cap A \neq \emptyset\})$.

Démonstration : La définition précédente suit celle de la proposition 3.8, à ceci près qu'on évite de considérer systématiquement tous les états possibles, c'est-à-dire tous les sous-ensembles de Q, pour se restreindre aux seuls états accessibles à partir de l'ensemble I, c'est-à-dire à ceux qui correspondent à la lecture d'au moins un mot w (*cf.* chapitre suivant). Pour cela, on part de I, et on sature les états en ajoutant les transitions voulues, jusqu'à ce que tout état soit muni d'autant de transitions qu'il y a de lettres dans l'alphabet.

Exemple 3.10. (déterminisation) Reprenons l'AFN de l'exemple 3.2, on part de $\widetilde{T}_0 = \emptyset$, et de l'ensemble des états initiaux, qui est $\widetilde{Q}_0 = \{\{0\}\}$. En considérant les transitions possibles à partir de l'état 0, on obtient

$$\widetilde{T}_1(\{0\}, a) = \{0, 1\}, \quad \widetilde{T}_1(\{0\}, b) = \{0\},$$

d'où $\widetilde{Q}_1 = \{\{0\}, \{0, 1\}\}$ On a donc rencontré le nouvel état $\{0, 1\}$, et il doit recevoir ses transitions à son tour. On trouve

$$\widetilde{T}_2(\{0, 1\}, a) = \{0, 1\}, \quad \widetilde{T}_2(\{0, 1\}, b) = \{0, 1\},$$

d'où $\widetilde{Q}_2 = \{\{0\}, \{0, 1\}\}$. On a ainsi obtenu un automate (à deux états), et la construction s'arrête.

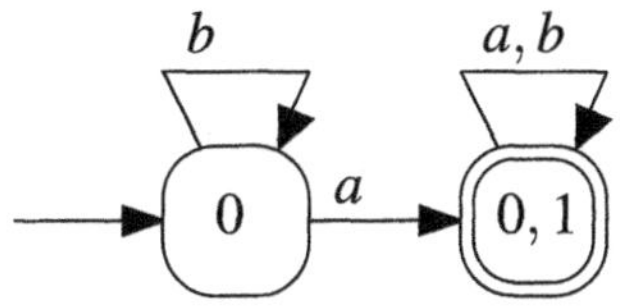

Noter que ni l'état $\emptyset$, ni l'état $\{1\}$ n'ont été rencontrés, et qu'il n'est pas nécessaire de les inclure puisqu'ils ne peuvent être obtenus à partir de l'état initial $\{0\}$.

Une application immédiate de ce qui précède est un nouveau moyen pour construire un automate décidant la réunion de deux langages à partir d'automates $\boldsymbol{M}_1$ et $\boldsymbol{M}_2$ décidant chacun de ces langages. Supposant les états de $\boldsymbol{M}_1$ disjoints de ceux de $\boldsymbol{M}_2$, on considère l'AFN $\boldsymbol{M}$ dont le graphe est la réunion des graphes de $\boldsymbol{M}_1$ et $\boldsymbol{M}_2$, puis on déterminise $\boldsymbol{M}$ en un automate $\widetilde{\boldsymbol{M}}$.

3.3.2 Epsilon-transitions

Avec les AFN, on a la possibilité que plusieurs transitions, c'est-à-dire plusieurs changements d'état, soient associées à la lecture d'un même caractère, mais on a gardé le principe que chaque transition s'accompagne de la lecture d'exactement un caractère. Il peut être pratique de pouvoir changer d'état sans lire de nouveau caractère. Passer ainsi de l'état q_1 à l'état q_2 sans lire de caractère ne revient pas à identifier les états q_1 et q_2 si on n'autorise pas simultanément le passage inverse de q_2 à q_1. Une transition où on change d'état sans lire de caractère est traditionnellement appelée une *ε-transition* car tout se passe comme si on avait lu le mot vide ε à la place d'une lettre.

Définition 3.11. (AFNε) Pour tout alphabet Σ, on note Σ_+ pour $\Sigma \cup \{\square\}$, où $\square$ est une lettre fixée supposée non dans Σ, et $\pi_\square$ l'homomorphisme de Σ_+^* sur Σ^* qui envoie chaque lettre de Σ sur elle-même, et $\square$ sur le mot vide. Un *automate fini non déterministe avec ε-transitions*, ou AFNε, d'alphabet Σ est un quintuplet (Q, Σ, T, I, A) où T est une application de $Q \times \Sigma_+$ dans $\mathfrak{P}(Q)$, et où I et A sont des sous-ensembles de Q. ■

Ainsi, au changement d'alphabet près, un AFNε d'alphabet Σ est ni plus ni moins qu'un AFN d'alphabet Σ_+.

Définition 3.12. (mot accepté) Supposons que $\boldsymbol{M}$ est un AFNε d'alphabet Σ, soit $\boldsymbol{M} = (Q, \Sigma, T, I, A)$, et que w est un mot sur Σ. On dit que w est *accepté* par $\boldsymbol{M}$ s'il existe au moins un mot w_+ sur Σ^* qui est accepté par l'AFN (Q, Σ_+, T, I, A) et qui est tel que w est image de w_+ par la contraction $\pi_\square$. ■

Par construction, le langage décidé par un AFNε $\boldsymbol{M}$ d'alphabet Σ est l'image par l'homomorphisme $\pi_\square$ du langage décidé par l'AFN $\boldsymbol{M}$. Noter que, pour w mot sur Σ, les mots dans $\pi_\square^{-1}(w)$ sont les mots obtenus en « rembourrant » w avec des lettres $\square$ en nombre quelconque.

Exemple 3.13. (AFNε) Un AFNε d'alphabet Σ étant un AFN d'alphabet Σ_+, sa représentation ne pose pas de problème. L'usage est de noter ε plutôt que $\square$ pour le caractère additionel, ce que nous ferons dans la suite – mais il ne faut pas oublier que

ε n'est *pas* une lettre. Par exemple, ceci est le graphe d'un AFNε d'alphabet $\{a, b\}$:

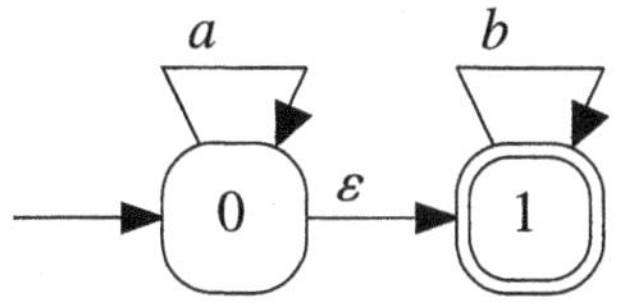

L'ensemble des mots sur $\{a, b, \square\}$ acceptés par cet AFN est $\{a\}^* \cdot \{\square\} \cdot \{b\}^*$, et, par conséquent, l'ensemble des mots acceptés par l'AFNε est $\{a\}^* \cdot \{b\}^*$, ensemble des mots sur $\{a, b\}$ formés d'un bloc de lettres a suivi d'un bloc de lettres b.

On peut définir l'acceptation d'un mot par un AFNε en termes de lecture de ce mot, comme pour un AFN. La différence est que la possibilité d'ε-transitions entraîne que la lecture d'un mot de longueur n peut avoir une longueur strictement plus grande que $n + 1$.

Définition 3.14. (lecture) Supposons que $\boldsymbol{M}$ est un AFNε d'alphabet Σ, soit $\boldsymbol{M} = (Q, \Sigma, T, I, A)$, et que w est un mot sur Σ, soit $w = x_1 ... x_n$. Une *lecture* de w par $\boldsymbol{M}$ est une suite finie d'états $(q_0, q_1, ..., q_N)$ telle qu'il existe une injection croissante f de $\{1, ..., n\}$ dans $\{1, ..., N\}$ telle que

(i) q_0 est dans I ;

(ii) pour tout i, ou bien il existe j vérifiant $i = f(j)$, et $q_i \in T(q_{i-1}, x_j)$, ou bien i n'est pas dans l'image de f, et on a $q_i \in T(q_{i-1}, \square)$. ■

Lemme 3.15. *Supposons que $\boldsymbol{M}$ est un AFNε d'alphabet Σ, et que w est un mot sur Σ. Alors w est accepté par $\boldsymbol{M}$ si et seulement si il existe au moins une lecture de w par $\boldsymbol{M}$ qui finit par un état acceptant.*

> ***Démonstration :*** Supposons $\boldsymbol{M} = (Q, \Sigma, T, I, A)$. L'ensemble des lectures de w par $\boldsymbol{M}$ est exactement l'ensemble des lectures des mots appartenant à $\pi_{\square}^{-1}(w)$ par l'AFN (Q, Σ_+, T, I, A). Par définition, w est accepté par $\boldsymbol{M}$ si et seulement si l'un au moins des mots dans $\pi_{\square}^{-1}(w)$ est accepté par (Q, Σ_+, T, I, A), donc si et seulement si au moins une lecture d'un tel mot se termine par un état acceptant.

Un AFN est un cas particulier d'AFNε – plus exactement est équivalent à un AFNε –, à savoir un AFNε sans transition dans la colonne de la lettre $\square$. À nouveau la question se pose de savoir si l'inclusion réciproque est vraie, c'est-à-dire si tout AFNε est équivalent à un AFN. La réponse est positive.

Définition 3.16. (clôture) Supposons que (Q, Σ, T, I, A) est un AFNε. Pour chaque état q, la *clôture* de q par ε-transition, ou ε-clôture de q, est l'ensemble d'états $\mathrm{cl}_\varepsilon(q)$ défini par

$$\mathrm{cl}_\varepsilon(q) = \bigcup_{k \geqslant 0} \widetilde{T}^*(\{q\}, \square^k),$$

où $\widetilde{T}$ est l'extension de T aux sous-ensembles de Q. ■

Les éléments de $\mathrm{cl}_\varepsilon(q)$ sont les états auxquels on peut parvenir à partir de q par des ε-transitions. La clôture se détermine par un algorithme simple.

Algorithme 3.17. (clôture)

But : *Partant d'un AFNε (Q, Σ, T, I, A), déterminer la ε-clôture d'un état q.*

Méthode : *Construire une suite d'ensembles d'états Q_0, Q_1, ... en partant de $Q_0 = \{q\}$ et en posant $Q_{k+1} = Q_k \cup \bigcup_{q \in Q_k} T(q, \square)$. La clôture est le premier ensemble Q_ℓ vérifiant $Q_{\ell+1} = Q_\ell$.*

Démonstration : Par construction, tout état dans Q_k est accessible à partir de q en lisant des $\square$, donc on a $Q_k \subseteq \mathrm{cl}_\varepsilon(q)$ pour tout k. Comme la suite Q_0, Q_1, ... est croissante pour l'inclusion, et que l'ensemble Q est fini, il existe nécessairement un indice ℓ vérifiant $Q_{\ell+1} = Q_\ell$. On a alors $Q_k = Q_\ell$ pour $k \geqslant \ell$. Supposons $q' \in \mathrm{cl}_\varepsilon(q)$. Par définition, il existe k tel que q' est accessible à partir de q en lisant $\square^k$. Alors q' appartient à Q_k, donc à Q_ℓ (considérer les deux cas $k < \ell$ et $k \geqslant \ell$).

Le résultat suivant montre que tout AFNε est équivalent à un AFN, et, de plus, il fournit un algorithme explicite.

Proposition 3.18. (suppression ε-transitions) *Supposons que **M** est un AFNε, soit $\boldsymbol{M} = (Q, \Sigma, T, I, A)$.*
*Alors **M** est équivalent à l'AFN $\boldsymbol{M}'$ défini par $\boldsymbol{M}' = (Q, \Sigma, T', I, A')$ avec*

$$T'(q, x) = \bigcup_{q' \in \mathrm{cl}_\varepsilon(q)} T(q', x), \qquad A' = \{q\ ;\ \mathrm{cl}_\varepsilon(q) \cap A \neq \emptyset\}.$$

Démonstration : L'idée est que l'AFN $\boldsymbol{M}'$ anticipe les possibilités de ε-transitions de $\boldsymbol{M}$. Supposons d'abord que $\boldsymbol{M}$ accepte le mot $x_1 ... x_n$. Par le lemme 3.15, il existe au moins une lecture $(q_0, ..., q_N)$ de $x_1 ... x_n$ par $\boldsymbol{M}$ vérifiant $q_N \in A$. Une telle lecture est une lecture par l'AFN (Q, Σ_+, T, I, A) d'un mot de la forme $\square^{k_0} x_1 \square^{k_1} x_2 ... \square^{k_{n-1}} x_n \square^{k_n}$. Supposons $q' \in T^*(q, \square^k x)$: cela signifie qu'il existe des états $p_0 = q$, p_1, ..., p_k, $p_{k+1} = q'$ vérifiant $p_i \in T(p_{i-1}, \square)$ pour $i < k$, et $p_{k+1} \in T(p_k, x_i)$. Par définition, p_k appartient à la ε-clôture de q, et donc q' appartient à $T'(q, x)$ par construction. Donc, si on extrait de la suite $(q_0, ..., q_N)$ la sous-suite $(q'_0, ..., q'_N)$ formée par q_0 et les états qui suivent immédiatement la lecture des lettres x_1, ..., x_n, alors q'_i appartient à $T'(q'_{i-1}, x_i)$ pour tout i. Par ailleurs, q_N appartient, par construction, à la ε-clôture de q_n : l'hypothèse $q_N \in A$ entraîne donc $q'_n \in A'$, et nous concluons que $\boldsymbol{M}'$ accepte w.

Inversement, supposons que $\boldsymbol{M}'$ accepte w. Soit $(q'_0, ..., q'_n)$ une lecture de w par $\boldsymbol{M}'$ qui termine par un état dans A'. L'hypothèse que q'_1 est dans $T'(q'_0, x_1)$ signifie qu'il existe un entier k_0 et un état q tel que q est dans $T^*(q_0, \square^{k_0})$ et q'_1 est dans $T(q, x_1)$: il existe donc une lecture de x_1 par $\boldsymbol{M}$ qui fait passer de q'_0 à q'_1. De la même façon, il existe une lecture de $x_1 x_2$ par $\boldsymbol{M}$ qui fait passer de q'_0 à q'_2, *etc.* Finalement, il existe une lecture de w par $\boldsymbol{M}$ qui fait passer de q'_0 à q'_n. L'hypothèse $q'_n \in A'$ signifie qu'il existe un élément q de A dans la clôture de q'_n : il existe donc une lecture de w par $\boldsymbol{M}$ qui se termine à q, et donc $\boldsymbol{M}$ accepte w.

Exemple 3.19. (suppression ε-transitions) Comme pour la déterminisation, le résultat précédent donne un procédé effectif pour construire, pour tout AFNε, un AFN équivalent. Considérons l'AFNε de l'exemple 3.13. On détermine d'abord les clôtures des états, soit ici $\mathrm{cl}_\varepsilon(0) = \{0, 1\}$, $\mathrm{cl}_\varepsilon(1) = \{1\}$. On obtient alors un AFN équivalent à l'AFNε de départ en supprimant la flèche étiquetée ε, et en ajoutant à partir de l'état 0 toutes les transitions possibles à partir de l'état 1, ce qui donne l'AFN

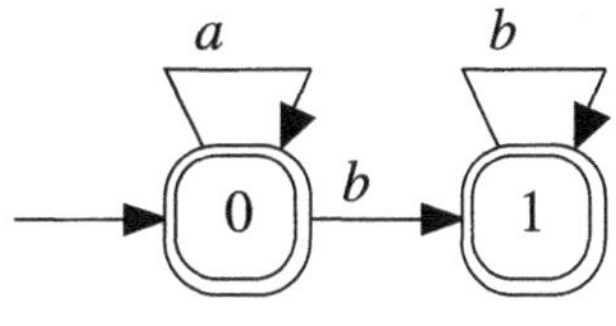

qu'on pourra ensuite déterminiser en

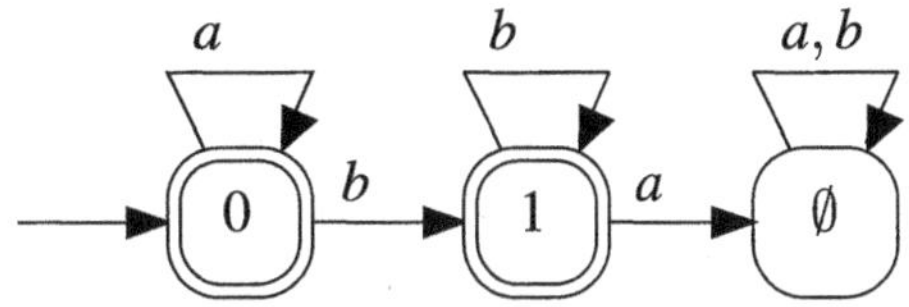

Au lieu d'anticiper les ε-transitions, on peut aussi les « posticiper » en introduisant, pour chaque AFNε (Q, Σ, T, I, A), l'AFN équivalent (Q, Σ, T'', I'', A), où on a posé

$$T''(q,x) = \bigcup_{q'' \in T(q,x)} \mathrm{cl}_\varepsilon(q''), \qquad I'' = \mathrm{cl}_\varepsilon(I).$$

Noter que, dans la construction de la proposition 3.18, les ε-transitions sont absorbées à gauche, donc les états initiaux restent les mêmes alors que les états acceptants doivent être complétés, tandis que, dans la construction ci-dessus, les ε-transitions sont absorbées à droite, donc les états initiaux doivent être complétés, alors que les états acceptants restent les mêmes. Les deux constructions sont équivalentes, mais, évidemment, elles ne doivent pas être mélangées et, une fois un choix fait, on doit s'y tenir d'un bout à l'autre.

Grâce aux résultats précédents, nous disposons de nouveaux moyens pour construire des automates : nous pouvons en effet utiliser à volonté des ε-transitions, que nous pouvons ensuite éliminer pour nous ramener à de véritables automates. Sur le modèle de l'exemple donné plus haut, nous pouvons en particulier construire un automate décidant le produit de deux langages à partir d'automates décidant ces langages.

Proposition 3.20. (produit) *Supposons que les langages L_1 et L_2 sont décidés respectivement par des automates (ou des AFN, ou des AFNε) $\boldsymbol{M}_1$ et $\boldsymbol{M}_2$, et que les ensembles d'états de $\boldsymbol{M}_1$ et $\boldsymbol{M}_2$ sont disjoints. Alors le langage $L_1 \cdot L_2$ est décidé par l'AFNε obtenu en ajoutant à la réunion de $\boldsymbol{M}_1$ et $\boldsymbol{M}_2$ des ε-transitions allant de chaque état acceptant de $\boldsymbol{M}_1$ vers chaque état initial de $\boldsymbol{M}_2$, et en ne gardant comme états initiaux que ceux de $\boldsymbol{M}_1$, et comme états acceptants que ceux de $\boldsymbol{M}_2$.*

Démonstration : Soit $\boldsymbol{M}$ l'AFNε défini dans l'énoncé. Un mot w est accepté par $\boldsymbol{M}$ si et seulement si il existe un chemin dans le graphe de $\boldsymbol{M}$ qui part d'un état initial et arrive à un état acceptant. Par construction, un tel chemin commence dans le graphe de M_1 et finit dans le graphe de M_2. Le seul passage entre ces graphes est une ε-transition d'un état acceptant de M_1 à un état initial de M_2, et, une fois dans le graphe de M_2, on ne peut revenir dans le graphe de M_1. Donc un chemin du type ci-dessus se décompose nécessairement en un chemin dans le graphe de M_1 allant d'un état initial à un état acceptant, suivi d'une unique ε-transition, suivi d'un chemin dans le graphe de M_2 allant d'un état initial à un état acceptant. Si u et v sont les étiquettes de ces chemins, c'est dire que w est accepté par M si et seulement si il peut se décomposer en $u\varepsilon v$, c'est-à-dire en uv, avec u accepté par M_1 et v accepté par M_2. En d'autres termes, w est accepté par M si et seulement si il appartient à $L_1 \cdot L_2$.

Une autre application est le cas de l'opération étoile.

Proposition 3.21. (étoile) *Supposons que le langage L est décidé par un automate **M** d'état initial q_0. Alors le langage L^* est décidé par l'AFNε obtenu en ajoutant à **M** un nouvel état initial acceptant q'_0, et des ε-transitions de chaque état acceptant de **M** vers q_0.*

Démonstration : Soit M^* l'AFNε défini dans l'énoncé. Par construction , le mot vide est accepté par M^*. Soient w_1, ..., w_n des mots acceptés par M : il existe donc des chemins étiquetés par w_1, ..., w_n dans le graphe de M qui vont de q_0 à un état acceptant. On obtient un chemin étiqueté $w_1...w_n$ dans le graphe de M^* et enchaînant les chemins précédents en revenant par des ε-transitions des états acceptants obtenus à la fin de w_1, ..., w_{n-1} à q_0. Donc $w_1...w_n$ est accepté par M^*.

Inversement, si w est non vide et est accepté par M^*, on montre par récurrence sur le nombre n de ε-transitions dans une lecture acceptante de w que w se décompose en le produit de n mots acceptés par M. Donc w appartient à L^*.

On pourrait espérer un automate encore plus simple décidant L^* à partir d'un automate décidant L en ajoutant simplement des ε-transitions des états acceptants vers l'état initial *et* de l'état initial vers les (ou un) états acceptants, afin d'éviter d'introduire un état supplémentaire pour accepter le mot vide. Ceci n'est pas toujours correct : si on part de l'automate

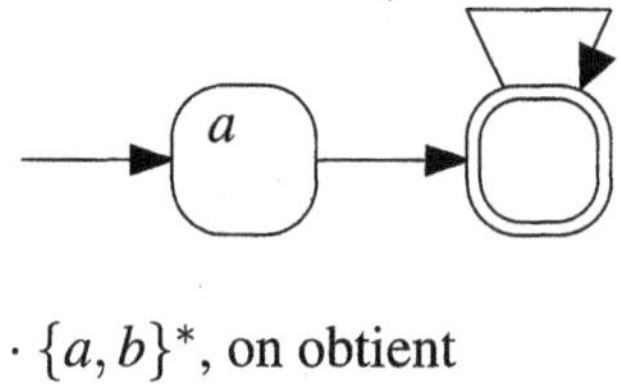

qui décide le langage $\{a\} \cdot \{a,b\}^*$, on obtient

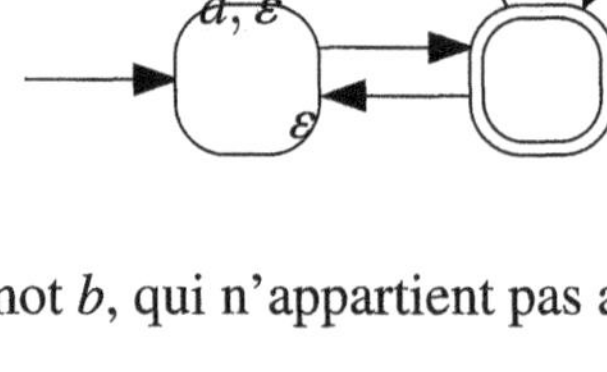

Or ce dernier accepte le mot b, qui n'appartient pas au langage $(\{a\} \cdot \{a,b\}^*)^*$.

EXERCICES

3.1. Construire un automate modélisant le jeu de l'oie.

3.2. Déterminiser l'AFNε suivant :

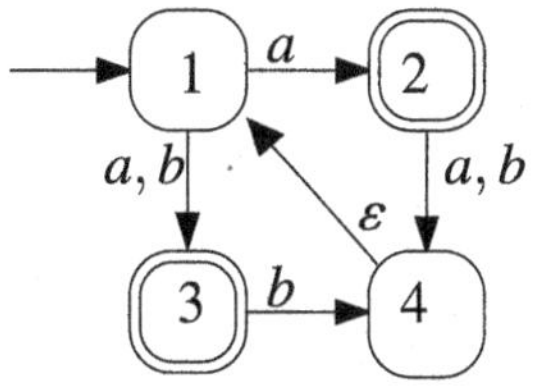

3.3. Construire un automate qui décide l'ensemble des mots construits sur l'alphabet $\{a, b\}$ qui contiennent un nombre pair de a. Généraliser.

3.4. Notant $|w|_x$ le nombre de lettres x dans le mot w, on appelle L l'ensemble des mots w sur l'alphabet $\{a, b\}$ tels que $2|w|_a + |w|_b$ est un multiple de 3. Construire une automate décidant L.

3.5. Construire un automate qui décide l'ensemble des mots construits sur l'alphabet $\{a, b\}$ qui commencent par un a. Généraliser.

3.6. Soit L_1 l'ensemble des mots sur $\{a, b\}$ qui contiennent un nombre pair de a, et L_2 l'ensemble des mots sur $\{a, b\}$ qui commencent par b. Construire un automate décidant le langage $L_1 \cup L_2$ de deux façons différentes. Obtient-on les mêmes automates à la fin ?

3.7. Construire un automate qui décide l'ensemble des mots sur l'alphabet $\{a, b\}$ qui contiennent $(ab)^2$ comme facteur, c'est-à-dire qui s'écrivent $u(ab)^2v$.

3.8. Soit L le langage d'alphabet $\{a, b\}$ formé par les mots où chaque motif aa est suivi par au moins un b. Construire un automate décidant L.

3.9. Écrire l'automate associé aux scores du tennis, le langage ayant deux lettres A et B désignant chacun des deux joueurs, ou, plutôt, A signifiant « point pour le joueur A » et B, « point pour le joueur B ».

3.10. Construire un automate qui décide l'ensemble des mots sur l'alphabet $\{a, b\}$ qui contiennent un nombre pair de a et finissent par un a.

3.11. Construire un automate qui décide l'ensemble des mots réduits sur l'alphabet $\{a, A, b, B\}$, c'est-à-dire les mots ne contenant aucun facteur aA, Aa, bB ou Bb.

3.12. Construire un automate décidant l'ensemble des mots sur l'alphabet $\{0, 1, ..., 9\} \cup \{,\}$ qui sont le développement en base 10 d'un nombre entier ; même question pour le développement d'un nombre rationnel décimal.

3.13. Construire un AFN à $n + 1$ états qui décide le langage formé par les mots sur $\{a, b\}$ qui ont au moins n lettres et dont la n-ième lettre en partant de la fin est un a.

3.14. Montrer que si un automate à m états accepte au moins un mot, alors il accepte un mot de longueur au plus m.

3.15. On suppose que L est un langage automatique. Montrer qu'il en est de même du langage formé par les mots de L qui ont une longueur paire.

3.16. Pour tout mot w, on note Pref(w) l'ensemble des préfixes de w, et, pour L langage, on note Pref(L) la réunion des langages Pref(w) pour w dans L. Montrer que, si L est un langage automatique, il en est de même de Pref(L).

3.17. Pour L langage, on note Suff(L) l'ensemble des mots w tels qu'il existe au moins un mot u vérifiant $uw \in L$. Montrer que, si L est un langage automatique, il en est de même de Suff(L).

3.18. Pour L langage, on note $\widetilde{L}$ le sous-ensemble de L constitué par les mots dont aucun préfixe strict n'appartient à L. Déterminer $\widetilde{L_0}$, où L_0 est le langage $\{a^p b^q ; q \geqslant p \geqslant 1\}$. Montrer que, si L est automatique, alors il en est de même de $\widetilde{L}$.

3.19. Montrer que, si L est un langage automatique d'alphabet Σ, il en est de même du langage

$$L' = \{ x_2 x_1 x_4 x_3 \ldots x_{2n} x_{2n-1} \; ; \; x_1 x_2 x_3 x_4 \ldots x_{2n-1} x_{2n} \in L \}.$$

On indiquera comment construire, à partir d'un automate d'ensemble d'états Q décidant L, un automate d'alphabet $Q \cup (Q \times \Sigma)$ décidant L'.

3.20. (i) On suppose que $\boldsymbol{M}$ est un automate, soit $\boldsymbol{M} = (Q, \Sigma, T, q_0, A)$. Montrer que, pour tous q_1, q_2 dans Q, le langage L_{q_1,q_2}, défini comme ensemble des mots w vérifiant $T^*(q_1, w) = q_2$, est automatique.

(ii) On suppose que L est un langage automatique. Montrer que, quel que soit le langage L_0, les langages L/L_0 et $L\backslash L_0$ définis par

$$L/L_0 = \{w \; ; \; (\exists u \in L_0)(wu \in L)\}, \; L\backslash L_0 = \{w \; ; \; (\exists u \in L_0)(uw \in L)\}$$

sont automatiques.

3.21. Partant d'un automate $\boldsymbol{M}$ d'alphabet Σ, construire un automate $\boldsymbol{M}'$ de même alphabet tel que, pour tout mot w sur Σ, $\boldsymbol{M}'$ accepte w si et seulement si $\boldsymbol{M}$ accepte w^2.

Chapitre 4

Langages automatiques

Un argument de dénombrement montre qu'il existe des langages qui sont automatiques, c'est-à-dire décidables par automate, et d'autres qui ne le sont pas. Nous étudions ici la classe des langages automatiques. Le principal résultat est l'équivalence entre une définition externe, mécaniste de l'automaticité – un langage L est automatique s'il existe une sorte particulière de machine qui reconnaît les mots de L –, et une définition interne, syntaxique – un langage L est automatique s'il possède un nombre fini de classes à droite ou s'il peut s'exprimer de façon régulière (ces notions seront définies plus loin).

4.1 L'AUTOMATE MINIMAL D'UN LANGAGE

Lorsqu'un langage L est automatique, il n'y a jamais unicité d'un automate décidant L : partant d'un automate $\boldsymbol{M}$ qui décide L, on peut construire un nouvel automate $\boldsymbol{M}'$ différent de $\boldsymbol{M}$ décidant encore L en ajoutant à $\boldsymbol{M}$ de nouveaux états où n'arrive aucune flèche venant des états de $\boldsymbol{M}$. Par contre, et c'est le résultat principal de cette section, il y a unicité à isomorphisme près quand on considère les automates de taille minimale parmi les divers automates qui décident L. De plus, l'unique automate associé ainsi à L peut être construit de façon effective à partir de tout automate décidant L.

4.1.1 Minimalisation d'un automate

Repartons de l'automate associé au jeu de tennis, dont les états sont les scores possibles. L'usage est de distinguer les scores « 40–30 » et « avantage joueur A », ce sont donc deux états distincts de l'automate. Par contre, chacun sait que ces scores sont équivalents vis-à-vis de la suite du jeu : dans les deux cas, il suffit que A gagne pour remporter le point, alors que B doit gagner trois fois d'affilée, ou, plus généralement, gagner d'abord puis gagner deux fois de plus que A tout en ne laissant pas A gagner deux fois de plus que lui avant (noter combien la description en termes d'automate est plus commode que la description par une phrase en français). On peut alors *identifier* les états « 40–30» et « avantage joueur A », et, de même, « 30–30 », « 40–40 » et « égalité », et « 30–40 » et « avantage joueur B ». On obtient ainsi un nouvel automate, qui a quatre états de moins que le précédent, mais qui accepte et refuse les mêmes mots. Minimaliser un automate, c'est lui appliquer la procédure précédente autant que faire se peut. Nous allons voir qu'elle mène à un résultat bien défini.

Définition 1.1. (isomorphes) Deux automates (Q, Σ, T, q_0, A) et $(Q', \Sigma, T', q'_0, A')$ sont dits *isomorphes* s'il existe une bijection f de Q sur Q' telle que $T'(f(q), x)$ est égal à $f(T(q, x))$ pour tous q et x, q'_0 est $f(q_0)$, et $f(q) \in A'$ est équivalent à $q \in A$. ■

Dire que deux automates sont isomorphes, c'est dire qu'il s'agit du même automate au nom des états près. Une induction immédiate montre que, si $\boldsymbol{M}$ et $\boldsymbol{M}'$ sont isomorphes, alors, avec les notations de la définition ci-dessus, on a $f(T^*(q_0, w)) = T'^*(q'_0, w)$ pour tout mot w, et donc $\boldsymbol{M}$ et $\boldsymbol{M}'$ sont équivalents.

Notre but dans la suite est, partant d'un automate quelconque $\boldsymbol{M}$, de construire un automate $\boldsymbol{M}'$ équivalent à $\boldsymbol{M}$ et plus petit au sens où $\boldsymbol{M}'$ a moins d'états que $\boldsymbol{M}$, si cela se peut. Pour cela, nous utiliserons le principe de l'identification des états évoqué plus haut. Auparavant, nous commençons par une opération préliminaire, la suppression des états inaccessibles.

Définition 1.2. (état accessible) Supposons que (Q, Σ, T, q_0, A) est un automate. L'état q est dit *accessible* s'il existe au moins un mot w dans Σ^* vérifiant $q = T^*(q_0, w)$. ■

Lemme 1.3. *Supposons que* $\boldsymbol{M}$ *est un automate, soit* $\boldsymbol{M} = (Q, \Sigma, T, q_0, A)$. *Soit* Q^a *l'ensemble des états accessibles de* $\boldsymbol{M}$, *et* $\boldsymbol{M}^a$ *l'automate* $(Q^a, \Sigma, T \upharpoonright Q^a, q_0, A \cap Q^a)$. *Alors* $\boldsymbol{M}^a$ *est équivalent à* $\boldsymbol{M}$, *et tous les états de* $\boldsymbol{M}^a$ *sont accessibles.*

> ***Démonstration :*** La définition de $\boldsymbol{M}^a$ fait sens : le point à vérifier est que, pour $q \in Q^a$ et $x \in \Sigma$, on a bien $T(q, x) \in Q^a$. Or, l'hypothèse que q est accessible signifie qu'il existe un mot w dans Σ^* vérifiant $T^*(q_0, w) = q$. On a alors $T(q, x) = T^*(q_0, wx)$, et donc $T(q, x)$ est accessible.
>
> Il reste à vérifier que $\boldsymbol{M}$ et $\boldsymbol{M}^a$ sont équivalents. Une induction sur $n \geqslant 0$ montre que, pour tout mot w de longueur au plus n, on a $(T \upharpoonright Q^a)^*(q_0, w) = T^*(q_0, w)$, et donc $\boldsymbol{M}^a$ accepte w si et seulement si $\boldsymbol{M}$ le fait.

Il est facile de déterminer en pratique l'automate $\boldsymbol{M}^a$.

Algorithme 1.4. (calcul de M^a) But : *Partant d'un automate* $\boldsymbol{M}$*, déterminer l'automate* $\boldsymbol{M}^a$.

Méthode : *Supposons* $\boldsymbol{M} = (Q, \Sigma, T, q_0, A)$*. Construire une suite* Q_0, Q_1, ... *d'ensembles d'états en partant de* $Q_0 = \{q_0\}$*, et en posant* $Q_{k+1} = Q_k \cup \{T(q,x) \ ; \ q \in Q_k, x \in \Sigma\}$*. Alors* Q^a *est le premier ensemble* Q_ℓ *tel que* $Q_{\ell+1}$ *est égal à* Q_ℓ.

Démonstration : La suite $(Q_k)_{k \geqslant 0}$ est croissante vis-à-vis de l'inclusion, et elle est nécéssairement stationnaire, car, l'ensemble Q étant fini, il en est de même de l'ensemble de ses parties. Par ailleurs, une fois qu'on a $Q_{\ell+1} = Q_\ell$, l'ensemble Q_ℓ est clos par action de T, c'est-à-dire que toute transition partant d'un état de Q_ℓ aboutit à un état de Q_ℓ. Par induction sur k, on montre que tous les états dans Q_k sont accessibles, et, réciproquement, tout état accessible en k transitions à partir de q_0 est dans Q_k, et donc l'ensemble-limite Q_ℓ est exactement l'ensemble de tous les états accessibles de l'automate.

Exemple 1.5. (calcul de M^a) Considérons l'automate $\boldsymbol{M}$ de la figure ci-dessous :

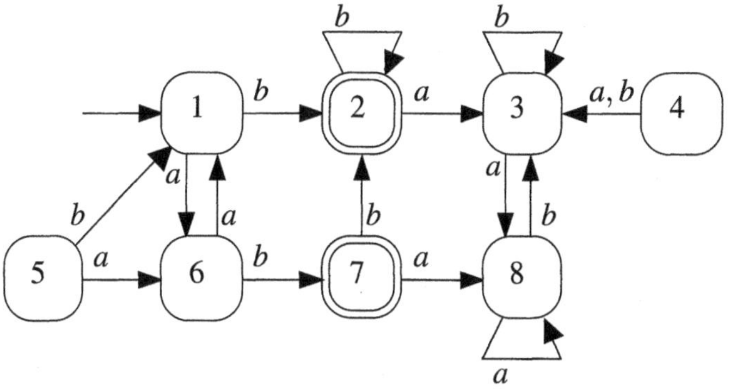

On commence avec $Q_0 = \{1\}$. Traiter a oblige à ajouter l'état 6, puis traiter b oblige à ajouter 2. On a donc $Q_1 = \{1, 2, 6\}$, et l'état 1 a été complètement traité (on a envisagé toutes les transitions possibles à partir de cet état), ce qu'on pourra indiquer sous la forme $\{\underline{1}, 2, 6\}$. On traite alors 2, ce qui force à ajouter 3, passant ainsi à $\{\underline{1}, \underline{2}, 3, 6\}$, et 6, passer à $Q_2 = \{\underline{1}, \underline{2}, \underline{6}, 3, 7\}$. Traiter 3 ajoute 8, et traiter 7 n'ajoute rien. On a donc $Q_3 = \{\underline{1}, \underline{2}, \underline{6}, \underline{3}, \underline{7}, 8\}$. Finalement, traiter 8 n'ajoute rien, on a donc $Q_4 = Q_3$, et donc $Q^a = Q_3$. L'automate $\boldsymbol{M}^a$ est donc l'automate suivant :

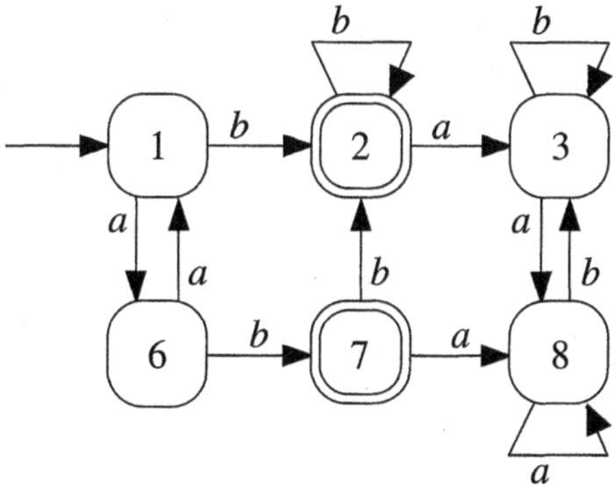

On en vient à l'identification des états. Identifier deux états q et q' impose, si on veut continuer d'avoir un automate, à identifier aussi toutes les paires du type $(T^*(q,w), T^*(q',w))$.

Définition 1.6. (états indiscernables) Supposons que (Q, Σ, T, q_0, A) est un automate. Deux états q, q' de Q sont dits *indiscernables*, noté $q \approx q'$, si, quel que soit le mot u dans Σ^*, les états $T^*(q,u)$ et $T^*(q',u)$ sont ou bien tous deux dans A, ou bien tous deux hors de A. ■

La définition précédente correspond à l'intuition dégagée dans le cas des scores du tennis : le critère pour identifier q et q' est que, quel que soit le futur, c'est-à-dire, quelle que soit la suite de lettres u lue à partir de q ou q', le résultat obtenu soit le même, c'est-à-dire que ou bien on accepte dans les deux cas (dans l'exemple du tennis, le joueur A gagne), ou bien on refuse dans les deux cas (le joueur A ne gagne pas).

Lemme 1.7. *Supposons que $\boldsymbol{M}$ est un automate. Alors $\approx$ est une relation d'équivalence sur l'ensemble des états de $\boldsymbol{M}$, elle est compatible avec la fonction de transition de $\boldsymbol{M}$ au sens où $q \approx q'$ entraîne $T(q,x) \approx T(q',x)$ pour tout x dans Σ, et l'ensemble des états acceptants de $\boldsymbol{M}$ est saturé pour $\approx$ (c'est-à-dire que tout état équivalent à un état acceptant est acceptant).*

> ***Démonstration :*** Soit $\boldsymbol{M} = (Q, \Sigma, T, q_0, A)$. Que la relation $\approx$ soit une relation d'équivalence est évident. Pour montrer la compatibilité avec T, supposons $q \approx q'$, et soit x une lettre quelconque dans Σ. Pour tout mot u on a
>
> $$T^*(T(q,x),u) = T^*(q,xu), \qquad \text{et} \qquad T^*(T(q',x),u) = T^*(q',xu).$$
>
> Il y a donc équivalence entre $T^*(T(q,x),u) \in A$ et $T^*(T(q',x),u) \in A$, ce qui est dire que les états $T(q,x)$ et $T(q',x)$ sont indiscernables. Enfin, si q est acceptant, $T^*(q,\varepsilon)$ est dans A, et donc, si q' et q sont indiscernables, $T^*(q',\varepsilon)$ est aussi dans A, autrement dit q' est acceptant. L'ensemble A est donc saturé pour $\approx$.

Dans toute la suite, lorsqu'une relation d'équivalence est considérée, nous notons $\overline{x}$ la classe de x (s'il n'y pas d'ambiguïté sur la relation considérée). Nous introduisons maintenant la notion d'automate-quotient associée à une relation d'équivalence convenable.

Lemme 1.8. *Supposons que $\boldsymbol{M}$ est un automate, soit $\boldsymbol{M} = (Q, \Sigma, T, q_0, A)$, et que $\sim$ est une relation d'équivalence sur Q telle que $q \sim q'$ entraîne $T(q,x) \sim T(q',x)$ pour tout x dans Σ, et telle que A est saturé pour $\sim$. Alors la formule $\overline{T}(\overline{q},x) = \overline{T(q,x)}$ définit une fonction de $Q/\sim \times \Sigma$ dans $Q/\sim$, et, notant $\overline{A}$ l'ensemble des classes $\overline{q}$ pour $q \in A$, l'automate $(Q/\sim, \Sigma, \overline{T}, \overline{q_0}, \overline{A})$ est équivalent à l'automate $\boldsymbol{M}$.*

> ***Démonstration :*** D'abord, la définition de $\overline{T}$ est non ambiguë, car, si on a $\overline{q} = \overline{q'}$, c'est-à-dire $q \sim q'$, alors, par hypothèse, on a $T(q,x) \sim T(q',x)$, c'est-à-dire $\overline{T(q,x)} = \overline{T(q',x)}$. On montre alors par récurrence sur $n \geqslant 0$ l'égalité
>
> $$\overline{T}^*(\overline{q_0}, w) = \overline{T^*(q_0, w)} \qquad (*)$$

pour tout mot w de longueur au plus n. Pour $n = 0$, on a $w = \varepsilon$, et le résultat est vrai. Sinon, écrivons $w = w_0 x$. On obtient, en appliquant l'hypothèse de récurrence,

$$\begin{aligned}\overline{T}^*(\overline{q_0}, w) &= \overline{T}^*(\overline{q_0}, w_0 x) = \overline{T}(\overline{T}^*(\overline{q_0}, w_0), x) \\ &= \overline{T}(\overline{T^*(q_0, w_0)}, x) = \overline{T(T^*(q_0, w_0), x)} = \overline{T^*(q_0, w)}.\end{aligned}$$

Supposons w accepté par $\boldsymbol{M}$, c'est-à-dire $T^*(q_0, w) \in A$. Par $(*)$, on déduit $\overline{T}^*(\overline{q_0}, w) = \overline{T^*(q_0, w)} \in \overline{A}$, donc w est accepté par $(Q/\sim, \Sigma, \overline{T}, \overline{q_0}, \overline{A})$. De même, si w est refusé par $\boldsymbol{M}$, alors, comme A est saturé pour $\sim$, l'hypothèse $T^*(q_0, w) \notin A$ entraîne $\overline{T^*(q_0, w)} \notin \overline{A}$, et w est refusé par $(Q/\sim, \Sigma, \overline{T}, \overline{q_0}, \overline{A})$.

Définition 1.9. (automate-quotient) Dans le contexte du lemme 1.8, l'automate $(Q/\sim, \Sigma, \overline{T}, \overline{q_0}, \overline{A})$ est appelé *automate-quotient* de $\boldsymbol{M}$ par $\sim$, et noté $\boldsymbol{M}/\sim$. ■

D'après le lemme 1.7, la relation d'indiscernabilité sur les états d'un automate satisfait les hypothèses de compatibilité nécesaires à l'existence de l'automate-quotient. La définition suivante est donc correcte.

Définition 1.10. (minimalisé) Soit $\boldsymbol{M}$ un automate. On appelle *minimalisé* de $\boldsymbol{M}$ l'automate $\boldsymbol{M}^{min}$ défini par $\boldsymbol{M}^{min} = (\boldsymbol{M}^a)/\approx$. ■

On a alors les résultats suivants.

Lemme 1.11. *Soit $\boldsymbol{M}$ un automate. L'automate $\boldsymbol{M}^{min}$ est équivalent à $\boldsymbol{M}$, tous ses états sont accessibles, et deux états distincts sont discernables.*

Démonstration : Nous savons que $\boldsymbol{M}$ est équivalent à $\boldsymbol{M}^a$, et donc, par le lemme 1.8, à $\boldsymbol{M}^a/\approx$. Ensuite, tous les états de l'automate $\boldsymbol{M}^a$ sont accessibles, et le passage au quotient ne change rien à cette propriété. En effet, tout état de $\boldsymbol{M}^{min}$ est du type $\overline{q}$ pour un certain q de $\boldsymbol{M}^a$; il existe alors un mot w vérifiant $q = T^*(q_0, w)$, donc $\overline{q} = \overline{T}(\overline{q_0}, w)$, et $\overline{q}$ est accessible.

Il reste donc à vérifier que tous les états de $\boldsymbol{M}^{min}$ sont discernables. Considérons deux tels états distincts. Par construction, ces états sont du type $\overline{q_1}$ et $\overline{q_2}$, où q_1 et q_2 sont des états de $\boldsymbol{M}^a$. Par définition, l'hypothèse que $\overline{q_1}$ et $\overline{q_2}$ sont distincts signifie qu'on a $q_1 \not\approx q_2$, donc qu'il existe un mot u vérifiant $T^*(q_1, u) \in A$ et $T^*(q_2, u) \notin A$, ou *vice versa*. Par définition, cela signifie qu'on a $\overline{T}^*(\overline{q_1}, u) \in \overline{A}$ et $\overline{T}^*(\overline{q_2}, u) \notin \overline{A}$, ou *vice versa*. Donc les états $\overline{q_1}$ et $\overline{q_2}$ ne sont pas indiscernables pour $\boldsymbol{M}^{min}$.

L'algorithme 1.4 permet de construire, à partir de tout automate $\boldsymbol{M}$, l'automate $\boldsymbol{M}^a$ associé. Nous montrons maintenant qu'il existe de même un algorithme déterminant l'automate $\boldsymbol{M}^{min}$. Noter que ce résultat n'est pas évident *a priori* car la définition de $\approx$ comporte un signe $\forall$ qui porte sur un ensemble infini de mots.

Algorithme 1.12. (calcul de $\boldsymbol{M}^{min}$) But : *Partant d'un automate $\boldsymbol{M}$, calculer $\boldsymbol{M}^{min}$.*

Méthode : *(i) Calculer d'abord $\boldsymbol{M}^a$ par l'algorithme 1.4.*

(ii) Supposons $\boldsymbol{M}^a = (Q, \Sigma, T, q_0, A)$. Construire une suite de partitions de plus en plus fines de Q, en partant de $\Pi_0 = (A, Q \setminus A)$.

Supposant $\Pi_k = (Q_1, ..., Q_m)$, Π_{k+1} *s'obtient en partageant chacun des ensembles* Q_i *en autant de nouveaux ensembles* Q'_1, Q'_2, ... *que nécessaire pour que, pour tous* q, q' *dans* Q'_i *et pour toute lettre* x *dans* Σ, *les états* $T(q,x)$ *et* $T(q',x)$ *appartiennent à la même classe de* Π_k. *On arrête au plus petit indice* ℓ *vérifiant* $\Pi_{\ell+1} = \Pi_\ell$. *Alors* $q \approx q'$ *est vrai si et seulement si* q *et* q' *sont dans la même classe de* Π_ℓ.

(iii) Déterminer alors $\boldsymbol{M}^{min} = (\boldsymbol{M}^a)/\approx$.

Démonstration : Si la partition Π_{k+1} n'est pas égale à la partition Π_k, elle a strictement plus de classes d'équivalence, puisque chaque classe de Π_{k+1} s'obtient en découpant une classe de Π_k. Donc, partant de Π_0, qui a deux classes, on aura au moins $k+2$ classes après k étapes. Or il y a au plus card(Q) classes (cas où chaque classe est réduite à un seul point). Donc il doit exister un indice ℓ, au plus égal à card(Q) $-$ 2 tel que $\Pi_{\ell+1}$ est égal à Π_ℓ. Notons $q \approx_k q$ si les états q et q' sont dans la même classe de Π_k. Pour chaque k, la relation $\approx_k$ est une relation d'équivalence sur Q, et il s'agit de montrer que $\approx_\ell$ coïncide avec $\approx$. On montre d'abord par induction sur k que $q \not\approx_k q'$ entraîne $q \not\approx q'$. Pour $k = 0$, le résultat est clair, puisque $q \approx q'$ entraîne $q \in A \Leftrightarrow q' \in A$. Sinon, supposons $q \not\approx_k q'$. Deux cas sont possibles. Ou bien on a $q \not\approx_{k-1} q'$, et donc $q \not\approx q'$ par hypothèse de récurrence. Ou bien on a $q \approx_{k-1} q'$ et il existe (au moins) une lettre x dans Σ vérifiant $T(q,x) \not\approx_{k-1} T(q',x)$. Alors on a $T(q,x) \not\approx T(q',x)$ par hypothèse de récurrence, ce qui entraîne $q \not\approx q'$ par construction de $\approx$. Donc $q \not\approx_k q'$ entraîne $q \not\approx q'$, et, en particulier, $q \not\approx_\ell q'$ entraîne $q \not\approx q'$. Inversement, supposons $q \approx_\ell q'$. Alors, une induction sur la longueur du mot w donne $T^*(q,w) \approx_k T^*(q',w)$ pour tout mot w, et donc *a fortiori* $T^*(q,w) \approx_0 T^*(q',w)$. Mais c'est dire qu'on a $T^*(q,w) \in A \Leftrightarrow T^*(q',w) \in A$ pour tout w, ce qui est $q \approx q'$.

Exemple 1.13. (calcul de $\boldsymbol{M}^{min}$***)*** On considère à nouveau l'automate de l'exemple 1.5. On part de la partition

$$\Pi_0 : \qquad \{2,7\} \qquad \{1,3,6,8\}$$

séparant états acceptants et non-acceptants. L'action de a ne « casse » pas la composante $\{2,7\}$, puisque a envoie l'état 2 sur l'état 3 et l'état 7 sur l'état 8, et que 3 et 8 sont dans la même composante de Π_0. De même, l'action de a ne casse pas la composante $\{1,3,6,8\}$, puisque ces états sont tous envoyés dans cette même composante. L'action de b ne casse pas la composante $\{2,7\}$, puisque 2 et 7 sont envoyés sur 2. Par contre, l'action de b casse la composante $\{1,3,6,8\}$: les états 1 et 6 sont envoyés dans la classe $\{2,7\}$, alors que 3 et 8 sont envoyés dans la classe $\{1,3,6,7\}$. Nous introduisons donc la partition affinée

$$\Pi_1 : \qquad \{2,7\} \qquad \{1,6\} \qquad \{3,8\}.$$

Cette fois, la partition est homogène vis-à-vis de l'application à la fois de a et de b. On conclut donc que l'automate $\boldsymbol{M}^{min}$ a 3 états, correspondant au graphe

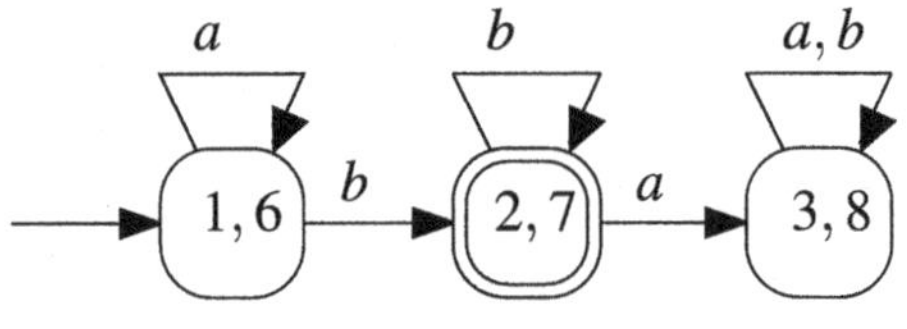

dont nous pouvons évidemment renommer les états, par exemple,

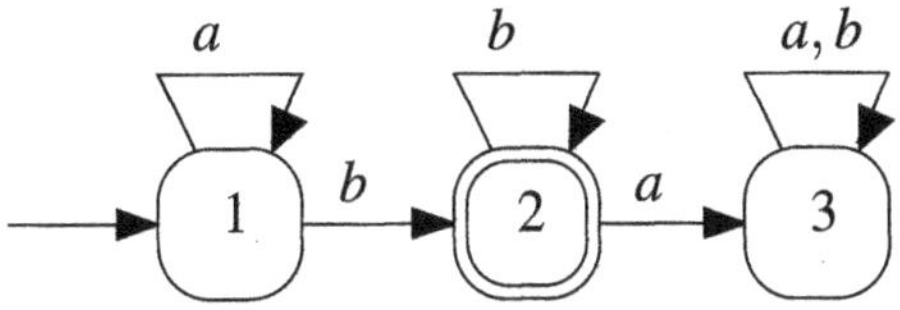

Noter sur l'automate ci-dessus que le langage décidé par l'automate initial est $\{a\}^* \cdot \{b\} \cdot \{b\}^*$ – ce qui n'apparaissait pas évident au premier abord.

Nous pouvons résumer comme suit les résultats précédents.

Lemme 1.14. *Les algorithmes 1.4 et 1.12 construisent à partir de tout automate* $\boldsymbol{M}$ *un automate* $\boldsymbol{M}^{min}$ *équivalent à* $\boldsymbol{M}$*, dont tous les états sont accessibles et deux à deux discernables.*

4.1.2 Classes à droite suivant un langage

Nous allons voir maintenant que l'automate $\boldsymbol{M}^{min}$ construit dans la section précédente ne dépend que du langage décidé par $\boldsymbol{M}$, mais pas vraiment de $\boldsymbol{M}$ lui-même : si nous partons d'un autre automate $\boldsymbol{M}'$ équivalent à $\boldsymbol{M}$, l'automate $(\boldsymbol{M}')^{min}$ est isomorphe à $\boldsymbol{M}^{min}$. Pour montrer ce résultat, nous introduisons la notion de classe à droite suivant un langage.

Supposons que L est un langage d'alphabet Σ. Alors L partage Σ^* en deux sous-ensembles : les mots qui sont dans L, et ceux qui n'y sont pas. On peut définir à partir de L une partition plus fine en étudiant ce qui se passe lorsqu'on ajoute une lettre (ou plus) à droite : ainsi, x étant une lettre de Σ, distinguer, parmi les divers mots w dans L, ceux pour lesquels wx est aussi dans L de ceux pour lesquels wx ne l'est pas, et ainsi de suite. Ceci mène à la notion de classes à droite suivant un langage.

Définition 1.15. (classes à droite) Supposons que L est un langage d'alphabet Σ. Pour w dans Σ^*, on pose

$$L/w = \{u \in \Sigma^* \ ; \ wu \in L\}.$$

Pour w, w' dans Σ^*, la relation $L/w = L/w'$ est notée $w \equiv_L w'$, et ses classes d'équivalence sont appelées *classes à droite suivant* L. Leur ensemble est noté Q_L. ■

Dans toute la suite, lorsqu'un langage L sera fixé, nous noterons $\overline{w}$ la classe à droite du mot w suivant L (en supposant qu'un seul langage est considéré).

Noter qu'on a toujours $L/\varepsilon = L$, et que, même si le langage L est non vide, un langage L/w peut l'être : par exemple, pour $L = \{a\} \cdot \{a, b\}^*$, le langage L/b est vide.

Exemple 1.16. (classes à droite) Considérons à nouveau les jeux au tennis. Soit L le langage sur $\{A, B\}$ formé par les jeux gagnés par A. Le mot *ABAB* (qui correspond au score 30-30) est équivalent au mot *ABABABAB* (qui correspond au score

Egalité) : à partir de ces jeux, quels que soient les résultats des balles suivantes, le résultat final sera le même, c'est-à-dire que, quel que soit le mot u, les mots $ABABu$ et $ABABABABu$ sont ou bien tous les deux dans L, ou bien aucun n'y est.

Exemple 1.17. (classes à droite) Soit L l'ensemble des mots formés sur l'alphabet $\{a, b\}$ se terminant par aaa. Quelles sont les classes à droite suivant L ? Si un mot w se termine par b, alors le mot wu appartient à L si et seulement si u lui-même est dans L, et on a $L/w = L$. Supposons maintenant que w se termine par exactement un a, c'est-à-dire que ou bien on a $w = a$, ou bien se termine par ba. Alors wu est dans L ou bien si u est dans L, ou bien si u est le mot aa. On a alors $L/w = L \cup \{aa\}$. Si maintenant w se termine par exactement deux a, c'est-à-dire que ou bien on a $w = aa$, ou bien w se termine par baa, alors wu est dans L si ou bien u est dans L, ou bien u est a, ou bien u est aa, et on a $L/w = L \cup \{a, aa\}$. Finalement, si w se termine par au moins trois a, wu est dans L si ou bien u dans L, ou bien u est aa, a, ou le mot vide ε, et on a $L/w = L \cup \{\varepsilon, a, aa\}$. Comme tous les mots ont été envisagés, on conclut qu'il y a quatre classes à droite suivant L, à savoir les classes des mots ε, a, aa et aaa.

Lemme 1.18. *Supposons que L est un langage d'alphabet Σ. La relation $\equiv_L$ est une relation d'équivalence sur Σ^*, et elle est compatible à droite avec le produit.*

Démonstration : La relation $\equiv_L$ est une relation d'équivalence, puisque $w \equiv_L w'$ est de la forme $f(w) = f(w')$ pour une certaine fonction f. Soient w, v, u des mots : $(wv)u \in L$ équivaut à $w(vu) \in L$, et donc on a

$$L/(wv) = \{u \,;\, vu \in L/w\} = (L/w)/v.$$

Comme $L/w = L/w'$ entraîne $(L/w)/v = (L/w')/v$, nous déduisons que $w \equiv_L w'$ entraîne $wv \equiv_L w'v$.

Partant d'un automate, on lui associe à son tour une relation d'équivalence.

Définition 1.19. (équivalence associée à un automate) Supposons que $\boldsymbol{M}$ est un automate, soit $\boldsymbol{M} = (Q, \Sigma, T, q_0, A)$. Deux mots w, w' de Σ^* sont dits *équivalents suivant* $\boldsymbol{M}$, noté $w \equiv_{\boldsymbol{M}} w'$ si on a $T^*(q_0, w) = T^*(q_0, w')$. ∎

Lemme 1.20. *Supposons que $\boldsymbol{M}$ est un automate possédant m états accessibles. La relation $\equiv_{\boldsymbol{M}}$ est une relation d'équivalence sur Σ^*, elle est compatible à droite avec le produit, et admet m classes d'équivalence.*

Démonstration : Soit $\boldsymbol{M} = (Q, \Sigma, T, q_0, A)$. Que la relation $\equiv_{\boldsymbol{M}}$ soit un relation d'équivalence est clair puisque $w \equiv_{\boldsymbol{M}} w'$ est défini par une condition du type $f(w) = f(w')$. Ensuite, supposons $w \equiv_{\boldsymbol{M}} w'$. Pour tout mot u, on a

$$T^*(q_0, wu) = T^*(T^*(q_0, w), u) = T^*(T^*(q_0, w'), u) = T^*(q_0, w'u),$$

donc $wu \equiv_{\boldsymbol{M}} w'u$: $\equiv_{\boldsymbol{M}}$ est compatible à droite avec le produit. Enfin, par construction, le nombre de classes d'équivalence de $\equiv_{\boldsymbol{M}}$ est égal au nombre de valeurs possibles du paramètre $T^*(q_0, w)$, c'est-à-dire au nombre d'états de $\boldsymbol{M}$ accessibles à partir de q_0.

Lemme 1.21. *Supposons que* $\boldsymbol{M}$ *est un automate décidant le langage L. Alors* $w \equiv_M w'$ *entraîne* $w \equiv_L w'$*, et le nombre d'états accessibles de* $\boldsymbol{M}$ *est au moins égal au nombre de classes à droite suivant L.*

> ***Démonstration :*** Par définition, $u \in L/w$ équivaut à $wu \in L$, donc, en notant $\boldsymbol{M} = (Q, \Sigma, T, q_0, A)$, à $T^*(q_0, wu) \in A$, soit encore à $T^*(T^*(q_0, w), u) \in A$. Cette dernière forme montre que, si on a $T^*(q_0, w) = T^*(q_0, w')$, alors $u \in L/w$ équivaut à $u \in L/w'$, et donc on a $L/w = L/w'$, c'est-à-dire $w \equiv_L w'$.
>
> Supposons que L possède m classes à droites. Soient w_1, ..., w_m des mots deux à deux non $\equiv_L$-équivalents. Alors, d'après l'implication précédente, les mots w_i sont deux à deux non $\equiv_M$-équivalents. Donc la relation $\equiv_M$ a au moins m classes d'équivalence. Par le lemme 1.20, on sait que le nombre de classes d'équivalence de $\equiv_M$ est le nombre d'états accessibles de $\boldsymbol{M}$.

La comparaison des relations $\equiv_L$ et $\equiv_M$ fournit alors une caractérisation des langages automatiques en termes de classes à droite.

Proposition 1.22. (théorème de Myhill–Nerode) *Supposons que L est un langage d'alphabet* Σ*. Alors il y a équivalence entre :*

(i) le langage L est automatique ;

(ii) le nombre de classes à droite suivant L est fini.

Plus précisément, si L possède m_L *classes à droite, alors il existe un automate* $\boldsymbol{M}_L$ *à* m_L *états décidant L ; tout automate décidant L a au moins* m_L *états, et tout automate à* m_L *états décidant L est isomorphe à* $\boldsymbol{M}_L$*.*

> ***Démonstration :*** Supposons que l'ensemble Q_L des classes à droite suivant L est fini. Nous construisons un automate $\boldsymbol{M}_L$ décidant L dont Q_L est l'ensemble d'états. L'idée est que l'état de $\boldsymbol{M}_L$ après avoir lu le mot w soit la classe à droite de w, notée $\overline{w}$, qui est un élément de Q_L par construction. Pour suivre cette intuition, nous définissons une fonction $T_L : Q_L \times \Sigma \to Q_L$ par
>
> $$T_L(\overline{w}, x) = \overline{wx}. \qquad (*)$$
>
> Il faut vérifier que cette dernière définition fait sens, c'est-à-dire que, si w' est un autre représentant de la classe de w, alors on a bien $\overline{wx} = \overline{w'x}$. Or l'hypothèse $\overline{w} = \overline{w'}$ signifie $w \equiv_L w'$, et la relation $\equiv_L$ est compatible avec le produit à droite. Donc $w \equiv_L w'$ entraîne $wx \equiv_L w'x$, et $(*)$ est non ambiguë. Supposons maintenant que w est dans L, et qu'on a $w' \equiv_L w$. Par définition, w' est dans L également. Nous pouvons donc définir le sous-ensemble A_L de Q_L comme l'ensemble des classes $\overline{w}$ pour w dans L et, alors, $w \in A$ équivaut à $\overline{w} \in A_L$. On pose $\boldsymbol{M}_L = (Q_L, \Sigma, T_L, \overline{\varepsilon}, A_L)$.
>
> Montrons par récurrence sur $n \geqslant 0$ que, si w est un mot de Σ^* de longueur n, alors on a
>
> $$T_L^*(\overline{\varepsilon}, w) = \overline{w}, \qquad (**)$$
>
> qui est la relation souhaitée au début. Pour $n = 0$, donc $w = \varepsilon$, le résultat est clair. Sinon, on peut écrire $w = w_0 x$, avec $x \in \Sigma$. Appliquant l'hypothèse de récurrence à w_0, on trouve
>
> $$T_L^*(\overline{\varepsilon}, w) = T_L(T_L^*(\overline{\varepsilon}, w_0), x) = T_L(\overline{w_0}, x) = \overline{w_0 x} = \overline{w}.$$

Supposons alors que w est un mot dans Σ^*. Par définition, w est accepté par $\boldsymbol{M}_L$ si et seulement si on a $T_L^*(\overline{\varepsilon}, w) \in A_L$, c'est-à-dire, par (**), $\overline{w} \in A_L$, soit, par définition de A_L, $w \in L$. Donc l'automate $\boldsymbol{M}_L$ décide le langage L, qui est donc automatique. Nous avons ainsi montré que, si L a un nombre fini m_L de classes à droite, alors L est automatique, et il existe un automate à m_L états qui décide L, à savoir l'automate $\boldsymbol{M}_L$.

Supposons inversement que L est un langage automatique, et que $\boldsymbol{M}$ est un automate à m états décidant L. Par le lemme 1.21, on a $m \geqslant m_L$, ce qui montre en particulier que m_L est fini. Supposons que $\boldsymbol{M}$ est un automate à m_L états décidant L, soit $\boldsymbol{M} = (Q, \Sigma, T, q_0, A)$. Nous voulons montrer que $\boldsymbol{M}$ est isomorphe à l'automate $\boldsymbol{M}_L$. Par le lemme 1.21, nous savons que $w \equiv_{\boldsymbol{M}} w'$ entraîne $w \equiv_L w'$, et, dans le cas présent, la première relation d'équivalence a au plus m_L classes, et la seconde en a exactement m_L. Donc les deux relations coïncident. Définissons alors $f : Q_L \to Q$ par

$$f(\overline{w}) = T^*(q_0, w).$$

D'abord, f est bien définie et injective, car on vient de voir que $w \equiv_L w'$, c'est-à-dire $\overline{w} = \overline{w'}$, équivaut à $T^*(q_0, w) = T^*(q_0, w')$. Il en résulte que f est une bijection de Q_L sur Q, car, par hypothèse, Q_L et Q ont le même nombre d'éléments m_L. Ensuite, par définition, on a

$$f(\overline{\varepsilon}) = T^*(q_0, \varepsilon) = q_0,$$

et, pour tout état $\overline{w}$ dans Q et tout x dans Σ,

$$f(T_L(\overline{w}, x)) = f(\overline{wx}) = T^*(q_0, wx) = T(T^*(q_0, w), x) = T(f(\overline{w}), x).$$

Finalement, on a

$$f(\overline{w}) \in A \Leftrightarrow T^*(q_0, w) \in A \Leftrightarrow w \in L \Leftrightarrow \overline{w} \in A_L.$$

Les relations ci-dessus montrent que f est un isomorphisme de l'automate $\boldsymbol{M}_L$ sur l'automate $\boldsymbol{M}$.

Comme le résultat précédent fournit pour chaque langage automatique L un automate particulier qui le décide, il est naturel de donner un nom à cet automate.

Définition 1.23. (automate minimal) Supposons que L est un langage automatique. On appelle *automate minimal* de L, et on note $\boldsymbol{M}_L$, l'automate construit dans la démonstration précédente, dont les états sont les classes à droite suivant L. ■

Le terme « minimal » est logique, puisque la proposition 1.22 affirme que tout automate décidant L a au moins autant d'états que l'automate minimal de L.

Il nous reste à relier les résultats ci-dessus à ceux de la section précédente : dans un premier temps, partant d'un automate $\boldsymbol{M}$ décidant un langage L, nous avons construit par une méthode effective un nouvel automate $\boldsymbol{M}^{min}$ équivalent à $\boldsymbol{M}$, donc décidant aussi L, et possédant au plus autant d'états que L. Dans un second temps, nous avons montré qu'il existe un certain automate $\boldsymbol{M}_L$, qu'on peut dire canoniquement associé à L, qui décide L et qui possède un nombre d'états minimal parmi tous les automates décidant L. La question se pose de relier les automates $\boldsymbol{M}^{min}$ obtenus à partir des divers automates $\boldsymbol{M}$ décidant L à l'automate $\boldsymbol{M}_L$. La réponse est optimale : quel que soit l'automate $\boldsymbol{M}$, $\boldsymbol{M}^{min}$ est isomorphe à $\boldsymbol{M}_L$.

Lemme 1.24. *Supposons que* $\boldsymbol{M}$ *est un automate à* m *états dont tous les états sont accessibles et deux à deux discernables. Alors le langage décidé par* $\boldsymbol{M}$ *possède au moins* m *classes à droite.*

Démonstration : Supposons $\boldsymbol{M} = (Q, \Sigma, T, q_0, A)$, et soit L le langage décidé par $\boldsymbol{M}$. Soient q_0, ..., q_{m-1} les éléments de Q. Puisque chaque état q_i est accessible, nous pouvons choisir, pour chaque i, un mot w_i vérifiant $q_i = T^*(q_0, w_i)$. Supposons alors $0 \leqslant i < j < m$. Par hypothèse, les états q_i et q_j sont discernables : il existe donc un mot u dans Σ^* vérifiant

$$T^*(q_i, u) \in A, \quad \text{et} \quad T^*(q_j, u) \notin A,$$

(ou *vice versa*). On déduit $w_i u \in L$ et $w_j u \notin L$, et donc $w_i \not\equiv_L w_j$. Les mots w_0, ..., w_{m-1} sont deux à deux non équivalents suivant L, et on a donc ainsi obtenu une famille de m mots deux à deux non équivalents pour L.

Proposition 1.25. (minimalisation) *Supposons que* L *est un langage automatique. Alors, pour tout automate* $\boldsymbol{M}$ *décidant* L*, l'automate* $\boldsymbol{M}^{min}$ *est isomorphe à l'automate minimal du langage* L*.*

Démonstration : Notons m le nombre d'états de $\boldsymbol{M}^{min}$, et m_L le nombre d'états de l'automate $\boldsymbol{M}_L$, c'est-à-dire le nombre de classes à droite suivant L. D'après le théorème de Myhill–Nerode, on a $m \geqslant m_L$, et, pour montrer que $\boldsymbol{M}^{min}$ et $\boldsymbol{M}_L$ sont isomorphes, il suffit de montrer que m et m_L sont égaux. Or le lemme précédent donne $m \leqslant m_L$.

4.1.3 Un exemple important

Pour illustrer les résultats précédents, considérons le langage

$$L_n = \{w \in \{a, b\}^* \text{ ; la } n\text{-ième lettre de } w \text{ en partant de la fin est un } a\}$$

(en particulier, les mots de longueur plus petite que n n'appartiennent pas à L_n). Soient w_1, ..., w_{2^n} les 2^n mots de longueur n sur $\{a, b\}$. Ces mots sont deux à deux L_n-inéquivalents. En effet, soient i et j deux indices distincts. Il existe alors un entier k tel que la k-ième lettre de la fin dans w_i est un a, alors que la k-ième lettre de la fin dans w_j est un b (ou *vice versa*). Soit alors u un mot de longueur $n - k$. On a $w_i u \in L_n$, et $w_j u \notin L_n$, donc $w_i \not\equiv_{L_n} w_j$. Par conséquent, L_n a au moins 2^n classes à droite Supposons $|w| \geqslant n$. Il existe alors i unique et v vérifiant $w = v w_i$. Alors, pour tout u, on a $wu = v w_i u$, et les n dernières lettres de wu sont les n dernières lettres de $w_i u$. On a donc $L_n/w = L_n/w_i$, soit $w \equiv_{L_n} w_i$. Supposons maintenant $|w| = p \leqslant n$. Il existe un unique entier i vérifiant $b^p w = w_i$, donc $b^p wu = w_i u$ pour tout u. Or, la n-ième lettre de la fin du mot $b^p wu$ est un a si et seulement si la n-ième lettre de la fin du mot wu est un a, puisque les lettres b initiales ne peuvent pas intervenir. On a donc $w \equiv_{L_n} w_i$. On conclut que le langage L_n a exactement 2^n classes à droite, qui sont les classes des 2^n mots de longueur n.

Le théorème de Myhill-Nerode implique alors que tout automate décidant L_n a au moins 2^n états, et qu'il existe un automate à exactement 2^n états qui le fait. D'un autre côté, L_n est décidé par l'AFN à $n + 1$ états suivant :

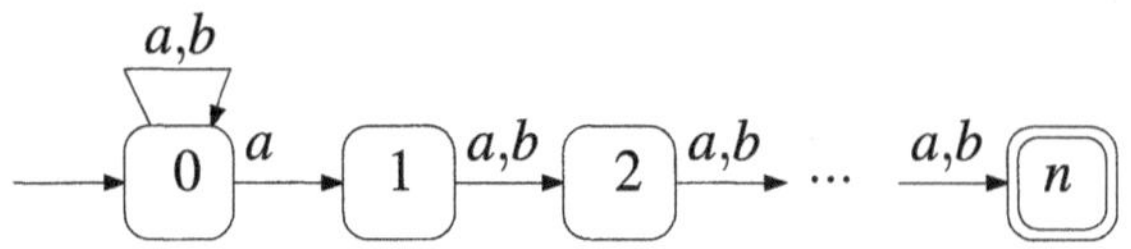

Nous déduisons de cet exemple le résultat suivant.

Proposition 1.26. (déterminisation) *Pour chaque entier n, il existe un AFN à n états dont la déterminisation requiert au moins 2^{n-1} états.*

Ce résultat n'était pas évident : les résultats du chapitre 3 ont montré que, pour tout AFN à n états, il existe un automate équivalent à au plus 2^n états, mais rien ne prouve que la méthode employée est optimale, et on pourrait se demander si une méthode plus astucieuse permettrait de construire un automate équivalent à n^2, ou n^3 états par exemple. Le résultat ci-dessus montre qu'il n'est est rien, et qu'un facteur exponentiel est inévitable dans certains cas.

4.1.4 Applications

L'argument de dénombrement utilisé au chapitre 1 pour démontrer l'existence de langages non décidables montre également l'existence de langages non automatiques – du reste, on a observé que tout langage automatique est décidable. Ceci ne donne pas d'exemple concret de langage non automatique, ni de critère permettant d'en reconnaître. le théorème de Myhill-Nerode fournit un tel critère : pour montrer qu'un langage L n'est pas automatique, il suffit de trouver une famille infinie de mots deux à deux non équivalents pour L.

Exemple 1.27. (non automatique) Soit L le langage $\{a^p b^p\ ;\ p \geqslant 1\}$ Les mots a, a^2, a^3, ... sont deux à deux inéquivalents suivant L : en effet, pour $p \neq q$, on a $a^p b^p \in L$ et $a^q b^p \notin L$, donc $b^p \in L/a^p \setminus L/a^q$, et $a^p \not\equiv_L a^q$. Le langage L a une infinité de classes à droite, et donc il n'est pas automatique.

Une autre application est la possibilité de décrire complètement les classes à droite d'un langage L supposé automatique une fois qu'on en a déterminé l'automate minimal.

Proposition 1.28. (classes à droite) *Supposons que L est un langage automatique, et que (Q, Σ, T, q_0, A) en est l'automate minimal. Alors les classes à droite suivant L sont les langages $\{w\ ;\ T^*(q_0, w) = q\}$ pour q dans Q, c'est-à-dire les classes d'équivalence de la relation $\equiv_{M_L}$.*

> ***Démonstration :*** Par construction de M_L, la classe à droite du mot w est égale à $T^*(q_0, w)$.

On en déduit une recette simple pour trouver un représentant pour chaque classe à droite suivant un langage automatique : il suffit de trouver, pour chaque état q de l'automate minimal, un mot particulier dont la lecture à partir de l'état initial mène à l'état q.

Exemple 1.29. (classes à droite) Soit L le langage décidé par l'automate $\boldsymbol{M}$ de l'exemple 1.5. On a vu que l'automate minimal $\boldsymbol{M}^{min}$ a trois états, à savoir $\{1,6\}$, $\{2,7\}$, et $\{3,8\}$. Donc le langage L a 3 classes à droite, dont on obtient des représentants en cherchant des mots qui mènent aux différents états à partir de l'état initial $\{1,6\}$: on peut prendre par exemple le mot vide pour l'état $(1,6)$, le mot b pour l'état $\{2,7\}$, et le mot ba pour l'état $\{3,8\}$. Ainsi les trois classes suivant L sont $\overline{\varepsilon}$, $\overline{b}$, et $\overline{ba}$ (il n'y a pas unicité des représentants, bien sûr). Noter que le fait que tous les états soient accessibles garantit qu'on puisse effectivement trouver un mot y menant.

Une autre application consiste en la possibilité de décrire toutes les relations d'équivalence compatibles à droite avec le produit et ayant un nombre fini de classes d'équivalence. Nous avons associé ci-dessus une telle relation notée $\equiv_{\boldsymbol{M}}$ à chaque automate $\boldsymbol{M}$. Nous montrons maintenant que toute relation d'équivalence du type précédent s'obtient ainsi.

Proposition 1.30. (équivalences) *Supposons que $\equiv$ est une relation d'équivalence sur Σ^* compatible à droite avec le produit et admettant un nombre fini de classes d'équivalence. Alors il existe un automate $\boldsymbol{M}$ tel que $\equiv$ est la relation $\equiv_{\boldsymbol{M}}$.*

Démonstration : Comme dans la construction de l'automate $\boldsymbol{M}_L$, on construit un automate $(Q, \Sigma, T, q_0, \emptyset)$ en prenant comme ensemble d'états l'ensemble Q des classes d'équivalence vis-à-vis de la relation $\equiv$. Notant $\overline{w}$ la classe d'équivalence de w, on pose

$$T(\overline{w}, x) = \overline{wx},$$

ce qui fait sens parce que la relation $\equiv$ est supposée compatible à droite avec le produit. On pose $q_0 = \overline{\varepsilon}$, et on montre par induction sur la longueur l'égalité

$$T^*(q_0, w) = \overline{w}$$

pour tout mot w. Il en résulte alors que $w \equiv w'$ est équivalent à $T^*(q_0, w) = T^*(q_0, w')$, c'est-à-dire à $w \equiv_{\boldsymbol{M}} w'$, en notant $\boldsymbol{M}$ l'automate $(Q, \Sigma, T, q_0, \emptyset)$.

Corollaire 1.31. *Un langage d'alphabet Σ est automatique si et seulement si il existe une relation d'équivalence sur Σ^* compatible à droite avec le produit, ayant un nombre fini de classes d'équivalence, et telle que L est réunion (finie) de classes de cette équivalence.*

Démonstration : Supposons que $\boldsymbol{M}$ est un automate, soit $\boldsymbol{M} = (Q, \Sigma, T, q_0, A)$, et que L est le langage décidé par $\boldsymbol{M}$. Soit q_1, ..., q_m une énumération de A. Alors le langage L est la réunion des m langages $\{w \in \Sigma^*; T^*(q_0, w) = q_i\}$, dont chacun est une classe d'équivalence pour $\equiv_{\boldsymbol{M}}$.

Inversement supposons que L est la réunion des classes des mots w_1, ..., w_m relativement à une certaine équivalence $\equiv$ compatible à droite et à quotient fini. Soit (Q, Σ, T, q_0, A) l'automate associé comme dans la démonstration de la proposition 1.30 à la relation $\equiv$, qu'on modifie en posant

$$A = \{\overline{w_1}, ..., \overline{w_m}\}.$$

Alors les mots acceptés par l'automate sont exactement ceux qui sont équivalents à un des mots w_1, ..., w_m, c'est-à-dire sont les mots de L, qui donc est bien un langage automatique.

4.2 EXPRESSIONS RÉGULIÈRES

Nous avons établi dans la section précédente une première caractérisation des langages automatiques en termes d'une propriété syntaxique *a priori* indépendante de la notion d'automate, à savoir la finitude du nombre de classes à droite. Dans cette section, nous établissons une nouvelle caractérisation, cette fois en termes de décompositions en langages simples.

4.2.1 Propriétés de clôture

Il résulte des procédés de construction d'automates du chapitre précédent que la classe des langages automatiques est close vis-à-vis de nombreuses opérations sur les langages.

Proposition 2.1. (clôture) *La classe des langages automatiques est close par union, intersection, complémentaire, produit, étoile et homomorphisme inverse.*

Démonstration : Supposons que L_1 et L_2 sont deux langages automatiques. Par définition, il existe deux automates $\boldsymbol{M}_1$ et $\boldsymbol{M}_2$ décidant respectivement L_1 et L_2. Par la proposition 3.2.6 (union), il existe un automate décidant l'union de L_1 et L_2, et donc cette dernière est un langage automatique. L'argument est le même pour les autres opérations.

On a vu au chapitre précédent que les singletons sont des langages automatiques, et il résulte du résultat ci-dessus que tout langage construit à partir des singletons à l'aide des opérations précédentes est aussi automatique. On donne un nom à de tels langages.

Définition 2.2. (langage régulier) Soit L un langage d'alphabet Σ. On dit que L est *régulier* si L peut se construire à partir l'ensemble vide et des singletons $\{x\}$ pour x dans Σ en appliquant un nombre fini de fois les opérations union, produit et étoile. ■

Exemple 2.3. (langage régulier) Les langages

$$(\{a\}^* \cdot \{b\} \cup \{b\}^*)^*, \quad \emptyset^* \cup \{a\} \cup \{b\}, \quad (\{a\} \cup \{b\}^*)^*$$

sont des langages réguliers. Noter que la décomposition d'un langage régulier à partir de singletons n'a aucune raison d'être unique : par exemple, on a toujours $L = L \cup \emptyset$. Noter aussi qu'on n'autorise *pas* l'utilisation de l'intersection ou du complémentaire dans la construction d'un langage régulier.

Nous avons immédiatement le résultat suivant.

Proposition 2.4. (automatique) *Tout langage régulier est automatique.*

Démonstration : Nous avons vu que les singletons sont automatiques. Il en est de même de l'ensemble vide (considérer un automate sans état acceptant). Ensuite, le théorème de clôture permet de montrer le résultat de proche en proche (pour une démonstration rigoureuse, utiliser une récurrence sur le nombre d'opérations union, produit et étoile).

4.2.2 Le théorème de Kleene

On va maintenant établir la réciproque de l'implication précédente.

Proposition 2.5. (théorème de Kleene) *Tout langage automatique est régulier – et, donc, un langage est automatique si et seulement si il est régulier.*

Démonstration : Considérons un AFN quelconque $\boldsymbol{M}$, soit $\boldsymbol{M} = (Q, \Sigma, T, I, A)$ (le cas particulier d'un automate déterministe n'est pas plus simple que le cas général), et soit L le langage décidé par $\boldsymbol{M}$. On se propose de montrer que L est régulier. On suppose que les états de $\boldsymbol{M}$ sont numérotés 1, ..., n, et, pour p, q entre 1 et n, et r entre 0 et n, on introduit le langage $L^r_{p,q}$ formé par les mots w tels qu'il existe un chemin étiqueté w qui, dans le graphe de $\boldsymbol{M}$, fasse passer de l'état p à l'état q avec des états intermédiaires (tous ceux par lesquels passe le chemin, à l'exclusion du premier et du dernier) au plus r. Comme un mot w est accepté par $\boldsymbol{M}$ si et seulement si il existe un chemin étiqueté par w passant d'un état initial à un état acceptant, on a l'égalité

$$L = \bigcup_{p \in I, q \in A} L^n_{p,q},$$

et il suffit de montrer que chacun des langages $L^r_{p,q}$ est régulier, ce qu'on fait par induction sur r.

Supposons $r = 0$. Le seul moyen de passer de l'état p à l'état q avec des états intermédiaires au plus 0 alors que les états commencent à 1 est de passer de p à q sans état intermédiaire, donc en 0 ou 1 étape. Si p et q sont distincts, le passage est possible en lisant toute lettre x telle que q est dans $T(p, x)$. Si p et q sont confondus, il existe en plus la possibilité de passer en 0 étape, correspondant au cas où le mot lu est ε. On a donc

$$L^0_{p,q} = \begin{cases} \bigcup_{q \in T(p,x)} \{x\} & \text{pour } p \neq q, \\ \bigcup_{q \in T(p,x)} \{x\} \cup \{\varepsilon\} & \text{pour } p = q. \end{cases}$$

Donc, dans tous les cas, $L^0_{p,q}$ est régulier, puisque $\{\varepsilon\}$ est égal à $\emptyset^*$.

Supposons $r > 0$. Pour aller de p à q en restant sous r, on peut soit aller de p à q en restant sous $r - 1$, soit passer par r un certain nombre k de fois : dans ce cas, le chemin se décompose en un chemin de p à r avec états intermédiaires sous $r - 1$, puis une suite de $k - 1$ chemins de r à r avec états intermédiaires sous $r - 1$, et enfin en un chemin de r à q, toujours avec états intermédiaires sous $r - 1$. C'est dire qu'on a

$$\begin{aligned} L^r_{p,q} &= L^{r-1}_{p,q} \cup L^{r-1}_{p,r}.L^{r-1}_{r,q} \cup L^{r-1}_{p,r}.L^{r-1}_{r,r}.L^{r-1}_{r,q} \cup L^{r-1}_{p,r}.(L^{r-1}_{r,r})^2.L^{r-1}_{r,q} \cup \ldots \\ &= L^{r-1}_{p,q} \cup L^{r-1}_{p,r}.(L^{r-1}_{r,r})^*.L^{r-1}_{r,q}. \end{aligned}$$

Par hypothèse d'induction, tous les langages $L^{r-1}_{i,j}$ sont réguliers, et donc $L^r_{p,q}$ est régulier.

Exemple 2.6. (théorème de Kleene) La preuve précédente est effective : elle fournit un algorithme qui, à partir de la table d'un automate, construit effectivement une expression du langage décidé par l'automate comme langage régulier, c'est-à-dire une décomposition de ce langage en union, produit et étoile de singletons. Considérons l'automate $\boldsymbol{M}$ suivant :

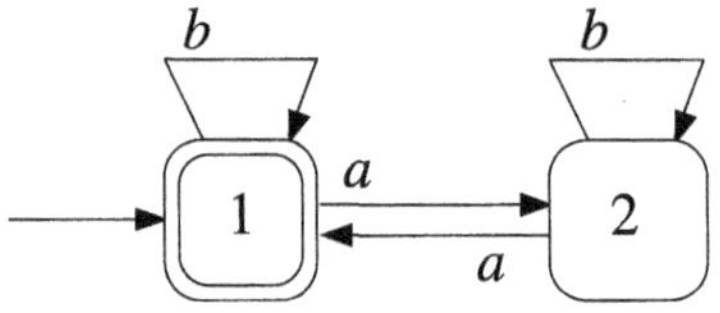

Nous trouvons successivement :

$$\begin{aligned}
&L^0_{1,1} = L^0_{2,2} = \{b\} \cup \emptyset^*, \quad L^0_{1,2} = L^0_{2,1} = \{a\},\\
&L^1_{1,1} = L^0_{1,1} \cup L^0_{1,1} \cdot (L^0_{1,1})^* \cdot L^0_{1,1} = \{b\} \cup \emptyset^* \cup (\{b\} \cup \emptyset^*) \cdot (\{b\} \cup \emptyset^*)^* \cdot (\{b\} \cup \emptyset^*),\\
&L^1_{1,2} = L^0_{1,2} \cup L^0_{1,1} \cdot (L^0_{1,1})^* \cdot L^0_{1,2} = \{a\} \cup (\{b\} \cup \emptyset^*) \cdot (\{b\} \cup \emptyset^*)^* \cdot \{a\},\\
&L^1_{2,1} = L^0_{2,1} \cup L^0_{2,1} \cdot (L^0_{1,1})^* \cdot L^0_{1,1} = \{a\} \cup \{a\} \cdot (\{b\} \cup \emptyset^*)^* \cdot (\{b\} \cup \emptyset^*),\\
&L^1_{2,2} = L^0_{2,2} \cup L^0_{2,1} \cdot (L^0_{1,1})^* \cdot L^0_{1,2} = \{b\} \cup \emptyset^* \cup \{a\} \cdot (\{b\} \cup \emptyset^*)^* \cdot \{a\},
\end{aligned}$$

et, finalement, le langage L décidé par $\boldsymbol{M}$ est

$$\begin{aligned}
L &= L^2_{1,1} = L^1_{1,1} \cup L^1_{1,2} \cdot (L^1_{2,2})^* \cdot L^0_{2,1}\\
&= \{b\} \cup \emptyset^* \cup (\{b\} \cup \emptyset^*) \cdot (\{b\} \cup \emptyset^*)^* \cdot (\{b\} \cup \emptyset^*)\\
&\qquad \cup(\{a\} \cup (\{b\} \cup \emptyset^*) \cdot (\{b\} \cup \emptyset^*)^* \cdot \{a\})\\
&\qquad\quad \cdot(\{a\} \cup \{a\} \cdot (\{b\} \cup \emptyset^*)^* \cdot (\{b\} \cup \emptyset^*))^*\\
&\qquad\quad \cdot(\{b\} \cup \emptyset^* \cup \{a\} \cdot (\{b\} \cup \emptyset^*)^* \cdot \{a\})\ldots
\end{aligned}$$

une formule bien compliquée puisque L est l'ensemble des mots ayant un nombre pair de a, qui peut être plus simplement exprimé comme

$L = \{b\}^* \cdot (\{a\} \cdot \{b\}^* \cdot \{a\} \cdot \{b\}^*)^*.$

Le théorème de Kleene est un outil plus théorique que pratique.

Le théorème de Kleene apporte une réponse à la question (vague) « décrire le langage décidé par un automate » – autrement que comme l'ensemble des mots acceptés par l'automate (ce qui est une description irréprochable). En effet, il donne un moyen d'obtenir une expression régulière pour ce langage. Comme noté ci-dessus, cette réponse est plus théorique que pratique – mais c'est précisément là l'un des intérêts des automates que de permettre de spécifier de façon concise des langages compliqués.

4.2.3 Applications

Une application du théorème de Kleene est la clôture de la classe des langages automatiques par homomorphisme, un point laissé en suspens au chapitre 3.

Proposition 2.7. (homomorphisme) *Toute image par homomorphisme d'un langage automatique est un langage automatique.*

> ***Démonstration :*** Supposons que f est un homomorphisme de Σ^* dans Σ'^*, et soit L un langage automatique, donc régulier, d'alphabet Σ. On montre que le langage $f[L]$ est régulier par induction sur le nombre minimal d'opérations union, produit, et étoile nécéssaires pour construire L à partir des singletons. Pour $L = \emptyset, f[L]$ est aussi le langage vide, donc est régulier. Pour $L = \{x\}$, avec $x \in \Sigma$, on a $f[L] = \{f(x)\}$, donc $f[L]$ est régulier, comme tout singleton $\{w\}$, car, si w est vide, $\{w\}$ est $\emptyset^*$, et, si w est $x_1...x_n$, alors $\{w\}$ est le produit $\{x_1\} \cdot ... \cdot \{x_n\}$). Pour $L = L_1 \cup L_2$, on a $f[L] = f[L_1] \cup f[L_2]$, donc, si on sait que $f[L_1]$ et $f[L_2]$ sont réguliers, il en est de même de $f[L]$. De même, si L est $L_1 \cdot L_2, f[L]$ est $f[L_1] \cdot f[L_2]$, et $f[L]$ est régulier dès que $f[L_1]$ et $f[L_2]$ le sont. Enfin, si L est $L_1{}^*, f[L]$ est $(f[L])^*$, et $f[L]$ est régulier dès que $f[L_1]$ l'est.

Une autre application du théorème de Kleene est la possibilité de montrer l'équivalence des automates standards avec de nouvelles variantes, appelées automates généralisés.

Un mot w est accepté par un AFN ou un AFNε s'il existe un chemin dans le graphe de celui-ci qui mène d'un état initial à un état acceptant et qui soit étiqueté par le mot w. La présence d'une flèche étiquetée x allant de l'état p à l'état q dans le graphe d'un AFN peut être vue comme une autorisation d'aller de p à q pourvu qu'on lise (ou qu'on paie) la lettre x.

Définition 2.8. (automate généralisé) On appelle *automate (fini) généralisé*, ou AFG, tout graphe semblable à celui d'un AFN, mais où les flèches, au lieu d'être étiquetées par des lettres, sont étiquetées par des langages réguliers. Si $\boldsymbol{M}$ est un AFG et w un mot, on dit que w est *accepté* par $\boldsymbol{M}$ s'il existe une décomposition $w = w_1...w_n$ et une suite d'états $q_0, ..., q_n$ tels que q_0 est initial, q_n est acceptant, et, pour chaque i intermédiaire, le mot w_i fait passer de l'état q_{i-1} à l'état q_i, c'est-à-dire, ici, appartient au langage étiquetant une flèche allant de l'état q_{i-1} à l'état q_i. ■

Exemple 2.9. (automate généralisé) Un graphe typique d'AFG est

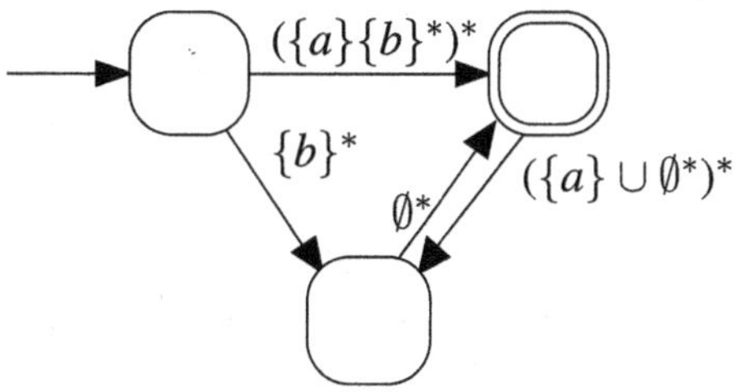

Les mots a, ab et b sont acceptés par cet AFG (pourquoi ?) ; par contre ba ne l'est pas.

Un AFN (et donc aussi un automate) est un cas particulier d'AFG où les langages-étiquette sont des réunions de singletons $\{x\}$; passer aux AFNε correspond à admettre de surcroît des étiquettes du type $\{\varepsilon\}$.

Le résultat suivant montre que la généralisation ainsi introduite ne change pas la notion de décidabilité.

Proposition 2.10. (AFG équivaut à automate) *Tout AFG est équivalent à un automate.*

Démonstration : (Première preuve, par le théorème de Kleene) On reprend la preuve du thèorème de Kleene dans le cas où $\boldsymbol{M}$ est un AFG. La relation de récurrence exprimant $L^r_{p,q}$ en fonction des langages $L^{r-1}_{i,j}$ pour $r > 0$ est inchangée. La seule question est donc d'amorcer la preuve, c'est-à-dire de traiter le cas des langages $L^0_{p,q}$. Or, justement, $L^0_{p,q}$ est l'ensemble des mots w qui font passer directement de l'état p à l'état q : par définition, ce langage est l'étiquette de la flèche qui va de l'état p à l'état q dans le graphe de $\boldsymbol{M}$, s'il en existe une, et le langage vide $\emptyset$ sinon. Par hypothèse, ces langages sont réguliers.

(Seconde preuve, en construisant directement un automate équivalent) Considérons une flèche quelconque

$$p \xrightarrow{L} q$$

dans le graphe de $\boldsymbol{M}$. Par hypothèse, le langage-étiquette L est régulier, donc automatique. On peut donc choisir un automate $\boldsymbol{M}_L$ décidant L. On effectue sur $\boldsymbol{M}$ la transformation suivante : on supprime la flèche $p \xrightarrow{L} q$, mais on ajoute une ε-transition de l'état p à l'état initial de $\boldsymbol{M}_L$, et une ε-transition de chaque état acceptant de $\boldsymbol{M}_L$ vers q ; enfin on supprime le caractère acceptant des états ci-devant acceptants de $\boldsymbol{M}_L$. Le nouvel automate est équivalent à $\boldsymbol{M}$, car les mots pouvant faire passer de l'état p à l'état q en passant par l'ancienne flèche $p \xrightarrow{L} q$ sont exactement ceux qui font passer de p à q en passant à travers $\boldsymbol{M}_L$. En traitant successivement chacune des flèches de $\boldsymbol{M}$, on obtient un AFNε équivalent à $\boldsymbol{M}$.

4.2.4 Alphabet à un élément

Dans le cas particulier d'un alphabet à un seul élément, on peut donner une description complète des langages automatiques. Si Σ est l'alphabet réduit au seul élément a, l'application $n \mapsto a^n$ est une bijection de $\mathbb{N}$ sur Σ^*, et on peut voir les langages d'alphabet Σ comme des sous-ensembles de $\mathbb{N}$. Pour i, p dans $\mathbb{N}$, on pose

$$L_{i,p} = \{a^{i+np}; n \geqslant 0\}.$$

Vus comme des sous-ensembles de $\mathbb{N}$, les langages $L_{i,p}$ sont les progressions arithmétiques. Il est clair que chaque langage $L_{i,p}$ est régulier, donc automatique. En effet on peut écrire

$$L_{i,p} = \begin{cases} \{a\}^i & \text{pour } p = 0, \\ \{a\}^i \cdot (\{a\}^p)^* & \text{sinon.} \end{cases}$$

De là, on déduit que chaque réunion finie de langages $L_{i,p}$ est automatique. On va montrer la réciproque de cette propriété.

Proposition 2.11. (une lettre) *Supposons que L est un langage d'alphabet $\{a\}$. Alors L est automatique si et seulement si L est une réunion finie de langages $L_{i,p}$.*

Démonstration : Supposons que $\boldsymbol{M}$ est un automate d'alphabet $\{a\}$, soit $\boldsymbol{M} = (Q, \{a\}, T, q_0, A)$. Si q_1, ..., q_m sont les états acceptants de $\boldsymbol{M}$, le langage décidé par $\boldsymbol{M}$ est la réunion des langages décidés par les automates $(Q, \{a\}, T, q_0, \{q_i\})$. Donc il suffit de démontrer le résultat dans le cas d'un automate à un seul état acceptant, ce qu'on suppose désormais. On suppose aussi que les états sont numérotés 0, 1, ..., avec 0 initial, et i acceptant. Considérons l'application

$$n \mapsto T^*(0, a^n)$$

de $\mathbb{N}$ dans l'ensemble fini Q. Cette application ne peut être injective, donc il existe un plus petit entier s vérifiant $T^*(0, s) = T^*(0, r)$ pour un certain entier r avec $r < s$. Supposons $s = r + p$. Alors, pour $m \geqslant r$, on a de proche en proche $T^*(0, m+p) = T^*(0, m)$. Deux cas sont possibles. Pour $i < r$, le mot a^i est accepté et c'est le seul puisqu'on a $T^*(0, n) > i$ pour $n > i$. Donc le langage décidé par $\boldsymbol{M}$ est $\{a^i\}$, c'est-à-dire $L_{i,0}$. Pour $r \leqslant i$, on a $T^*(0, n) = i$ si et seulement si $n - i$ est un multiple de p. Donc le langage décidé par $\boldsymbol{M}$ est $\{a^i\} \cdot \{a^p\}^*$, c'est-à-dire $L_{i,p}$.

Corollaire 2.12. *Supposons que L est un langage d'alphabet $\{a\}$. Alors L est automatique si et seulement si il existe deux entiers N et P tels que, pour tout entier $n \geqslant N$, le mot a^n est dans L si et seulement si le mot a^{n+P} est dans L.*

Démonstration : Si L est une réunion finie de langages L_{i_k,p_k}, la propriété est vraie en prenant pour P le ppcm de tous les p_k non nuls et pour N le maximum de tous les i_k. Inversement, tout langage L qui satisfait à la propriété est la réunion de singletons $\{a^i\}$ avec $i < N$ et de langages $L_{i,P}$ avec i compris entre N et $N + P - 1$.

4.3 PROPRIÉTÉS D'ITÉRATION

Pour établir qu'un langage L n'est *pas* automatique, le seul critère dont nous disposions jusqu'à présent est de montrer qu'il admet une infinité de classes à droite. Nous allons établir maintenant d'autres conditions suffisantes – mais non nécessaires.

Définition 3.1. (décomposition) Soit w un mot. Tout k-uplet de mots $(w_1, ..., w_k)$ satisfaisant $w = w_1 \cdot ... \cdot w_k$ est appelé une *décomposition* de w. ■

Proposition 3.2. (itération, forme faible) *Supposons que L est un langage automatique. Alors il existe un entier N qui a la propriété suivante : quel que soit le mot w*

dans L de longueur plus grande que N, il existe une décomposition (w_1, w_2, w_3) *de* w *vérifiant* $w_2 \neq \varepsilon$ *et telle que, pour tout k, le mot* $w_1 w_2^k w_3$ *est dans L.*

Démonstration : Soit (Q, Σ, T, q_0, A) un automate décidant L, et soit N le cardinal de Q plus 1. Soit $x_1...x_n$ un mot de L de longueur au moins N. Pour $i \leqslant n$, soit q_i la valeur de $T^*(q_0, x_1...x_i)$. Puisque n est plus grand que le nombre d'éléments de Q, il existe deux indices i, j, $i < j$, tels que q_i et q_j coïncident. Posons

$$w_1 = x_1...x_i \ , \qquad w_2 = x_{i+1}...x_j \ , \qquad w_3 = x_{j+1}...x_n.$$

Par construction on a

$$q_i = T^*(q_0, w_1) \ , \qquad q_i = T^*(q_i, w_2) \ , \qquad q_n = T^*(q_i, w_3),$$

d'où résulte, pour tout entier k, l'égalité $q_n = T^*(q_0, w_1 w_2^k w_3)$, ce qui montre que le mot $w_1 w_2^k w_3$ appartient à L pour tout k.

Nous déduisons du lemme d'itération un moyen de montrer qu'un langage L n'est pas automatique : il suffit de montrer que L contient des mots arbitrairement longs sans décomposition où le facteur du milieu puisse être répété à loisir sans sortir du langage.

Exemple 3.3. (non automatique) Soit $L = \{a^p b^p ; p \geqslant 1\}$. Aucun mot de L n'a de décomposition du type précédent. En effet, supposons que (w_1, w_2, w_3) est une décomposition du mot $a^p b^p$ et que w_2 est non vide. Si w_2 ne contient que des lettres a, le mot $w_1 w_2^2 w_3$ contient plus de a que de b, et donc n'appartient pas à L. De même, si w_2 ne contient que des b, alors $w_1 w_2^2 w_3$ contient plus de b que de a, et il n'appartient pas non plus à L. Enfin, si w_2 contient au moins un a et au moins un b, le mot $w_1 w_2^2 w_3$ contient au moins un b précédant un a, et donc il ne peut appartenir à L. On en (re)déduit que L n'est pas automatique.

La propriété d'itérabilité de la proposition 3.2 est une propriété nécessaire, mais elle n'est *pas* suffisante. Ainsi, montrer qu'un langage satisfait à cette propriété ne permet de *rien* conclure quant au caractère automatique du langage.

Exemple 3.4. (non suffisant) Soit L le langage $\{w \in \{a, b\}^* ; |w|_a = |w|_b\}$. Le langage L satisfait à la propriété d'itérabilité de la proposition 3.2, relativement à la valeur $N = 2$. En effet, soit w un mot de L non vide, donc de longueur au moins 2. Puisque w contient au moins une lettre a et une lettre b, il contient au moins un des deux facteurs ab ou ba. Supposons $w = w_1 w_2 w_3$, avec $w_2 = ab$ ou $w_2 = ba$. Pour tout k, le mot $w_1 w_2^k w_3$ contient autant de a que de b, donc il est dans L, et donc w admet bien une décomposition du type voulu. Or L n'est pas automatique. En effet, supposons L automatique. Alors, comme le langage $\{a\}^* \cdot \{b\}^*$ est automatique, le langage $L \cap \{a\}^* \cdot \{b\}^*$ l'est aussi. Or cette intersection est le langage $\{a^p b^p ; p \geqslant 1\}$, qui n'est pas automatique. Donc l'hypothèse que L est automatique est contradictoire.

En gardant le principe de la démonstration de la proposition 3.2, on peut établir des propriétés d'itérabilité plus fortes.

Définition 3.5. (position marquée) Un *mot avec N positions marquées* est une suite $(w, p_1, ..., p_N)$ où w est un mot et p_1, ..., p_N sont des entiers satisfaisant $1 \leqslant p_1 < ... < p_N \leqslant |w|$. Supposons que $(w, p_1, ..., p_N)$ est un mot avec N positions marquées, et que (w_1, w_2, w_3) est une décomposition de w. On dit que *chaque composante de la décomposition contient une position marquée* si chacun des intervalles $\{1, ..., |w_1|\}$, $\{|w_1| + 1, ..., |w_1| + |w_2|\}$ et $\{|w_1| + |w_2| + 1, ..., |w_1| + |w_2| + |w_3|\}$ contient au moins un des entiers p_i. ■

Proposition 3.6. (itération, forme forte) *Supposons que L est un langage automatique. Alors il existe un entier N qui a la propriété suivante : quel que soit le mot w dans L de longueur plus grande que N, et quelles que soient N positions marquées dans w, il existe une décomposition (w_1, w_2, w_3) de w vérifiant $w_2 \neq \varepsilon$, telle que chacun des mots w_i contient au moins une position marquée, et telle que, pour tout k, le mot $w_1 w_2^k w_3$ est dans L.*

Démonstration : L'argument est le même que précédemment, à ceci près qu'on considère les états qui suivent la lecture d'une lettre en position marquée. Soit (Q, Σ, T, q_0, A) un automate décidant L, et soit N le cardinal de Q plus 2. Soit $x_1 ... x_n$ un mot de L avec N positions marquées p_1, ..., p_N. Soit $q_i = T^*(q_0, x_1 ... x_{p_i})$ pour $i \leqslant N$. Puisque $N - 1$ est plus grand que le nombre d'éléments de Q, il existe deux indices i, j satisfaisant $i < j < N$ et $q_i = q_j$. Posons

$$w_1 = x_1 ... x_{p_i}, \qquad w_2 = x_{p_i+1} ... x_{p_j}, \qquad w_3 = x_{p_j+1} ... x_n.$$

Par construction on a

$$q_i = T^*(q_0, w_1), \qquad q_i = T^*(q_i, w_2), \qquad q_n = T^*(q_i, w_3),$$

d'où résulte, pour tout entier k, l'égalité $q_n = T^*(q_0, w_1 w_2^k w_3)$, ce qui montre que le mot $w_1 w_2^k w_3$ appartient à L pour tout k. Or, par construction, la position p_1 « est dans » w_1, la position p_j « est dans » w_2, et la position p_N « est dans » w_3.

Corollaire 3.7. *Supposons que L est un langage automatique. Alors il existe un entier N qui a la propriété suivante : quel que soit le mot w dans L de longueur plus grande que N, il existe une décomposition (w_1, w_2, w_3) de w vérifiant $w_2 \neq \varepsilon$ et $|w_1 w_2| \leqslant N$, et telle que, pour tout k, le mot $w_1 w_2^k w_3$ est dans L.*

Démonstration : Il suffit de choisir les positions marquées 1, 2, ..., N.

Symétriquement, en choisissant comme positions marquées les N dernières positions du mot considéré, on obtient un énoncé analogue où la condition $|w_1 w_2| \leqslant N$ est remplacée par $|w_2 w_3| \leqslant N$.

Étant plus forte, les nouvelles propriétés d'itérabilité permettent d'exclure davantage de langages.

Exemple 3.8. (non automatique) Soit à nouveau L l'ensemble des mots sur $\{a, b\}$ contenant autant de a que de b. Nous avons vu que L satisfait à la forme faible de la propriété d'itérabilité. Par contre, il ne satisfait pas à la forme forte. En effet, supposons que L satisfait à la propriété relativement à la valeur N. Considérons le mot $w = a^N b^N$, dont nous marquons les N premières positions. Soit (w_1, w_2, w_3) une décomposition de w dont chaque composante contient une position marquée. Alors le mot w_2 ne peut contenir que des a, puisque w_3 contient au moins un a. Mais alors le mot $w_1 w_2^2 w_3$ contient certainement plus de a que de b, et il n'est pas dans L. Ceci fournit donc une nouvelle démonstration du fait que L n'est pas automatique.

Pas plus que la forme faible, la forme forte de la propriété d'itérabilité n'est une condition suffisante pour qu'un langage soit automatique – même si la construction d'un contre-exemple est un peu plus laborieuse (voir Exercices).

EXERCICES

4.1. Soit $L = \{w \in \{a, b\}^* \ ; \ ab \not\sqsubseteq w\}$. Montrer que L est automatique, et déterminer l'automate minimal de L. Donner pour chaque classe à droite suivant le langage L un représentant de longueur minimale. Exprimer L, ainsi que chacune des classes précédentes, comme langage régulier.

4.2. On fixe un alphabet fini Σ. Établir une borne supérieure sur le nombre de langages d'alphabet Σ ayant m classes à droite.

4.3. Soit $L = \{a^p b^p \ ; \ p \geqslant 0\}$. Décrire les classes à droite suivant L.

4.4. Soit L_n l'ensemble des mots sur l'alphabet $\{a, b\}$ de longueur au moins n dont la n-ième lettre en partant du début est un a. Déterminer les classes à droite suivant L_n. Comparer avec le cas où on considère la n-ième lettre de la fin.

4.5. Soit L l'ensemble des développements en base 3 d'entiers congrus à 1 *modulo* 4. Construire l'automate minimal décidant L (i) si on ne prend pas en compte le fait que le développement d'un entier non nul ne doit pas commencer par 0 ; (ii) en prenant en compte ce dernier fait.

4.6. Soit $L = \{a^p b a^p \ ; \ p \geqslant 1\}$. Montrer que L n'est pas automatique (i) en utilisant la propriété d'itération, (ii) en utilisant un homomorphisme pour se ramener à un langage dont on déjà démontré qu'il n'était pas automatique.

4.7. Soit $L = \{a^{p^2} \ ; \ p \geqslant 1\}$. Montrer que L n'est pas automatique (i) en utilisant la propriété d'itération, (ii) en utilisant la caractérisation des langages automatiques sur un alphabet à une lettre.

4.8. Soit $L = \{a^p \ ; \ p$ est un nombre premier$\}$. Montrer que L n'est pas automatique.

4.9. (i) Montrer que le langage $\{a^p b^q \; ; \; p < q\}$ n'est pas automatique.

(ii) Même question avec $\{a^p b^q \; ; \; p > q\}$.

(iii) Même question avec $\{a^p b^q \; ; \; p \neq q\}$.

4.10. (i) Montrer que le langage $\{a^p b^q c^r \; ; \; q \leqslant p + r\}$ n'est pas automatique.

(ii) Même question avec $\{a^p b a^p \; ; \; p \geqslant 1\}$.

4.11. On suppose que L est un langage automatique inclus dans le langage $\{a^p b^p ; p \geqslant 0\}$. Montrer que L est nécessairement fini.

4.12. Pour tout mot w, on note w^R le mot obtenu à partir de w en renversant l'ordre des lettres : par exemple $(aab)^R$ est baa. Pour tout langage L, on note L^R l'ensemble des mots w^R pour w dans L. Donner *deux* preuves du fait que, si L est automatique, alors L^R est aussi automatique.

4.13. On suppose que f est un homomorphisme de Σ^* dans Σ_1^*, et que L est un langage automatique d'alphabet Σ. Construire directement un AFNε décidant $f[L]$ à partir d'un automate décidant L.

4.14. (i) Posons $L_1 := \{(ab)^p (cd)^p \; ; \; p \geqslant 1\}$ et soit L_2 l'ensemble des mots sur $\{a, b, c, d\}$ qui contiennent au moins un des facteurs *aa*, *ac*, *ad*, *bb*, *bd*, *ca*, *cb*, *cc*, *da*, *db* ou *dd*. Finalement, soit $L = L_1 \cup L_2$. Montrer que L_2 est disjoint de $\{ab\}^* \cdot \{cd\}^*$, et donc de L_1. En déduire que L n'est pas automatique.

(ii) Montrer que L satisfait la propriété d'itération forte relativement à la constante $N = 5$.

4.15. Montrer qu'un automate fini généralisé d'alphabet Σ est déterministe (c'est-à-dire que tout mot possède exactement une lecture) si et seulement si , pour chaque état q, si L_1, ..., L_m sont les langages étiquetant les flèches partant de q, alors les langages $L_i \cdot \Sigma^*$ forment une partition de $\Sigma^* \setminus \{\varepsilon\}$.

4.16. Montrer que, si le langage L est automatique, il en est de même du langage $\sqrt{L}$ défini par $\sqrt{L} = \{w \; ; \; w^2 \in L\}$: on montrera que, s'il existe m classes à droite suivant L, il existe au plus m^m classes à droite suivant $\sqrt{L}$.

4.17. On dit qu'un langage L d'alphabet Σ est local s'il existe trois ensembles finis de mots L_{deb} (les « débuts »), L_{fin} (les « fins ») et L_{int} (les « interdits ») vérifiant

$$L = (L_{deb} \cdot \Sigma^*) \cap (\Sigma^* \cdot L_{fin}) \setminus (\Sigma^* \cdot L_{int} \cdot \Sigma^*),$$

c'est-à-dire qu'un mot est dans L s'il commence par un début, finit par une fin et ne comporte aucun sous-mot interdit.

(i) Montrer que tout singleton (langage réduit à un seul mot) est local.

(ii) Montrer que tout langage local est automatique. Montrer que, si un langage local contient les mots a et aaa, alors nécessairement il contient le mot aa. En déduire un exemple de langage automatique et non local.

(iii) On suppose que L est un langage automatique, et que $\boldsymbol{M}$ est un automate d'ensemble d'états Q décidant L, soit $\boldsymbol{M} = (Q, \Sigma, T, q_0, A)$. On note $L_{\boldsymbol{M}}$ le langage d'alphabet $Q \times \Sigma$ formé par les mots de la forme $(q_0, x_1)(q_1, x_2)...(q_{n-1}, x_n)$ vérifiant $q_i = T(q_{i-1}, x_i)$ pour $1 \leqslant i \leqslant n-1$, et $T(q_{n-1}, a_n) \in A$. Quelle est l'image de $L_{\boldsymbol{M}}$ par l'homomorphisme $\pi : (q, x) \mapsto x$? Montrer que le langage $L_{\boldsymbol{M}}$ est un langage local ; on précisera soigneusement les débuts, fins et interdits correspondants.

(iv) La famille des langages locaux est-elle close vis-à-vis de l'intersection ? de l'union ? du complément ? de l'image directe par homomorphisme ?

Chapitre 5

Grammaires formelles

La classe des langages automatiques a de bonnes propriétés : elle est close par de nombreuses opérations, ses éléments admettent diverses caractérisations équivalentes, et le problème de décision de tout langage automatique L est résolu de façon très simple par l'automate minimal du langage L. Cependant, nous avons vu que certains langages avec une définition pourtant simple ne sont pas automatiques, par exemple le langage $\{a^p b^p \,;\, p \geqslant 1\}$. Ceci rend naturelle l'introduction de nouvelles généralisations de la notion d'automate, en particulier la notion d'automate à pile, que nous étudierons au chapitre suivant. Dans ce chapitre, nous considérons une nouvelle approche pour spécifier des langages, à savoir celles des règles de réécriture et des grammaires formelles.

5.1 RÉÉCRITURE ET PRODUCTIONS

Dans l'étude des langages automatiques, nous avons débuté par une caractérisation locale, pour passer ensuite à une caractérisation globale. En effet, un automate définit un langage localement au sens où il donne, pour chaque mot, un moyen de reconnaître si ce mot appartient ou non au langage considéré. Par contre, la spécification d'un langage régulier comme construction à partir des singletons est globale : elle décrit le langage considéré en termes d'autres langages, sans donner directement de critère pour reconnaître si un mot individuel appartient ou non au langage. Le théorème de Kleene établit l'équivalence des deux approches.

Nous allons étudier maintenant une nouvelle famille de langages, dits langages algébriques. Nous commencerons cette fois par une caractérisation globale qui généralise en un certain sens la définition des langages réguliers, et ce n'est qu'au chapitre suivant que nous passerons à une caractérisation locale mettant en jeu les automates à pile, qui généralisent les automates.

5.1.1 Règles de réécriture

Un moyen puissant pour engendrer un langage consiste à se donner une fonction de l'ensemble des mots dans lui-même, ou, plus généralement, une relation binaire (fonctionnelle ou non) sur l'ensemble des mots, et à considérer l'ensemble des mots déduits d'un mot initial fixé en itérant l'application de la relation. Cette approche peut être rattachée à l'étude générale de ce qu'on appelle les systèmes dynamiques. Dans le contexte des mots, il est usuel de parler de *règles de réécriture* plutôt que de relations binaires sur les mots. Si $\vdash$ est une telle règle, on lit $w \vdash w'$ comme « le mot w peut se réécrire en le mot w' » ou « le mot w' est dérivable à partir du mot w » – ce qui sous-entend pour la relation en question une signification intuitive, mais ne restreint pas la généralité de l'approche.

Nous rappelons que, si $\vdash$ est une règle de réécriture sur Σ^* (c'est-à-dire une relation binaire sur cet ensemble), on note $\vdash^p$ la p-ième puissance de $\vdash$, c'est-à-dire la règle de réécriture telle que $w \vdash^p w'$ est vraie si et seulement si il existe des mots w_1, ..., w_{p-1} vérifiant $w \vdash w_1$, $w_1 \vdash w_2$, ..., $w_{p-1} \vdash w'$: on dit alors « w' est dérivable à partir de w en p étapes ». On note $\vdash^*$ la réunion des règles $\vdash^p$ pour $p \geqslant 0$, $\vdash^0$ étant l'égalité. On a vu au chapitre 1 que, pour toute règle $\vdash$, $\vdash^*$ est la plus petite règle (au sens de l'inclusion) qui inclue $\vdash$ et soit réflexive et transitive.

L'idée générale dans la suite est d'introduire, pour une règle de réécriture $\vdash$ et un mot initial w_0 donnés, le langage

$$\{w \in \Sigma^* \,;\, w_0 \vdash^* w\}$$

formé par tous les mots en lesquels w_0 peut se réécrire en itérant la règle $\vdash$.

5.1.2 Productions

Le cadre précédent est extrêmement flexible, et, tant qu'on n'impose pas des restrictions sur la forme des règles de réécriture considérées, on ne peut rien dire en général des langages obtenus, qui peuvent être extrêmement compliqués. Il se peut en particulier que le langage $\{w \in \Sigma^*; w_0 \vdash^* w\}$ ne soit pas décidable, c'est-à-dire qu'il n'y ait pas de moyen effectif de reconnaître quels mots sont dérivables à partir de w_0. Nous allons donc dans la suite nous cantonner à des types particuliers de règles de réécriture.

Définition 1.1. (production) Une *production* sur l'alphabet Σ est un couple (s, u), où s est une lettre de Σ, et u un mot sur Σ. Il est usuel de noter $s \longrightarrow u$ la production (s, u). Si $s \longrightarrow u$ est une production sur Σ, on lui associe la règle de réécriture $\vdash_{s \to u}$ sur Σ^* telle que $w \vdash_{s \to u} w'$ est vraie si et seulement si il existe des mots w_1 et w_2 vérifiant $w = w_1 s w_2$ et $w' = w_1 u w_2$. ■

Exemple 1.2. (production) Supposons que l'alphabet Σ est $\{a, b, S\}$, et considérons la production $S \to aSb$. Alors la règle de réécriture $\vdash_{S \to aSb}$ permet de réécrire le mot SaS en chacun des deux mots $aSbaS$ et $SaaSb$, c'est-à-dire que les deux relations

$$SaS \vdash_{S \to aSb} aSbaS \quad \text{et} \quad SaS \vdash_{S \to aSb} SaaSb$$

sont vraies, correspondant aux deux décompositions possibles de SaS en un mot, une occurrence de S, un autre mot.

Noter par contre qu'il n'existe aucun mot w vérifiant $w \vdash_{S \to aSb} SaS$, puisque le mot SaS ne contient pas le mot aSb comme facteur.

L'idée est alors de définir une grammaire formelle comme une famille finie de productions. Une telle famille induit une partition de l'alphabet considéré en deux sous-familles : d'une part les caractères s qui peuvent se réécrire, c'est-à-dire tels qu'il existe au moins une production de type $s \to u$, d'autre part ceux qui ne le peuvent. L'usage est de distinguer entre ces deux types de lettres, et d'appeler *variables* les premières (celles qui peuvent se réécrire) et *terminaux* les secondes (celles qui ne le peuvent pas). Il est alors commode de considérer qu'une grammaire utilise deux alphabets disjoints, ce qui mène à la définition suivante.

Définition 1.3. (grammaire) Une *grammaire* (formelle) est un quadruplet (V, Σ, P, S) où V et Σ sont deux alphabets disjoints, appelés respectivement l'alphabet *auxiliaire* et l'alphabet *terminal*, et dont les éléments sont appelés respectivement les *variables* et les *terminaux*, où P est une famille de productions du type $X \to u$, avec $X \in V$ et $u \in (V \cup \Sigma)^*$, et où S est une variable, appelée variable *initiale*. ■

Exemple 1.4. (grammaire) Nous distinguerons en général les terminaux des variables en utilisant des minuscules pour les premiers et des majuscules pour les secondes. Ainsi

$$G = (\{S\}\ ,\ \{a, b\}\ ,\ \{S \to aSb\ ,\ S \to \varepsilon\}\ ,\ S)$$

est une grammaire d'alphabet auxiliaire $\{S\}$, d'alphabet terminal $\{a, b\}$, elle admet deux productions, à savoir $S \to aSb$ et $S \to \varepsilon$, et la variable initiale est (forcément) S. Il est usuel de regrouper les différentes productions dont le premier membre est une variable donnée, écrivant $X \to u|v$ pour la réunion de $X \to u$ et $X \to v$. Dans l'exemple ci-dessus, on regroupera les deux productions sous la forme $S \to aSb|\varepsilon$.

Définition 1.5. (dérivation) Supposons que G est une grammaire, soit $G = (V, \Sigma, P, S)$. La règle de réécriture $\vdash_G$ associée à la grammaire $G = (\Sigma, V, P, S)$ est la réunion des règles $\vdash_{X \to u}$ pour $X \to u$ production de G. Une *G-dérivation* est une suite de mots $(w_0, w_1, ..., w_n)$ sur $\Sigma \cup V$ telle que la relation $w_i \vdash_G w_{i+1}$ est vraie pour $i < n$. On dit que le mot w' est *G-dérivable en n étapes* à partir de w s'il existe (au moins) une G-dérivation $(w_0, ..., w_n)$ telle que w_0 est w et w_n est w', c'est-à-dire si la relation $w \vdash_G^n w'$ est vérifiée. ■

Exemple 1.6. (dérivation) Soit à nouveau G la grammaire de l'exemple 1.4. Les relations suivantes sont vraies :

$$S \vdash_G aSb \vdash_G aaSbb \vdash_G aabb.$$

En d'autres termes, le mot $aabb$ est G-dérivable à partir de S en 3 étapes. Une récurrence facile montrera que l'ensemble des mots G-dérivables à partir de S, c'est-à-dire l'ensemble des mots w pour lesquels $S \vdash_G^* w$ est vrai est

$$\{a^pSb^p \; ; \; p \geqslant 0\} \cup \{a^pb^p \; ; \; p \geqslant 0\}.$$

Dans le contexte présent, il est naturel d'associer à une grammaire G l'ensemble des mots dérivables à partir de sa variable initiale. En fait, comme les noms choisis le suggèrent, les mots auxquels on s'intéresse en général sont ceux dont toutes les lettres sont terminales, l'alphabet auxiliaire n'intervenant que comme moyen de construction extérieur. On pose donc la définition suivante.

Définition 1.7. (langage engendré, algébrique) Supposons que G est une grammaire, soit $G = (V, \Sigma, P, S)$. Le langage *engendré par G*, noté $L(G)$, est l'ensemble des mots terminaux (mots sur Σ) qui sont G-dérivables à partir de S. Un langage L est dit *algébrique* s'il existe au moins une grammaire qui engendre L. ■

Exemple 1.8. (langage engendré) Revenons à nouveau sur l'exemple 1.4. La forme explicite des mots G-dérivables à partir de S montre que $L(G)$ est le langage $\{a^pb^p \; ; \; p \geqslant 0\}$. Nous en déduisons que les grammaires ne sont pas équivalentes aux automates : le langage $\{a^pb^p \; ; \; p \geqslant 0\}$ est algébrique, alors qu'il n'est pas automatique.

Se donner une grammaire G, c'est à la fois se donner une famille de règles de réécriture et une variable initiale. Noter que la relation $\vdash_G$ dépend uniquement des productions de G, et pas du choix de la variable initiale – et c'est donc également la cas de tous les lemmes et résultats ultérieurs concernant la relation $\vdash_G$. Par contre, le langage engendré par G dépend à la fois des productions de G et de sa variable initiale.

La règle de réécriture associée à une production $X \longrightarrow u$ permet de remplacer une occurrence quelconque de X par le mot u, indépendamment des caractères voisins : on parle de règles *indépendantes du contexte* (« context-free » en anglais), par opposition à des règles plus compliquées où le remplacement de X par u serait soumis à des contraintes portant sur les lettres qui précèdent et suivent la lettre X considérée (règles « context-sensitive »). Cette propriété locale des productions entraîne que les dérivations associées sont compatibles avec le produit. Les résultats suivants, qui l'expriment, sont faciles, mais ils seront utilisés souvent dans la suite.

Lemme 1.9. *Supposons que G est une grammaire, et que w' est dérivable en p étapes à partir de w. Alors, pour tous mots w_1, w_2, le mot $w_1w'w_2$ est dérivable à partir de w_1ww_2 en p étapes.*

Démonstration : On procède par récurrence sur p. Pour $p = 0$, on a $w' = w$, d'où $w_1w'w_2 = w_1ww_2$, et le résultat est évident. Pour $p = 1$, il existe une production $X \to u$ de G et des mots w_3, w_4 tels que w est w_3Xw_4 et w' est w_3uw_4. Alors w_1ww_2 est $(w_1w_3)X(w_4w_2)$, tandis que $w_1w'w_2$ est $(w_1w_3)u(w_4w_2)$. On a donc $w_1ww_2 \vdash_{X\to u} w_1w'w_2$. Enfin, pour $p \geqslant 2$, il existe des entiers q, r strictement inférieurs à p (et vérifiant $p = q + r$) et un mot w'' tels qu'on ait $w \vdash_G^q w'' \vdash_G^r w'$. Par hypothèse de récurrence, cela entraîne $w_1ww_2 \vdash_G^q w_1w''w_2 \vdash_G^r w_1w'w_2$, donc $w_1ww_2 \vdash_G^p w_1w'w_2$.

Proposition 1.10. (compatibilité) *Supposons que G est une grammaire.*

(i) Si w'_1 est dérivable à partir de w_1 en p_1 étapes et w'_2 est dérivable à partir de w_2 en p_2 étapes, alors $w'_1w'_2$ est dérivable à partir de w_1w_2 en $p_1 + p_2$ étapes.

(ii) Inversement, si w' est G-dérivable en p étapes à partir de w_1w_2, il existe une décomposition (w'_1, w'_2) de w' et deux entiers p_1, p_2 dont la somme est p tels que w'_1 est dérivable à partir de w_1 en p_1 étapes et w'_2 est dérivable à partir de w_2 en p_2 étapes.

Démonstration : (i) Par le lemme précédent, on a

$$w_1w_2 \vdash_G^{p_1} w'_1w_2 \vdash_G^{p_2} w'_1w'_2,$$

soit $w_1w_2 \vdash_G^{p_1+p_2} w'_1w'_2$.

(ii) Nous raisonnons par récurrence sur l'entier p. Pour $p = 0$, le mot w' est égal à w_1w_2, et nous prenons $w'_1 = w_1$, $w'_2 = w_2$. Sinon, considérons une G-dérivation de longueur p de w' à partir de w_1w_2, et soit w'' le second mot de cette dérivation. On a $w_1w_2 \vdash_G w''$, donc il existe une production $X \to u$ de G et des mots w_3 et w_4 tels que w_1w_2 est w_3Xw_4, et w'' est w_3uw_4. Deux cas sont possibles. Pour $|w_3X| \leqslant |w_1|$, la lettre X à laquelle la production a été appliquée se trouve dans w_1. Il existe alors un mot w_5 vérifiant $w_4 = w_5w_2$. Soit w''_1 le mot w_3uw_5, et w''_2 le mot w_2. On a alors par construction $w_1 \vdash_G w''_1$, $w_2 \vdash_G^0 w''_2$, et $w''_1w''_2 \vdash_G^{p-1} w'$. Par hypothèse de récurrence, il existe une décomposition $w' = w'_1w'_2$, et des entiers p'_1, p'_2 dont la somme est $p-1$, vérifiant $w''_1 \vdash_G^{p'_1} w'_1$ et $w''_2 \vdash_G^{p'_2} w'_2$. On a alors $w_1 \vdash_G^{p'_1+1} w'_1$ et $w_2 \vdash_G^{p'_2} w'_2$. L'argument est symétrique pour $|w_3X| > |w_1|$.

5.2 CONSTRUCTION DE GRAMMAIRES

De même que dans le cas des automates, deux questions naturelles se posent dans le cas des grammaires :

➤ une grammaire étant donnée, quel langage engendre-t-elle ?

➤ un langage étant donné, comment construire une grammaire qui l'engendre, à supposer qu'il en existe une, c'est-à-dire que le langage soit algébrique ?

Comme dans le cas des automates, nous ne pouvons espérer de réponse simple à la première question, l'intérêt-même des grammaires tenant à la possibilité de spécifier à l'aide d'une grammaire simple un langage dont toute autre description serait beaucoup plus compliquée. Par contre, nous abordons maintenant la seconde question, c'est-à-dire la construction pratique de grammaires.

5.2.1 Grammaires régulières

Puisque nous avons étudié les langages automatiques dans les chapitres précédents, une question évidente est de se demander si les langages automatiques sont algébriques, c'est-à-dire si, partant d'un automate, on peut construire une grammaire qui engendre exactement les mots acceptés par l'automate. La réponse est positive, et elle fournit un moyen simple pour construire des grammaires.

Proposition 2.1. (automatique) *Supposons que $\boldsymbol{M}$ est un automate, soit $\boldsymbol{M} = (Q, \Sigma, T, q_0, A)$. Alors le langage décidé par $\boldsymbol{M}$ est engendré par la grammaire (Q, Σ, P, q_0), où P est l'ensemble des productions de la forme $q \longrightarrow xT(q,x)$ pour q dans Q et x dans Σ, augmenté des productions $q \longrightarrow \varepsilon$ pour q dans A.*

> ***Démonstration :*** Soit G la grammaire ci-dessus. Une récurrence sur l'entier p montre que les mots G-dérivables en p étapes à partir de q_0 sont d'une part les mots $wT^*(q_0, w)$ où w est de longueur p, d'autre part les mots w de longueur $p-1$ acceptés par $\boldsymbol{M}$. Donc $L(G)$ est exactement l'ensemble de ces derniers mots.

On a ainsi un procédé effectif pour passer d'un automate à une grammaire engendrant le langage qu'il décide. Les grammaires du type obtenu ci-dessus, où toutes les productions sont du type $A \longrightarrow xB$ ou $A \longrightarrow \varepsilon$, sont appelées *régulières*. Il est clair qu'inversement le langage engendré par une grammaire régulière est automatique : on obtiendra l'automate en inversant la correspondance précédente ; en particulier les états de l'automate seront les variables de la grammaire.

5.2.2 Quelques exemples

Comme dans le cas des automates, on peut construire directement une grammaire à partir d'une description du langage dans certains cas simples.

Le point délicat est en général de *démontrer* que la grammaire obtenue engendre bien le langage souhaité. En particulier, il ne suffit pas de montrer que tous les mots souhaités sont engendrés par la grammaire, il faut aussi montrer que ce sont bien les seuls à être engendrés par la grammaire proposée. Noter qu'il est trivial de construire une grammaire qui engendre tous les mots sur un alphabet : il suffit pour cela de prendre comme productions $S \longrightarrow SS|\varepsilon|x_1|x_2|...$, où $x_1, x_2, ...$ est une énumération de l'alphabet considéré.

Exemple 2.2. (parenthésages) Soit $\Sigma = \{\ (\ ,\ )\ \}$, et soit L le langage d'alphabet Σ formé par les parenthésages bien formés, définis comme les mots ayant un nombre égal de parenthèses ouvrantes et de parenthèses fermantes, et où, à chaque instant, le nombre de parenthèses qui ont été fermées est au plus égal au nombre de parenthèses qui ont été ouvertes. En termes précis, on a donc

$$L = \{w \in \Sigma^* \ ;\ |w|_(= |w|_) \text{ et } (\forall u \sqsubseteq w)(|u|_(\geqslant |u|_))\}.$$

Étant donné un mot w de longueur n sur Σ, notons, pour $i \leqslant n$, $f_w(i)$ la différence entre le nombre de « (» et le nombre de «) » dans le préfixe de w de longueur i.

La définition de L se traduit en la caractérisation suivante : un mot w de longueur n appartient à L si et seulement si f_w ne prend aucune valeur négative et $f_w(n)$ est 0.

Supposons alors $w \in L$, avec $w \neq \varepsilon$. Nécessairement w commence par (, et se termine par), autrement dit, w peut se décomposer en (w_0). On a clairement $f_{w_0}(|w_0|) = 0$. Deux cas sont possibles : ou bien w_0 est dans L, ou bien il existe un premier entier i tel que $f_{w_0}(i)$ est négatif. Dans ce dernier cas, on a $f_{w_0}(i) = -1$, donc $f_w(i+1) = 1 + f_{w_0}(i) = 0$, et w peut se décomposer en $w_1 w_2$, où w_1 et w_2 sont non vides dans L. Ainsi, tout mot de L est dans $\{(\} \cdot L \cdot \{)\}$, dans $(L \setminus \{\varepsilon\})^2$, ou dans $\{\varepsilon\}$. Inversement, il est facile de voir que, si w_0, w_1 et w_2 sont dans L, il en est de même de (w_0) et de $w_1 w_2$, et nous avons donc l'égalité

$$L = \{(\} \cdot L \cdot \{)\} \cup (L \setminus \{\varepsilon\})^2 \cup \{\varepsilon\}.$$

Soit alors G la grammaire dont les productions sont $S \to (S)|SS|\varepsilon$. Montrons par induction sur l'entier n que, si w est un mot de L de longueur n, alors w est G-dérivable à partir de S. Pour $n = 0$, on a $w = \varepsilon$, et le résultat est vrai. Sinon, si w est (w_0) avec w_0 dans L, w_0 est G-dérivable à partir de S par hypothèse de récurrence, et donc on a, par le lemme 1.9,

$$S \vdash_G (S) \vdash_G^* (w_0) = w.$$

Si w est $w_1 w_2$ avec w_1 et w_2 non vides dans L, alors, par hypothèse de récurrence, w_1 et w_2 sont G-dérivables à partir de S, et donc on a, par la proposition 1.10,

$$S \vdash_G SS \vdash_G^* w_1 w_2 = w.$$

Inversement, montrons par induction sur l'entier $p \geqslant 1$ que, si w est un mot terminal G-dérivable à partir de S en p étapes, alors w est dans L. Pour $p = 1$, la seule possibilité est $w = \varepsilon$, et le résultat est vrai. Sinon, considérons une dérivation de longueur p de w à partir de S, et soit w' le second mot de la dérivation. Le cas $w' = \varepsilon$ est impossible. Pour $w' = (S)$, alors, par la proposition 1.10, w a la forme (w_0), où w_0 est G-dérivable à partir de S en $p - 1$ étapes : par hypothèse de récurrence, w_0 est dans L, et il en est de même de (w_0). Enfin, pour $w' = SS$, toujours par la proposition 1.10, w a la forme $w_1 w_2$, où w_1 et w_2 sont G-dérivables à partir de S en des nombres d'étapes dont la somme est $p - 1$. Par hypothèse de récurrence, w_1 et w_2 sont dans L, donc il en est de même de w. (Noter que, pour $w = w_1 w_2$ avec $w_1 \in L$, $w \in L$ est équivalent à $w_2 \in L$.)

Exemple 2.3. (expressions arithmétiques) Supposons qu'on a un ensemble de lettres, par exemple $X = \{x, y, z\}$, et soit L le langage formé par toutes les expressions arithmétiques construites à partir de ces lettres et des opérateurs + et $*$. Des parenthèses sont utilisées pour éviter les expressions ambiguës du type $x+y*z$. Ainsi, x, $(x)+(y)$, $((x)+(y))*(z)$ sont des éléments typiques de L. On peut définir précisément un élément de L comme un mot obtenu à partir d'un élément de X en appliquant un nombre fini de fois les opérations $f_+ : (u, v) \mapsto (u) + (v)$ et $f_* : (u, v) \mapsto (u) * (v)$. Ceci revient à définir L comme le plus petit langage qui inclue X et soit clos par les opérations f_+ et f_*. Une telle caractérisation permet d'effectuer des démonstrations par induction sur le nombre d'opérations f_+ et f_* ; pour montrer qu'un propriété $\mathcal{P}$ est vraie pour tout élément de L, il suffit de montrer que $\mathcal{P}$ est vraie pour les éléments de X, puis de montrer que, si $\mathcal{P}$ est vraie pour u et v, alors elle est également vraie pour $(u) + (v)$ et pour $(u) * (v)$.

Soit alors G la grammaire

$$(\{V, E\}, X \cup \{+, *, (,)\}, \{V \to x|y|z, E \to (E) + (E)|(E) * (E)|V\}, E).$$

Par définition, le langage $L(G)$ inclut X, puisqu'on a $E \vdash_G V \vdash_G x$, et il est clos par les opérations f_+ et f_*. En effet, supposons que u et v sont G-dérivables à partir de E : on a alors, par le lemme 1.9,

$$E \vdash_G (E) + (E) \vdash_G^* (u) + (v).$$

Il en résulte que L est inclus dans $L(G)$.

Inversement, supposons que L' inclut X et est clos par f_+ et f_*. On montre par induction sur $p \geqslant 1$ que, si w est G-dérivable à partir de E en p étapes, alors w est dans L'. Pour $p = 1$, w est un élément de X, et le résultat est vrai. Sinon, considérons une dérivation de w à partir de E, et soit w_1 le second mot de la dérivation. Pour w_1 dans X, on a nécessairement $p = 2$, et $w \in X$, donc w dans L'. Pour $w_1 = (E) + (E)$, par la proposition 1.10, il existe u et v G-dérivables à partir de E en des nombres d'étapes dont la somme est $p - 1$ tels que w est $(u) + (v)$. Par hypothèse d'induction, u et v sont dans L', et il en est de même de $(u)+(v)$ puisque L' est supposé clos par f_+. La preuve est la même dans le cas de $*$, et donc, finalement, L est engendré par G.

Lorsqu'on se propose de construire une grammaire engendrant un langage concret défini de façon plus ou moins intuitive, une tâche préliminaire est de spécifier très précisément le langage considéré : comme dans l'exemple précédent, ceci n'est pas nécessairement immédiat.

5.2.3 Systèmes d'équations dans les langages

Revenons sur l'exemple des parenthésages. Le résultat qui a permis de construire une grammaire engendrant le langage L est la remarque que L est exactement égal à $L^2 \cup \{(\} \cdot L \cdot \{)\} \cup \{\varepsilon\}$. En d'autres termes, L est une solution de l'*équation*

$$x = x^2 \cup \{(\} \cdot x \cdot \{)\} \cup \{\varepsilon\}$$

dans le monoïde $(\mathfrak{P}(\Sigma^*), \cdot, \{\varepsilon\})$. On va montrer ici que ce phénomène est général, chaque langage algébrique étant solution d'un système d'équations du type précédent, et, inversement, chaque tel système permettant de construire une grammaire engendrant certaines de ses solutions.

Partant d'une grammaire G, l'idée est d'associer à chaque lettre (terminale ou non) l'ensemble des mots terminaux qui en sont dérivables, et de chercher les relations existant entre ces langages.

Définition 2.4. (descendance) Supposons G est une grammaire, soit $G = (V, \Sigma, P, S)$. Pour tout mot w sur $V \cup \Sigma$, on note $L_w(G)$ l'ensemble des mots terminaux G-dérivables à partir de w. ■

Pour x lettre terminale, l'ensemble $L_x(G)$ se réduit au singleton $\{x\}$. Il n'en est pas de même en général pour une variable, et, en particulier, si S est la variable initiale de G, le langage $L_S(G)$ est $L(G)$.

Définition 2.5. (système) Supposons G est une grammaire, soit $G = (V, \Sigma, P, S)$. Le *système d'équations associé à G*, noté $E(G)$, est la famille d'équations dans $(\mathfrak{P}(\Sigma^*), \cup, \cdot)$ obtenue en introduisant une inconnue x_X pour chaque variable X et, si

$$X \to s_1^1 ... s_{\ell_1}^1 | ... | s_1^r ... s_{\ell_r}^r$$

est l'ensemble des productions dont X est le membre gauche, en lui associant l'équation

$$x_X = \bigcup_{i=1}^{i=r} [s_1^i] \cdot ... \cdot [s_{\ell_i}^i]$$

où $[s]$ est $\{s\}$ si s est un terminal ou ε, et est x_s si s est une variable. ■

Exemple 2.6. (système) Soit G la grammaire dont les productions sont $S \to SAa|b$, $A \to bAA|\varepsilon$. On introduit deux inconnues x_S et x_A. Le système $E(G)$ comporte deux équations :

$$\begin{cases} x_S = x_S \cdot x_A \cdot \{a\} \cup \{b\}, \\ x_A = \{b\} \cdot x_A \cdot x_A \cup \{\varepsilon\}. \end{cases}$$

Lemme 2.7. *Pour toute grammaire G, la famille $x_X = L_X(G)$ est une solution du système E(G).*

Démonstration : Supposons d'abord que $X \to s_1 ... s_\ell$ est une production de G. Si, pour i entre 1 et ℓ, le mot w_i (de Σ^*) est G-dérivable à partir de s_i, c'est-à-dire appartient à $L_{s_i}(G)$, alors, par la proposition 1.10, le mot $w_1 ... w_\ell$ est dérivable à partir de X. Donc l'inclusion

$$L_{s_1}(G) \cdot ... \cdot L_{s_\ell}(G) \subseteq L_X(G)$$

est vraie.

Inversement, nous montrons par induction sur $p \geqslant 1$ que, si w est un mot terminal G-dérivable à partir de X en p étapes, alors w appartient à l'un des ensembles $L_{s_1^i}(G) ... L_{s_{\ell_i}^i}(G)$ associés. Pour $p = 1$, la seule possibilité est que $X \to w$ soit une production de G, et le résultat est alors vrai. Sinon, considérons une G-dérivation de w, à partir de X. Le second mot qui y figure est l'un des mots $s_1^i ... s_{\ell_i}^i$. Par la proposition 1.10, w s'écrit alors $w_1^i ... w_{\ell_i}^i$, où, pour chaque k, w_k^i est G-dérivable à partir de s_k^i. Comme la somme des longueurs de ces dérivations est p, l'hypothèse de récurrence permet de conclure que chaque mot w_k^i est dans l'ensemble $L_{s_k^i}(G)$ correspondant. Donc w est dans le produit $L_{s_1^i}(G) \cdot ... \cdot L_{s_{\ell_i}^i}(G)$. On a donc

$$L_X(G) = \bigcup_1^r L_{s_1^i}(G) \cdot ... \cdot L_{s_{\ell_i}^i}(G),$$

c'est-à-dire que la famille $x_X = L_X(G)$ est solution de $E(G)$.

Exemple 2.8. (système) Soit G la grammaire dont les productions sont $S \longrightarrow aSb|\varepsilon$. Le langage $L(G)$, c'est-à-dire $L_S(G)$, satisfait à l'équation $E(G)$, qui est (en notant x pour l'unique inconnue) $x = \{a\} \cdot x \cdot \{b\} \cup \{\varepsilon\}$. Dans cet exemple, on peut vérifier que $x = L(G)$ est la seule solution de l'équation $E(G)$. Supposons en effet que $x = L$ est une solution, autrement dit que L est un langage d'alphabet $\{a, b\}$ satisfaisant à la relation $L = \{a\} \cdot L \cdot \{b\} \cup \{\varepsilon\}$. On montre par récurrence sur l'entier n que tout mot w de L de longueur n est dans $L(G)$. Pour $n = 0$, w est vide, et le résultat est vrai. Sinon, w doit appartenir à $\{a\}{\cdot}L{\cdot}\{b\}$, c'est-à-dire qu'il doit exister w' dans L vérifiant $w = aw'b$. Par hypothèse de récurrence, on a $w' \in L(G)$, donc $w \in L(G)$. Inversement, montrons par induction sur l'entier p que, si w est terminal et G-dérivable en p étapes à partir de S, alors w est dans L. Pour $p = 1$, la seule possibilité est $w = \varepsilon$, et le résultat est vrai. Sinon, une dérivation de w commence par $S \vdash aSb$. Par la proposition 1.10, w est alors $aw'b$, où w' est G-dérivable en $p - 1$ étapes à partir de S. Par hypothèse d'induction, w' est dans L, donc il en est de même de w. Donc L est égal à $L(G)$.

La propriété précédente, à savoir que $L(G)$ est l'unique solution du système $E(G)$ (supposé à une seule inconnue) n'est pas générale. Soit par exemple G la grammaire de productions $S \longrightarrow SS|\varepsilon$. Le langage engendré par G est $\{\varepsilon\}$. Or l'équation associée est $x = x.x \cup \{\varepsilon\}$, et tout langage du type L^* est une solution de cette équation.

Néanmoins nous pouvons caractériser le langage engendré par une grammaire sous la forme suivante.

Proposition 2.9. (solutions) *Pour toute grammaire G, la famille $x_X = L_X(G)$ est la plus petite solution du système $E(G)$ vis-à-vis de l'inclusion : pour toute solution $x_X = L_X$, on a $L_X(G) \subseteq L_X$.*

> ***Démonstration :*** On a déjà vu que $x_X = L_X(G)$ est une solution de $E(G)$. Soit $x_X = L_X$ une solution quelconque de ce système. On pose $L'_{s_i} = \{s_i\}$ quand s_i est un terminal ou le mot vide. On montre par récurrence sur $p \geqslant 0$ que tout mot G-dérivable à partir de X en au plus p étapes est dans le langage L'_X. Pour $p = 0$, la seule possibilité est que w soit vide ou soit un terminal, et le résultat est vrai par construction. Sinon, il existe une production $X \longrightarrow s_1...s_\ell$ de G telle que w est G-dérivable en au plus $p - 1$ étapes à partir de $s_1...s_\ell$. Par la proposition 1.10, il existe une décomposition de w en $w_1...w_\ell$ et des entiers $p_1, ..., p_\ell$, dont la somme est $p - 1$, et qui sont donc chacun strictement inférieurs à p, tels que w_i est G-dérivable en p_i étapes à partir de s_i. Si s_i est un caractère terminal, w_i est s_i ; sinon w_i est un élément de $L_{s_i}(G)$, et, par hypothèse de récurrence, w_i appartient à L'_{s_i}. Par conséquent w est dans $L'_{s_1} \cdot ... \cdot L'_{s_\ell}$. Comme par hypothèse $x_X = L'_X$ est une solution du système $E(G)$, l'inclusion $L'_{s_1} \cdot ... \cdot L'_{s_\ell} \subseteq L'_X$ est vraie, et donc w appartient à L'_X, ce qui établit la propriété.

Exemple 2.10. (système) Soit G la grammaire de productions $S \longrightarrow SS|\varepsilon$. On a vu que le système $E(G)$, qui est réduit à une unique équation, admet plusieurs solutions. Mais le langage $L(G)$, qui est $\{\varepsilon\}$, est bien la solution minimale de l'équation.

Une application de ce qui précède est que, si on sait qu'un langage est la plus petite solution d'un système d'équations dans $(\mathfrak{P}(\Sigma^*), \cup, \cdot, \{\varepsilon\})$, alors on déduit une grammaire engendrant ce langage en traduisant les équations en productions par la correspondance inverse de celle utilisée pour définir le système $E(G)$.

5.2.4 Grammaires formelles comme modèles

La définition des langages algébriques comme solutions de systèmes d'équations les rend bien adaptés comme modèles de certaines structures des langues naturelles et comme moyens de construction de langages de programmation.

Les grammaires formelles doivent leur nom aux linguistes qui les ont introduites comme modèles des phénomènes grammaticaux (Noam Chomsky, vers 1955). L'idée est qu'une phrase se décompose en éléments plus simples, suivant plusieurs schémas de formation possibles, et que chacun des éléments à son tour se décompose de façon analogue, jusqu'à aboutir finalement à des mots uniques. Par exemple, une phrase (simple) peut s'obtenir ou bien comme un groupe nominal suivi d'un groupe verbal et d'un point (phrase déclarative), ou bien comme un groupe verbal suivi d'un groupe nominal suivi d'un point d'interrogation (phrase interrogative). Donc, si $\underline{S}$ représente l'ensemble des phrases, $\underline{GN}$ et $\underline{GV}$ les ensembles respectivement des groupes nominaux et des groupes verbaux, on aura une relation telle que

$$\underline{S} = \underline{GN} \cdot \underline{GV} \cdot \{.\} \cup \underline{GV} \cdot \underline{GN} \cdot \{?\}$$

entre les langages $\underline{S}$, $\underline{GN}$ et $\underline{GV}$. De même un groupe nominal peut être un article masculin suivi d'un nom masculin, ou un article féminin suivi d'un nom féminin, ou encore un pronom, donnant lieu, avec des notations évidentes à une équation telle que

$$\underline{GN} = \underline{AM} \cdot \underline{NM} \cup \underline{AF} \cdot \underline{NF} \cup \underline{P}.$$

Finalement lorsqu'on est parvenu aux mots de base, une liste exhaustive peut être donnée

$$\underline{AM} = \{\, \text{le}\ ,\ \text{un}\,\}, \quad \underline{AF} = \{\, \text{la}\ ,\ \text{une}\,\}, \quad \underline{P} = \{\, \text{je}\ ,\ \text{tu}\ ,\ldots\}, \quad \textit{etc.}$$

L'analyse précédente revient à dire que les phrases sont les mots formés à l'aide d'un alphabet terminal dont les éléments sont les mots du lexique et qui sont dérivables à partir de S au moyen de la grammaire correspondant aux équations précédentes, soit, dans le cas cité, les productions

$$S \to GN\ GV\ .\ |\ GV\ GN\ ?, GN \to AM\ NM\ |\ AF\ NF\ |\ P$$

$$AM \to \text{le}\ |\ \text{un}\ , AF \to \text{la}\ |\ \text{une}\ , P \to \text{je}\ |\ \text{tu}\ |\ldots$$

Cette approche permet de rendre compte de la structure grammaticale des phrases, mais, laissant de côté les aspects sémantiques (ce qui concerne le sens), elle n'a pas permis d'aller aussi loin que l'espéraient ses concepteurs, notamment pour les recherches sur la traduction automatique.

Ces limitations ne valent pas pour les langages de programmation qui peuvent être construits sur mesure. La plupart des langages sont bâtis à partir de grammaires formelles. Ainsi, un programme PASCAL consiste en le mot–clé « **program** » suivi d'un identificateur et d'un point-virgule, d'un bloc de déclarations suivi de

« **begin** », d'un bloc d'instructions, et enfin de « **end** » et d'un point. Introduisant une variable P pour les programmes, une variable Id pour les identificateurs, une variable BD pour les blocs de déclarations, une variable BI pour les blocs d'instructions, on traduira par la production

$$P \rightarrow \textbf{program}\ Id\ ;\ BD\ \textbf{begin}\ BI\ \textbf{end}.$$

ces contraintes. Puis, introduisant une variable D pour les déclarations, et une variable I pour les instructions, on posera

$$BD \rightarrow DBD \mid \varepsilon, \quad \text{et} \quad BI \rightarrow I\ BI \mid \varepsilon,$$

qui garantit que les mots terminaux dérivables à partir de BD sont des suites finies de mots terminaux dérivables à partir de D, et de même pour BI et I. Une instruction à son tour peut être de plusieurs types. Introduisant une variable C pour les conditions, et une variable A pour les affectations, on considérera des productions du type

$$I \rightarrow A\ ; \mid \textbf{if}\ C\ \textbf{then}\ I\ \textbf{else}\ I\ ;\ \mid \textbf{while}\ C\ \textbf{do}\ I\ ;\ \textbf{begin}\ BI \mid \textbf{end}; \mid \ldots$$

Il est usuel de représenter les grammaires associées aux langages de programmation par des « diagrammes de syntaxe » qui ne sont qu'une variante de présentation des grammaires – prendre un livre de PASCAL ou de C^{++} et vérifier cette assertion.

5.2.5 Opérations sur les langages algébriques

Comme dans le cas des automates, on peut construire des grammaires pour des langages compliqués en assemblant des grammaires qui engendrent des fragments de ces langages.

Proposition 2.11. (union) *Supposons que G_1 et G_2 sont deux grammaires de même alphabet terminal, soit $G_i = (V_i, \Sigma, P_i, S_i)$. On suppose en outre V_1 et V_2 disjoints. Alors la grammaire $(V_1 \cup V_2 \cup \{S\}, \Sigma, P_1 \cup P_2 \cup \{S \rightarrow S_1|S_2\}, S)$ engendre $L(G_1) \cup L(G_2)$.*

Démonstration : Soit $G = (V_1 \cup V_2 \cup \{S\}, \Sigma, P_1 \cup P_2 \cup \{S \rightarrow S_1|S_2\}, S)$. Supposons que w appartient à $L(G_1)$. Alors w est G_1-dérivable à partir de S_1, et donc il est G-dérivable à partir de S, puisque S_1 est G-dérivable à partir de S_1. L'argument est le même pour $L(G_2)$. Inversement, supposons que w est G-dérivable à partir de S. Une G-dérivation de w à partir de S commence nécessairement par $S \vdash_G S_1$ ou par $S \vdash_G S_2$. Dans le premier cas, les seules variables et les seules productions qui seront utilisées seront celles de G_1, et donc w doit être G_1-dérivable à partir de S_1, donc appartenir à $L(G_1)$. L'argument est symétrique dans le second cas.

Proposition 2.12. (produit) *Supposons que G_1 et G_2 sont deux grammaires de même alphabet terminal, soit $G_i = (V_i, \Sigma, P_i, S_i)$. On suppose en outre V_1 et V_2 disjoints. Alors la grammaire $(V_1 \cup V_2 \cup \{S\}, \Sigma, P_1 \cup P_2 \cup \{S \rightarrow S_1S_2\}, S)$ engendre $L(G_1) \cdot L(G_2)$.*

Démonstration : Soit $G = (V_1 \cup V_2 \cup \{S\}, \Sigma, P_1 \cup P_2 \cup \{S \rightarrow S_1S_2\}, S)$. Supposons que w appartient à $L(G_1) \cdot L(G_2)$. Alors w se décompose en $w = w_1w_2$ où w_i est dans L_i. Alors w_i est G_i-dérivable à partir de S_i, donc w_i est G-dérivable à partir de S_i, et il en est de même de w en commençant par $S \rightarrow S_1S_2$. Inversement, supposons w

G-dérivable à partir de S. La dérivation commence nécessairement par $S \to S_1S_2$. Par la proposition 1.10, w se décompose en w_1w_2, où w_i est G-dérivable à partir de S_i. Comme ci-dessus, il en résulte de w_i est G_i-dérivable à partir de S_i, et donc que w_i appartient à $L(G_i)$.

Proposition 2.13. (étoile) *Supposons que G_0 est une grammaire, soit $G_0 = (V_0, \Sigma, P_0, S_0)$.*
Alors la grammaire $(V_0 \cup \{S\}, \Sigma, P_0 \cup \{S \to S_0S|\varepsilon\}, S)$ engendre $L(G_0)^*$.

Démonstration : Soit $G = (V_0 \cup \{S\}, \Sigma, P_0 \cup \{S \to S_0S|\varepsilon\}, S)$. Le mot vide est dans $L(G)$ par construction. Supposons que $w_1, ..., w_n$ sont dans $L(G_0)$. Ces mots sont donc G_0-dérivables, donc G-dérivables, à partir de S_0. Alors

$$S \vdash_G S_0S \vdash_G^* w_1S \vdash_G w_1S_0S \vdash_G^* w_1w_2S \vdash_G ... \vdash_G w_1...w_nS \vdash_G w_1...w_n$$

est une G-dérivation de $w_1...w_n$ à partir de S. Donc $L(G_0)^*$ est inclus dans $L(G)$.

Inversement, supposons que w est un mot terminal G-dérivable à partir de S. Nous montrons par induction sur la longueur p de la dérivation que w est dans $L(G_0)^*$. Pour $p = 1$, la seule possibilité est $w = \varepsilon$, qui appartient à $L(G_0)^*$. Sinon, le second mot de la dérivation est S_0S. Par la proposition 1.10, w se décompose en w_1w', où w_1 est G-dérivable à partir de S_0 et w' est G-dérivable à partir de S en des nombres d'étapes dont la somme est $p - 1$. Par construction, w_1 doit être G_0-dérivable à partir de S_0, donc appartenir à $L(G_0)$, et, par hypothèse de récurrence w' est dans $L(G_0)^*$, donc il en est de même de w.

Corollaire 2.14. *La classe des langages algébriques est close par union, produit et opération étoile.*

Nous déduisons de ce qui précède une nouvelle démonstration du fait que tout langage automatique est algébrique. En effet, il est évident que le langage vide et les singletons $\{x\}$ sont algébriques (expliciter des grammaires...), et donc il en est de même de tout langage construit à partir des précédents par union, produit et étoile, donc de tout langage régulier.

Nous n'avons rien établi au sujet de l'intersection. Ce n'est pas un oubli : nous verrons au chapitre suivant que l'intersection de deux langages algébriques n'est pas nécessairement algébrique.

5.3 GRAMMAIRES DE FORMES PARTICULIÈRES

Dans le cas des automates, nous avons décrit au chapitre 4 une méthode de minimalisation qui, à partir d'un automate quelconque $\boldsymbol{M}$, construit un automate (en général) simplifié $\boldsymbol{M}^{min}$ qui est équivalent à $\boldsymbol{M}$. Il est naturel de considérer de même pour les grammaires la question de transformer une grammaire donnée G en une grammaire qui serait simplifiée ou minimalisée en un certain sens. À la différence du cas des automates, il n'existe pas en général de grammaire minimale engendrant un langage donné – et donc il n'est en aucun cas légitime de parler de « la » grammaire engendrant un langage.

Par contre, nous allons voir ci-dessous que, partant d'une grammaire G, on peut toujours construire à partir de G une nouvelle grammaire équivalente à G et d'une forme standardisée.

Définition 3.1. (grammaires équivalentes) Supposons que G et G' sont deux grammaires de même alphabet terminal. On dit que G et G' sont *équivalentes* si elles engendrent le même langage. ■

Le principe général que nous allons utiliser pour construire des grammaires équivalentes à une grammaire donnée est le suivant.

Lemme 3.2. *Supposons que G est une grammaire et que le mot u est G-dérivable à partir de X. Alors la grammaire G' obtenue en ajoutant à G la production $X \to u$ est équivalente à G.*

Démonstration : Comme toute production de G est une production de G', toute G-dérivation est une G'-dérivation, et donc $L(G)$ est inclus dans $L(G')$. Inversement, on montre par induction sur p que, pour toute variable Y et tout mot w, si w est G'-dérivable à partir de Y en p étapes, alors w est G-dérivable à partir de Y. Pour $p = 0$, le résultat est évident. Sinon, soit $s_1 ... s_\ell$ le second mot d'une G'-dérivation de w à partir de Y. Alors, on sait que w se décompose en $w_1 ... w_\ell$, où w_i est G'-dérivable à partir de s_i en moins de p étapes. Par hypothèse d'induction, w_i est G-dérivable à partir de s_i. D'autre part, ou bien $Y \to s_1 ... s_\ell$ est une production de G, ou bien c'est la production $X \to u$. Dans tous les cas, $s_1 ... s_\ell$ est G-dérivable à partir de Y, et donc il en est de même de w. Appliquant le résultat précédent au cas où Y est la variable initiale de G, on obtient l'équivalence de G et G'.

5.3.1 Suppression des epsilon-productions

Définition 3.3. (ε-production) On appelle *ε-production* toute production du type $X \to \varepsilon$. ■

La première étape de la standardisation consiste à supprimer les ε-productions. Si le mot vide est engendré par une grammaire G, alors il doit exister au moins une ε-production dans G, et nous ne pouvons dans ce cas espérer montrer que la grammaire G est équivalente à une grammaire sans ε-production. Il s'agit en fait de la seule restriction.

Avant de supprimer les ε-productions elles-mêmes ; une étape préliminaire est de déterminer les variables dont le mot ε est dérivable.

Algorithme 3.4. (antécédents de ε)

But : *Soit G une grammaire, soit $G = (V, \Sigma, P, S)$. Déterminer l'ensemble $V_\varepsilon = \{X \in V ; X \vdash_G^* \varepsilon\}$.*

Méthode : *Définir inductivement un sous-ensemble V_k de V par*

$$V_k = \begin{cases} \{X \in V ; X \to \varepsilon \in P\} & \text{pour } k = 1, \\ V_{k-1} \cup \{X \in V ; (\exists u \in V_{k-1}^*)(X \to u \in P)\} & \text{pour } k \geqslant 2. \end{cases}$$

Alors on a $V_\varepsilon = V_\ell$, où ℓ est le plus petit indice vérifiant $V_{\ell+1} = V_\ell$.

Démonstration : Comme V est fini, la suite des V_k est finalement constante, et la réunion $\bigcup_0^\infty V_k$ est égale à V_ℓ où ℓ est le plus petit des entiers k tels que V_{k+1} est égal à V_k (ℓ est au plus le cardinal de V). Par récurrence sur k, $X \vdash_G \varepsilon$ est vrai pour tout X dans V_k. Inversement, également par récurrence sur $k \geqslant 1$, $X \vdash_G^k \varepsilon$ entraîne $X \in V_k$. Pour $k = 1$, c'est la définition de V_1. Supposons $k \geqslant 2$ et $X \vdash_G^k \varepsilon$. Il existe alors un mot u vérifiant $X \vdash_G u \vdash_G^{k-1} \varepsilon$. Il ne peut y avoir de terminaux dans u, car ils ne pourraient plus disparaître ensuite. Donc u ne comporte que des variables, et chacune de celles-ci dérive ε en au plus $k-1$ étapes. Par hypothèse de récurrence, chacune de ces variables appartient à V_{k-1}, donc X appartient à V_k.

Algorithme 3.5. (suppression ε-production)

But : *Soit G une grammaire quelconque; construire une grammaire G' sans ε-production qui engendre le langage $L(G) \setminus \{\varepsilon\}$.*

Méthode : *Soit $G = (V, \Sigma, P, S)$; déterminer $V_\varepsilon = \{X \in V ; X \vdash_G^* \varepsilon\}$ à l'aide de l'algorithme 3.4 ; former G' à partir de G en supprimant toutes les ε-productions et en ajoutant, pour chaque production $X \to u$ de G avec $u \neq \varepsilon$, toutes les productions $X \to u'$ où u' est un mot non vide obtenu à partir de u en supprimant des occurrences de variables dans V_ε.*

Démonstration : Il s'agit de montrer que le langage $L(G')$ est $L(G)$ privé (éventuellement) du mot vide. D'abord la grammaire G' n'a pas de ε-production, et le mot vide n'est pas dans $L(G')$. On montre par induction sur l'entier $p \geqslant 0$ que, pour X dans V et $w \neq \varepsilon$, $X \vdash_G^p w$ entraîne $X \vdash_{G'}^{p'} w$ pour un entier p' satisfaisant $p' \leqslant p$. Pour $p = 0$, le résultat est trivial puisque w doit être égal à X. Sinon, supposons $X \vdash_G^p w$. La dérivation se décompose en $X \vdash_G X_1 ... X_\ell \vdash_G^{p-1} w$, et il existe des mots $w_1, ..., w_\ell$ et des entiers $p_1, ..., p_\ell$ satisfaisant $w = w_1 ... w_\ell$ et $X_i \vdash_G^{p_i} w_i$ pour $1 \leqslant i \leqslant \ell$. Soit I l'ensemble des entiers i tels que w_i est vide. Pour i dans I, le caractère X_i est une variable, et, par définition, cette variable appartient à V_ε (par contre, pour $i \notin I$, le caractère X_i peut être un terminal, auquel cas on a nécessairement $p_i = 0$). Soit u le mot obtenu à partir de $X_1 ... X_\ell$ en supprimant les caractères X_i pour i dans I. Par construction, la production $X \to u$ est dans G'. Pour $i \notin I$, on a $X_i \vdash_G^{p_i} w_i$ avec $p_i \leqslant p$ et $w_i \neq \varepsilon$. Donc, par hypothèse de récurrence, il existe p'_i vérifiant $p'_i \leqslant p_i$ et $X_i \vdash_{G'}^{p'_i} w_i$. On a donc finalement $X \vdash_{G'}^{p'} w$, où p' est l'entier $1 + \sum_{i \notin I} p'_i$, qui est majoré par p.

Inversement on montre par induction sur l'entier p' que, pour X dans V et $w \neq \varepsilon$, $X \vdash_{G'}^{p'} w$ entraîne $X \vdash_G^p w$ pour un entier p satisfaisant $p \geqslant p'$. Pour $p' = 0$, le résultat est trivial. Sinon, supposons $X \vdash_{G'}^{p'} w$. La dérivation se décompose en $X \vdash_{G'} u' \vdash_{G'}^{p'-1} w$, où $X \to u'$ est une production de G'. Par construction, il existe une production $X \to u$ de G telle que u' est obtenue à partir de u en supprimant des occurrences de variables dans V_ε. Supposons que u' est $Y_1 ... Y_m$. Par le lemme 1.9, il existe une décomposition de w en $w_1 ... w_m$ telle que $Y_i \vdash_{G'}^{p'_i} w_i$ est vérifié pour $1 \leqslant i \leqslant m$, avec $\sum_1^m p'_i = p'$. Par hypothèse de récurrence, il existe des entiers $p_1, ..., p_m$ vérifiant $p_i \geqslant p'_i$ et $Y_i \vdash_G^{p_i} w_i$. On a donc $u' \vdash_G^{p'_1 + ... + p'_m} w$, et, puisque u est obtenu en insérant des variables qui dérivent le mot vide dans u', on a $u \vdash_G^p w$ pour un certain p vérifiant $p \geqslant p'_1 + ... + p'_m$, donc $p \geqslant p'$.

Exemple 3.6. (suppression ε-productions) Soit G_0 la grammaire dont les productions sont

$$S \to AB|aS|A\ , \quad A \to Ab|\varepsilon\ , \quad B \to AS.$$

Avec les notations de l'algorithme 3.5, on a $V_1 = \{A\}$, $V_2 = \{A, S\}$, et $V_3 = \{A, S, B\} = V_\varepsilon$. La méthode ci-dessus mène à la grammaire G'_0 dont les productions sont

$$S \to AB|aS|A|B|a, \quad A \to Ab|b\ , \quad B \to AS|A|S.$$

5.3.2 Suppression des productions-unité

L'étape suivante consiste à supprimer les productions dont le second membre est une variable.

Définition 3.7. (production-unité, cycle) Une *production-unité* est une production du type $X \to Y$, avec X, Y variables. On dit que les variables X_1, ..., X_ℓ forment un *cycle* de longueur ℓ pour la grammaire G si G contient les productions $X_1 \to X_2 \to \ldots \to X_\ell \to X_1$. ■

Algorithme 3.8. (suppression des cycles)

But : *Partant de G grammaire sans ε-production, construire une grammaire équivalente à G sans cycle de variables.*

Méthode : *Si X_1, ..., X_ℓ forment un cycle pour G, former G' à partir de G en remplaçant partout $X_2, \ldots, X_\ell$ par X_1. Itérer jusqu'à ce qu'il ne reste plus de cycle (ce qu'on peut effectivement tester en explicitant le graphe des productions-unité restantes).*

> ***Démonstration :*** Supposons que G' est obtenue en supprimant un cycle $(X_1, \ldots, X_\ell)$ de G. Il s'agit de voir que G' est équivalente à G. Supposons $G = (V, \Sigma, P, S)$, et $V' = V \setminus \{X_2, \ldots, X_\ell\}$. Soit f l'homomorphisme de $(\Sigma \cup V)^*$ sur $(\Sigma \cup V')^*$ qui envoie X_i sur X_1 pour $i = 2, \ldots, \ell$, et qui préserve toutes les autres lettres. Si $u \vdash_G^* v$ est une dérivation de G, alors $f(u) \vdash_{G'}^* f(v)$ est une dérivation de G' par définition, donc on a $L(G) \subseteq L(G')$. Inversement, si $u \vdash_{G'}^* v$ est une G'-dérivation, alors on peut, en ajoutant éventuellement des étapes intermédiaires, obtenir une G-dérivation de v à partir de u. En effet, supposons qu'on a appliqué, à une certaine étape, une production $X_1 \to w'$ de G'. Par construction, il existe un entier $i \geqslant 1$ et un mot w obtenu à partir de w' en remplaçant certaines occurrences de X_1 par des variables parmi X_2, ..., X_ℓ telles que $X_i \to w$ est une production de G. Comme $X_1 \vdash_G^* X_i$ et $X_j \vdash_G^* X_1$ sont vrais pour tous i, j, $X_1 \vdash_G^* w$ est vérifié, et donc on a $L(G) = L(G')$ (une démonstration plus formelle utiliserait une récurrence sur la longueur de la dérivation de v à partir de u).

Exemple 3.9. (suppression des cycles) Les variables S et B forment un cycle pour la grammaire G'_0 obtenue dans l'exemple 3.6. L'application de l'algorithme 3.8 donne la grammaire G''_0 équivalente à G'_0 dont les productions sont

$$S \to AS|aS|A|a\ , \quad A \to Ab|b.$$

Algorithme 3.10. (suppression des productions-unité)

But : *Partant de G grammaire sans ε-production et sans cycle de variables, construire une grammaire équivalente à G sans production-unité.*

Méthode : *Supposons $G = (V, \Sigma, P, S)$. Choisir une variable X_0 telle qu'il existe au moins une production-unité du type $X \to X_0$, mais pas de production-unité du type $X_0 \to X$. On définit G' à partir de G en supprimant les productions-unité $X \to X_0$ et en ajoutant, pour chacune d'elles, toutes les productions $X \to u$ telles que $X_0 \to u$ est dans P. Itérer jusqu'à ce qu'il ne reste plus de production-unité.*

Démonstration : Si G contient au moins une production-unité, alors on peut trouver X_0 comme ci-dessus. En effet, supposons que X_0 n'existe pas. Soit X_1 une variable où arrive une production-unité. Si X_0 n'existe pas, il existe une variable X_2 telle que $X_1 \to X_2$ appartienne à P, puis X_3 telle que $X_2 \to X_3$ appartienne à P, *etc.* Comme V est fini, il existe nécessairement deux indices $i < j$ vérifiant $X_i = X_j$, et $(X_i, X_{i+1}, ..., X_{j-1})$ est un cycle de variables pour G, contredisant l'hypothèse. Donc X_0 existe dès que G contient une production-unité, et, comme le nombre de productions-unité décroît strictement entre G et G', le processus d'itération mène à une grammaire sans production-unité. Le seul point qui reste à vérifier est l'équivalence de G et G'. Le problème pourrait venir des productions $X \to X_0$ qui ont été supprimées. Or supposons que $X \to X_0$ figure dans une G-dérivation qui aboutit à un mot terminal. L'occurrence de X_0 apparue plus haut doit redisparaître par une production du type $X_0 \to u$, et on peut supposer que cette dernière production est appliquée immédiatement après $X \to X_0$. Alors la production $X \to u$ de G' donne, en une étape au lieu de deux, le même résultat. On en déduit $L(G) \subseteq L(G')$. Inversement, les productions de G' qui ne sont pas dans G sont du type $X \to u$, avec $X \to X_0$ et $X_0 \to u$ dans G. On a alors $X \vdash_G^2 u$, et on déduit $L(G') \subseteq L(G)$ du lemme 3.2.

Exemple 3.11. (suppression des productions-unité) Appliquant le processus précédent à la grammaire G_0'' obtenue plus haut, en prenant la variable A comme valeur de X_0, on obtient G_0''' dont les productions sont

$$S \to AS|aS|a|Ab|b\ , \quad A \to Ab|b.$$

Une application importante des résultats précédents est la décidabilité des langages algébriques.

Lemme 3.12. *Supposons que G est une grammaire sans ε-production ni production-unité. Alors, pour tout mot w, et toute variable X de G, il y a équivalence entre :*

(i) Le mot w est G-dérivable à partir de X ;

(ii) Le mot w est G-dérivable à partir de X en au plus $2n - 1$ étapes, n étant la longueur de w.

Démonstration : Supposons $G = (V, \Sigma, P, S)$. Pour tout mot u sur $V \cup \Sigma$, posons $\|u\| = 2|u|_\Sigma + |u|_V$, où $|u|_\Sigma$ et $|u|_V$ désignent respectivement le nombre de caractères terminaux et le nombre de variables dans u. Soit $X \to u$ une production quelconque de G. Par hypothèse, u n'est ni le mot vide, ni une variable. C'est donc soit un terminal, soit un mot de longueur au moins 2, et, dans tous les cas, on a $\|u\| \geqslant \|X\| + 1$. Il en résulte que, si on a $u \vdash_G^p u'$, on a nécessairement $\|u'\| \geqslant \|u\| + p$, et donc $p \leqslant \|u'\| - \|u\|$. En particulier, si X est une variable et w un mot terminal de longueur n vérifiant $X \vdash_G^p w$, on obtient

$$p \leqslant \|w\| - \|X\| = 2n - 1$$

par définition de $\|w\|$ et $\|X\|$.

Proposition 3.13. (décidabilité) *Supposons que G est une grammaire d'alphabet terminal Σ. Alors il existe un algorithme qui, partant d'un mot w sur Σ, décide si w appartient ou non à $L(G)$.*

Démonstration : Le cas particulier $w = \varepsilon$ a déjà été traité. Il suffit d'envisager le cas $w \neq \varepsilon$. Par les résultats précédents, on peut construire à partir de G, et de façon effective, une grammaire G' sans ε-production ni production-unité telle que G' engendre w si et seulement si G le fait. Autrement dit, il suffit de résoudre la question dans le cas d'une grammaire sans ε-production ni production-unité. Dans ce cas, le lemme 3.12 affirme que w est dans $L(G)$ si et seulement si w est G-dérivable en au plus $2n - 1$ étapes à partir de la variable initiale S de G, n étant la longueur de w. On peut alors tester l'appartenance de w à $L(G)$ en énumérant systématiquement toutes les dérivations de longueur $2n - 1$ à partir de S : il y en a un nombre fini, borné supérieurement par d^{2n-1} où d est le nombre total de productions de G.

Le résultat précédent n'est pas évident : il n'y a aucune raison pour qu'il existe une borne *a priori* sur la longueur des dérivations possibles d'un mot. Ce résultat ne s'étend pas lorsqu'on considère des règles de réécriture d'un type plus compliqué que celles qui sont associées à des productions.

5.3.3 Forme normale de Chomsky

Il est maintenant facile de montrer que toute grammaire est équivalente, au mot vide près, à une grammaire d'un type normalisé.

Définition 3.14. (forme normale de Chomsky) Soit G une grammaire. On dit que G est *en forme normale de Chomsky* si ses productions sont toutes d'un des deux types $X \rightarrow YZ$ avec Y, Z variables, et $X \rightarrow x$ avec x terminal. ■

Algorithme 3.15. (forme normale de Chomsky)

But : *Partant de G grammaire sans ε-production ni production-unité, construire une grammaire équivalente à G en forme normale de Chomsky.*

Méthode : ➤ *Introduire une nouvelle variable X_x pour chaque terminal, ainsi que la production $X_x \rightarrow x$;*

➤ *Remplacer x par X_x dans les seconds membres des productions qui sont de longueur au moins 2 ;*

➤ *Remplacer chaque production $X \rightarrow X_1X_2...X_\ell$ avec $\ell \geqslant 3$ par $X \rightarrow X_1Y_1$, $Y_1 \rightarrow X_2Y_2$, ..., $Y_{\ell-2} \rightarrow X_{\ell-1}X_\ell$, où Y_1, ..., $Y_{\ell-2}$ sont de nouvelles variables.*

Démonstration : Les deux premières transformations fournissent une grammaire dont toutes les productions sont de la forme $X \to X_1X_2...X_\ell$ avec X_1, ..., X_ℓ variables, et qui est équivalente à G. Par définition, la dernière transformation fournit une grammaire G' en forme normale de Chomsky. Elle est équivalente à G car, si $X \to X_1X_2...X_\ell$ est une production de G, on a $X \vdash_{G'}^{\ell-2} X_1X_2...X_\ell$ par construction, et, inversement, lorsqu'une production $X \to X_1Y_1$ de G' est utilisée, la seule solution pour que Y_1 disparaisse est d'utiliser successivement les productions $Y_1 \to X_2Y_2$, ..., $Y_{\ell-2} \to X_{\ell-1}X_\ell$ correspondantes. Ceci revient alors à avoir utilisé $X \to X_1X_2...X_\ell$.

Exemple 3.16. (forme normale de Chomsky) Revenant encore une fois à la grammaire G_0 définie plus haut, on obtient à partir de G_0'''' la grammaire G_0''''' dont les productions sont

$$S \to AS|CS|AB|a|b\ , \quad A \to AB|b\ , \quad B \to b\ , \quad C \to a,$$

qui est en forme normale de Chomsky.

Nous pouvons donc énoncer le résultat suivant.

Proposition 3.17. (forme normale) *Supposons que L est un langage algébrique. Alors il existe une grammaire en forme normale de Chomsky qui engendre $L \setminus \{\varepsilon\}$.*

On remarquera que, si G est une grammaire en forme normale de Chomsky, alors toute dérivation d'un mot de longueur n à partir d'une variable a pour longueur exactement $2n - 1$.

5.3.4 Forme normale de Greibach

Pour terminer, nous considérons une nouvelle forme particulière de grammaire.

Définition 3.18. (forme normale de Greibach) Soit G une grammaire. On dit que G est *en forme normale de Greibach* si ses productions sont toutes du type $X \to xu$, avec x terminal. ■

La propriété importante des productions d'une grammaire en forme normale de Greibach est que, chaque fois qu'une production $X \to xu$ est appliquée, elle laisse une trace indélébile de son application, à savoir le terminal x initial.

Nous souhaitons montrer que toute grammaire est équivalente, au mot vide près, à une grammaire en forme normale de Greibach. D'après les résultats précédents, nous pouvons supposer que la grammaire initiale est en forme normale de Chomsky. L'idée est alors simple : il s'agit de supprimer les productions de type $X \to YZ$ en les remplaçant par les productions $X \to uZ$ où $Y \to u$ est une production, et d'itérer le processus jusqu'à ce qu'on obtienne un terminal au début.

Lemme 3.19. *Supposons que G est une grammaire en forme normale de Chomsky, que X est une variable de G, et que $X \to u_1|...|u_p$ sont les productions de G dont le premier membre est X. Alors G est équivalente à la grammaire G' obtenue en* *supprimant les productions du type $Y \to Xu$ avec $Y \neq X$ et en ajoutant, pour toute telle production, les productions $Y \to u_1u|...|u_pu$.*

Démonstration : Si une G-dérivation utilise la production $Y \to Xu$, elle doit continuer par l'une des productions $X \to u_i$, et $Y \vdash u_iu$ est une G'-dérivation. Inversement, toute G'-dérivation fournit une G-dérivation.

Le seul problème est le cas des productions du type $X \to Xu$, pour lesquelles l'approche précédente ne peut converger. Ce dernier cas peut être réglé directement comme suit.

Lemme 3.20. *Supposons que G est une grammaire en forme normale de Chomsky, et que X est une variable de G. Soient $X \to Xu_1|...|Xu_p$ les productions de G dont le second membre commence par X, et $X \to v_1|...|v_q$ les autres productions de G commençant par X. Alors G est équivalente à la grammaire G' obtenue en introduisant une nouvelle variable X' et remplaçant les productions précédentes par $X \to v_1|...|v_q|v_1X'|...|v_qX'$, $X' \to u_1|...|u_p|u_1X'|...|u_pX'$.*

Démonstration : Une G-dérivation à partir de X a la forme générale

$X \vdash Xu_{i_1} \vdash Xu_{i_2}u_{i_1} \vdash ... \vdash Xu_{i_k}...u_{i_2}u_{i_1} \vdash v_ju_{i_k}...u_{i_2}u_{i_1} \vdash ....$

Ce qui suit fournit alors une G'-dérivation du même mot :

$X \vdash v_jX' \vdash v_ju_{i_k}X' \vdash ... \vdash v_ju_{i_k}...u_{i_2}u_{i_1} \vdash ....$

L'argument est le même dans l'autre direction, et, donc les grammaires G et G' sont équivalentes.

Algorithme 3.21. (forme normale de Greibach)

But : *Partant de G grammaire en forme normale de Chomsky, construire une grammaire équivalente à G en forme normale de Greibach.*

Méthode : *Supposons $G = (V, \Sigma, P, S)$, avec $V = \{X_1, ..., X_m\}$. On introduit m nouvelles variables X'_1, ..., X'_m, et on construit $2m$ grammaires successives en partant de $G_1 = G$:*

➤ *G_{2i} s'obtient à partir de G_{2i-1} en appliquant la méthode du lemme 3.20 à la variable X_i et en introduisant X'_i ;*

➤ *G_{2i+1} s'obtient à partir de G_{2i} en appliquant la méthode du lemme 3.19 à la variable X_i.*

La grammaire G_{2m+1} est équivalente à G, et elle est en forme normale de Greibach.

Démonstration : Par les lemmes 3.19 et 3.20, les grammaires G_i sont équivalentes à G. On montre par induction sur i que la grammaire G_{2i} ne peut contenir que des productions du type $X \to x$, x terminal, ou $X \to X_ju$ avec $j \geqslant i$, et que G_{2i+1} ne contient que des productions du type $X \to x$, x terminal, ou $X \to X_ju$ avec $j \geqslant i$ et $j > i$ pour $X \neq X_i$. Pour $i = 1$, il n'y a rien à montrer. Ensuite, la propriété résulte directement des lemmes. Par conséquent, les productions de G_{2m+1} ne peuvent être que du type $X \to u$ avec u commençant par une lettre terminale.

Exemple 3.22. (forme normale de Greibach) Revenant une dernière fois à la grammaire G_0 définie plus haut, et repartnat de la grammaire G_0'''' en forme normale de Chomsky dont les productions sont

$$S \to AS|CS|AB|a|b\,, \quad A \to AB|b\,, \quad B \to b\,, \quad C \to a,$$

nous trouvons, lorsque l'énumération (S, A, B, C) des variables est fixée, les grammaires successives

$$\begin{aligned}
&G_1 = G_2 = G_3 : S \to AS|CS|AB|a|b,\ A \to AB|b,\ B \to b,\ C \to a,\\
&G_4 : S \to AS|CS|AB|a|b,\ A \to b|bA',\ A' \to B|BA',\ B \to b,\ C \to a,\\
&G_5 = G_6 : S \to bS|bA'S|CS|bB|bA'B|a|b,\ A \to b|bA',\ A' \to B|BA',\\
&\qquad B \to b,\ C \to a,\\
&G_7 = G_8 : S \to bS|bA'S|CS|bB|bA'B|a|b,\ A \to b|bA',\ A' \to b|bA',\\
&\qquad B \to b,\ C \to a,\\
&G_9 : S \to bS|bA'S|aS|bB|bA'B|a|b,\ A \to b|bA',\ A' \to b|bA',\ B \to b,\\
&\qquad C \to a,
\end{aligned}$$

et cette dernière est en forme normale de Greibach.

EXERCICES

5.1. Montrer que la grammaire de productions $S \to aSa|bSb|a|b|\varepsilon$ engendre l'ensemble des palindromes sur $\{a, b\}$, c'est-à-dire l'ensemble des mots qui coïncident avec leur image-miroir.

5.2. (i) Soit L l'ensemble des mots sur $\{a, b\}$ contenant un b de plus que de a. Montrer que, pour $w \in L$ avec $w \neq b$, il existe des mots u et v dans L vérifiant une des égalités $w = auv$, $w = uav$, $w = uva$.

(ii) En déduire que L est engendré par la grammaire de productions $S \to aSS|SaS|SSa|b$.

5.3. Soit G la grammaire d'alphabet auxiliaire $\{S\}$, d'alphabet terminal $\{a, b\}$, et dont les productions sont $S \to aSb|bSa|SS|\varepsilon$.

(i) Montrer que le langage $L(G)$ est inclus dans l'ensemble L des mots sur $\{a, b\}$ qui ont autant de a que de b.

(ii) Montrer que tout mot non vide dans L s'écrit ou bien awb avec w dans L, ou bien bwa avec w dans L, ou bien w_1w_2 avec w_1 et w_2 non vides dans L. En déduire que $L(G)$ est égal à L.

5.4. Soit G la grammaire d'alphabet terminal $\{a, b\}$, d'alphabet auxiliaire $\{S\}$ et dont les productions sont $S \to SaS|b$. Montrer que $L(G)$ est le langage $\{ba\}^* \cdot \{b\}$.

5.5. Montrer que le langage $\{a^p b^q c^r\ ;\ p \neq r\}$ est algébrique.

5.6. Étendre la correspondance entre automates et grammaires régulières au cas des automates non déterministes.

5.7. Soit Σ un alphabet quelconque, et a une lettre fixée dans Σ. Pour w dans Σ^*, on note w^R le mot obtenu en recopiant w de droite à gauche. Construire une grammaire qui engendre le langage $\{waw^R\ ;\ w \in \Sigma^*\}$.

5.8. Montrer qu'une autre grammaire engendrant le langage de parenthésages de l'exemple 2.2 est la grammaire dont les productions sont $S \to (S)S|\varepsilon$.

5.9. (i) Le système de représentation de l'exemple 2.3 est très lourd : en pratique, il est commode d'omettre les parenthèses autour des variables isolées, pour écrire par exemple $(x + y) * z$ plutôt que $((x) + (y)) * (z)$. Construire une grammaire pour ces expressions allégées.

(ii) Pour alléger encore les notations, il est usuel d'omettre les parenthèses autour des produits simples – ce qui correspond à l'idée d'accorder la priorité à la multiplication sur l'addition dans l'évaluation. Construire une grammaire pour ces expressions.

(iii) Traiter de même le cas des opérations unaires, par exemple des expressions trigonométriques construites à l'aide des opérations binaires + et $*$, et, en outre, d'opérations unaires cos, sin et tan.

5.10. Soit L un langage ne contenant pas le mot vide. Montrer que l'équation $x = x \cdot L \cup \{\varepsilon\}$ admet $x = L^*$ comme solution minimale, cette solution étant de plus unique si L ne contient pas le mot vide. Que dire si L contient le mot vide ?

5.11. Montrer que l'image par homomorphisme (direct) d'un langage algébrique est un langage algébrique.

5.12. Soit G la grammaire dont les productions sont

$$S \to aSb|UU|UTU|aTUb|aUTb|aTb, \qquad T \to bTa|ba, \qquad U \to aUb|ab.$$

Montrer que $L(G)$ est l'intersection des langages

$$\{a\}^* \cdot \{b\}^* \cdot \{a\}^* \cdot \{b\}^* \quad \text{et} \quad \{w \in \{a,b\}^*\ ;\ |w|_a = |w|_b\}.$$

5.13. (i) Pour L langage, on note Pref(L) le langage formé par les préfixes de mots de L. Pour G grammaire d'alphabets V et Σ, on note Pref(G) la grammaire dont les productions sont toutes les productions $X \to v$ pour $X \to u$ production de G et

v préfixe de u. Par exemple, si G_0 a pour productions $S \rightarrow ab|SS$, Pref(G_0) a pour productions $S \rightarrow \varepsilon|a|ab|S|SS$. Montrer que, pour toute grammaire G, on a l'inclusion Pref($L(G)$) $\subseteq$ L(Pref(G)). Montrer que, pour la grammaire G_0 ci-dessus, l'inclusion est stricte.

(ii) On dit que L est simple s'il existe une grammaire G qui engendre L et qui est telle que Pref(G) engendre Pref(L). Montrer que le langage $\{a^p b^p \ ; \ p \geqslant 0\}$ est simple. Montrer que la réunion de deux langages simples est un langage simple. Montrer que tout langage rationnel est simple.

Chapitre 6

Arbres de dérivation et automates à pile

Nous associons ici à toute dérivation suivant une grammaire un certain arbre étiqueté qui en contient les informations importantes. Ce point de vue mène aussi bien à des résultats théoriques sur les langages algébriques (propriété d'itération) qu'à des applications pratiques (analyse syntaxique). Il permet d'établir le lien entre langages algébriques et automates à pile, ces derniers étant des systèmes à transitions discrètes définis sur le modèle des automates, mais munis d'une mémoire additionnelle non limitée d'un type particulier appelé pile.

6.1 ARBRES DE DÉRIVATION

Si G est une grammaire formelle, et si w est un mot du langage engendré par G, il existe une dérivation de G qui mène de la variable initiale de G au mot w. Cette dérivation n'est pas en général unique, et il est plus intéressant d'associer au mot w un *arbre* qui décrit sa génération par la grammaire plutôt qu'une dérivation (suite de mots) complète.

6.1.1 Arbres de dérivation

Nous considérons ici une structure d'arbre enrichie par rapport à celle qui a été introduite au chapitre 1, à savoir la notion d'arbre étiqueté : un arbre etiqueté est la structure obtenue en ajoutant des étiquettes aux sommets d'un arbre, c'est-à-dire en spécifiant une fonction définie sur ces sommets. De surcroît, nous supposons fixé un ordre total sur les fils de chaque sommet. Dans ce qui suit, un arbre est considéré comme un couple $(D, \preceq)$, où $\preceq$ est une relation d'ordre partiel sur un ensemble D, telle que les prédécesseurs de chaque élément forment une chaîne. Dans ce cas, l'ensemble D est appelé le *domaine* de l'arbre, et noté $\mathrm{Dom}(T)$.

Définition 1.1. (arbre étiqueté) Soit X un ensemble quelconque. Un *arbre étiqueté à valeurs dans* X est un triplet $(T, f, <)$ où T est un arbre fini, f est une application de $\mathrm{Dom}(T)$ dans X, et $<$ est une relation sur $\mathrm{Dom}(T)$ telle que, pour tout sommet x, $<$ définit un ordre total sur les fils de x dans T. ■

Exemple 1.2. (arbre étiqueté) Soit T l'arbre de domaine $\{1, ..., 8\}$ dont le squelette est composé des 7 relations $1 \prec 2$, $1 \prec 3$, $1 \prec 4$, $3 \prec 5$, $3 \prec 6$, $3 \prec 7$, et $6 \prec 8$, f l'étiquetage défini par $f(1) = S$, $f(2) = a$, $f(3) = S$, $f(4) = b$, $f(5) = a$, $f(6) = S$, $f(7) = b$, $f(8) = \varepsilon$, et $<$ l'ordre usuel des entiers. Alors $(T, f, <)$ est un arbre étiqueté, à valeurs dans $\{S, a, b, \varepsilon\}$, qu'on pourra représenter par le schéma ci-dessous :

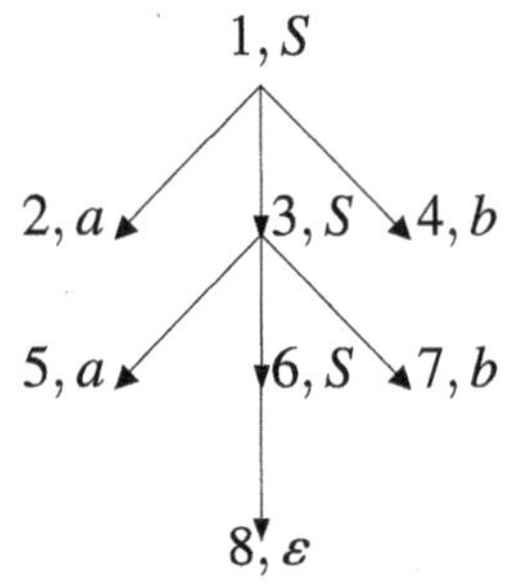

Dans ce type de schéma, on respectera toujours la convention que l'ordre $<$ des fils d'un sommet est associé à l'ordre de gauche à droite (il ne s'agit que d'une convention d'écriture). En pratique, le nom des sommets des arbres ne jouera aucun rôle, et seul compte l'ordre des fils de chaque sommet, qui, par la convention précédente, se lit sur la représentation graphique. On peut donc omettre ces noms, et, par exemple, représenter l'arbre étiqueté précédent par le schéma simplifé

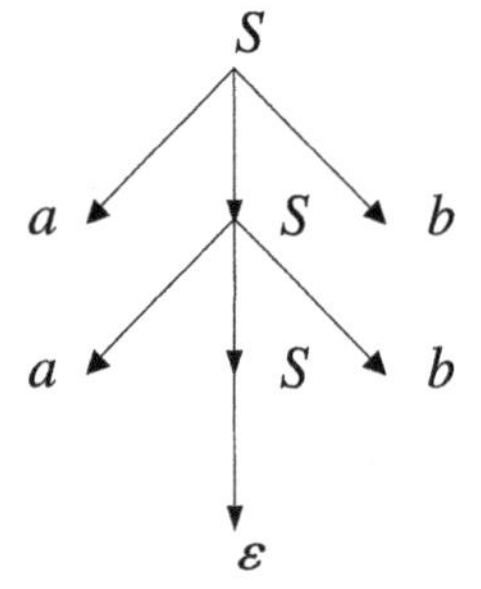

Définition 1.3. (arbre de dérivation, mot produit) Supposons que G est une grammaire formelle, soit $G = (V, \Sigma, P, S)$. Un *arbre de dérivation* pour G à partir de S est un arbre étiqueté $(T, f, <)$ à valeurs dans $V \cup \Sigma \cup \{\varepsilon\}$ tel que

➤ la racine est étiquetée S ;

➤ si s est un sommet intérieur de l'arbre, et si s_1, ..., s_m en sont les fils énumérés dans l'ordre croissant pour $<$, alors $f(s) \rightarrow f(s_1)...f(s_m)$ est une production de G.

Si $(T,f,<)$ est un arbre de dérivation pour G, le mot *produit* par $(T,f,<)$ est le mot $f(s_1)...f(s_\ell)$, où $s_1, ..., s_\ell$ est l'énumération $<$-croissante des feuilles de T. ■

Exemple 1.4. (arbre de dérivation) L'arbre de l'exemple 1.2 est un arbre de dérivation à partir de S pour la grammaire G de productions $S \rightarrow aSb|\varepsilon$. En effet, les sommets intérieurs sont 1, 3 et 5. Or les fils de 1 énumérés dans l'ordre $<$-croissant sont 2, 3, 4, l'étiquette de 1 est S, celles de 2, 3, 4 mises bout à bout forment le mot aSb, et $S \rightarrow aSb$ est une production de G. La vérification est la même au sommet 3 ; quant à 5, c'est la production $S \rightarrow \varepsilon$ qui est en jeu.

Le mot produit par l'arbre précédent est le mot $a^2\varepsilon b^2$, c'est-à-dire a^2b^2 : en effet le parcours de gauche à droite des feuilles est 2, 5, 8, 7 et 4, et les étiquettes correspondantes sont a, a, ε, b, b. Dans le cas présent, il se trouve que les étiquettes des feuilles sont toutes soit ε, soit un caractère terminal, mais ceci n'est pas requis dans la définition. Graphiquement, quand on part du squelette de l'arbre, on obtient le mot produit par l'arbre en tournant dans le sens trigonométrique autour de celui-ci, et en récoltant les étiquettes des feuilles successivement rencontrées : c'est la lecture de l'arbre, du latin *legere* dont le sens premier est cueillir.

Dans tout arbre de dérivation, l'étiquette d'un sommet intérieur, c'est-à-dire non terminal, est une variable, puisqu'un tel sommet ayant au moins un fils, son étiquette doit être le terme de gauche d'une production. En particulier l'étiquette de la racine d'un arbre ayant au moins deux sommets est une variable. Par contre, il n'y a pas de restriction sur les étiquettes des feuilles, qui peuvent être des variables, des terminaux, ou le caractère ε.

L'intérêt principal des arbres de dérivation vient du résultat suivant.

Proposition 1.5. (dérivation) *Supposons que G est une grammaire, soit $G = (V, \Sigma, P, S)$. Alors, pour tout X dans V, et tout mot w sur $V \cup \Sigma$, il y a équivalence entre :*

(i) le mot w est G-dérivable à partir de X ;

(ii) il existe un arbre de dérivation dans G de racine X produisant le mot w.

Démonstration : La preuve est *facile*, car les définitions ont été faites à dessein. Pour établir que (i) entraîne (ii), on montre par induction sur $p \geqslant 0$ que, si w est G-dérivable à partir de X en p étapes, alors il existe un arbre de dérivation dans G de racine X produisant w. Pour $p = 0$, on a $w = X$, et l'arbre composé d'un sommet unique étiqueté X convient. Sinon, fixons une dérivation de longueur p menant à w, et soit $X_1...X_k$ le second mot de cette dérivation. Alors, il existe une décomposition $(w_1, ..., w_k)$ de w, et des entiers p_1, ..., p_k dont la somme est $p - 1$, tels que, pour chaque i, w_i est G-dérivable à partir de X_i en p_i étapes. Par hypothèse d'induction, il existe un arbre de dérivation T_i de racine X_i produisant w_i. Soit T l'arbre obtenu à partir de la réunion des T_i en ajoutant un nouveau sommet s étiqueté X, dont les fils sont les racines des arbres T_1, ..., T_k énumérés dans cet ordre. Alors T est un arbre de dérivation pour G. En effet, les conditions qui définissent les arbres de dérivation pour G sont purement locales, donc, pour tous les sommets autres que s, l'hypothèse que T_i est un arbre de dérivation pour G garantit que les conditions sont respectées. Pour s, par construction, ses fils énumérés dans l'ordre croissant sont étiquetés X_1, ..., X_k. Or $X \to X_1...X_k$ est une production de G. Dans l'arbre T est un arbre de dérivation pour G. Par construction, le mot produit par T est la concaténation, dans cet ordre, des mots produits par T_1, ..., T_k, c'est-à-dire w_1, ..., w_k. Donc T produit w.

Inversement, on montre par induction sur p que, s'il existe un arbre de dérivation T dans G de racine étiquetée X possédant p sommets intérieurs et produisant le mot w, alors w est dérivable dans G à partir de X. Pour $p = 0$, l'arbre est réduit à sa racine, donc w à X, et le résultat est vrai. Sinon, soit s la racine de l'arbre, et s_1, ..., s_k l'énumération croissante (de gauche à droite) de ses fils (s doit avoir des fils, sinon l'arbre n'aurait aucun point intérieur). Notons T_1, ..., T_k les sous-arbres de T de racines respectives s_1, ..., s_k, et X_1, ..., X_k les étiquettes de s_1, ..., s_k. Toujours à cause du caractère local de la propriété d'être un arbre de dérivation dans G, chaque arbre T_i est un arbre de dérivation dans G à partir de X_i. De plus, si w_i est le mot produit par T_i, on a, par construction du mot produit, $w = w_1...w_k$. Par construction aussi, chaque arbre T_i a strictement moins de sommets intérieurs que l'arbre initial T. Donc, par hypothèse de récurrence, chacun des mots w_i est G-dérivable dans G à partir de X_i. Par définition d'un arbre de dérivation, $X \to X_1...X_k$ est une production de G, ce qui donne

$$X \vdash_G X_1...X_k \vdash_G^* w_1...w_k = w.$$

Ceci achève la preuve.

La preuve précédente fournit un moyen pratique pour construire une dérivation d'un mot à partir de tout arbre de dérivation le produisant : une solution est fournie par n'importe quel parcours de l'arbre de dérivation obéissant à la contrainte qu'un père est considéré avant ses fils. Un même arbre peut donc donner lieu à de multiples dérivations, dont aucune n'est vraiment privilégiée. On peut fixer arbitrairement un choix, par exemple celui d'un parcours de gauche à droite des frères et en faisant précéder les ocles par les neveux. On parle alors de dérivation *la plus à gauche* associée à l'arbre. L'arbre de l'exemple 1.2 ne donne lieu qu'à une seule dérivation, à savoir $S \vdash aSb \vdash aaSbb \vdash aa\varepsilon bb = aabb$; par contre, si nous considérons l'arbre plus compliqué

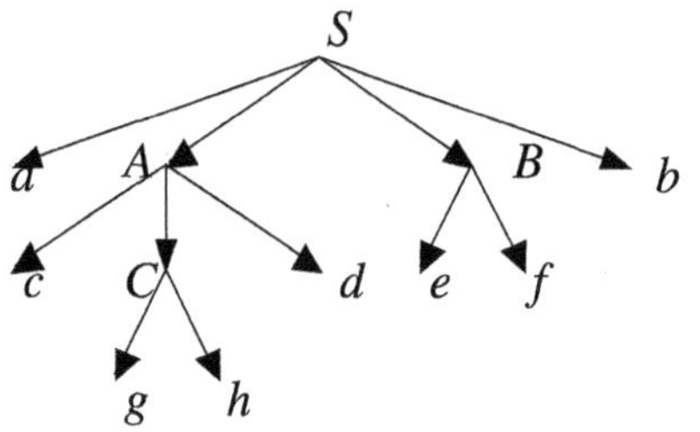

(relativement à une grammaire contenant les productions $S \to aABb$, $A \to cCd$, $B \to ef$ et $C \to gh$), le mot produit est *acghdefb*, et la dérivation la plus à gauche associée à l'arbre est

$S \vdash aABb \vdash acCdBb \vdash acghdBb \vdash acghdefb$,

tandis qu'en un sens évident la dérivation la plus à droite est

$S \vdash aABb \vdash aAefb \vdash acCdefb \vdash acghdefb.$

Ceci suggère que l'arbre de dérivation est un objet plus intrinsèque et canonique que les diverses dérivations qu'on peut en tirer.

6.1.2 La propriété d'itération

En fournissant des conditions syntaxiques simples que doit satisfaire tout langage automatique, les propriétés d'itération du chapitre 5 permettent de montrer qu'un langage donné n'est pas automatique. On va dans cette section établir un critère analogue permettant de montrer qu'un langage donné n'est pas algébrique. Pour cela, nous utiliserons les arbres de dérivation, ainsi, à nouveau, que le principe des tiroirs.

L'existence de langages non algébriques est évidente. Fixons une suite dénombrable de variables V_∞. Alors, pour chaque alphabet Σ, l'ensemble des grammaires d'alphabet auxiliaire inclus dans V_∞ et d'alphabet terminal Σ est dénombrable, et donc l'ensemble des langages algébriques d'alphabet Σ fixé est dénombrable, alors que l'ensemble de tous les langages d'alphabet Σ ne l'est pas : il doit donc exister des langages non algébriques (et, même, l'ensemble des langages non algébriques d'alphabet Σ est un ensemble non dénombrable).

Proposition 1.6. (propriété d'itération) *Supposons que L est un langage algébrique. Alors il existe un entier N qui a la propriété suivante : quel que soit le mot w dans L de longueur plus grande que N, il existe une décomposition* $(w_1, ..., w_5)$ *de w vérifiant* $w_2w_4 \neq \varepsilon$, $|w_2w_3w_4| \leqslant N$ *et telle que, pour tout k, le mot* $w_1w_2^kw_3w_4^kw_5$ *est dans L.*

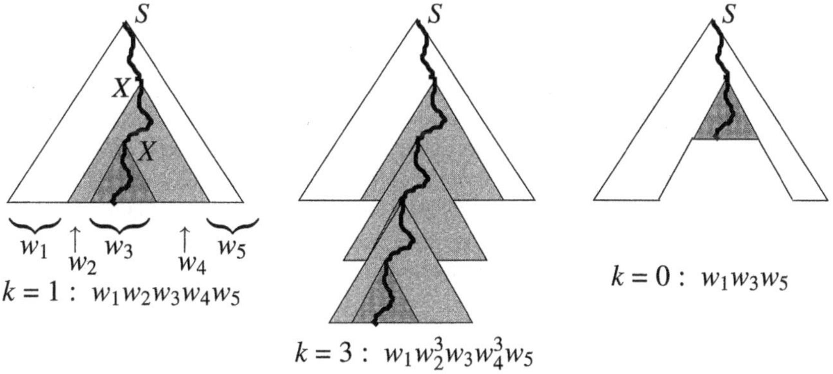

Figure 6.1 Propriété d'itération.

Démonstration : Soit G une grammaire sans ε-production ni production-unité engendrant le langage $L\setminus\{\varepsilon\}$ (section 5.3). Supposons $G = (V, \Sigma, P, S)$, soit c le cardinal de V, et d la longueur maximale des deuxièmes membres des productions de G – qui existe bien puisqu'une grammaire ne contient qu'un nombre fini de productions, par définition. Soit T un arbre de dérivation quelconque dans G. Dans T, chaque sommet intérieur a au plus d fils, donc le n-ième niveau de T contient au plus d^n sommets. Supposons que toutes les branches de T ont une longueur strictement inférieure à h : cela signifie que le h-ième niveau de T est vide, et, donc, que T contient au plus $1 + d + ... + d^{h-1}$ sommets, et, en particulier, au plus ce nombre de feuilles. Par contraposition, on en déduit que, si le mot produit par T a une longueur strictement supérieure à $1 + d + ... + d^{h-1}$, alors T a au moins une branche de longueur au moins égale à h.

Appliquons ceci à $h = c + 1$: posons

$$N = (1 + d + ... + d^c) + 1 \quad (\leqslant d^{c+1})\ ;$$

alors, si le mot produit par T a une longueur au moins égale à N, il est certain que l'arbre T a au moins une branche de longueur strictement plus grande que c.

Supposons alors que w est un mot de L de longueur au moins égale à N. Puisque w est dans L, il existe un arbre de dérivation T dans G qui produit w à partir de S, et, d'après ce qui précède, T possède au moins une branche de longueur strictement supérieure à c. Ceci implique qu'au moins une variable X apparaît deux fois l'une au-dessus de l'autre sur cette branche (figure 6.1, dessin de gauche). Soient T_1 et T_2 les sous-arbres de T enracinés en ces deux occurrences de la variable X (en grisé sur la figure) : T_1 et T_2 sont deux arbres de dérivation dans G à partir de X. Donc, l'arbre obtenu à partir de T en substituant T_1 à T_2 est encore un arbre de dérivation dans G, et on peut recommencer. Désignons alors par w_3 le mot produit par T_2, par $w_2w_3w_4$ le mot produit par T_1 suivant la figure (il pourrait y avoir plusieurs occurrences du motif w_3 dans $w_2w_3w_4$, et donc w_2 et w_4 ne sont pas définis par la seule clause « $w_2w_3w_4$ est produit par T_1 », et par w_1 et v les bords de w (voir toujours la figure). Alors le mot produit par l'arbre obtenu à partir de T en remplaçant T_1 par T_2 est $w_1w_3w_5$, tandis que celui produit par l'arbre obtenu à partir de T en remplaçant k fois T_2 par T_1 est $w_1w_2^kw_3w_4^kw_5$. Comme ces mots sont produits par des arbres de dérivations dans G à partir de S, ils sont dans le langage L. Ensuite, le mot w_2w_4 n'est pas vide, parce qu'on a supposé que la grammaire n'a ni ε-production, ni production-unité : l'occurrence supérieure de X doit produire strictement plus de feuilles que l'occurrence inférieure, puisque l'arbre doit bifurquer entre l'une et l'autre (pas de production-unité) et qu'il n'y a pas de branche morte (pas de ε-production). Enfin, on peut supposer que la longueur de $w_2w_3w_4$ est au plus N : pour cela, il suffit d'être assuré que la hauteur de T_1 est au plus $c + 1$, ce qu'on peut faire en considérant dans T la plus basse répétition de variables possible, c'est-à-dire celle qui intervient le plus près possible d'une feuille : on sait que cette répétition arrivera à une distance d'au plus $c + 1$ d'une feuille, ce qui est le résultat voulu.

L'utilisation de la propriété d'itération pour les langages algébrique est analogue à celle de la propriété correspondante pour les langages automatiques.

Exemple 1.7. (propriété d'itération) Soit $L_1 = \{a^pb^pc^p\ ;\ p \geqslant 1\}$. Le langage L_1 n'est pas algébrique. En effet, si L_1 était algébrique, il satisferait à la propriété d'itération. Il existerait donc un entier N tel que tout mot de longueur au moins N admettrait une décomposition *etc.* Or considérons le mot $a^Nb^Nc^N$, qui est dans L_1. On va montrer qu'il ne peut pas admettre de décomposition du type souhaité. En effet, supposons qu'il existe une décomposition

$$a^N b^N c^N = w_1 w_2 w_3 w_4 w_5$$

telle que la propriété d'itération s'applique. Comme le mot $w_2w_3w_4$ est de longueur au plus N, il ne peut contenir qu'au plus deux des trois lettres a, b, c. Supposons par exemple que $w_2w_3w_4$ ne contient pas de c. Alors le mot $w_1w_2^2w_3w_4^2w_5$ contient le même nombre de c que le mot initial w, alors qu'il contient en plus autant de a et de b qu'il y en a dans w_2w_4, et ce nombre n'est pas nul puisque w_2w_4 n'est pas vide. Donc le mot $w_1w_2^2w_3w_4^2w_5$ ne peut pas appartenir à L_1. Il y a une contradiction, et c'est donc que la seule hypothèse qui avait été faite, à savoir que L_1 soit algébrique, est fausse.

Soit de même $L_2 = \{w \in \{a,b,c\}^* \; ; \; |w|_a = |w|_b = |w|_c\}$. Si L_2 était algébrique, il existerait une constante N telle que la propriété d'itération s'applique. Alors le mot $a^N b^N c^N$ est dans L_2, et, quelle que soit la décomposition de ce mot en $w_1w_2w_3w_4w_5$ avec $|w_2w_3w_4| \leqslant N$ et $w_2w_4 \neq \varepsilon$, le mot $w_1w_2^2w_3w_4^2w_5$ n'est pas dans L_2. Donc L_2 n'est pas algébrique.

Le résultat précédent est un peu décevant : les automates ne savent pas comparer deux entiers, et on espérait que les grammaires feraient mieux : elles le font en effet, puisqu'elles savent comparer deux entiers... mais elles ne savent pas comparer trois entiers.

6.1.3 Propriétés de non-clôture

Le critère de non-algébricité apporté par la propriété d'itération permet de compléter l'étude des propriétés de clôture de l'ensemble des langages algébriques vis-à-vis des opérations usuelles.

Proposition 1.8. (intersection) *Il existe deux langages algébriques dont l'intersection n'est pas algébrique.*

Démonstration : Posons

$$L_1 = \{a^p b^p c^q \; ; \; p, q \geqslant 1\}, \qquad \text{et} \qquad L_2 = \{a^p b^q c^q \; ; \; p, q \geqslant 1\}$$

L'intersection de L_1 et L_2 est le langage $\{a^p b^p c^p \; ; \; p \geqslant 1\}$, dont on a vu qu'il n'est pas algébrique. Or chacun des langages L_1 et L_2 est algébrique. En effet, L_1 est le produit de $\{a^p b^p \; ; \; p \geqslant 1\}$ et de $\{c\}^*$, et chacun de ces deux langages est algébrique, donc L_1 est algébrique. Il en est de même de L_2, qui est le produit de $\{a\}^*$ et de $\{b^q c^q \; ; \; q \geqslant 1\}$.

Proposition 1.9. (complémentaire) *Il existe un langage algébrique dont le complémentaire n'est pas algébrique.*

Démonstration : (n° 1) Supposons l'ensemble des langages algébriques clos par complémentaire. Alors, comme il est clos par union, il serait aussi clos par intersection, ce qui n'est pas, d'après la proposition précédente. En effet, on a toujours, pour L_1, L_2 inclus dans Σ^*,

$$L_1 \cap L_2 = \Sigma^* \setminus ((\Sigma^* \setminus L_1) \cup (\Sigma^* \setminus L_2)).$$

(n° 2) Considérons à nouveau le langage non algébrique $\{a^p b^p c^p \,;\, p \geqslant 1\}$. Le complémentaire de ce langage est la réunion des trois langages

- $L_1 = \{a, b, c\}^* \setminus \{a\}^*\{b\}^*\{c\}^*$,
- $L_2 = \{a^p b^q c^r \,;\, p \neq q\}$,
- $L_3 = \{a^p b^q c^r \,;\, q \neq r\}$.

Si on montre que chacun de ces langages est algébrique, on conclura qu'il en est de même de leur réunion. Or L_1 est algébrique, car il est automatique. Puis L_2 est le produit de $\{a^p b^q \,;\, p \neq q\}$ et de $\{c\}^*$. Le langage $\{c\}^*$ est automatique, donc, pour montrer que L_2 est algébrique, il suffit de montrer que $\{a^p b^q \,;\, p \neq q\}$ l'est. Or ce langage est la réunion des langages $L_4 = \{a^p b^q \,;\, p < q\}$ et $L_5 = \{a^p b^q \,;\, p > q\}$. Mais L_4 est le produit de $\{a^p b^p \,;\, p \geqslant 0\}$ et de $\{b\} \cdot \{b\}^*$, donc L_4 est algébrique, et il en est de même pour L_5. Donc L_2 est algébrique. La preuve est la même pour L_3.

6.2 PRINCIPE DE L'ANALYSE SYNTAXIQUE

Dans la plupart des applications des grammaires formelles, principalement en informatique, le problème essentiel est celui de *l'analyse syntaxique*. Il s'agit, étant donnée une grammaire G et un mot w formé sur l'alphabet terminal de G

- de décider si w est dans le langage engendré par G, c'est-à-dire si w est dérivable dans G à partir de S, *et*,
- si c'est le cas, de construire une telle dérivation.

La première question seule est le *problème de décision* pour $L(G)$, dont on a vu au chapitre 4 qu'il était résoluble algorithmiquement. Le problème de l'analyse syntaxique est *a priori* plus difficile, puisqu'on veut déterminer un élément supplémentaire, à savoir une dérivation prouvant que le mot est bien dans $L(G)$. Ce dernier point est primordial dans les applications. L'intérêt des langages algébriques tient précisément à ce que leurs éléments peuvent être analysés, dérivés en termes des opérations simples que sont les productions, et c'est bien cette décomposition qu'on souhaite trouver : dans le cas des langages naturels, trouver une dérivation de la phrase, c'est en déterminer la structure grammaticale, opération fondamentale pour toute tentative de compréhension ou de traduction ; dans le cas des langages de programmation, trouver une dérivation, c'est *compiler* un programme en le décomposant en fragments élémentaires consistant en instructions directement exécutables d'un langage-machine rudimentaire.

Dans cette section, on va donner le principe d'une méthode d'analyse syntaxique, dite analyse descendante. Nous n'irons pas très loin dans l'étude de la question d'un point de vue pratique, mais cet aperçu devrait rendre plus intuitifs les automates à pile qui seront abordés dans la section suivante.

6.2.1 Analyse descendante

La solution du problème de décidabilité établie au chapitre 5 résout aussi en théorie le problème de l'analyse syntaxique : à partir du moment où on a une borne supérieure sur les longueurs des G-dérivations possibles d'un mot w, il suffit de s'armer de courage et de les essayer toutes. Il est clair que, dans les cas pratiques (plusieurs centaines de productions pour la grammaire d'un langage de programmation « réel » comme PASCAL ou C^{++}), cette méthode est inapplicable, et on est donc conduit à reprendre le problème pour décrire des méthodes plus efficaces. Les méthodes que nous allons mentionner ci-dessous sont très efficaces : leur complexité est *linéaire*, ce qui signifie qu'analyser un mot de longueur n demande un nombre d'opérations borné par une quantité linéaire en n – alors que la complexité de la méthode du chapitre 5 est exponentielle. Le prix à payer pour cette efficacité est que ces méthodes ne fonctionnent pas pour toutes les grammaires.

Le problème général est le suivant. On cherche un algorithme qui fasse passer d'une situation initiale où on a un mot (terminal) w seul à une situation finale où on a le mot w *et* un arbre de dérivation T pour w, s'il existe – et, par exemple, un message d'erreur s'il n'existe pas. L'idée est de construire progressivement l'arbre T en lisant le mot w de gauche à droite, et en essayant de déduire de chaque lettre lue un peu plus d'information sur l'arbre partiel en cours de construction. Nous allons aborder ici les méthodes dites*descendantes*, dans lesquelles l'arbre de dérivation cherché est construit de haut en bas. Mentionnons qu'il existe également des méthodes dites *montantes*, où l'arbre est construit (ou deviné) de bas en haut, suivant le principe schématisé dans la figure 6.2.

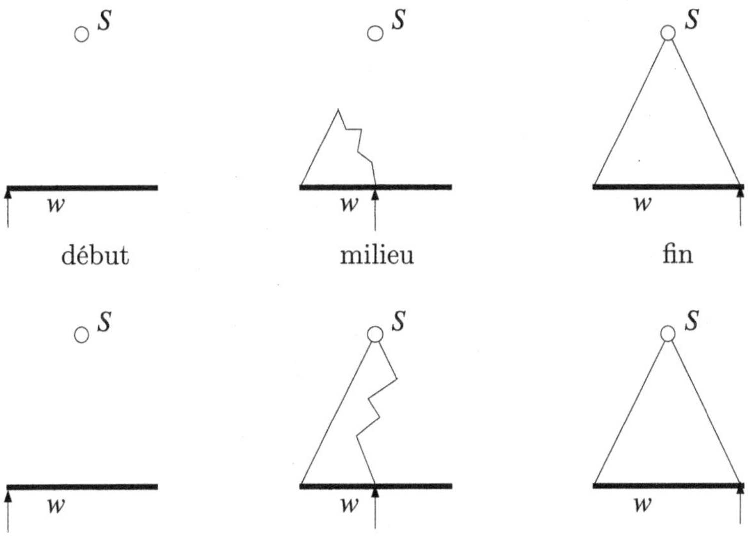

Figure 6.2 Analyse montante et analyse descendante.

Le principe de l'analyse descendante peut paraître bizarre, car il n'est pas clair que la lecture des premiers caractères du mot à analyser permette de déduire ce que doit être le sommet de l'arbre produisant ce mot (s'il existe) : ceci est spécialement vrai si la grammaire des productions en forme de Chomsky du type $A \rightarrow BC$ qui ne laissent pas de trace terminale. Par contre, si on suppose que toutes les productions de la grammaire laissent à gauche une trace terminale, c'est-à-dire sont du type de Greibach $X \to xu$, alors chaque utilisation de cette dernière production laisse une lettre terminale x qui ne peut plus disparaître.

Supposons pour un exemple qu'on considère une grammaire G avec exactement deux productions partant de la variable initiale S, à savoir

$$S \to au|bv.$$

Ayant à analyser un mot w commençant par a, on est assuré que la dérivation sommitale de l'arbre (s'il existe) est la production $S \to au$, et on peut commencer à tracer l'arbre en ajoutant au sous le caractère S du sommet. De même, on peut ajouter bv si w commence par b – et refuser w s'il commence par tout autre caractère. De la sorte, on a réussi à lire le premier caractère de w, et on peut recommencer avec le second, qu'on doit rapprocher du premier caractère du mot u (ou v, suivant les cas) comme on a fait précédemment pour le premier caractère et S.

Il est clair que cette méthode ne peut pas toujours réussir aussi simplement : si par exemple la grammaire contient deux productions du type $S \to au_1|au_2$, la lecture d'une lettre a initiale ne permet pas de choisir entre les deux productions possibles, et la décision ne pourra être faite qu'ultérieurement. On parle de grammaire LL(k) si la décision ne nécessite pas d'aller lire plus de k lettres en avance.

Exemple 2.1. (analyse) Soit G_0 la grammaire

$$S \to aAB, \qquad A \to bc, \qquad B \to cB|d.$$

On se propose d'analyser le mot $abccd$. La méthode précédente réussit (sans qu'on rencontre de choix), et conduit aux 5 étapes de la figure ci-dessous.

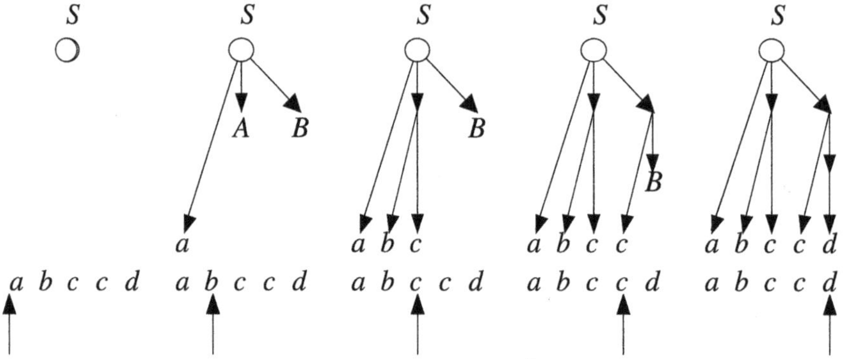

6.2.2 Tables d'analyse

Revenons au cas d'une grammaire G quelconque. Supposons que le mot à analyser w s'écrit $x_1...x_n$. La méthode esquissée ci-dessus consiste à construire $n+1$ arbres de dérivation T_0, ..., T_n tels que que le mot produit par T_i a la forme $x_1...x_{i-1}w_i$, c'est-à-dire que les $i-1$ premières feuilles de T_i sont étiquetées par les $i-1$ premières lettres de w. Le passage de T_i à T_{i+1} se fait en considérant la i-ème feuille s_i de T_i et la i-ème lettre x_i de w : avec nos notations, l'étiquette de s_i est le premier caractère du mot w_i. Deux cas sont possibles :

➤ ou bien l'étiquette de s est une variable X, et alors il s'agit de savoir s'il existe dans la grammaire une production du type $X \rightarrow x_i w$, auquel cas on forme T_{i+1} à partir de T_i en accrochant sous s un fragment d'arbre dont l'étiquetage correspond à la production $X \rightarrow x_i w$; de la sorte, le mot w_{i+1} est obtenu à partir de w_i en enlevant le caractère X initial et en le remplaçant par w,

➤ ou bien l'étiquette de s est un terminal x, et on compare x et x_i : s'ils coïncident, on pose $T_{i+1} = T_i$, et le mot w_{i+1} est simplement le mot obtenu à partir de w_i en enlevant le caractère initial x_i – noter que ce cas se confond avec le précédent si un terminal x est considéré comme une variable donnant lieu à la seule production $x \rightarrow x$.

Dans les deux cas, si les conditions ne sont pas remplies, c'est-à-dire si, dans le premier cas, il n'existe pas de production $X \rightarrow x_i w$, et, dans le second, si les caractères x et x_i ne coïncident pas, le mot analysé n'est pas dans le langage engendré par la grammaire, car, s'il possédait un arbre de dérivation, cet arbre devrait étendre l'arbre T_i déjà construit d'une façon qui satisfasse aux contraintes ci-dessus.

La description précédente montre que la seule donnée nécessaire à la mise en œuvre de la méthode est une *table* d'analyse prescrivant quelle production doit être devinée en fonction du terminal à lire (la lettre x_i ci-dessus) et de la première variable en attente dans l'arbre (la première lettre du mot w_i ci-dessus). Par exemple, la table utilisée pour la grammaire de l'exemple précédent est

	a	b	c	d
S	$S \rightarrow aAB$			
A		$A \rightarrow bc$		
B			$B \rightarrow cB$	$B \rightarrow d$

Cette table contient tous les éléments nécessaires à l'analyse. En particulier, il n'est pas nécessaire de tracer les arbres en cours de construction, car il suffit d'utiliser la table à maintenir trois listes de mots : celle des fins du mot encore à analyser (qu'on appellera *mots de ruban*, voir section suivante), celle des mots « w_i » (qu'on appellera *mots de pile*), et celle des productions utilisées, qui constitue le résultat de l'analyse. La maintien de ces listes s'effectue au moyen de deux procédures élémentaires :

➤ *lecture* d'un caractère, définie comme le retrait du premier caractère des deux mots lorsqu'ils coïncident ;

➤ *remplacement* du premier caractère du mot de pile par utilisation de la production prescrite par la table en fonction des premiers caractères des deux mots.

Le mot de ruban est initialisé au mot à analyser, le mot de pile à la variable initiale de la grammaire. L'analyse réussit si on parvient finalement à deux mots vides. Il est entendu que faire appel à une case vide de la table est un cas d'échec immédiat. Il doit être clair d'après ce qui précède que l'arbre de dérivation peut se construire à partir de la liste des productions invoquées et du numéro de l'étape où elles l'ont été.

Exemple 2.2. (analyse) L'analyse du mot *abccd* à l'aide de la table ci-dessus correspond aux étapes suivantes ; il y a davantage d'étapes que les cinq de la figure précédente car les étapes d'extension de l'arbre sont ici dédoublées en une composante « remplacement » et une composante « lecture » – ce qu'on pourrait évidemment contracter en une seule étape :

ruban	pile	type	production
$abccd$	S	remplacement	$S \to aAB$
$abccd$	aAB	lecture	
$bccd$	AB	remplacement	$A \to bc$
$bccd$	bcB	lecture	
ccd	cB	lecture	
cd	B	remplacement	$B \to cB$
cd	cB	lecture	
d	B	remplacement	$B \to d$
d	d	lecture	
ε	ε	(succès)	

On redéduit immédiatement l'arbre de dérivation obtenu précédemment, ou, si on préfère, la dérivation

$$S \vdash aAB \vdash abcB \vdash abccB \vdash abccd.$$

Nous n'irons pas plus loin ici. Nous avons *décrit* ce qu'est l'analyse descendante à partir d'une table, et nous avons observé que, dans le cas de la grammaire triviale de l'exemple, on pouvait construire une table par un raisonnement direct. Il existe des cas moins triviaux où une telle table n'est pas *a priori* évidente, mais peut être construite par des moyens plus sophistiqués (grammaires LL(k)), et il existe des cas où aucune table d'analyse descendante déterministe, c'est-à-dire avec une seule opération par case, ne peut être espérée.

6.3 AUTOMATES À PILE

Les langages automatiques ont été introduits par la propriété caractéristique d'être décidés par des automates. Il est naturel de se demander si les langages algébriques ont une propriété analogue. Comme tout langage automatique est algébrique, mais que la réciproque n'est pas vraie, les « machines » à envisager doivent être strictement plus puissantes que les automates. Une réponse positive à la question est apportée par les *automates à pile*, qui sont une reformulation des tables d'analyse de la section précédente.

6.3.1 Automates à pile

L'intuition de départ est naturelle : pour rendre un automate plus puissant, on lui adjoint une mémoire supplémentaire sur laquelle il peut écrire, et dont la taille n'est pas bornée. Si on n'impose aucune contrainte, on retrouve alors la notion d'automate à mémoire non bornée, dont on a vu au chapitre 3 qu'elle était inintéressante, car alors *tout* langage est reconnaissable sans que l'existence de l'automate infini fournisse le moindre algorithme de décision. La contrainte qu'on impose ici sera que la mémoire additionnelle est une *pile*, c'est-à-dire qu'on ne peut accéder qu'à son premier caractère (le caractère dit de dessus de pile). Cette limitation est assez forte pour que les automates à pile ainsi obtenus soient à la fois plus puissants que les automates simples, et néanmoins non triviaux comme les automates infinis.

Comme pour les automates, on peut envisager des automates à pile déterministes ou non, avec ou sans ε-transitions. Pour décrire un tel système, il suffit d'en décrire les *configurations*, c'est-à-dire l'ensemble des valeurs possibles de tous les paramètres variables, et les *transitions*, c'est-à-dire la façon dont la machine fait passer d'une configuration à une autre (ou, éventuellement, à plusieurs autres dans le cas non déterministe). Dans le cas d'un automate, les configurations sont simplement constituées d'un mot w écrit sur le ruban et d'un entier i, les transitions étant toutes du type :

- changer d'état en fonction de l'état antérieur et du i-ième caractère de w
- augmenter i en $i + 1$;

Un automate à pile d'alphabet de ruban Σ et d'alphabet de pile Π est semblablement décrit comme suit : les configurations sont composées d'un mot de ruban w (d'alphabet Σ), d'un mot de pile u (d'alphabet Π) et d'un entier i, les transitions étant du type :

- changer d'état en fonction de l'état antérieur, du i-ième caractère de w, et du premier caractère de u ;
- retirer le premier caractère de u, et le remplacer par un mot de Π^* dépendant de l'état (antérieur), du i-ième caractère de w, et du premier caractère antérieur de u ;
- augmenter i en $i + 1$;

Ceci revient à poser la définition suivante.

Définition 3.1. (automate à pile) Un *automate à pile déterministe* d'alphabets Σ, Π et d'ensemble d'états Q est un septuplet $(Q, \Sigma, \Pi, T, q_0, S, A)$ où Q, Σ, Π sont trois ensembles finis, appelés respectivement ensemble d'états, alphabet de ruban, et alphabet de pile, T est une application de $Q \times \Pi \times \Sigma$ dans $Q \times \Pi^*$, appelée fonction de transition, q_0 est un élément de Q, appelé état initial, S est un élément de Π, appelé pile initiale, et A une partie de Q, appelé ensemble des états acceptants. Un *automate à pile non déterministe* est analogue, sauf que la fonction de transition T est à valeurs dans $\mathfrak{P}(Q \times \Pi^*)$, et l'état initial n'est plus nécessairement unique. ■

Un automate est un cas particulier d'automate à pile, à savoir un automate à pile tel que la fonction de transition pour l'état ne dépend pas du caractère de pile. On pourra évidemment représenter un automate à pile par sa table ou par son graphe : dans les deux cas, ce n'est pas très simple, car il y a maintenant trois paramètres variables, et non plus deux comme pour les automates. On pourra par exemple utiliser une table où les lignes correspondent à des couples formés d'un état et d'un caractère de ruban.

Exemple 3.2. (automate à pile) Ce qui suit est la table d'un automate à pile d'alphabet de ruban $\{a, b\}$, et d'alphabet de pile $\{S, T\}$. Chaque case contient un état, et le mot à écrire sur la pile.

	a	b
$\rightarrow 0, S$	$1, S$	$4, S$
$1, S$	$1, TS$	$2, \varepsilon$
$1, T$	$1, TT$	$2, \varepsilon$
$2, S$	$4, S$	$\boxed{3}, \varepsilon$
$2, T$	$4, T$	$2, \varepsilon$

Noter que cet automate à pile est déterministe, à ceci près qu'il manque des transitions, à savoir celles qui partiraient de $0, T$, et toutes celles qui partent des états 3 et 4. En fait, ces transitions sont sans importance, car ne pouvant conduire à une acceptation.

La définition de l'acceptation d'un mot par un automate à pile est claire à partir des remarques antérieures, même si elle est un peu pénible à écrire.

Définition 3.3. (mot accepté) Supposons que $\boldsymbol{M}$ est un automate à pile non déterministe, soit $\boldsymbol{M} = (Q, \Sigma, \Pi, T, I, S, A)$, et w est un mot sur Σ, soit $w = x_1...x_n$. On dit que w est *accepté* par $\boldsymbol{M}$ s'il existe une suite d'états q_0, ..., q_n et une suite de mots de pile u_1, ..., u_n tels que

➤ on a $q_0 \in I$ et $u_1 = S$;

➤ pour tout entier i intermédiaire, il existe un mot de pile v_i tels que (q_i, v_i) est dans $T(q_{i-1}, X_i, x_i)$, où X_i est le premier caractère de u_i et u_{i+1} s'obtient à partir de u_i en remplaçant le caractère X_i initial par v_i ;

➤ on a $q_n \in A$. ■

Exemple 3.4. (accepté) La lecture de l'automate à pile ci-dessus sur le mot *aaabbb* fait passer par les états et les contenus de pile suivants :

$$(0, S), \quad (1, S), \quad (1, TS), \quad (1, TTS), \quad (2, TS), \quad (2, S), \quad (3, \varepsilon),$$

et le mot est accepté puisque l'état 3 est acceptant.

À la façon des automates, on pourra imaginer les automates à pile comme des « machines » lisant les mots lettre après lettre, et représenter par exemple la lecture précédente par les schémas suivants, où on indique les lettres accessibles, c'est-à-dire celles qui vont être prises en compte pour la transition suivante :

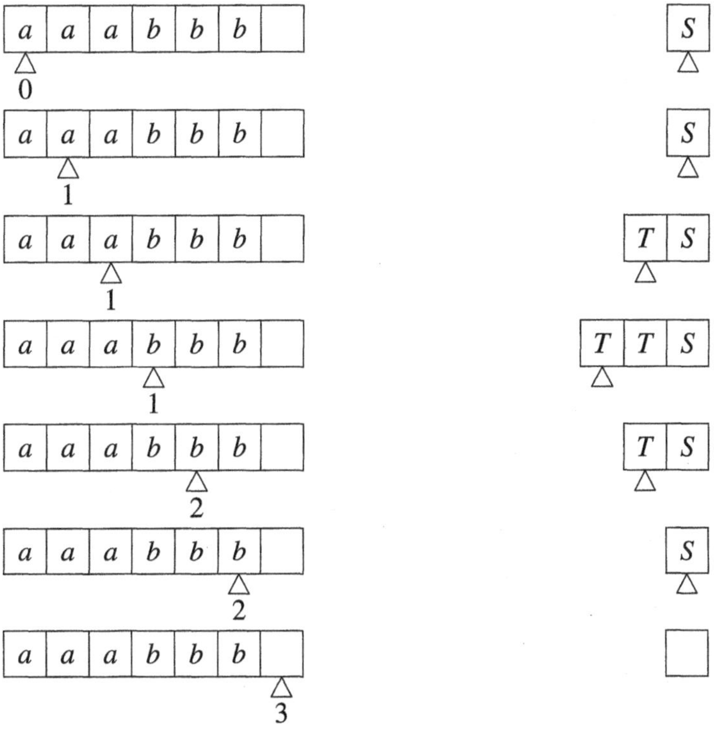

Le principe est le suivant : dans l'état 1, les lettres a font empiler des T, que les lettres b dans l'état 2 font dépiler. L'acceptation a lieu si on a lu un paquet de a suivi d'un paquet de b de même longueur : ainsi, le langage décidé est exactement $\{a^p b^p \,;\, p \geqslant 1\}$, dont on sait qu'il ne peut être reconu par un automate pur. Notons que la possibilité de dépiler entraîne que certains mots ne peuvent pas être lus, notamment si la pile vient à être vide en cours de lecture : c'est ici le cas pour tout mot de la forme $a^p b^q$ avec $1 \leqslant p < q$. Par définition, un mot non lisible est refusé.

L'exemple précédent suggère une définition alternative de l'acceptation d'un mot par un automate à pile, à savoir d'accepter les mots dont la lecture mène (cas déterministe) ou peut mener (cas non déterministe) à une pile vide juste après le dernier caractère, et donc indépendamment de l'état final obtenu. On dira naturellement dans ce cas que le mot est accepté *par pile vide*, alors qu'on dira dans le cas initial qu'il est accepté *par état acceptant*. Il est clair qu'un automate à pile n'a aucune raison d'accepter par pile vide et état acceptant les mêmes mots. Par ailleurs, si un automate à pile accepte par pile vide le mot w, il ne peut accepter aucun mot de la forme ww' avec w' non vide. C'est dire que seuls des langages ayant la propriété qu'un préfixe strict d'un mot de L n'est jamais dans L peuvent être décidés par pile vide. Il s'agit de la seule limitation, et les deux notions d'acceptation sont pour le reste équivalentes, au sens où, si un langage est décidé par pile vide par un certain automate à pile, il est aussi décidé pat état acceptant par un (autre) automate à pile, et *vice versa* lorsqu'il s'agit d'un langage sans préfixe au sens ci-dessus.

Exemple 3.5. (acceptation par pile vide) On a vu que l'automate à pile de l'exemple précédent reconnaît par état acceptant le langage $\{a^p b^p \,;\, p \geqslant 1\}$, et on a remarqué qu'il le reconnaît aussi par pile vide puisqu'il se trouve que les mots $a^p b^p$ sont exactement ceux dont la lecture mène à une pile vide. On peut écrire un automate à pile plus simple pour la même tâche : en effet, pour une acceptation par pile vide, il n'est plus nécessaire de marquer le bas de pile en employant un caractère S réservé à cet usage. On peut par exemple employer l'automate à pile (non déterministe et avec ε-transitions) suivant :

	a	b	ε
$\to 0, S$	$0, SS$		$1, \varepsilon$
$1, S$		$1, \varepsilon$	

La seule façon d'arriver à une pile vide est de lire des a dans l'état 0 en empilant autant de S, puis de lire un nombre égal de b en dépilant les S : on voit bien comment la pile supplée aux limitations de la mémoire d'un automate pur et permet de compter un nombre de a qui n'est pas borné uniformément. L'unique lecture par cet automate à pile du mot $a^3 b^3$ menant à une pile vide est la suivante :

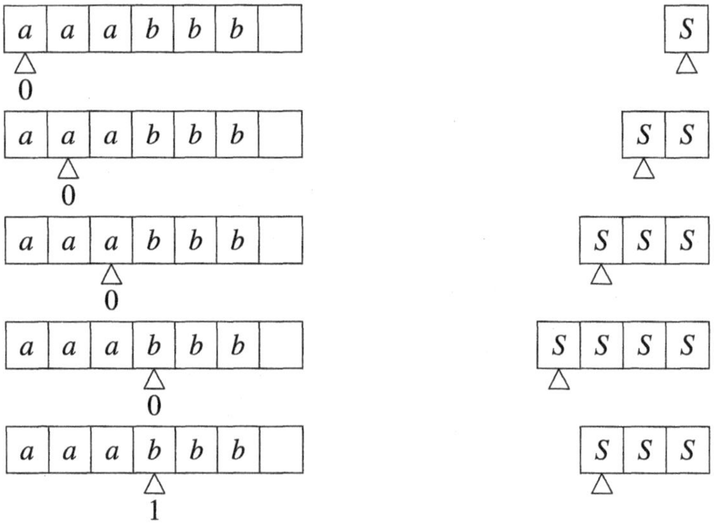

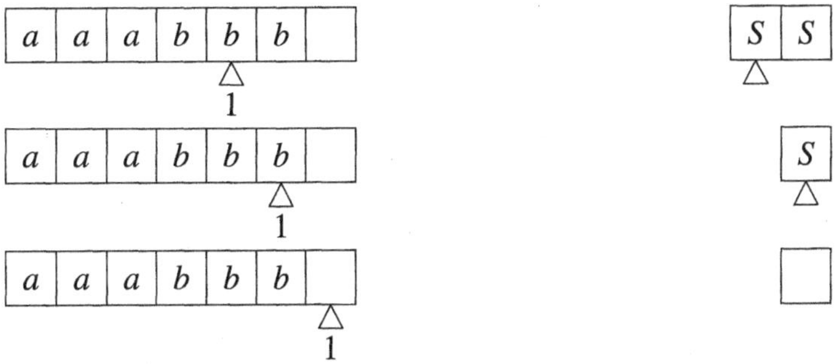

Le résultat escompté est alors vrai.

Proposition 3.6. (équivalence) *Pour tout langage L, les propriétés suivantes sont équivalentes :*

(i) L est algébrique, c'est-à-dire il existe une grammaire engendrant L ;

(ii) il existe un automate à pile non déterministe décidant L par état acceptant.

Si L a de plus la propriété qu'un préfixe strict d'un mot de L ne peut appartenir à L, alors les propriétés précédentes sont aussi équivalentes à :

(iii) il existe un automate à pile non déterministe décidant L par pile vide.

Démonstration : Nous allons nous borner à indiquer quelques idées de l'équivalence entre (i) et (iii) – comme on l'a dit, l'équivalence de (ii) et (iii) est facile. Supposons L algébrique : il existe alors une grammaire engendrant L qu'on peut supposer en forme normale de Greibach, c'est-à-dire dont toutes les productions sont du type $X \longrightarrow xu$, donc laissent à gauche une trace indélébile de leur application. On se retrouve dans la situation de la grammaire G_0 de l'exemple de la section précédente, à ceci près que rien ne garantit l'unicité d'une production laissant chaque caractère. Revenons à cet exemple : la méthode d'analyse syntaxique à partir d'une table est très proche du fonctionnement d'un automate à pile (à un seul état) : en effet, l'opération de base « remplacement-lecture » correspond à une transition d'un automate à pile, le mot de pile correspondant au contenu de la pile. De façon précise, considérons l'automate à pile, dont l'alphabet de pile est la réunion des deux alphabets de la grammaire et dont la table est obtenue à partir de la table d'analyse en gardant le second membre des productions correspondantes, privés de leur premier caractère (celui qui est lu juste après le remplacement). On ne mentionne pas d'état, car il n'y en a qu'un seul.

	a	b	c	d
S	AB			
A		c		
B			B	ε
a	ε			
b		ε		
c			ε	
d				ε

D'après ce qui précède, il doit être clair que l'automate à pile ci-dessus reconnaît par pile vide le langage engendré par la grammaire G_0. Le cas de toute grammaire en forme de Greibach est semblable : il suffit de construire l'automate à pile en mettant dans la case (X,x) tous les mots u tels que $X \longrightarrow xu$ est une production. Cet automate à pile est éminemment non déterministe en général, mais les mots qu'ils accepte par pile vide sont exactement ceux pour lesquels l'automate à pile ci-dessus construit un arbre de dérivation, c'est-à-dire exactement les mots engendrés par la grammaire considérée.

Pour la réciproque, c'est-à-dire pour passer d'un automate à pile à une grammaire formelle, on peut utiliser à rebours l'argument précédent, *à condition* de partir d'un automate à pile à un seul état. Autrement dit, il s'agit, à partir d'un automate à pile quelconque d'ensemble d'états Q et d'alphabet de pile Π, de construire un automate à pile à un seul état équivalent. Ceci peut se faire en transférant sur la pile l'information « état» : l'idée est d'utiliser $Q \times \Pi$ comme nouvel alphabet de pile. À cause de la possibilité de dépiler, les détails sont un peu délicats, et conduisent à utiliser $Q \times \Pi \times Q$ comme nouvel alphabet de pile, pour garder en mémoire à la fois l'état avant et après la transition.

6.3.2 Automates à pile déterministes

On a noté ci-dessus que l'automate à pile construit pour reconnaître un langage algébrique donné est en général non déterministe. On peut se demander si, comme pour les automates, il y a un résultat général d'équivalence entre automates à pile déterministes et automates à pile quelconques. Il n'en est rien. La raison heuristique de cette situation est que la méthode de déterminisation des automates consiste à considérer simultanément toutes les lectures possibles d'un mot par un AFN. Dans le cas d'un automate à pile non déterministe, on ne peut faire de même, car on ne voit pas comment coder les différents comportements possibles de la pile dans les différentes lectures du mot sur une unique pile, même avec un alphabet très agrandi : ceci ne serait possible que si on savait que ces différentes lectures donnent toutes la même hauteur de pile à chaque instant, c'est-à-dire empilent ou dépilent le même nombre de lettres, ce qui n'a aucune raison d'être le cas en général.

Noter que l'argument précédent rend le résultat de non-simulabilité d'un automate à pile non déterministe par un automate à pile déterministe plausible, mais qu'il n'en constitue *pas* une démonstration.

Proposition 3.7. (non-déterminisation) *Supposons que* $\boldsymbol{M}$ *est un automate à pile non déterministe reconnaissant par état acceptant un langage (algébrique) dont le complémentaire n'est pas algébrique. Alors il n'existe aucun automate à pile déterministe équivalent à* $\boldsymbol{M}$.

Démonstration : Comme pour les automates, on obtient un automate à pile reconnaissant le complémentaire du langage décidé par état acceptant par un automate à pile déterministe en échangeant états acceptants et états refusants. Il en résulte que le complémentaire d'un langage décidé par un automate à pile déterministe doit encore être décidé par un automate à pile déterministe, et donc doit être algébrique.

Corollaire 3.8. *La classe des langages reconnaissables par automate à pile déterministe est strictement incluse dans la classe des langages algébriques.*

Le résultat négatif précédent est lié à la non-clôture par complémentaire de l'ensemble des langages algébriques. On a vu également ci-dessus que celui-ci n'est pas clos par intersection. En termes d'automates à pile, cela correspond au fait qu'on ne peut étendre aux automates à pile la construction du produit cartésien de deux automates, qui permet de montrer la clôture par intersection des langages automatiques. La difficulté est que, si un état peut stocker l'information de deux états simultanés, il n'en est pas de même d'une pile : dans la lecture d'un mot par deux automates à pile, les comportements des deux piles n'ont aucune raison d'être synchronisés, et, de là, ne peuvent pas être simulés par une pile unique. Par contre, cette difficulté disparaît si l'un des automates est sans pile.

Proposition 3.9. (intersection) *L'intersection d'un langage algébrique et d'un langage automatique est un langage algébrique.*

Démonstration : On transpose la définition d'un produit cartésien d'automates au produit cartésien d'un automate à pile et d'un automate sans pile. Supposant qu'on a un automate $(Q_1, \Sigma, T_1, q_1, A_1)$ et un automate à pile $(Q_2, \Sigma, \Pi, T_2, q_2, S, A_2)$, on définit l'automate à pile produit cartésien en posant $Q = Q_1 \times Q_2$,

$$T((r_1, r_2), x, u) = (T_1(r_1, x), T_2(r_2, x, u)),$$

et $A = A_1 \times A_2$. Avec des notations évidentes, on a alors pour tout mot w

$$T^*((q_1, q_2, w, S) = (T_1^*(q_1, w), T_2^*(q_2, w, S),$$

et donc w est accepté par l'automate à pile produit si et seulement si il est accepté par $(Q_1, \Sigma, T_1, q_1, A_1)$ et par $(Q_2, \Sigma, \Pi, T_2, q_2, S, A_2)$.

EXERCICES

6.1. On dit qu'une grammaire G est *ambiguë* s'il existe un mot w dans $L(G)$ produit par au moins deux arbres de dérivation distincts. Montrer que la grammaire G dont les productions sont $S \to SaS|b$ est ambiguë. Montrer que la grammaire G' de productions $S \to Tb$, $T \to Tba|\varepsilon$ est équivalente à G, mais n'est pas ambiguë.

6.2. (i) Soit G la grammaire dont les productions sont $S \to AA, A \to aAa|bAb|aa|bb$. Pour chaque mot w dans $\{a, b\}^*$, on note w^R le mot obtenu à partir de w en renversant l'ordre des lettres. Montrer que le langage engendré par G est l'ensemble des mots de la forme uu^Rvv^R avec $lg(u) \geqslant 1$ et $|v| \geqslant 0$.

(ii) Montrer que la grammaire G est ambiguë, c'est-à-dire qu'il existe dans $L(G)$ un mot ayant deux arbres de dérivation distincts.

6.3. Soit G la grammaire de productions $S \to *SS|x|y$. Construire une table d'analyse pour G, et un automate à pile décidant $L(G)$ par pile vide.

6.4. (i) Le langage $\{a^p b^p c^{2p} ; p \geqslant 1\}$ est-il automatique ? algébrique ?

(ii) *idem* pour $\{a^p b^q ; p = 2q\}$.

(iii) *idem* pour $\{a^p b^q ; p \geqslant 2q\}$.

(iv) *idem* pour $\{a^p b^p c^q ; q \geqslant p\}$.

6.5. On dit qu'une grammaire G est *linéaire* si les seconds membres des productions de G contiennent au plus une variable. On dit qu'un langage est *linéaire* s'il est algébrique, et engendré par au moins une grammaire linéaire.

(i) Montrer que le langage $\{a^p b^p ; p \geqslant 0\}$ est linéaire.

(ii) Montrer que la réunion de deux langages linéaires est linéaire, et que l'image par homomorphisme d'un langage linéaire est un langage linéaire.

(iii) Montrer que tout langage linéaire L vérifie la propriété d'itération suivante : il existe un entier N tel que tout mot w de L de longueur au moins égale à N possède une décomposition $(w_1, ..., w_5)$ vérifiant $|w_1 w_2 w_4 w_5| \leqslant N$, $w_2 w_4 \neq \varepsilon$, et $(\forall k)(w_1 w_2^k w_3 w_4^k w_5 \in L)$.

(iv) En déduire que le langage $\{a^p b^p c^q d^q ; p \geqslant 1 \text{ et } q \geqslant 1\}$ est algébrique, mais non linéaire. Montrer que le produit de deux langages linéaires n'est pas nécessairement linéaire.

6.6. Soit L le langage $\{a^p b^q a^r b^s ; p + r = q + s\}$. Montrer que L est algébrique, et construire un automate à pile déterministe décidant le langage L par pile vide.

6.7. (i) Soit $L_1 = \{a^p b^q c^r ; p, q, r \geqslant 1 \text{ et } r \geqslant q\}$. Montrer que L_1 est algébrique, et expliciter une grammaire l'engendrant ; *idem* pour $L_2 = \{a^p b^q c^r ; p, q, r \geqslant 1 \text{ et } r \geqslant p\}$, et $L_3 = \{a^p b^q c^r ; p, q, r \geqslant 1 \text{ et } r \geqslant \inf(p, q)\}$.

(ii) On pose $L = \{w \in L_3 ; (\forall u \sqsubset w)(u \notin L_3)\}$.
Montrer qu'on a $L = \{a^p b^q c^r ; r = \inf(p, q)\}$, et que L n'est pas algébrique.

6.8. Montrer qu'un langage sur un alphabet à une lettre est algébrique si et seulement si il est automatique.

6.9. Soit $\boldsymbol{M}$ l'automate à pile $(\{0, 1\}, \{a, b\}, \{a, S\}, T, 0, S, \{1\})$, dont la fonction de transition est déterminée par

$T(0, aS) = (0, aS)$, $T(0, a, a) = (0, aa)$, $T(0, b, a) = (0, \varepsilon)$, $T(0, \varepsilon, a) = (1, a)$, $T(0, \varepsilon, S) = (1, S)$.

Montrer que les mots *abab* et *aaabbb* sont acceptés par $\boldsymbol{M}$, mais que *baba* ne l'est pas. Décrire le langage décidé par $\boldsymbol{M}$.

6.10. Construire un automate à pile qui décide l'ensemble des palindromes, c'est-à-dire l'ensemble des mots égaux à leur image-miroir.

Chapitre 7

Machines de Turing

Les automates constituent un modèle mathématique abstrayant la notion de calcul sans écriture : un langage L est décidable par automate si, pour tout mot w, on peut répondre à la question « w appartient-il à L ? » en lisant seulement w, et en utilisant une mémoire finie. Les machines de Turing sont un modèle analogue relativement à une notion plus élaborée de calcul où on répond à la question « w appartient-il à L ? » en lisant w, et en utilisant une mémoire finie, mais aussi en *écrivant* des informations sur un support illimité. Ainsi, si les automates offrent une version formalisée du calcul mental, les machines de Turing offrent une version formalisée du calcul au sens général.

Introduites dans les années 1930 par le mathématicien anglais Alan Turing, bien avant que les ordinateurs programmables existent, les machines de Turing ont été des précurseurs théoriques directs de ceux-ci – Turing a travaillé pendant la seconde guerre mondiale à la construction de systèmes de décryptage reposant sur le principe de ses machines – et elles constituent encore aujourd'hui un des modèles de calcul les plus commodes.

7.1 MACHINES DE TURING

Dans cette section, nous introduisons la notion de machine de Turing la plus élémentaire, à savoir les machines de Turing pour un ruban. Comme dans le cas des automates, on peut partir d'une description concrète en termes de transitions discrètes (par opposition à continues) entre configurations.

7.1.1 Notion générale de calcul

Repartons des automates (avec ou sans pile) et du problème de décision associé à un langage L. Le problème est de décrire une méthode uniforme qui permette de reconnaître, pour chaque mot w, si w est ou non dans L. Le type de méthode que nous considérons ici consiste à effectuer un nombre fini de *transitions* (ou pas de calcul) menant de w à une réponse « oui » ou « non ». Nous appellerons *configuration* l'ensemble des paramètres qui spécifient le système entre deux transitions : ainsi, une configuration est une description instantanée du système, et une transition fait passer d'une configuration à une autre configuration. Autrement dit, on a une application de l'ensemble des configurations du système dans lui-même, qu'on appellera la fonction de transition dudit système. Un *calcul* est alors défini comme une suite (finie ou infinie) de configurations telle qu'on passe de l'une à la suivante par une transition légitime. Pour décrire la règle du jeu d'un tel système (ou modèle de calcul), il faut alors spécifier trois choses :

➤ décrire pour chaque mot w la configuration *initiale* associée à w d'où partira le calcul ;

➤ décrire un certain nombre de configurations *terminales* donnant une réponse explicite au problème étudié ;

➤ définir pour chaque configuration non terminale une *transition* qui lui associe une nouvelle configuration.

L'action d'un automate obéit à ce schéma. Si on la voit comme l'itération d'une transition consistant à lire une lettre et à changer d'état, l'ensemble des paramètres à prendre en compte dans une description instantanée du système est le mot w considéré, l'état de l'automate, ainsi que la position de la lettre en train d'être lue. On peut donc formaliser une configuration comme un triplet du type (w, p, q), où w est un mot, p est un entier vérifiant $1 \leqslant p \leqslant |w| + 1$ (le rang de la lettre à lire), et q est un état. Supposons que $\boldsymbol{M}$ est un automate, soit $\boldsymbol{M} = (Q, \Sigma, T, q_0, A)$. La règle du jeu de l'automate $\boldsymbol{M}$ consiste en les trois spécifications suivantes :

➤ la configuration initiale associée au mot w est $(w, q_0, 1)$: en effet, au départ, l'état est q_0, et la lettre qui va être lue est la première ;

➤ les configurations terminales sont les configurations de la forme $(w, |w| + 1, q)$, et une telle configuration est acceptante ou refusante selon que l'état q est dans A ou non : en effet, la lecture de l'automate s'arrête lorsqu'il n'y a plus de lettre à lire ;

➤ partant d'une configuration non terminale (w, p, q) avec $p \leqslant |w|$, on passe en une étape de calcul à la configuration $(w, p + 1, T(q, w[p]))$: en effet, lire la p-ième lettre de w conduit à passer de l'état q à l'état $T(q, w[p])$.

Il est facile d'adapter la description précédente au cas des automates à pile déterministes : la seule modification est que les configurations doivent inclure le contenu de la pile, c'est-à-dire un mot sur l'alphabet de pile. Il est par contre inutile de spécifier une position distinguée dans le mot de pile, puisque, par définition, la lettre considérée dans le définition des transitions est toujours la première du mot de pile.

Une fois le cadre précédent établi, il est facile de décrire des systèmes à transitions plus compliqués : à chaque fois, il s'agit simplement de préciser les configurations initiales et terminales, ainsi que la fonction de transition qui fait passer d'une configuration à une autre. Nous utiliserons les notations générales suivantes : étant donné un ensemble de configurations Conf et une « machine » $\boldsymbol{M}$ agissant sur les éléments de Conf au sens décrit plus haut, nous noterons $\mathrm{In}_{\boldsymbol{M}}(w)$ la configuration initiale associée par $\boldsymbol{M}$ au mot w, $T_{\boldsymbol{M}}$ la fonction de transition de $\boldsymbol{M}$, et $\mathrm{Out}_{\boldsymbol{M}}$ la fonction de sortie de $\boldsymbol{M}$. Ainsi, si nous utilisons l'alphabet Σ, et que nous considérons un problème de décision, c'est-à-dire que nous cherchons une réponse de type 0 ou 1, $\mathrm{In}_{\boldsymbol{M}}$, $T_{\boldsymbol{M}}$ et $\mathrm{Out}_{\boldsymbol{M}}$ sont trois fonctions

$$\begin{aligned} \mathrm{In}_{\boldsymbol{M}} &: \Sigma^* \to \mathrm{Conf}, \\ T_{\boldsymbol{M}} &: \mathrm{Conf} \setminus \mathrm{Conf}^{term} \to \mathrm{Conf}, \\ \mathrm{Out}_{\boldsymbol{M}} &: \mathrm{Conf}^{term} \to \{0,1\}, \end{aligned}$$

où Conf^{term} désigne l'ensemble des configurations terminales. Pour tout mot w, le *calcul* de $\boldsymbol{M}$ *à partir de* w est alors la suite de configurations

$$\mathrm{In}_{\boldsymbol{M}}(w), T_{\boldsymbol{M}}(\mathrm{In}_{\boldsymbol{M}}(w)), T_{\boldsymbol{M}}^2(\mathrm{In}_{\boldsymbol{M}}(w)), T_{\boldsymbol{M}}^3(\mathrm{In}_{\boldsymbol{M}}(w)), \ldots$$

Deux cas sont possibles :

➤ ou bien, pour tout entier m, la configuration $T_{\boldsymbol{M}}^m(\mathrm{In}_{\boldsymbol{M}}(w))$ n'est pas terminale, auquel cas nous dirons que le calcul de $\boldsymbol{M}$ sur w ne se termine pas,

➤ ou bien il existe un entier m tel que la configuration $T_{\boldsymbol{M}}^m(\mathrm{In}_{\boldsymbol{M}}(w))$ est terminale, auquel cas nous dirons que le calcul de $\boldsymbol{M}$ sur w se termine en m étapes, et que la sortie correspondante est $\mathrm{Out}_{\boldsymbol{M}}(T_{\boldsymbol{M}}^m(\mathrm{In}_{\boldsymbol{M}}(w)))$.

Ne pas confondre les configurations et la machine : la machine *opère* sur les configurations, mais en est distincte. Ce point est important, car l'ensemble des configurations est en général infini (par exemple dans le cas des automates), alors que la finitude de la machine, c'est-à-dire de la règle du jeu, est essentielle.

7.1.2 Machines de Turing pour un ruban

En suivant le schéma précédent, nous introduisons maintenant un nouveau type de machine, c'est-à-dire une nouvelle règle pour effectuer des calculs. Par rapport aux automates, la différence essentielle est la possibilité de modifier le mot initial sans restriction de taille.

Il est commode d'imaginer les mots écrits sur un ruban divisé en cases, à raison d'une lettre par case. Nous ne mettons aucune restriction *a priori* sur la taille des mots, donc nous considérons le ruban comme potentiellemnt infini (en fait, à chaque étape, seule une portion finie du ruban aura été considérée, et c'est pour cela qu'on peut parler d'infini *potentiel* par opposition à un infini *actuel* qui consisterait à utiliser en bloc et simultanément une infinité d'objets). Si Σ est l'alphabet utilisé, nous noterons Σ_+ l'union de Σ et d'un caractère additionnel $\square$ représentant le blanc, et on pourra décrire un ruban d'alphabet Σ par une application de $\mathbb{Z}$ dans Σ_+.

Comme dans le cas des automates, une configuration de machine de Turing comprendra un état, variant dans un ensemble fini Q, et, à chaque étape, une et une seule case du ruban sera accessible, au sens où elle pourra intervenir dans une transition. Ceci nous amène à définir une configuration comme la donnée des éléments suivants :

➤ le ruban, dont chaque case contient un caractère de Σ_+, mais un nombre fini de cases seulement contiennent un caractère de Σ,

➤ le numéro de l'unique case du ruban accessible,

➤ l'état.

Définition 1.1. (configuration) Supposons que Q et Σ sont deux ensembles finis. Une *configuration à un ruban* relativement à Q et Σ est définie comme étant un triplet (f, p, q) où f est une application de $\mathbb{Z}$ dans Σ_+ telle que l'ensemble $\{k\,;\, f(k) \neq \square\}$ est fini, p est un élément de $\mathbb{Z}$, et q est un élément de Q. L'ensemble de ces configurations est noté $\mathrm{Conf}_{Q,\Sigma}$. ■

Exemple 1.2. (configuration) Une configuration à un ruban est usuellement représentée par un schéma du type ci-dessous.

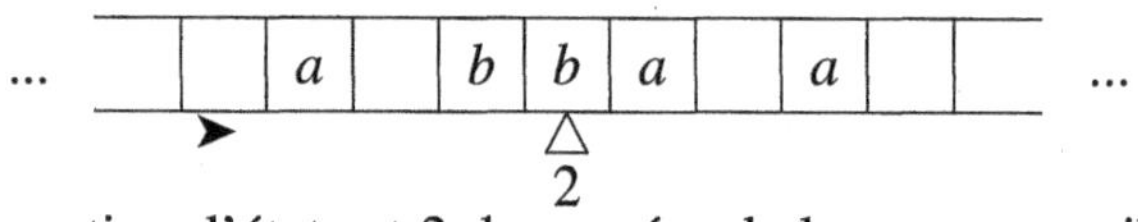

Dans cette configuration, l'état est 2, le numéro de la case accessible est 4 (la case pointée est la case de numéro 0), la case 2 ne contient aucun caractère, la case 1 contient le caractère a.

Nous en venons à la description des transitions. L'idée de base – que Turing a cherché à fonder en s'appuyant sur une description des phénomènes nerveux dans le cerveau que les approches récentes en termes de réseaux de neurones semblent plutôt infirmer – est que les transitions sont *locales*, au sens où la transition qui s'effectue à partir d'une configuration donnée ne dépend que de l'état et de la lettre localement accessible, c'est-à-dire de la lettre écrite dans l'unique case accessible. La transition elle-même consiste à

➤ modifier la lettre écrite dans la case accessible (éventuellement),

➤ changer la case accessible d'une unité soit vers la gauche, soit vers la droite,

➤ changer d'état (éventuellement).

La règle du jeu peut donc être spécifiée par la donnée de trois fonctions prenant comme argument un état et une lettre :

➤ la fonction qui donne le nouveau caractère à écrire sur la case accessible,

➤ la fonction qui donne le déplacement de la case accessible,

➤ la fonction qui donne le nouvel état.

À la différence des automates, pour que les calculs puissent se terminer, nous adopterons la convention que des états *terminaux* ont été fixés, soit acceptant, soit refusant, et qu'aucune transition n'est possible à partir d'une configuration dont l'état est terminal. Nous pouvons toujours supposer qu'il n'existe qu'un unique état acceptant, et un unique état refusant. Nous utiliserons $\top$ (« vrai ») pour l'état acceptant, et $\bot$ (« faux ») pour l'état refusant. Pour tout ensemble d'états Q, nous supposerons que Q ne contient ni $\top$, ni $\bot$, et nous noterons Q_+ pour $Q \cup \{\top, \bot\}$.

Nous pouvons alors définir une machine de Turing sur le modèle d'un automate.

Définition 1.3. (machine de Turing) Une *machine de Turing* (pour un ruban) est définie comme un sextuplet $(Q, \Sigma, C, D, E, q_0)$ où Q et Σ sont des ensembles finis, (« ensemble d'états » et « alphabet »), C est une application de $Q \times \Sigma_+$ dans Σ_+ (« nouveau caractère »), D est une application de $Q \times \Sigma_+$ dans $\{-1, +1\}$ (« déplacement »), E est une application de $Q \times \Sigma_+$ dans Q_+ (« nouvel état »), et q_0 est un élément de Q (« état initial »). ■

Une machine de Turing sera représentée par trois tableaux à double entrée, ou par un seul regroupant trois valeurs dans chaque case, les lignes étant indexées par états et les colonnes par les caractères (ou inversement). Comme pour les automates, l'état initial sera marqué par une flèche entrante.

Exemple 1.4. (machine de Turing) Le tableau ci-dessous définit une machine de Turing d'alphabet $\{a, b\}$ dont les états sont $0, 1, 2$.

	a	b	$\square$
$\to 0$	$a, +, 1$	$a, -, 2$	$a, +, 0$
1	$\square, -, \top$	$a, +, 0$	$\square, -1, \top$
2	$\square, -, 0$	$a, +, 1$	$b, -, 2$

La description de la fonction de transition associée à une machine de Turing $\boldsymbol{M}$, et, de là, la notion de calcul associé à $\boldsymbol{M}$, découlent alors naturellement des principes énoncés plus haut.

Définition 1.5. (fonction de transition) Supposons que $\boldsymbol{M}$ est une machine de Turing, soit $\boldsymbol{M} = (Q, \Sigma, C, D, E, q_0)$. La *fonction de transition* associée à (C, D, E) est la fonction $T_{\boldsymbol{M}}$ de $\mathrm{Conf}_{Q,\Sigma}$ dans lui-même qui, à une configuration (f, p, q) avec $q \in Q$ associe la configuration (f', p', q') définie par

$$\begin{cases} f'(p) = C(q, f(p)), \\ f'(k) = f(k) \text{ pour } k \neq p, \\ p' = p + D(q, f(p)), \\ q' = E(q, f(p)). \end{cases}$$

Le *calcul* de $\boldsymbol{M}$ à partir de la configuration (f, p, q) est la suite (finie ou infinie) de configurations (f_i, p_i, q_i) définie par

$$(f_i, p_i, q_i) = \begin{cases} (f, p, q) & \text{pour } i = 0, \\ T_{\boldsymbol{M}}((f_{i-1}, p_{i-1}, q_{i-1})) & \text{pour } i > 0. \end{cases}$$ ■

Exemple 1.6. (calcul) Le calcul de la machine de Turing de l'exemple 1.4 à partir de la configuration de l'exemple 1.2 se termine après 2 étapes :

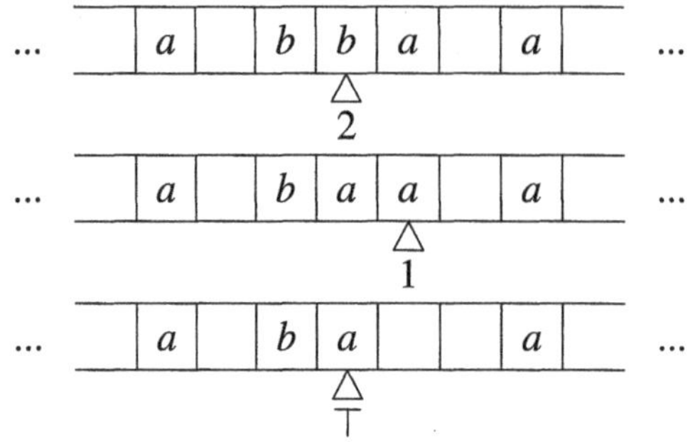

Le calcul est acceptant, puisque l'état terminal atteint est l'état acceptant $\top$.

À ce point, il ne reste plus qu'à fixer les conventions pour le début et la fin des calculs. Pour la fin, cela a été fait avec l'introduction des états $\top$ et $\bot$. Pour le début, la donnée d'une machine de Turing spécifie un état initial. Il reste à fixer le contenu initial du ruban, ainsi que la case accessible.

Définition 1.7. (initial, terminal) Supposons que $\boldsymbol{M}$ est une machine de Turing. Soient w_1, ..., w_r des mots sur Σ. On appelle *configuration initiale* (*resp. terminale*) de $\boldsymbol{M}$ asssociée à $(w_1, ..., w_r)$ une configuration dans laquelle le mot$w_1\square w_2\square...\square w_r$ est écrit sur le ruban à partir de la case numérotée 1, toutes les autres cases sont vides, la case accessible est celle où se trouve le premier caractère de w_1, et l'état est l'état initial de $\boldsymbol{M}$ (*resp.* un état terminal $\top$ ou $\bot$). ■

Un décalage dans la numérotation des cases ne modifie pas le calcul effectué. La convention que le mot est écrit à partir de la case numérotée 1 n'a pas d'autre intérêt que de permettre de parler de *la* configuration initiale (et non d'*une des* configurations initiales) associée à $(w_1, ..., w_r)$.

7.1.3 Ensemble décidé par une machine de Turing

Comme les automates et les automates à pile, on peut utiliser les machines de Turing pour décider des langages. Ayant défini les calculs des machines de Turing, et fixé une notion raisonnable de configuration initiale associée à un mot w, la définition s'impose.

Définition 1.8. (accepté, refusé) Supposons que $\boldsymbol{M}$ est une machine de Turing d'alphabet Σ, et que w est un mot sur Σ. On dit que $\boldsymbol{M}$ *accepte* (*resp. refuse*) w si le calcul de $\boldsymbol{M}$ à partir de la configuration initiale associée à w mène en un nombre fini d'étapes à une configuration terminale acceptante (*resp.* refusante). ■

Définition 1.9. (décidé, décidable) Supposons que $\boldsymbol{M}$ est une machine de Turing d'alphabet Σ, et que L est un langage d'alphabet Σ. On dit que $\boldsymbol{M}$ *décide* L si $\boldsymbol{M}$ accepte tous les mots qui sont dans L et refuse tous les mots qui ne sont pas dans L.

On dit que L est *décidable par machine de Turing*, ou *MT-décidable* s'il existe au moins une machine de Turing qui décide L. ■

Si L est un langage d'alphabet Σ, la définition précédente pour que L soit MT-décidable ne requiert pas l'existence d'une machine de Turing d'alphabet restreint à Σ, mais simplement celle d'une machine dont l'alphabet inclut Σ : de même qu'on n'introduit aucune restriction sur l'ensemble des états utilisés, de même on autorise l'utilisation de lettres additionnelles autres que celles de l'alphabet de L dans les calculs. En fait, cette restriction n'en est pas vraiment une, car on peut montrer que tout calcul pouvant être effectué par une machine d'alphabet Σ' incluant Σ peut être aussi effectué par une (autre) machine d'alphabet Σ moyennant un codage convenable des lettres de Σ' par des lettres de Σ, même si Σ est réduit à une seule lettre.

Exemple 1.10. (MT-décidable) Soit L le langage $\{a^p b^p \ ; \ p \geqslant 1\}$. Ce langage est MT-décidable. En effet, nous pouvons définir une machine de Turing $\boldsymbol{M}$ d'alphabet $\{a, b\}$ décidant L de sorte que le calcul de $\boldsymbol{M}$ à partir de w consiste à effacer la lettre a la plus à gauche, puis à aller effacer la lettre b la plus à droite, revenir effacer le a le plus à gauche, *etc.* On aboutit à un mot vide si et seulement si le mot initial est dans L, ce qu'on peut caractériser ici (en général, il n'y pas de moyen uniforme pour repérer un mot vide, voir Exercices). Considérons la machine de Turing $\boldsymbol{M}$:

	a	b	$\square$
$\rightarrow 0$	$\square, +, 1$	$\bot$	$\top$
1	$a, +, 1$	$b, +, 1$	$\square, -, 2$
2	$\bot$	$\square, -, 3$	
3	$a, -, 3$	$b, -, 3$	$\square, +, 0$

Le rôle de l'état, dans le cas d'une machine de Turing comme dans celui d'un automate, est de garder en mémoire des informations nécessaires à la suite du calcul (donc à la décision finale). Dans les exemples concrets, il est souvent utile d'associer à chaque état une signification intuitive, c'est-à-dire une description plus ou moins naturelle des circonstances où cet état intervient dans un calcul. Ainsi, dans l'exemple présent, la signification des états de $\boldsymbol{M}$ est la suivante : dans l'état 0, on efface une lettre a de gauche et on passe à l'état 1 ; dans l'état 1, on se déplace vers la droite à la recherche du premier blanc, sans rien changer, et on passe à l'état 2 ; dans l'état 2, on efface une lettre b de droite et on passe à l'état 3 ; enfin, dans l'état 3, on revient vers la gauche jusqu'au premier blanc, et on repart à l'état 0. L'acceptation survient si, au moment d'attaquer un nouveau cycle, il n'y a plus de lettre à lire, le refus survient si, ayant une lettre a de gauche à effacer, on trouve un b, ou, ayant une lettre b de droite à effacer, on trouve un a. Noter qu'il est inutile de spécifier un nouveau caractère ou un déplacement lorsqu'on atteint un état terminal, puisque le calcul s'achève là de toute façon.

La suite des configurations suivantes est le calcul (acceptant) de $\boldsymbol{M}$ à partir du mot *aabb*.

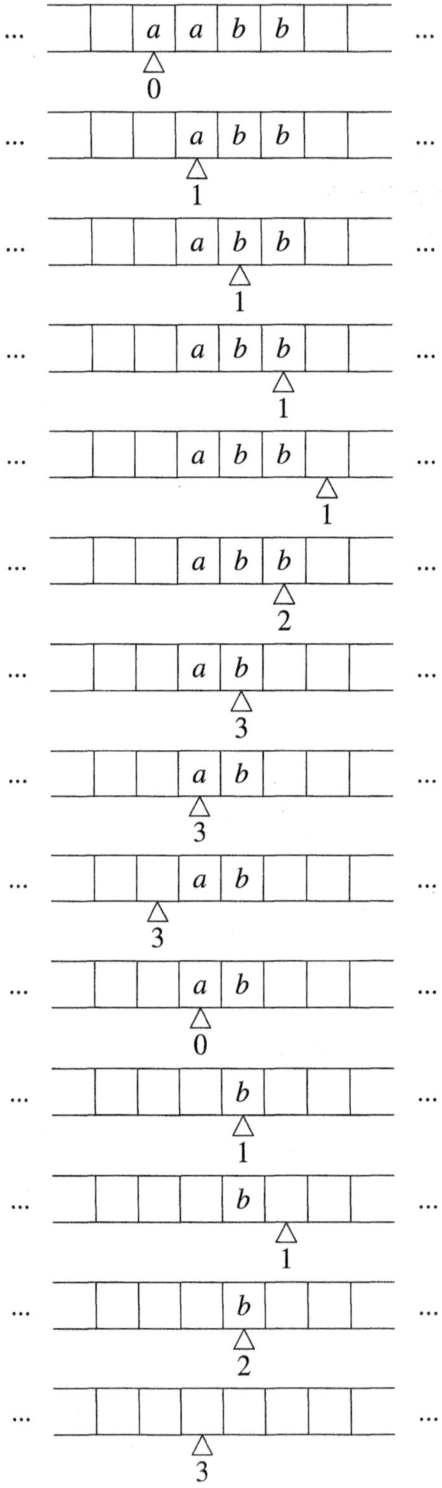

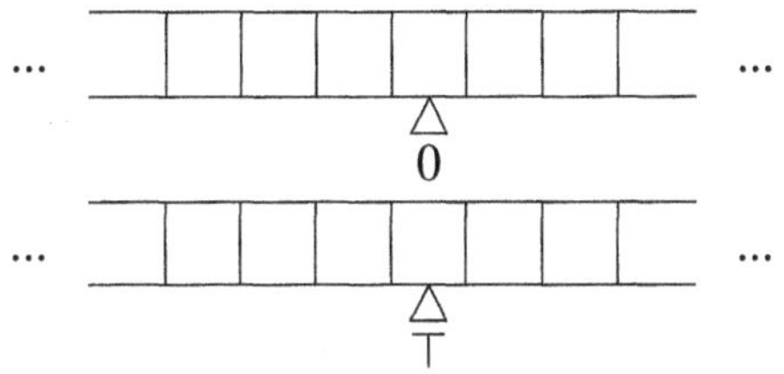

Le calcul est acceptant, et le mot a^2b^2 est accepté par $\boldsymbol{M}$.

Nous allons voir plusieurs exemples de machines de Turing et d'ensembles MT-décidables dans la suite. Comme il est clair que tout automate est un cas (très) particulier de machine de Turing, tout langage rationnel est MT-décidable. Pour les automates à pile, le résultat est *a priori* moins évident, puisque la pile est au départ extérieure au ruban. Mais on voit vite qu'on peut écrire la pile sur le ruban, à gauche du mot initial par exemple, et, au prix d'allers et retours nombreux, simuler par une machine de Turing le travail d'un automate à pile. Ainsi, tous les langages algébriques sont MT-décidables. En fait, la classe des langages MT-décidables est *très* vaste – encore que le sempiternel argument de cardinalité permette de montrer que l'ensemble des langages MT-décidables d'alphabet donné est dénombrable, et donc qu'il existe énormément de langages non MT-décidables.

Proposition 1.11. (complémentaire) *Le complémentaire d'un langage MT-décidable est MT-décidable.*

> ***Démonstration :*** Supposons que la machine de Turing $\boldsymbol{M}$ décide la langage L. Soit $\boldsymbol{M}'$ la machine obtenue à partir de $\boldsymbol{M}$ en permutant les états $\top$ et $\bot$. Alors $\boldsymbol{M}'$ accepte w si et seulement si $\boldsymbol{M}$ le refuse, et $\boldsymbol{M}'$ refuse w si et seulement si $\boldsymbol{M}$ l'accepte. Donc $\boldsymbol{M}'$ décide le complémentaire de $\boldsymbol{M}$.

Corollaire 1.12. *Il existe un langage MT-décidable non algébrique.*

> ***Démonstration :*** Considérer le complémentaire d'un langage algébrique qui n'est pas algébrique.

Faire opérer les machines de Turing sur un ruban potientiellement infini revient à les doter d'une mémoire illimitée, et on pourrait craindre de retrouver une situation triviale comme dans le cas d'automates avec une infinité d'états et, plus généralement, comme toutes les fois qu'on a une mémoire infinie et à accès aléatoire. En fait, il n'en est rien, car, comme dans le cas des automates à pile, où seule l'information du dessus de pile est accessible, le caractère local des transitions de machines de Turing constitue une restriction suffisamment forte.

7.2 SIMULATION ENTRE MACHINES DE TURING

De même que dans le cas des automates, où nous avons considéré diverses variantes de la notion de base (AFN, AFNε, AFG), nous pouvons considérer de nombreuses variantes de la notion de machine de Turing introduite ci-dessus. Le point essentiel est l'équivalence de ces diverses variantes, qui permet d'utiliser librement le type de machine le mieux adapté à chaque problème spécifique.

Il y a, dans les définitions du paragraphe précédent, de nombreuses options purement contingentes, par exemple des choix d'écriture sans importance : donner le nom $\perp$ ou $\top$ aux états terminaux ne restreint évidemment pas la généralité. Par contre, décider qu'il y a un seul état acceptant et un seul état refusant peut paraître arbitraire. En fait, ce point n'est pas important, car tout ce qui peut être calculé par une machine avec plusieurs états terminaux peut l'être aussi par une machine avec état terminal unique : en l'occurrence, il suffit d'ajouter des transitions de chacun des états terminaux vers un nouvel état terminal unique (tout en faisant lire un caractère et effectuer un déplacement quelconque).

Nous allons voir que la situation est analogue avec des généralisations beaucoup plus radicales des machines de Turing considérées jusqu'à présent, à savoir les machines de Turing pour plusieurs rubans.

7.2.1 Machines de Turing pour plusieurs rubans

Parmi les modifications ou adjonctions qu'on peut imaginer pour les machines de Turing et les configurations associées, l'une des plus naturelles est l'introduction de *plusieurs* rubans au lieu du seul ruban considéré jusqu'alors. On va s'intéresser maintenant au cas de deux rubans, l'extension des définitions et des résultats au cas d'un nombre quelconque (mais fixé) s'en déduisant facilement.

L'intérêt de considérer deux rubans tient au fait qu'il y a ainsi à chaque instant deux caractères accessibles, et deux possibilités distinctes d'écriture, et donc de mise en mémoire. Une option à prendre est de choisir si les deux cases accessibles ont des mouvements parallèles ou non. On choisit ici le cas le plus général des déplacements indépendants. Celui des déplacements liés en est un cas particulier, qui n'offre guère de nouveauté par rapport au cas d'un seul ruban : on peut simplement considérer un couple de lettres d'un alphabet Σ comme une seule lettre sur l'alphabet Σ^2. Ceci nous amène à considérer des configurations du type suivant.

Définition 2.1. (configuration à deux rubans) Supposons que Σ est un alphabet et Q un ensemble fini. Une *configuration à deux rubans* relativement à Σ et Q est définie comme étant un quintuplet (f_1, p_1, f_2, p_2, q), où f_1 et f_2 sont des applications de $\mathbb{Z}$ dans Σ_+ telles que l'ensemble $\{k\ ;\ f_i(k) \neq \square\}$ est fini, p_1, p_2 sont des entiers, et q est un élément de Q. On note $\mathrm{Conf}^{(2)}_{\Sigma,Q}$ l'ensemble de ces configurations. ∎

Exemple 2.2. (configuration) Nous utiliserons pour les configurations à deux rubans une représentation analogue à celle des configurations à un ruban... mais avec deux rubans. Par exemple

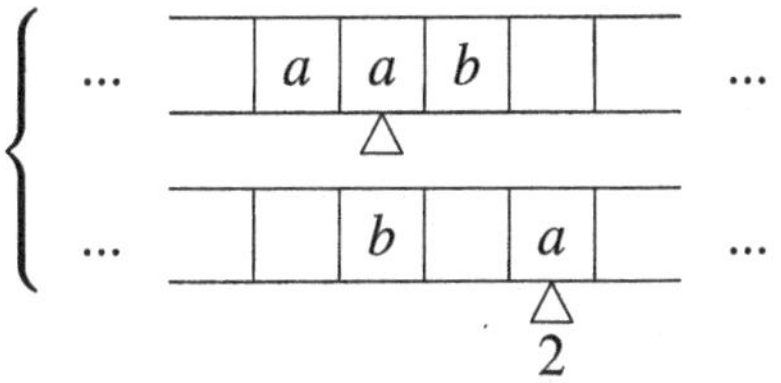

est une telle représentation.

On définit alors une machine de Turing pour deux rubans comme l'ensemble des données permettant de spécifier des transitions entre configurations à deux rubans, suivant les principes décrits plus haut. Quelques détails restent à fixer. Par exemple, pour un seul ruban, envisager que la tête ne se déplace pas n'a guère d'intérêt, par contre, pour plusieurs têtes, il serait malcommode d'exiger un déplacement de toutes les têtes à chaque étape. Ceci amène à considérer deux fonctions d'écriture (une par ruban), et deux fonctions de déplacement (*idem*).

Définition 2.3. (machine de Turing pour deux rubans) Une *machine de Turing pour deux rubans* est définie comme un octuplet (!) $(Q, \Sigma, C_1, D_1, C_2, D_2, E, q_0)$ où Q et Σ sont des ensembles finis, (« ensemble d'états » et « alphabet »), C_1 et C_2 sont deux application de $Q \times \Sigma_+ \times \Sigma_+$ dans Σ_+ (« nouveaux caractères »), D_1 et D_2 sont deux applications de $Q \times \Sigma_+ \times \Sigma_+$ dans $\{-1, 0, +1\}$ (« déplacements »), E est une application de $Q \times \Sigma_+ \times \Sigma_+$ dans Q_+ (« nouvel état »), et q_0 est un élément de Q (« état initial »). ■

Exemple 2.4. (machine de Turing pour deux rubans) Une machine de Turing à deux rubans pourra être représentée par cinq (ou un) tableaux à triple entrée, donc, par exemple, par un tableau à double entrée où les lignes correspondent à des états et les colonnes à des couples de caractères. Ainsi le tableau

	a $\square$	a a	b a	b $\square$	$\square$ a	$\square$ $\square$
$\rightarrow 0$	$a,+$ $a,+$ 0			$b,0$ $\square,-$ 1		$\perp$
1	$\perp$	$\perp$	$b,+$ $\square,-$ 1	$\perp$	$\perp$	$\top$

spécifie une machine de Turing pour deux rubans, d'ensemble d'états $\{0, 1\}$, d'alphabet $\{a, b\}$. Les colonnes du tableau sont indexées par les couples de lettres : on les a placées l'une au-dessus et d'autre, la lettre du dessus correspondant à la lettre lue sur le premier ruban. Dans les cases du tableau, on a donné cinq paramètres, à savoir le nouveau caractère et le déplacement sur le ruban du dessus sur la première ligne, le nouveau caractère et le déplacement sur le ruban du dessous sur la seconde ligne, et l'état (qui est commun) à droite. Certaines cases sont vides : les compléter est inutile, car elles correspondent à des transitions qui seront inaccessibles vu le type de configurations initiales d'où les calculs partiront. il en est de même des cases correspondant à un état terminal. Enfin, il manque les colonnes avec b figure sur le second ruban : là encore, elles ont été omises car les configurations associées sont inaccessibles à partir des configurations initiales.

La définition formelle du calcul d'une machine de Turing pour deux rubans à partir d'un mot w est alors facile – quoique fort pénible à écrire... D'après ce qu'on a dit ci-dessus, si $\boldsymbol{M}$ est une machine de Turing pour deux rubans, soit $\boldsymbol{M} = (Q, \Sigma, C_1, C_2, D_1, D_2, E, q_0)$, si (f_1, p_1, f_2, p_2, q) est une configuration à deux rubans associée à Q et Σ, et si q n'est pas un état terminal, l'unique configuration à laquelle $\boldsymbol{M}$ fait passer en une étape à partir de (f_1, p_1, f_2, p_2, q) est la configuration $(f'_1, p'_1, f'_2, p'_2, q')$ définie par

$$\begin{cases} f'_1(p) = \begin{cases} C_1(q, f_1(p_1), f_2(p_2)), & \text{pour } p = p_1, \\ f_1(p) & \text{pour } p \neq p_1, \end{cases} \\ p'_1 = p_1 + D_1(q, f_1(p_1), f_2(p_2)), \\ f'_2(p) = \begin{cases} C_2(q, f_1(p_1), f_2(p_2)), & \text{pour } p = p_2, \\ f_2(p) & \text{pour } p \neq p_2, \end{cases} \\ p'_2 = p_2 + D_2(q, f_1(p_1), f_2(p_2)), \\ q' = E(q, f_1(p_1), f_2(p_2)), \end{cases}$$

Le calcul à partir d'une configuration est défini comme l'itération des transitions précédentes. Finalement, les configurations initiales et terminales sont définies en convenant que les mots représentant les entrées et les sorties sont écrits sur le *premier* ruban, les autres rubans étant vides (pour une configuration initiale) ou quelconques (pour une configuration terminale). L'idée est que les rubans auxiliaires (= autres que le premier) servent de feuilles de brouillon sur lesquels sont effectués des calculs intermédiaires. Enfin, la notion de langage décidé par machine à deux rubans est introduite comme au paragraphe 1.

Exemple 2.5. (calcul à deux rubans) Considérons à nouveau la machine $\boldsymbol{M}$ de l'exemple 2.4, et le calcul de cette machine à partir du mot a^2b^2. La suite des configurations obtenues est la suivante :

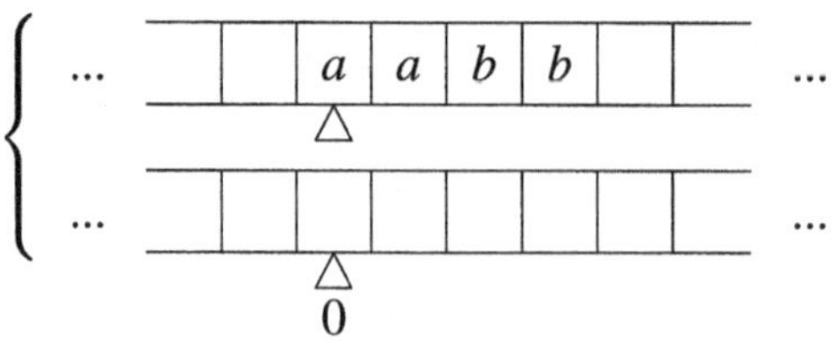

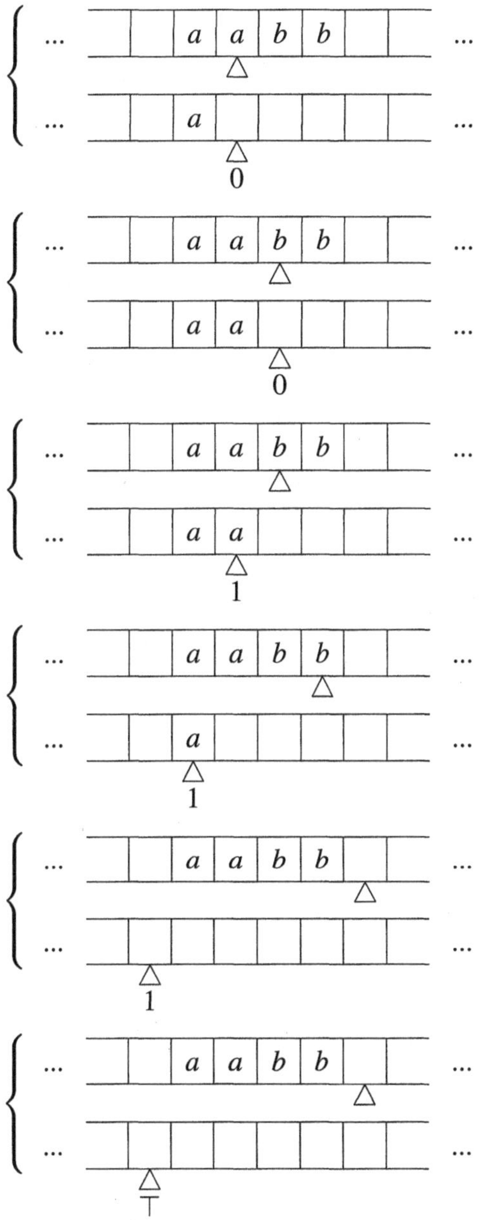

et le calcul est acceptant. On se convaincra facilement que les mots acceptés par la machine $\boldsymbol{M}$ sont exactement les mots de la forme $a^p b^p$ avec $p \geqslant 1$. En effet, le calcul de $\boldsymbol{M}$ à partir d'un mot w est très simple : dans l'état 0, on lit des a en les recopiant sur le second ruban, puis, au premier b (s'il existe), on passe dans l'état 1 en effaçant un a sur le second ruban, puis, continuant à lire les lettres sur le premier ruban de gauche à droite, on efface autant de a sur le second ruban qu'il y a de b sur le premier. L'acceptation se fait si, à l'issue de ce processus, on trouve simultanément un blanc sur les deux rubans, ce qui signifie qu'on a lu un bloc de a suivi d'un bloc de b de même taille.

Noter que le calcul précédent mime celui d'un automate à pile, le second ruban étant ici utilisé comme une pile pour garder en mémoire le nombre de a lus.

Noter également que le calcul de la machine $\boldsymbol{M}$ est beaucoup plus simple que celui de la machine pour un ruban de l'exemple 1.10, qui décide le même langage : alors qu'avec un ruban, nous devons faire autant d'allers et retours qu'il y a de lettres, avec deux rubans, nous pouvons décider l'appartenance au langage en une seule lecture. En particulier, si le mot considéré a pour longueur n, le nombre d'étapes de calcul utilisé par la machine de l'exemple 1.10 est quadratique en n (c'est-à-dire de l'ordre de n^2), alors que celui de la machine de l'exemple 2.4 est linéaire (c'est-à-dire de l'ordre de n).

7.2.2 Simulation

La question se pose alors de relier les notions de décidabilité par machine de Turing pour un ruban et de décidabilité par machine de Turing pour deux rubans.

Une direction est (presque) évidente : une machine de Turing pour un ruban est (presque) un cas particulier de machine de Turing pour deux rubans, donc tout ce qui peut être fait par une machine de Turing pour un ruban doit pouvoir l'être par une machine de Turing pour deux rubans.

Lemme 2.6. *Tout langage décidable par machine de Turing pour un ruban est décidable par machine de Turing pour deux rubans.*

Démonstration : L'outil technique pour établir le résultat précédent est la notion de *simulation*. Les configurations à un ruban ne sont *pas* des configurations à deux rubans. Mais il existe un codage évident des configurations à un ruban dans les configurations à deux rubans, consistant à ajouter (par exemple) un second ruban vide, avec la case numéro 1 accessible. Soit Φ l'application

$$\Phi : \mathrm{Conf}_{Q,\Sigma} \to \mathrm{Conf}^{(2)}_{Q,\Sigma}$$

définie par

$$\Phi((f,p,q)) = (f,p,f_0,1,q)$$

où f_0 est la fonction constante de valeur $\square$. Supposons que $\boldsymbol{M}$ est une machine de Turing pour un ruban d'ensemble d'états Q et d'alphabet Σ, soit $\boldsymbol{M} = (Q, \Sigma, C, D, E, q_0)$. Définissons alors une machine pour deux rubans $\boldsymbol{M}'$ par $\boldsymbol{M}' = (Q, \Sigma, C_1, D_1, C_2, D_2, E', q_0)$ avec

$$\begin{cases} C_1(q,x_1,x_2) = C(q,x_1) \\ D_1(q,x_1,x_2) = D(q,x_1) \\ C_2(q,x_1,x_2) = \square \\ D_2(q,x_1,x_2) = 0 \\ E'(q,x_1,x_2) = E(q,x_1). \end{cases}$$

Toutes les fois que la fonction de transition de M fait passer d'une configuration c à une configuration c', la fonction de transition de M' fait passer de la configuration $\Phi(c)$ à la configuration $\Phi(c')$. Comme l'extension de la configuration initiale à un ruban associée à un mot w est la configuration initiale à deux rubans associée à ce même mot, le résultat du calcul de M' sur un mot w (acceptant, refusant, ou ne terminant pas) est le même que le résultat du calcul de M sur w.

Le passage réciproque est évidemment plus intéressant et plus difficile. Dans la suite, si M est une machine de Turing (pour un ou deux rubans), nous notons Conf_M l'ensemble des configurations correspondantes. Nous utilisons T_M pour la fonction de transition de M, et, pour chaque mot w du langage considéré, $\mathrm{In}_M(w)$ pour la configuration initiale associée à w. Si c et c' sont deux configurations, on dira que c' est *M-dérivable* en p étapes à partir de c si on a $c' = T_M^p(c)$.

Définition 2.7. (simulation) Soient M et M' deux machines de Turing (pour un ou deux rubans) de même alphabet Σ. On dit que M' *simule* M s'il existe une application Φ de Conf_M dans $\mathrm{Conf}_{M'}$ telle que

➤ si c' est M-dérivable à partir de c en une étape, alors $\Phi(c')$ est M'-dérivable à partir de $\Phi(c)$;

➤ pour tout mot w, $\Phi(\mathrm{In}_M(w))$ est M'-dérivable à partir de $\mathrm{In}_{M'}(w)$.

➤ l'image par Φ d'une configuration terminale est une configuration terminale de même espèce. ■

Lemme 2.8. *Supposons que M' simule M. Alors, pour tout mot w, le résultat du calcul de M' à partir de w est le même que le résultat du calcul de M à partir de w.*

Démonstration : Supposons que M accepte le mot w : cela signifie qu'il existe une configuration terminale acceptante qui est M-dérivable à partir de la configuration $\mathrm{In}_M(w)$. Soient $c_0 = \mathrm{In}_M(w), c_1, ..., c_m$ les étapes successives du calcul de M à partir de w. Par hypothèse, $\Phi(c_0)$ est M'-dérivable à partir de $\mathrm{In}_{M'}(w)$, puis $\Phi(c_1)$ est M'-dérivable à partir de $\Phi(c_0)$, $\Phi(c_2)$ est M'-dérivable à partir de $\Phi(c_1)$, ... Finalement, $\Phi(c_m)$, qui, par hypothèse est une configuration acceptante, est M'-dérivable à partir de $\mathrm{In}_{M'}(w)$, et donc w est accepté par M'. L'argument est le même dans le cas où w est refusé par M, et dans celui où le calcul de M à partir de w ne termine pas.

Pour construire une simulation d'une machine par une machine d'un autre type, il s'agit donc

➤ d'imaginer un codage des configurations de la première par celles de la seconde, et

➤ d'imaginer une règle du jeu de machine du second type de sorte que, si la machine du premier type fait passer de c_1 à c_2, alors la machine du second type fait passer du codage de c_1 au codage de c_2.

Proposition 2.9. (simulation deux rubans) *Toute machine de Turing pour deux rubans peut être simulée par une machine de Turing pour un ruban de même alphabet.*

Démonstration : La première étape est de définir un codage Φ des configurations à deux rubans dans les configurations à un ruban. Il est clair que, si on perd de l'information dans le codage, par exemple en oubliant purement et simplement le second ruban, alors on ne pourra avoir de simulation car on ne pourra pas reconstruire les transitions à partir des codes des configurations. Supposons que $\boldsymbol{c}$ est une configuration à deux rubans. Il est facile de recopier sur un ruban le contenu des deux rubans de $\boldsymbol{c}$, par exemple en écrivant alternativement un caractère de chaque ruban, de sorte que les cases de numéro pair contiennent les caractères du premier ruban, et les cases de numéro impair contiennent les caractères du second ruban. Ainsi, la i-ème colonne sur deux rubans serait recopiée sur les cases de numéro $2i$ et $2i+1$ du ruban unique. Plus délicate est la question des cases accesssibles, qui sont deux dans $\boldsymbol{c}$, et ne doivent plus être qu'une dans le cas d'un ruban. Puisqu'on ne peut avoir deux cases accessibles, il faut mettre en mémoire ailleurs que dans la position de l'unique case accessible de $\Phi(\boldsymbol{c})$ l'information constituée par la position des deux cases accessibles de $\boldsymbol{c}$ – noter que ce problème ne se poserait pas si on s'était restreint au cas de mouvements parallèles des cases accessibles qui seraient toujours restées l'une en dessous de l'autre. Comme l'écart entre les deux cases accessibles de $\boldsymbol{c}$ n'est pas borné *a priori*, on ne peut utiliser les états pour ce faire : l'ensemble des états doit avoir une taille uniformément bornée, donc ne peut être utilisé pour stocker des informations de taille pouvant croître arbitrairement. On doit donc utiliser le ruban de $\Phi(\boldsymbol{c})$ lui-même, et y écrire la position des cases accessibles de $\boldsymbol{c}$. Pour cela, chaque case de chacun des rubans sera codée par *deux* cases du ruban unique, une pour indiquer l'accessibilité ou la non-accessibilité de cette case, l'autre pour indiquer le caractère contenu dans la case. Soit c un élément quelconque (fixé) de Σ. Le codage Φ est défini par les règles suivantes : $\Phi((f_1, p_1, f_2, p_2, q))$ est la configuration (f, p, q) avec

$$f(4i) = \begin{cases} \square & \text{pour } i \neq p_1, \\ \Delta & \text{pour } i = p_1, \end{cases} \qquad f(4i+2) = \begin{cases} \square & \text{pour } i \neq p_2, \\ \Delta & \text{pour } i = p_2, \end{cases}$$

$$f(4i+1) = f_1(i) \qquad f(4i+3) = f_2(i)$$

$$p = \inf(4p_1, 4p_2)$$

Ainsi, finalement, la i-ème colonne de la configuration à deux rubans est codée sur les 4 cases $4i$, $4i+1$, $4i+2$ et $4i+3$ du ruban unique. Le choix $p = \inf(p_1, p_2)$, qui revient à dire qu'on part de la colonne la plus à gauche qui contienne une case accessible, est arbitraire, mais il est important ici car il permet de savoir que tous les déplacements à effectuer pour rencontrer les cases accessibles seront à effectuer vers la droite. Aucune information n'est perdue dans le passage de $\boldsymbol{c}$ à $\Phi(\boldsymbol{c})$. Par exemple, on code la configuration

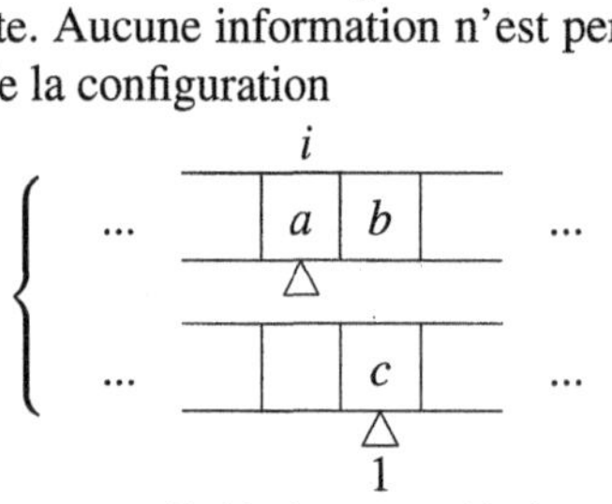

par

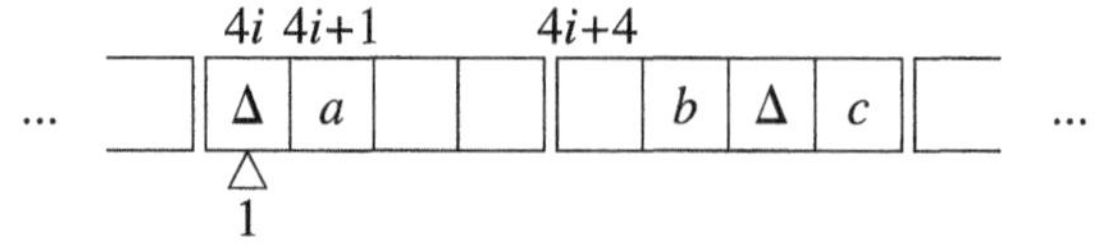

où Δ est une lettre quelconque fixée. On a séparé par des espaces les blocs de quatre cases issues d'une même colonne de la configuration à deux rubans.

Soit maintenant $\boldsymbol{M}$ une machine de Turing pour deux rubans. Le problème est de construire une machine de Turing $\boldsymbol{M}'$ pour un ruban telle que, si $\boldsymbol{M}$ fait passer de $\boldsymbol{c}$ à $\boldsymbol{c}'$ en une étape, alors $\boldsymbol{M}'$ fait passer de $\Phi(\boldsymbol{c})$ à $\Phi(\boldsymbol{c}')$, en un nombre quelconque d'étapes, dépendant éventuellement de $\boldsymbol{c}$. L'idée retenue est que le calcul de $\boldsymbol{M}'$ à partir de la configuration $\Phi(\boldsymbol{c})$ consiste en trois étapes successives :

➤ réunir les informations nécessaires à effectuer la transition, c'est-à-dire trouver, en sus de l'état, les deux lettres accessibles de la configuration $\boldsymbol{c}$: ceci peut se faire en parcourant de gauche à droite le ruban et en mettant en mémoire les lettres en position congrue à 1 et 3 *modulo* 4 qui sont précédées par une lettre Δ dans la case immédiatement à gauche ;

➤ une fois les trois données précédentes, q, x_1, x_2, réunies, préparer la transition en passant dans un état où sont mémorisés les nouveaux caractères à écrire, les déplacements à effectuer, et le nouvel état final ;

➤ exécuter la transition en reparcourant le ruban de droite à gauche pour y effectuer les modifications nécessaires, aux emplacements spécifiés par la présence d'un caractère Δ en position congrue à 0 ou 2 *modulo* 4 : changement du caractère situé juste à droite, déplacement du caractère Δ de -4, 0 ou $+4$ cases.

Noter que, dans les trois phases décrites ci-dessus, seule la seconde est spécifique à la machine $\boldsymbol{M}$ considérée. Il s'agit alors de se convaincre qu'on peut effectivement construire, à partir de la table de $\boldsymbol{M}$, un ensemble d'états Q', et une table de machine de Turing d'ensemble d'états Q' qui fasse effectuer ces étapes successives.

L'idée est d'utiliser les états de Q' pour garder en mémoire toutes les informations intermédiaires nécessaires à la transition qu'il s'agit de simuler. Ainsi, les éléments de Q' vont être définis comme des suites finies regroupant plusieurs éléments, l'essentiel étant que l'ensemble Q' reste toujours fini. Comme précédemment, nous décrivons les états de Q' en leur attachant une signification la plus imagée possible.

Pour commencer, on met dans Q' tous les triplets dans

$$Q \times (\Sigma_+ \cup \{?\}) \times (\Sigma_+ \cup \{?\}) \times \{0, 1, 2, 3\}$$

avec la signification que l'état (q, x_1, x_2, m) code l'état q pour $\boldsymbol{M}$, le caractère x_1 dans la case accessible du premier ruban, le caractère x_2 dans la case accessible du second ruban, et la classe *modulo* 4, m, du numéro de la case où on se trouve. Au départ, dans la configuration $\Phi(\boldsymbol{c})$, on est dans l'état $(q,?,?,0)$. Partant d'un état (q, x_1, x_2, m), un mouvement à droite mène dans un état $(q, x_1', x_2', m+1)$ (avec la convention $3 + 1 = 0$), un mouvement à gauche dans un état $(q, x_1', x_2', m-1)$ (avec $0 - 1 = 3$). Si dans l'état $(q,?,?,0)$ on lit un blanc, alors on va à droite dans l'état $(q,?,?,1)$; si on lit un caractère Δ, preuve d'accessibilité sur le premier ruban, on laisse ce caractère et on sait que la case voisine à droite contient le caractère à lire du premier ruban. On passe donc à droite dans un état $(q,?',?,2)$ transitoire, puis encore à droite dans un état $(q, x_1,?,3)$ qui signifie que le caractère x_1 a été obtenu sur le premier ruban. Une procédure analogue serait utilisée s'il y a un caractère sur la case de numéro congru à 2 *modulo* 4. Ceci correspond au détail de la première étape ci-dessus.

Par exemple, partant de la configuration représentée ci dessus, ou, plus précisément,

eu égard au codage des états de

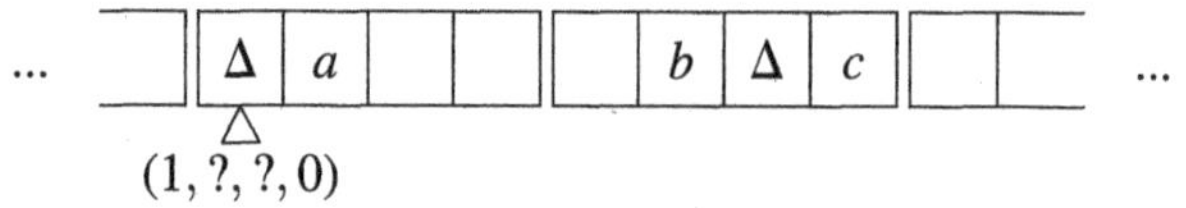

dont la signification intuitive de l'état est « Je suis dans l'état 1, sur une case de numéro congru à 0 *modulo* 4, et je n'ai encore vu ni le caractère accessible du premier ruban, ni celui du second ruban », on parvient, au bout de 8 étapes, à la configuration

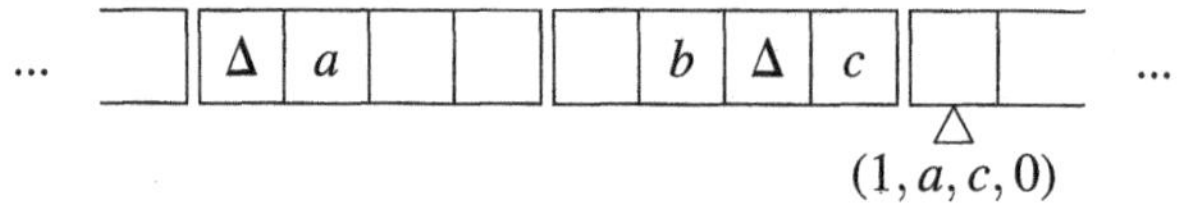

dont la signification intuitive de l'état est « Je suis dans l'état 1, sur une case de numéro congru à 0 *modulo* 4, et les deux caractères accessibles sont a sur le ruban 1 et c sur le ruban 2 ». Dans tous les cas, nous sommes ainsi parvenus à un état $(q, x_1, x_2, 0)$ où les deux caractères accessibles de la configuration codée $\boldsymbol{c}$ sont connus. Ceci achève la première phase de la simulation.

Supposons alors que la table de la machine $\boldsymbol{M}$ prescrit

$$C_i(q, x_1, x_2) = x'_i, \quad D_i(q, x_1, x_2) = d_i, \quad E(q, x_1, x_2) = q'.$$

Nous introduisons de nouveaux états, cette fois des sextuplets, et nous définissons pour $\boldsymbol{M}'$, pour toute lettre x,

$$C((q, x_1, x_2, 0), x) = x, \qquad D((q, x_1, x_2, 0), x) = -1,$$
$$E'((q, x_1, x_2, 0), x) \quad = [q', x'_1, d_1, x'_2, d_2, 3],$$

et de même pour chacune des cases de la table de $\boldsymbol{M}$ (qui est finie). Par exemple, si la machine $\boldsymbol{M}$ prescrit la transition

$$(1, a, c) \mapsto (2, \square, +1, b, -1),$$

la machine $\boldsymbol{M}'$ fait passer de la configuration ci-dessus à la configuration

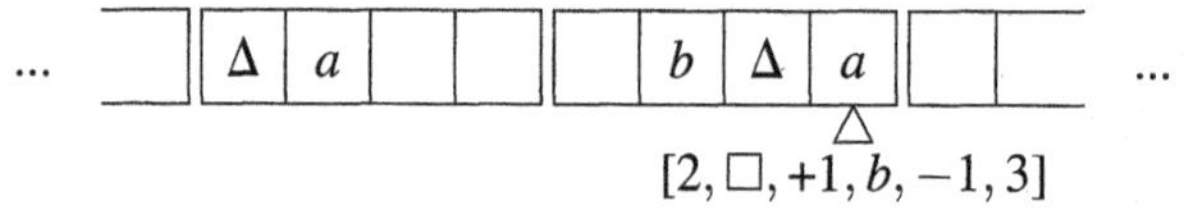

dont la signification intuitive est « Je dois passer dans l'état 2, aller écrire un blanc sur le ruban 1 et y déplacer la case accessible vers la droite, et écrire un b sur l eruban 2 et y déplacer la case accessible vers la gauche ». Ceci achève la seconde phase de la simulation – qui est donc effectuée en une seule étape.

À ce stade, il reste à construire la phase d'écriture de façon parallèle à la phase de lecture. Les détails sont faciles. Dans l'exemple ci-dessus, on parviendra finalement à la configuration

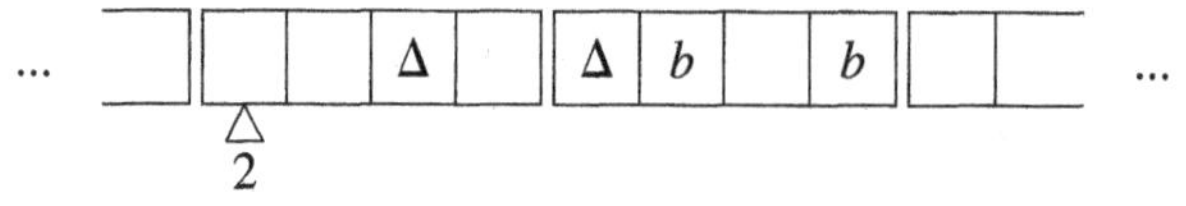

qui est le codage de la configuration

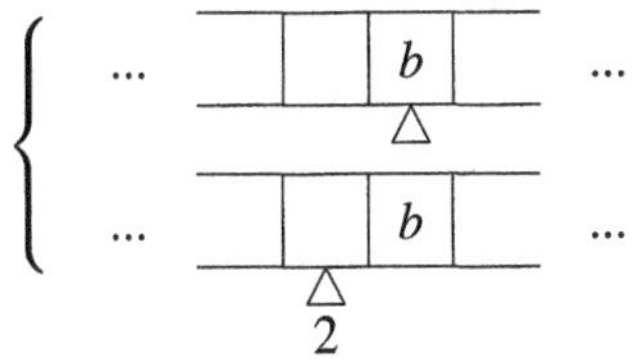

obtenue en une étape de calcul de $\boldsymbol{M}$ à partir de la configuration initialement considérée. La troisième phase de la simulation est effectuée.

Nous n'avons pas tout à fait terminé. Le codage Φ a bien la propriété que l'image d'une configuration terminale est terminale, mais il reste à assurer que, pour chaque mot w, l'image de la configuration initiale $\mathrm{In}_{\boldsymbol{M}}(w)$ est $\boldsymbol{M}'$-dérivable à partir de la configuration initiale $\mathrm{In}_{\boldsymbol{M}'}(w)$. Typiquement, le problème est de passer d'une configuration du type

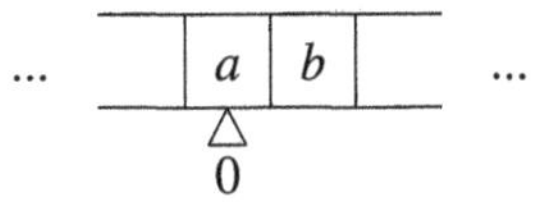

au codage de la configuration correspondante

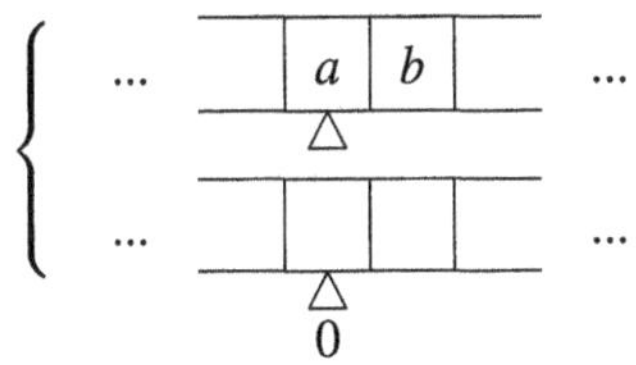

qui est

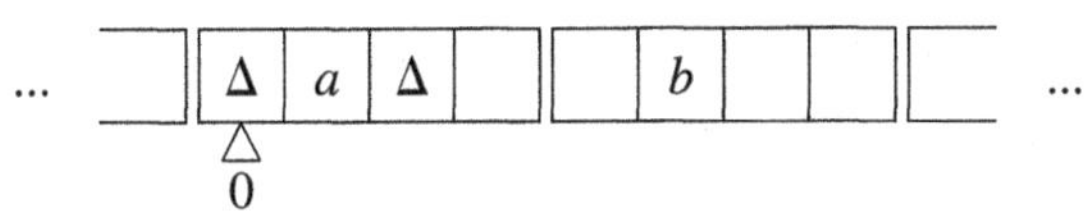

Mis à part le cas du premier bloc de 4 cases, où il faut ajouter deux lettres Δ, le problème est un problème de recopiage avec espacement : partant d'un mot quelconque $x_1 ... x_\ell$, il s'agit de le remplacer par $x_1\Box^3 x_2\Box^3 ...\Box^3 x_\ell$. Comme dans le cas de l'exemple 1.10, il faut traiter chaque lettre séparément en effectuant des allers et retours successifs. Les détails sont laissés au lecteur.

Du résultat précédent, nous déduisons immédiatement l'équivalence des machines de Turing pour un et deux rubans.

Corollaire 2.10. *Toute langage décidable par machine de Turing pour deux rubans est décidable par machine de Turing pour un ruban.*

Un résultat analogue vaut pour les machines de Turing à un nombre quelconque de rubans. Ces résultats sont importants en pratique, puisque, comme dans le cas des automates et de leurs diverses variantes, ils nous autorisent, lorsque nous cherchons à construire une machine de Turing décidant un langage donné, à utiliser une machine pour plusieurs rubans si cela rend la construction plus aisée. Le cas du langage $\{a^p b^p \; ; \; p \geqslant 1\}$ suggère que ceci est fréquent.

7.3 CONSTRUCTION DE MACHINES DE TURING

Nous terminons ce chapitre avec divers exemples de constructions de machines de Turing. Pour cela, nous quitterons le domaine des langages pour passer à celui, essentiellement équivalent, des fonctions.

7.3.1 Fonctions MT-calculables

Comme une machine de Turing peut écrire, on peut obtenir des procédures dont la sortie n'est pas simplement un booléen « accepte » ou « refuse », comme pour un problème de décision, mais un mot, par exemple en considérant non l'état terminal obtenu, mais ce qui est écrit sur le ruban au moment où le calcul s'arrête : c'est d'ailleurs déjà ce point de vue qui est pris dans l'acceptation par pile vide pour un automate à pile. De la sorte, on obtient une notion naturelle de fonction *calculée* par une machine de Turing.

Définition 3.1. (calculé, calculable) Supposons que $\boldsymbol{M}$ est une machine de Turing d'alphabet Σ, et que F est une fonction (non nécessairement partout définie) de $(\Sigma^*)^p$ dans $(\Sigma^*)^q$; on dit que la machine de Turing $\boldsymbol{M}$ *calcule* F si, quel que soit le p-uplet de mots $\vec{w}$, le calcul de $\boldsymbol{M}$ à partir de la configuration initiale associée à $\vec{w}$

- mène à la configuration terminale associée à $F(\vec{w})$ dans le cas où $F(\vec{w})$ existe,
- ne se termine jamais dans le cas où $F(\vec{w})$ n'est pas défini.

Une fonction F de $(\Sigma^*)^p$ dans $(\Sigma^*)^q$ est dite *calculable* par machine de Turing (ou MT-calculable) s'il existe au moins une machine de Turing qui calcule F. ■

Exemple 3.2. (concaténation) Soit Σ un alphabet quelconque. La concaténation des mots sur Σ, vue comme une application de $(\Sigma^*)^2$ dans Σ^*, est calculable par machine de Turing. En effet, par définition, il s'agit de construire une machine de Turing faisant passer de la configuration initiale associée à (u, v), donc la configuration où $u\Box v$ est écrit sur le ruban et où la première lettre de u est accessible, à la configuration finale associée à uv, c'est-à-dire la configuration finale où uv est écrit sur le ruban et la première lettre de u est accessible. Une machine $\boldsymbol{M}$ répondant à la question s'obtient en prescrivant de parcourir le ruban vers la droite jusqu'au premier blanc, puis de recopier en décalant d'une unité à gauche les lettres, toujours de gauche à droite, jusqu'à ce qu'un blanc soit rencontré, puis de revenir vers la gauche, toujours jusqu'à ce qu'un blanc soit rencontré, et de s'arrêter.

Ces spécifications sont réalisées par la table ci-dessous. L'état 0 correspond à la traversée du mot de gauche. L'état 1 correspond à la recherche d'un caractère à recopier. Pour chaque lettre x de l'alphabet, on a introduit un état $[x]$ qui correspond à la mise en mémoire de x le temps d'aller le recopier sur la case qui est à gauche. Enfin les états 2 et 3 correspondent au retour final vers la gauche.

	x	$\square$
$\rightarrow 0$	$x, +, 0$	$\square, +, 1$
1	$\square, -, [x]$	$\square, -, 2$
$[x]$	$x, +, 0$	
2		$\square, -, 3$
3	$3, -, 0$	$\square, +, \top$

Par exemple, le calcul de cette machine à partir du couple (a, ba) est la suite

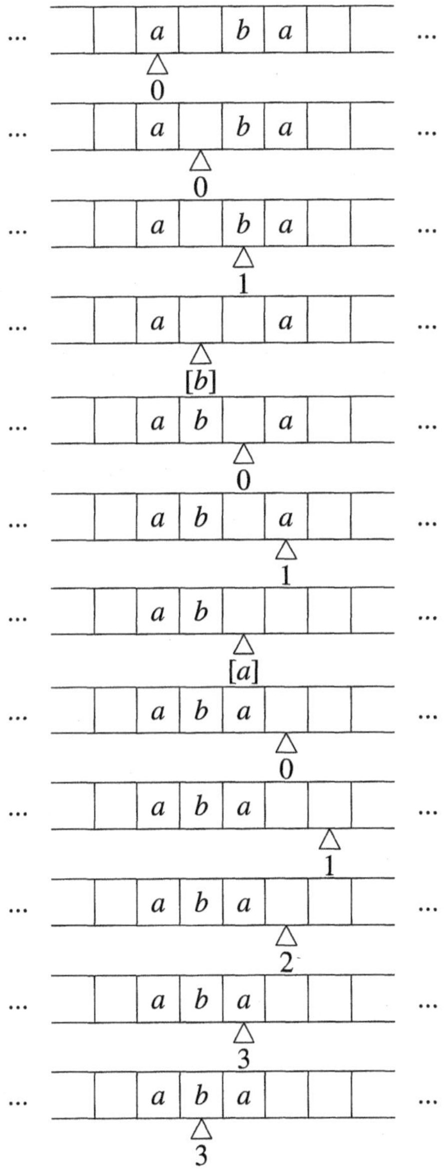

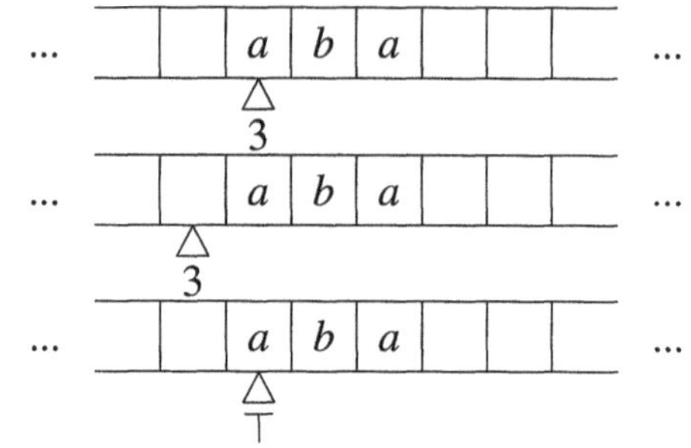

Nous avons vu dans la précédente section l'équivalence des machines de Turing pour un ou plusieurs rubans dans le cas vis-à-vis de la décidabilité. Un résultat analogue vaut pour la calculabilité.

Proposition 3.3. (simulation) *Une fonction de $(\Sigma^*)^p$ dans $(\Sigma^*)^q$ est calculable par machine de Turing pour un ruban si et seulement si elle est calculable par machine de Turing pour deux rubans – ou pour un nombre quelconque de rubans.*

> ***Démonstration :*** Soit F la fonction considérée. Par rapport au cas de la décidabilité, dont nous reprenons les notations, deux difficultés supplémentaires se rencontrent. D'abord, nous partons avec une suite finie de p mots $\vec{w}$ au lieu d'un seul mot. De ce fait, le passage de la configuration initiale $\mathrm{In}_{M'}(\vec{w})$ à la configuration $\Phi(\mathrm{In}_M(\vec{w}))$ doit être adapté pour que le processus ne s'arrête pas au premier blanc rencontré, mais seulement au p-ième. Moyennant cette modification, nous obtenons une machine $\boldsymbol{M'}$ qui fait passer de $\mathrm{In}_{M'}(\vec{w})$ à $\Phi(\mathrm{Out}_M(F(\vec{w})))$. Or, nous souhaitons une machine faisant passer à $\mathrm{Out}_{M'}(F(\vec{w}))$, qui n'est pas la même configuration, puisqu'il y a, à rebours, le même problème que pour passer de $\mathrm{In}_{M'}(\vec{w})$ à $\Phi(\mathrm{In}_M(\vec{w}))$. Il s'agit cette fois de supprimer des blancs, essentiellement 3 sur 4. A nouveau les détails sont faciles.

Il est facile d'établir des liens entre ensembles MT-décidables et fonctions MT-calculables, grâce à la notion de fonction indicatrice. Il est usuel, pour tout sous-ensemble Y d'un ensemble X, de définir la fonction indicatrice de Y comme la fonction définie sur X qui vaut 1 pour $w \in Y$, et vaut 0 sinon. Cette définition a l'inconvénient que la fonction indicatrice d'un sous-ensemble de Σ^*, ou de $(\Sigma^*)^p$, n'est pas à valeurs dans Σ^*. Pour éviter ce type de problème, nous modifions un peu la définition.

Définition 3.4. (fonction indicatrice) Supposons que L est un sous-ensemble de $(\Sigma^*)^p$, et x est une lettre quelconque dans Σ. On appelle *fonction x-indicatrice* de L la fonction, notée $\mathrm{ind}_{L,x}$, de Σ^* dans Σ^* vérifiant $\mathrm{ind}_{L,x}(w) = x$ pour $w \in L$, et $\mathrm{ind}_{L,x}(w) = \varepsilon$ sinon. ■

Il est clair que le choix de la lettre x est indifférent. On obtient alors l'équivalence suivante.

Proposition 3.5. (équivalence) *Supposons que L est un sous-ensemble de $(\Sigma^*)^p$, et que x est une lettre quelconque dans Σ. Alors il y a équivalence entre*

(i) l'ensemble L est MT-décidable ;

(ii) la fonction $\text{ind}_{L,x}$ *est MT-calculable.*

Démonstration : Supposons que $\boldsymbol{M}$ est une machine calculant la fonction $\text{ind}_{L,x}$. On transforme $\boldsymbol{M}$ en une nouvelle machine $\boldsymbol{M}'$ qui décide L en remplaçant les transitions vers l'état $\top$ par des transitions vers un nouvel état q, puis en posant $E'(q,x) = \top$ pour toute lettre x, et $E'(q,\square) = \bot$. Par hypothèse, si w est un mot dans L, la machine $\boldsymbol{M}$ mène à une configuration terminale où une lettre x est écrite dans la case accessible, et donc $\boldsymbol{M}'$ conclura à l'acceptation de w, alors que, si w n'est pas dans L, $\boldsymbol{M}$ mène à une configuration terminale où le ruban est vide, et donc $\boldsymbol{M}'$ conclura au refus de w.

L'argument précédent est trivial. Le passage réciproque l'est un peu moins. Supposons que $\boldsymbol{M}$ décide L. Le problème pour déduire de $\boldsymbol{M}$ une nouvelle machine $\boldsymbol{M}'$ calculant $\text{ind}_{L,x}$ tient à ce que nous ne savons rien du contenu du ruban au moment où le calcul de $\boldsymbol{M}$ se termine. Il n'existe alors pas de moyen uniforme pour effacer le contenu du ruban (voir Exercices) et écrire soit x, soit rien du tout suivant que le calcul de $\boldsymbol{M}$ s'achève sur $\top$ ou sur $\bot$. Il faut donc modifier $\boldsymbol{M}$ dès le départ afin d'être certain de pouvoir effectuer l'effacement final. Pour cela, une solution consiste à introduire deux lettres supplémentaires, par exemple G et D (gauche et droite), et d'adapter la table de $\boldsymbol{M}$ de sorte que, partant d'un mot w, on passe d'abord à GwD, puis que, tout au long du calcul, G reste le caractère le plus à gauche et D reste le caractère la plus à droite. Ceci signifie que, lorque le caractère G est rencontré, il est effacé et recopié une case plus à gauche, puis que le calcul reprend à la position précédente, et de même symétriquement pour D. Une fois ces précautions prises, on est certain que la machine $\boldsymbol{M}$ mène de la configuration initiale associée à un mot w à une configuration finale où tous les caractères sont écrits entre la lettre G et la lettre D. Il est alors facile de construire une nouvelle machine $\boldsymbol{M}'$ à partir de $\boldsymbol{M}$ de sorte que le calcul de $\boldsymbol{M}'$ sur w est le calcul de $\boldsymbol{M}$ sur w, à ceci près que, là où $\boldsymbol{M}$ s'arrêtait, soit dans l'état $\top$, soit dans l'état $\bot$, $\boldsymbol{M}'$ met en mémoire l'état en question, efface tout le ruban (y compris les lettres G et D), et, suivant que $\top$ ou $\bot$ est en mémoire, écrit une lettre x ou non, et s'arrête.

7.3.2 Représentation des entiers

Les mots servent d'intermédiaire pour représenter divers types d'objets mathématiques, entiers, réels, fonctions, *etc.* Dès qu'une représentation d'un tel type d'objet par des mots est fixée, on déduit une notion naturelle d'ensemble décidable ou de fonction calculable relativement à ce type. Nous considérons ici le cas, à la fois fondamental et naturel, des entiers, ce qui nous mène à la notion d'ensemble d'entiers décidable par machine de Turing, et, de même, à celle de fonction sur $\mathbb{N}$ calculable par machine de Turing.

Il existe *plusieurs* représentations des entiers par des mots. La plus usuelle est le développement relativement à une base B fixée, $B \geqslant 2$. Dans la suite, nous noterons $[N]_B$ le développement en base B de l'entier N. Par définition, $[N]_B$ est un mot sur l'alphabet $\{0, 1, ..., B-1\}$. Plus précisément, l'ensemble des développements en base B d'entiers est le langage (automatique)

$$\{1, ..., B-1\} \cdot \{0, 1, ..., B-1\}^* \cup \{0\}.$$

Nous considérerons aussi la représentation « bâton » qui associe à l'entier N le mot 1^{N+1} sur l'alphabet à une seule lettre $\{1\}$. On parlera de représentation en base 1, et on notera $[N]_1$ pour 1^{N+1}.

Supposons $B \geqslant 1$. Pour $\vec{N} = (N_1, ..., N_p)$ une suite finie d'entiers, on notera de même $[\vec{N}]_B$ la suite de mots $([N_1]_B, ..., [N_p]_B)$; de même, pour X inclus dans $\mathbb{N}^p$, on notera $[X]_B$ l'ensemble des mots $[\vec{N}]_B$ pour $\vec{N}$ dans X, et, si F est une fonction de $\mathbb{N}^p$ dans $\mathbb{N}^q$, on notera $[F]_B$ la fonction de $(\{0, 1, ..., B-1\}^*)^p$ dans $(\{0, 1, ..., B-1\}^*)^q$ qui associe à la suite $[\vec{N}]_B$ la suite $[F(\vec{N})]_B$ quand elle existe, et qui vaut (par exemple) ε sur les suites qui ne sont pas de la forme $[\vec{N}]_B$.

Dans toute la suite, nous utiliserons des majuscules, typiquement N et F pour les entiers (pris comme variables d'une fonction, pas comme paramètres fixés) et les fonctions sur les entiers. Le choix de telles notations un peu inusuelles (n et f seraient plus usuelles) souligne qu'un entier est ici considéré comme un objet composite, représenté par exemple par une suite de chiffres de longueur non bornée *a priori*.

Définition 3.6. (décidable, calculable) Supposons que X est un sous-ensemble de $\mathbb{N}^p$, et B un entier non nul. On dit que X est *décidable par machine de Turing* en base B si le langage $[X]_B$ est décidable par machine de Turing. Supposons de même que F est une fonction de $\mathbb{N}^p$ dans $\mathbb{N}^q$. On dit que F est *calculable par machine de Turing* en base B si la fonction $[F]_B$ est calculable par machine de Turing. ■

Exemple 3.7. (calculable) La fonction « somme » de $\mathbb{N}^2$ dans $\mathbb{N}$ est MT-calculable en base 1. En effet, il s'agit de construire une machine de Turing faisant passer d'une configuration initiale où le mot $1^{N_1+1}\square 1^{N_2+1}$ est écrit sur le ruban à une configuration finale où le mot $1^{N_1+N_2+1}$ est écrit. Il s'agit donc d'effacer le blanc situé entre les deux blocs de 1, ainsi que deux 1 finaux. La table suivante effectue ces tâches.

	1	$\square$
$\rightarrow 0$	$1, +, 0$	$1, +, 1$
1	$1, +, 1$	$\square, -, 2$
2	$\square, -, 3$	
3	$\square, -, 4$	
4	$1, -, 4$	$\square, +, \top$

Partant d'une configuration du type supposé, c'est-à-dire initiale *etc.*, cette machine de Turing mène bien à la configuration terminale souhaitée. Notons qu'il est inutile de se soucier des calculs qui ne partent pas de configurations initiales associées à un couple $([N_1]_1, [N_2]_1)$.

7.3.3 Quelques exemples

Bien que les machines de Turing paraissent au premier abord des systèmes lourds, compliqués, et extrêmement rudimentaire, il est assez facile de programmer en langage de machine de Turing la plupart des opérations usuelles de l'arithmétique. Nous détaillons ici quelques exemples.

Exemple 3.8. (projection) La fonction $\Pi_{2,1}$ de $\mathbb{N}^2$ dans $\mathbb{N}$ qui à tout couple d'entiers (N_1, N_2) associe l'entier N_2 (seconde projection) est MT-calculable en toute base. En effet, on peut calculer $\Pi_{2,1}$ avec une machine pour deux rubans comme suit : partant de la répresentation en base B de (N_1, N_2), on recopie N_2 sur le second ruban (ignorer le premier bloc de caractères, recopier le second), on revient vers la gauche sur le premier ruban en effaçant deux blocs de caractères, puis on recopie sur le premier ruban le contenu du second en l'effaçant, et, finalement, on revient au point de départ. Noter qu'il serait beaucoup plus compliqué d'obtenir le même résultat avec un seul ruban, car, ne pouvant stocker sur le second ruban le bloc à recopier, et ne pouvant utiliser à cette fin l'état puisque la taille de ce bloc n'est pas bornée, il ne resterait qu'à recopier le bloc caractère après caractère par une suite d'allers et retours.

L'argument serait analogue pour toute projection $\Pi_{p,i}$ de $\mathbb{N}^p$ dans $\mathbb{N}$ associant à $(N_1, ..., N_p)$ la i-ième composante N_i.

Exemple 3.9. (somme) La fonction somme $S : (N_1, N_2) \mapsto N_1{+}N_2$ est MT-calculable en toute base. Le cas de la base 1, qui est particulier, a déjà été traité. Considérons par exemple le case de la base 10 – qu'il vaudrait mieux appeler base 2×5 : la base B s'appelle toujours « base 10 » en base B... Il suffit de considérer l'algorithme usuel. Pour cela, nous utilisons une machine pour 3 rubans, et, partant de la configuration initiale associée au couple (N_1, N_2), nous commençons par recopier N_2 sur le second ruban en l'effaçant du premier. Ensuite, nous lisons les mots $[N_1]_{10}$ et $[N_2]_{10}$ de la droite à la gauche, et écrivons au fur et à mesure sur le troisième ruban les chiffres de la somme (de droite à gauche). Dans cette phase, il y a deux états, correspondant respectivement au cas où il y a une retenue et à celui où il n'y en a pas. La forme générique des cases de la table de la machine est

	x y $\square$
$\rightarrow$ [0]	$x, \quad -,$ $y, \quad -, \ [(x{+}y)\,\mathrm{div}\,10]$ $(x{+}y) \bmod 10, -,$
[1]	$x, \quad -,$ $y, \quad -, \ [(x{+}y{+}1)\,\mathrm{div}\,10]$ $(x{+}y{+}1) \bmod 10, -,$

Dans cette écriture, $x \bmod 10$ représente la classe de x *modulo* 10, et $x\,\mathrm{div}\,10$ le quotient de la division euclidienne de x par 10. Ainsi, par exemple, une case typique de la table précédente est

	5 7 $\square$
[1]	5,−, 7,−, [1] 3,−,

qui correspond très exactement à la formule « 5 et 7 font 12, plus 1, 13, j'écris 3 et je retiens 1 ».

À la fin de cette phase du calcul, le développement en base 10 du nombre $N_1 + N_2$ est écrit sur le troisième ruban. Il ne reste plus alors qu'à le recopier sur le premier ruban, tout en effaçant les second et troisième rubans.

Exemple 3.10. (produit) Considérons de la même façon la fonction P de $\mathbb{N}^2$ dans $\mathbb{N}$ qui associe à (N_1, N_2) le produit N_1N_2. A nouveau, nous suivons l'algorithme usuel. Nous pouvons supposer que les nombres $[N_1]_{10}$ et $[N_2]_{10}$ sont écrits sur le premier et le second ruban, et que les chiffres accessibles sont ceux de droite. Nous utilisons à nouveau un troisième ruban pour écrire le produit. Noter que nous ne pouvons utiliser n rubans intermédiaires, où n est le nombre de chiffres de $[N_2]_{10}$, à la façon des n lignes de l'algorithme usuel, car la valeur de n n'a pas de borne uniforme. Ceci ne pose pas de problème, il suffit d'ajouter directement les chiffres au résultat déjà obtenu. Le calcul comprend donc deux boucles imbriquées, la grande boucle consistant à lire chiffre après chiffre de droite à gauche le nombre du second ruban, la petite consistant, pour chaque chiffre y sur le second ruban, à lire de même le nombre du premier ruban en effectuant au fur et à mesure le produit par y et l'ajoutant sur le troisième ruban, en tenant compte d'une retenue éventuelle. De la sorte, la table de la machine contient principalement une copie de la table de multiplication par 10, la valeur générique, avec les notations de l'exemple précédent, étant cette fois

	x y z
$[r]$	x, —, y, 0, $[(xy+z+r)\text{div } 10]$ $(xy+z+r) \bmod 10$, —,

où l'état $[r]$ correspond à la retenue r (pour r entre 0 et 9). Par exemple, une case typique de la table précédente est

	4 7 6
[4]	4, —, 7, —, [3] 8, —,

qui correspond à la formule « 4 fois 7 font 28, plus 4, qui font 32, plus 6, qui font 38, j'écris 8 et je retiens 3 ». Il reste à prescrire un retour qui, lorsqu'on arrive au bout du nombre du premier ruban, c'est-à-dire lorsqu'un blanc y est lu, fait passer au chiffre suivant sur le second ruban : si celui-ci est un blanc, le calcul est fini (au recopiage et à l'effacement près des rubans), sinon, on revient à droite du nombre du premier ruban, tout en avançant du même nombre de cases sur le troisième ruban, et on recommence la procédure de multiplication.

7.3.4 Indépendance du choix de la base

Les notions de sous-ensemble MT-décidable de $\mathbb{N}^p$ et de fonction MT-calculable de $\mathbb{N}^p$ dans $\mathbb{N}^q$ dépendent du choix d'une base. Par exemple, si X est l'ensemble des nombres pairs, $[X]_2$ est l'ensemble des mots qui se terminent par 0, $[X]_{10}$ est l'ensemble des mots qui se terminent par 0, 2, 4, 6, ou 8, alors que reconnaître si un mot donné appartient à $[X]_3$ requiert de connaître tous les chiffres. Chacun des ensembles précédents est MT-décidable, mais il est clair qu'une machine de Turing décidant $[X]_2$, qui peut être très simple, est assez différente d'une machine de Turing décidant $[X]_3$, qui est un peu plus compliquée.

Se pose alors la question générale de l'équivalence des notions de MT-décidabilité et de MT-calculabilité par rapport au choix d'une base. La réponse est optimale, qui indique que les notions de décidabilité et de calculabilité proposées sont des notions intrinsèques.

Proposition 3.11. (indépendance) *Supposons que X est un sous-ensemble de $\mathbb{N}^p$, et que B_1, B_2 sont deux entiers non nuls quelconques. Alors X est MT-décidable en base B_1 si et seulement si il est MT-décidable en base B_2. De même, supposons que F est une fonction de $\mathbb{N}^p$ dans $\mathbb{N}^q$. Alors F est MT-calculable en base B_1 si et seulement si elle est MT-calculable en base B_2.*

Démonstration : On considère le cas des fonctions, et on suppose pour simplifier $p = q = 1$. Supposons que $\boldsymbol{M}_{B_1,B_2}$ est une machine de Turing qui effectue le passage de la base B_1 à la base B_2, c'est-à-dire qui, pour tout entier N, mène de la configuration initiale associée au mot $[N]_{B_1}$ à une configuration terminale associée à $[N]_{B_2}$. Alors en enchaînant la machine $\boldsymbol{M}_{B_1,B_2}$ à une machine calculant $[F]_{B_2}$, c'est-à-dire, en supposant les états des deux machines disjoints, en identifiant l'état terminal de la première machine à l'état initial de la seconde, puis à une machine symétrique $\boldsymbol{M}_{B_2,B_1}$ passant de la représentation en base B_2 à la représentation en base B_1, on obtient une machine qui calcule $[F]_{B_1}$, et la MT-calculabilité de $[F]_{B_2}$ entraîne celle de $[F]_{B_1}$.

Reste à montrer l'existence de machines de Turing $\boldsymbol{M}_{B_1,B_2}$ du type ci-dessus. Pour cela, il suffit de montrer qu'on peut toujours passer par le base 1. Pour passer de la base 1 à la base 2, il faut effectuer des divisions euclidiennes répétées par 2 sur des blocs de 1. Le reste de la division se lit directement pour peu que les états soient séparés en états pairs et états impairs qui alternent de sorte que toute transition à partir d'un état pair mène à un état impair et réciproquement. Le quotient de la division par 2 d'un entier se détermine sur un ruban auxiliaire en lisant les 1 sur le ruban principal et en inscrivant un 1 sur le ruban auxiliaire une fois sur deux. Lorsque l'opération est terminée, on peut recopier sur le premier ruban ce quotient et recommencer. On peut de la même façon passer de la base 1 à n'importe quelle autre base.

Pour passer de la base 2 à la base 1, on utilisera deux rubans auxiliaires. Sur le premier, on écrira d'abord 1, puis on doublera le nombre de caractères 1 à chaque boucle, obtenant un paquet de 2, 4, 8, *etc.* caractères 1. Le bloc courant de 1 sera ou non recopié sur le dernier ruban suivant que le chiffre correspondant du développement binaire de l'entier à convertir (lu de droite à gauche) est 1 ou 0. À nouveau, la méthode peut être utilisée pour passer d'une base quelconque à 1.

Nous appuyant sur le résultat précédent, nous pourrons désormais omettre toute référence à une base de représentation particulière, et parler d'ensemble MT-décidable d'entiers ou de fonction MT-calculable sur les entiers sans risque d'ambiguïté.

7.3.5 Propriétés de clôture

La classe des langages MT-décidables et celle des fonctions MT-calculables sont closes par un grand nombre d'opérations. Nous en mentionnons certaines ici.

Proposition 3.12. (opérations booléennes) *Soit Σ un alphabet. La classe des langages sur Σ qui sont MT-décidables est close par union, intersection, différence, produit, étoile.*

Démonstration : Supposons que L_1 et L_2 sont deux langages d'alphabet Σ, décidés respectivement par des machines de Turing $\boldsymbol{M}_1$ et $\boldsymbol{M}_2$ pour un ruban. On construit une machine de Turing $\boldsymbol{M}$ pour deux rubans décidant le langage $L_1 \cup L_2$ comme suit : partant d'un mot w, la machine $\boldsymbol{M}$ recopie d'abord w sur le second ruban, puis elle simule l'action de $\boldsymbol{M}_1$ sur le premier ruban, et, simultanément, celle de $\boldsymbol{M}_2$ sur le second ruban à la façon d'un produit cartésien d'automates : les états de $\boldsymbol{M}$ sont des couples formés d'un état de $\boldsymbol{M}_1$ et d'un état de $\boldsymbol{M}_2$. Le calcul s'arrête quand chacun des deux calculs s'arrête, et il est acceptant si au moins un des deux l'est.

En modifiant la condition d'acceptation, on traite de même le cas de l'intersection ou de la différence. Pour le produit, partant d'un mot w, on peut énumérer systématiquement chacune des décompositions (u, v) de w, et tester pour chacune d'elles $u \in L_1$ et $v \in L_2$. Enfin, pour l'opération étoile, on peut énumérer toutes les décompositions finies $(w_1, ..., w_k)$ du mot w considéré, et tester successivement si chacun des mots w_i est dans le langage considéré.

Considérons de même les opérations sur les fonctions.

Proposition 3.13. (composition) *La composée de deux fonctions MT-calculables est MT-calculable.*

Démonstration : Supposons que la machine de Turing $\boldsymbol{M}_1$ calcule la fonction G et que la machine $\boldsymbol{M}_2$ calcule la fonction H. Soit $F = H \circ G$. On obtient une machine de Turing calculant F en enchaînant les machines $\boldsymbol{M}_1$ et $\boldsymbol{M}_2$, c'est-à-dire, supposant leurs états disjoints, en remplaçant l'état terminal dans la première table par l'état initial de la seconde, et en réunissant les deux tables : de la sorte, le calcul de la machine ainsi obtenue sur une entrée quelconque $\vec{w}$ mène de la configuration initiale associée à $\vec{w}$ à la configuration initiale associée à $G(\vec{w})$, puis à une configuration terminale associée à $H(G(\vec{w}))$, c'est-à-dire à $F(\vec{w})$. Si un des deux calculs ne se termine pas, c'est-à-dire si $G(\vec{w})$ ou $H(G(\vec{w}))$ n'est pas défini, le calcul ne se termine pas, ce qui est le résultat cherché puisqu'alors $F(\vec{w})$ n'est pas défini.

Définition 3.14. (concaténation) Supposons que G et H sont des fonctions de X^p à valeurs dans X^q et X^r respectivement. On appelle *concaténée* de G et H, et on note **concat**(G, H) la fonction F de X^p dans X^{q+r} définie par $F(\vec{x}) = (y_1, ..., y_q, z_1, ..., z_r)$ pour $G(\vec{x}) = (y_1, ..., y_q)$ et $H(\vec{x}) = (z_1, ..., z_r)$. ■

La fonction **concat**(G, H) est simplement la fonction qui met côte à côte les résultats de G et H. Si G et H ne sont pas partout définies, le domaine de la fonction **concat**(G, H) est l'intersection des domaines de G et H.

Proposition 3.15. (concaténation) *La fonction concaténée de deux fonctions MT-calculables est MT-calculable.*

> ***Démonstration :*** Comme ci-dessus, supposons que $\boldsymbol{M}_1$ calcule G et $\boldsymbol{M}_2$ calcule H. Soit $F =$ **concat**(G, H). Supposant que $\boldsymbol{M}_1$ et $\boldsymbol{M}_2$ sont des machines pour un ruban, on peut construire une machine $\boldsymbol{M}$ pour deux rubans calculant F comme suit : $\boldsymbol{M}$ recopie l'entrée $\vec{w}$ sur le second ruban, puis elle simule le calcul de $\boldsymbol{M}_1$ sur le premier ruban, et celui de $\boldsymbol{M}_2$ sur le second ; enfin, elle recopie le mot du second ruban sur le premier ruban tout en l'effaçant du second ruban.

Les détails de la construction précédente sont faciles. Noter cependant que des instructions comme « recopier le second ruban sur le premier » nécessitent de savoir combien de mots sont à recopier, car il faut décider quand arrêter la copie, c'est-à-dire après avoir traversé combien de blancs : cela ne pose pas de problème dès lors qu'on considère des suites de mots $(w_1, ..., w_r)$ avec r fixé, ce qui est le cas pour chaque fonction spécifique considérée. Par contre, ce n'est pas exactement le même algorithme qui fait passer de $\boldsymbol{M}_1$ et $\boldsymbol{M}_2$ à $\boldsymbol{M}$ pour des fonctions de $(\Sigma^*)^p$ dans $(\Sigma^*)^q$ et $(\Sigma^*)^r$, et pour des fonctions de $(\Sigma^*)^{p'}$ dans $(\Sigma^*)^{q'}$ et $(\Sigma^*)^{r'}$ pour $(p, q, r) \neq (p', q', r')$.

Noter que les résultats précédents sont généraux, et s'appliquent à tout type de fonction, donc, en particulier, aux fonctions sur les entiers *via* une représentation dans une base fixée.

7.3.6 Réels MT-calculables

Certains objets mathématiques sont spécifiés, ou peuvent l'être, par des mots sur un alphabet fini : c'est par exemple le cas des entiers, naturels ou relatifs, ou des rationnels, puisque tout rationnel s'écrit comme quotient de deux entiers. Notons que, comme, pour tout alphabet Σ fini (ou dénombrable), l'ensemble des mots sur Σ est dénombrable, on ne peut espérer représenter de la sorte que des éléments d'un ensemble dénombrable.

Il existe des objets plus compliqués pour lesquels une description par un mot ne va pas de soi, par exemple les objets intrinsèquement infinitaires. Les fonctions de $\mathbb{N}$ dans $\mathbb{N}$ sont de ce type : pour décrire complètement une fonction F de $\mathbb{N}$ dans $\mathbb{N}$, il faut, dans le cas le plus général, donner la liste infinie de toutes les valeurs de F, ce que ne peut faire un mot fini. L'idée de la calculabilité par machine de Turing est alors de considérer, parmi toutes les fonctions de $\mathbb{N}$ dans $\mathbb{N}$, celles, particulières, qui sont descriptibles par une machine de Turing, au sens où la machine (qui est un objet essentiellement fini, donc codable par un mot) spécifie complètement la fonction en donnant, pour tout entier N, un procédé effectif pour calculer l'image de N.

La même approche peut être utilisée pour les nombres réels. *A priori*, un nombre réel est un objet infinitaire, et, pour spécifier un nombre réel, il faut par exemple spécifier la suite infinie des chiffres de son développement décimal. Dans le cas d'un rationnel, on sait que le développement est périodique, et il peut être spécifié par un mot fini – c'est ce qu'on fait quand on écrit $1/6$: $0,1666...$: ici, les trois points indiquent que le développement continue périodiquement, et le mot $0,1666...$ (de longueur 7 : 0, virgule, 1, 6, 6, 6, « trois points ») est une spécification du rationnel $1/6$. Si on considère des réels quelconques, la spécification est impossible par un mot, puisqu'on sait que $\mathbb{R}$ n'est pas dénombrable. Maintenant, comme dans le cas des fonctions sur les entiers, on peut considérer les réels particuliers pour lesquels il existe une spécification simple du développement décimal, simple voulant dire ici calculable par une machine de Turing.

Définition 3.16. (MT-calculable) On dit qu'un nombre réel α est *calculable par machine de Turing* en base B si la fonction qui à chaque entier N associe le N-ième chiffre du dévéloppement de α en base B est MT-calculable. ■

Lemme 3.17. *Soient B_1, B_2 deux entiers quelconques au moins égaux à 2. Alors, pour tout réel α, il y a équivalence entre*

- *α est MT-calculable en base B_1,*
- *α est MT-calculable en base B_2.*

Démonstration : L'argument qui permet de passer du développement en base B_1 d'un entier au développement en base B_2 par des divisions euclidiennes et des multiplications et additions fonctionne aussi pour la partie fractionnaire du développement.

On pourra donc parler de réel MT-calculable sans spécifier de base particulière.

Exemple 3.18. (MT-calculable) Tout rationnel est MT-calculable : ceci revient à dire que toute fonction sur $\mathbb{N}$ périodique est MT-calculable, et donc résulte de la MT-calculabilité de la division euclidienne.

Le réel $\sqrt{3}$ est MT-calculable : il existe un algorithme élémentaire permettant de calculer les racines carrées « à la main » (voir Exercices), et cet algorithme peut être réalisé par une machine de Turing.

Plus généralement, tout nombre algébrique α est MT-calculable (même si son polynôme minimal P est de degré 5 ou plus et que le groupe de Galois associé n'est pas résoluble, et donc si α n'est pas exprimable à l'aide des quatre opérations et de racines n-ièmes). En effet, partant du polynôme P – pris comme spécification initiale de α – on peut calculer autant de chiffres de α qu'on veut par encadrement et dichotomies successives : mais, ceci, une machine de Turing peut le faire. Plus généralement, est MT-calculable tout réel α spécifié par une condition du type $F(\alpha, \alpha_1, ..., \alpha_k) = 0$, où F est une fonction de $\mathbb{R}$ dans $\mathbb{R}$ telle que le calcul des N premiers chiffres de $F(x, \alpha_1, ..., \alpha_k)$ peut être effectué par une machine de Turing à partir des $G(N)$ premiers chiffres de x, α_1, ..., α_k, G étant elle-même une fonction MT-calculable. Il en résulte que tout réel défini par une condition mettant en jeu les fonctions classiques exp, log, cos, ... et toutes les fonctions développables en séries entières $\sum a_n x^n$ telles que la suite $(a_n)_n$ est elle-même MT-calculable par machine de Turing au sens qu'est MT-calculable la fonction de $\mathbb{N}^2$ dans $\mathbb{N}$ qui associe à (n, N) l'entier formé par les N premiers chiffres de a_n. Ainsi, les réels e, π, log(2), $\zeta(3)$, *etc.* sont tous MT-calculables.

Il existe d'autres façons que le développement en base B pour spécifier un réel à l'aide d'une suite d'entiers, par exemple le développement en fraction continue, qui a l'avantage d'être indépendant de toute base. Une autre définition raisonnable de la notion de réel MT-calculable serait de le définir comme un réel tel que la fonction qui à tout N associe le N-ième continuant de α est MT-calculable. On peut montrer là encore que les définitions sont équivalentes.

Les réels MT-calculables ressemblent beaucoup aux réels quelconques.

Proposition 3.19. (corps) *Les réels MT-calculables forment un corps réel clos, c'est-à-dire où tout polynôme de degré impair a une racine.*

> ***Démonstration :*** Que la somme ou le produit de deux réels MT-calculables soient encore MT-calculable résulte du fait qu'il existe un algorithme uniforme calculant les N premiers chiffres après la virgule de la somme ou du produit de deux réels à partir des N premiers chiffres après la virgule de ces réels et de leurs parties entières. Pour l'existence des racines d'un polynôme à coefficients MT-calculables, l'argument est celui de l'exemple ci-dessus.

À isomorphisme près, les machines de Turing forment un ensemble dénombrable, donc l'ensemble des réels MT-calculables est dénombrables. Le lecteur pourra réfléchir à cette masse cachée de l'univers que constituent les réels non MT-calculables : ils sont à la fois presque tout $\mathbb{R}$, et, pourtant, par définition, aucun d'entre eux ne peut être décrit effectivement (par une machine de Turing, mais nous verrons au chapitre 9 qu'il est raisonnable de penser que tout ce qui peut être décrit peut l'être par une machine de Turing). Il pourrait aussi être tentant de penser que seuls les réels MT-calculables existent vraiment, et que les réels non MT-calculables ne sont qu'un mirage produit par l'enthousiasme généralisateur de la théorie des ensembles...

Mentionnons pour terminer que l'approche précédente peut être à son tour appliquée aux fonctions de $\mathbb{N}$ dans $\mathbb{R}$ ou de $\mathbb{R}$ dans $\mathbb{R}$, et ainsi de suite. L'intuition reste la même, et les définitions formelles sont faciles à imaginer.

EXERCICES

7.1. Partant d'un automate M, construire formellement une machine de Turing qui le simule. Même question avec un automate à pile.

7.2. Construire une machine de Turing pour deux rubans décidant le langage $\{a^p b^p c^p \; ; \; p \geqslant 1\}$.

7.3. On se donne une famille finie de couples d'entiers (N_1, P_1), ..., (N_m, P_m). Montrer que la fonction F de $\mathbb{N}$ dans $\mathbb{N}$ définie par $F(N_1) = P_1$, ..., $F(N_m) = P_m$, $F(N) = 0$ pour $N \neq N_1, ..., N_m$ est MT-calculable – ce qui souligne que la MT-calculabilité d'une fonction ne dépend pas des valeurs de celle-ci en un nombre fini de points.

7.4. Construire une machine de Turing pour un ruban qui calcule la fonction que à tout entier N associe $10N$ en base 10.

7.5. Construire une machine de Turing décidant l'ordre des entiers en base 10, c'est-à-dire acceptant les couples $([N_1]_{10}, [N_2]_{10})$ vérifiant $N_1 < N_2$.

7.6. Construire une machine de Turing calculant en base 10 la soustraction.

7.7. Construire une machine de Turing calculant en base 10 le quotient de la division euclidienne, dans le cas d'un diviseur fixé, puis dans celui d'un diviseur à un chiffre, puis dans le cas général.

7.8. Construire une machine de Turing calculant en base 10 la racine carrée.

7.9. Montrer que l'application P de $\mathbb{N}^2$ dans $\mathbb{N}$ définie par
$P(N_1, N_2) = (N_1 + N_2)(N_1 + N_2 + 1)/2 + N_1$ est bijective et MT-calculable. Déterminer l'application réciproque de P ; est-elle MT-calculable ?

7.10. On appelle configuration à un demi-ruban d'alphabet Σ une configuration (f, p, q) où f est une application définie sur $\mathbb{N}$ (et non $\mathbb{Z}$) et où, de plus, $f(0)$ est un caractère fixé $\|$ non dans Σ ; on appelle machine de Turing pour un demi-ruban une machine de Turing pour un ruban telle que le déplacement provoqué par $\|$ est toujours +1. De la sorte, une machine de Turing pour un demi-ruban permet de définir des calculs analogues à ceux des machines pour un ruban, à ceci près que tout se passe dans la moitié positive du ruban, le caractère $\|$ servant de butoir (ou miroir). Montrer que toute machine de Turing pour un ruban peut être simulée par une machine pour un demi-ruban. En déduire que tout langage décidable par machine de Turing peut être décidé par une machine pour un demi-ruban, et que toute fonction calculable par machine de Turing peut être calculée par une machine pour un demi-ruban.

7.11. Imaginer la définition d'une machine de Turing bidimensionnelle travaillant sur des configurations où les cases sont indexées par un couple d'entiers relatifs ; envisager quatre déplacements élémentaires possibles : Nord, Sud, Est et Ouest. Montrer alors que toute machine de Turing bidimensionnelle peut être simulée par une machine de Turing standard. Généraliser.

7.12. (i) Construire une machine de Turing qui efface deux mots, c'est-à-dire faisant passer de toute configuration initiale associée à un couple (w_1, w_2) à une configuration terminale où le ruban est vide.

(ii) Montrer qu'il n'existe pas de « gomme de Turing », définie comme une machine de Turing faisant passer (en un nombre variable mais fini d'étapes) de toute configuration initiale à une configuration terminale où le ruban est vide.

7.13. Montrer que tout ensemble MT-décidable est décidé par une machine de Turing qui a la propriété supplémentaire que, quand un calcul se termine, le ruban est vide.

7.14. On considère ici des machines de Turing pour deux rubans, avec la propriété que le premier ruban ne sert qu'à la lecture. On définit l'espace utilisé par un calcul d'une telle machine comme le nombre de cases du second ruban accessibles au moins une fois au cours du calcul. On dira qu'une fonction S de $\mathbb{N}$ dans $\mathbb{N}$ est *constructible en espace* si et seulement si il existe une machine de Turing $\boldsymbol{M}$ du type ci-dessus telle que, pour toute entrée w de longueur n, le calcul de $\boldsymbol{M}$ à partir de w se termine et s'effectue en espace $S(n)$.

(i) On suppose S constructible en espace ; montrer qu'il existe une machine de Turing $\boldsymbol{M}$ telle que, pour toute entrée w, le calcul de $\boldsymbol{M}$ à partir de w se termine et, à la fin du calcul, exactement $S(n)$ cases du second ruban contiennent un caractère.

(ii) Montrer que si S_1 et S_2 sont constructibles en espace, alors $S_1 + S_2$ l'est aussi. Même question avec $S_1 S_2$.

7.15. Pour T fonction de $\mathbb{N}$ dans $\mathbb{N}$, on appelle *T-horloge* une machine de Turing (pour un nombre quelconque de rubans) qui, à partir de tout mot de longueur n, produit un calcul de longueur $T(n)$; on dit que T est *constructible en temps* s'il existe au moins une T-horloge.

(i) Montrer que la fonction identité est constructible en temps.

(ii) Montrer que, si T est constructible en temps et qu'on a $T(n_0) < n_0$ pour un certain n_0, alors, pour $n \geqslant n_0$, on a $T(n) = T(n_0)$. On se restreindra désormais aux fonctions vérifiant $T(n) \geqslant n$ pour tout n.

(iii) On se donne un ensemble fini de couples d'entiers (n_1, t_1), ..., (n_k, t_k). Montrer qu'il existe une fonction constructible en temps T satisfaisant $T(n_i) = t_i$ pour tout i.

(iv) Montrer qu'il existe des fonctions non constructibles en temps.

(v) Montrer que toute fonction F qui est MT-calculable est dominée par une fonction constructible en temps, au sens qu'il existe une fonction constructible en temps T vérifiant $F(n) \leqslant T(n)$ pour n assez grand.

(vi) Montrer que, si les fonctions T_1 et T_2 sont constructibles en temps, il en est de même des fonctions $\sup(T_1, T_2)$, $T_1 + T_2$, $T_1 T_2$

(vii) Montrer que la fonction qui à tout N associe 2^N est constructible en temps.

7.16. (i) Construire une machine de Turing pour un ruban d'alphabet $\{0, 1\}$ qui calcule la fonction successeur (qui associe $N + 1$ à N) en base 2

(ii) En déduire le principe d'une machine de Turing qui, à partir de tout mot de la forme $1^M\square[N]_2\square 1^P$ fait passer au mot $1^{M+1}\square[N+1]_2\square 1^{P-1}$, et, de là, montrer qu'il existe une machine de Turing qui fait passer, en un nombre d'étapes appartenant à $O(N \log_2 N)$, de $[N]_1$ à $[N]_1\square[N]_2$.

(iii) Montrer qu'il existe une machine de Turing qui, à partir de tout mot de la forme $1^M\square[N+1]_2$ fait passer au mot $1^{M+1}\square[N]_2$, et, de là, montrer qu'il existe une machine de Turing qui fait passer, en un nombre d'étapes appartenant à $O(N \log_2 N)$, de $[N]_2$ à $[N]_1$.

(iv) En déduire qu'il existe une machine de Turing pour un ruban d'alphabet $\{0, 1\}$ qui fait passer de $[N]_1$ à $[N]_1\square[N]_1$, c'est-à-dire qui dédouble le mot $[N]_1$, de sorte que le calcul à partir de N requière un nombre d'étapes appartenant à $O(N \log_2 N)$.

7.17. On suppose que $\boldsymbol{M}$ est une machine de Turing pour un ruban telle que le nombre d'étapes de calcul à partir de tout mot de longueur n est borné par Cn pour une certaine constante C fixée. Pour chaque entier N, on note $E(N)$ la suite (finie) des états de la machine $\boldsymbol{M}$ dans le calcul à partir de $[N]_1$, et, pour chaque numéro de case p, on note $E_p(N)$ la sous-suite de $E(N)$ obtenue en se restreignant aux configurations où la case p est accessible : ainsi, $E_p(N)$ est la suite des états successifs aux moments où on passe par la case p.

(i) On suppose que les suites $E_1(N)$, ..., $E_N(N)$ sont deux à deux distinctes. Pour chaque entier i, on appelle m_i le nombre d'entiers p tels que $E_p(N)$ a pour longueur i. Montrer que, d étant le nombre d'états de $\boldsymbol{M}$, on a

$\sum_{i=0}^{C} m_i \leqslant d^{C+1}$, et $(C+1)\sum_{i=C+1}^{\infty} m_i \leqslant \sum_{i=0}^{\infty} i m_i \leqslant CN$.

En déduire l'inégalité $N \leqslant (C+1)d^{C+1}$.

(ii) On suppose que l'entier N est tel que les suites $E_p(N)$ et $E_{p'}(N)$ coïncident. Comparer les configurations obtenues dans le calcul de $\boldsymbol{M}$ à partir de $[N]_1$ et de $[N+p]_1$, et, en particulier, les configurations terminales.

(iii) En déduire qu'il n'existe pas de machine de Turing pour un ruban d'alphabet $\{0, 1\}$ qui fasse passer de $[N]_1$ à $[N]_1\square[N]_1$, c'est-à-dire qui dédouble le mot $[N]_1$, de sorte que le calcul à partir de N se fasse en $O(N)$ étapes.

7.18. Pour L langage d'alphabet Σ, on dit que L est MT-semidécidable s'il existe une machine de Turing $\boldsymbol{M}$ dont le calcul à partir d'un mot w sur Σ quelconque se termine dans un état acceptant pour $w \in L$, et ne se termine pas pour $w \notin L$.

(i) Montrer que tout langage MT-décidable est MT-semidécidable.

(ii) On suppose que L_1 et L_2 sont deux langages MT-semidécidables d'alphabet Σ, et que $L_1 \cup L_2$ est Σ^* tout entier. Montrer qu'il existe deux langages MT-décidables L'_1, L'_2 tels que L'_1 et L'_2 forment une partition de Σ^*, et que L'_i est inclus dans L_i pour $i = 1, 2$.

(iii) Montrer que, si F est une fonction MT-calculable, alors le domaine de F et son image sont des ensembles MT-semidécidables.

Chapitre 8

Fonctions récursives

Nous avons vu que les langages décidés par automate ou par automate à pile peuvent être caractérisés de façon alternative par des conditions globales faisant intervenir leur construction à partir de langages élémentaires de base. Nous allons établir dans ce chapitre une caractérisation équivalente dans le cas des machines de Turing, à savoir une caractérisation des fonctions MT-calculables – qu'on a vues essentiellement équivalentes aux langages MT-décidables – en termes d'opérations sur les fonctions effectuées à partir de fonctions élémentaires de base.

8.1 NOTION DE FONCTION RÉCURSIVE

Nous considérons à nouveau des fonctions (non nécessairement partout définies) du type $\mathbb{N}^p \to \mathbb{N}^q$ avec p, q entiers fixés. De telles fonctions seront simplement appelées fonctions sur les entiers dans la suite.

8.1.1 Définitions de fonctions

Pour usuelle qu'elle soit, la définition ensembliste des fonctions consistant à les identifier avec leurs graphes est très étrange : lorsqu'on parle de la fonction « carré », on pense beaucoup plus naturellement au procédé, à l'algorithme, consistant à prendre un entier et à le multiplier par lui-même qu'à l'ensemble infini des couples $(0,0)$, $(1,1)$, $(2,4)$, $(3,9)$, *etc.* qui contient aussi $(123456, 15241383936)$ et $(654321, 428135971041)$, et encore beaucoup d'autres couples auxquels on ne pense certainement pas...

L'intuition recommande plutôt de considérer une fonction comme une correspondance, c'est-à-dire comme une recette permettant de trouver la valeur $F(x)$ de la fonction F à partir de celle de l'argument x. Il y a (au moins) deux façons distinctes de spécifier une telle recette. On peut partir de x lui-même, et décrire une suite de transformations de x aboutissant à $F(x)$: cette spécification peut être appelée *locale* puisqu'on ne considère pas F dans son ensemble, mais seulement « au voisinage de x ». À l'opposé, on peut spécifier F en la *définissant* de façon globale à partir d'autres fonctions, par exemple $F = \sup(\cos^2, \log)$ ou $F = \int_0 exp(t^2)dt$. Dans ce cas, la variable n'apparaît pas explicitement. Ceci ne change rien au fait que l'évaluation de F en x peut être effectuée ensuite, mais, dans un cas, l'évaluation vient en premier, alors que, dans l'autre, elle vient à la fin. En termes de programmation, la première conception correspond à la programmation impérative (langages comme PASCAL ou C^{++}), basée sur des instructions, tandis que la seconde corerspond à la programmation fonctionnelle (langages comme LISP), basée sur des définitions.

Avec la notion de fonction MT-calculable, nous avons une approche locale de la calculabilité. Nous allons développer maintenant une approche globale, et établir l'équivalence des deux approches. Il sera commode dans la suite d'utiliser la notation

$$(\lambda\vec{N})(F(\vec{N}))$$

dite du lambda-calcul pour désigner la fonction qui à $\vec{N}$ associe $F(\vec{N})$, c'est-à-dire la fonction F. Par exemple la fonction somme S est aussi la fonction $(\lambda N_1, N_2)(N_1+N_2)$.

L'idée est de considérer DES fonctions sur les entiers possédant une définition simple : pour cela, on part de fonctions élémentaires, comme la somme ou les fonctions constantes, et on considère toutes les fonctions qui peuvent se construire de proche à proche par des opérations comme la concaténation et la composition. Dans ce contexte, où l'évaluation n'intervient pas directement, il sera commode de noter **comp**(G, H) pour $H \circ G$: de la sorte, **comp**(G, H) est bien « G d'abord, puis H ».

Nous considérerons également deux autres opérations.

Définition 1.1. (récurrence) Supposons que G et H sont deux fonctions respectivement de $\mathbb{N}^p$ et $\mathbb{N}^{p+2}$ dans $\mathbb{N}$. La fonction *définie par récurrence de base G et de pas H* est la fonction F de $\mathbb{N}^{p+1}$ dans $\mathbb{N}$, notée **rec**(G, H), définie par

$$F(\vec{N}, K) = \begin{cases} G(\vec{N}) & \text{pour } K = 0, \\ H(\vec{N}, K, F(\vec{N}, K-1)) & \text{pour } K > 0. \end{cases}$$ ■

Exemple 1.2. (récurrence) Le produit des entiers est définie par les clauses d'induction

$$N * K = \begin{cases} 0 & \text{pour } K = 0, \\ N + N * (K-1) & \text{pour } K > 0. \end{cases}$$

Cela signifie que le produit est défini par la récurrence dont la base est la fonction constante de valeur 0 (de $\mathbb{N}$ dans $\mathbb{N}$) et le pas est la fonction de $\mathbb{N}^3$ dans $\mathbb{N}$ qui, à tout triplet (N_1, N_2, N_3), associe l'entier $N_1 + N_3$.

Définition 1.3. (minimalisation) Supposons que G est une fonction de $\mathbb{N}^{p+1}$ dans $\mathbb{N}$. La fonction *définie par minimalisation à partir de G* est la fonction F de $\mathbb{N}^p$ dans $\mathbb{N}$, notée **minim**(G), définie par

$$F(\vec{N}) = P \text{ si et seulement si } \begin{cases} (\forall K < P)(\exists M > 0)(G(\vec{N}, K) = M) \\ G(\vec{N}, P) = 0. \end{cases}$$ ■

Même si G est une fonction partout définie, il n'est pas nécessaire que la fonction **minim**(G) le soit : **minim**$(G)(\vec{N})$ est le plus petit P tel que $G(\vec{N}, P)$ soit nul, mais il n'est pas supposé qu'un tel P doive exister. Noter que, dans le cas où G n'est pas nécessairement partout définie, la définition choisie ici n'attribue à **minim**$(G)(\vec{N})$ la valeur P que si, pour chaque K inférieur à P, la valeur $G(\vec{N}, K)$ existe (et est non nulle).

Nous pouvons alors introduire la famille des fonctions récursives sur les entiers. Pour p, i, K entiers, nous noterons $C_{p,K}$ la fonction constante de valeur K de $\mathbb{N}^p$ dans $\mathbb{N}$, et $\Pi_{p,i}$ la i-ième projection de $\mathbb{N}^p$ dans $\mathbb{N}$. Enfin, on notera D la *décrémentation* définie par

$$D(N) = \begin{cases} 0 & \text{pour } N = 0, \\ N - 1 & \text{pour } N > 0. \end{cases}$$

Définition 1.4. (récursive, primitive récursive) Supposons que F est une fonction (non nécessairement partout définie) de $\mathbb{N}^p$ dans $\mathbb{N}^q$. On dit que F est *récursive* si F peut se définir à partir des fonctions S (somme), $C_{p,K}$, $\Pi_{p,i}$ et D en appliquant un nombre fini de fois les opérations de composition, concaténation, définition par récurrence et définition par minimalisation. On dit que F est *primitive récursive* si elle possède une définition du type précédent où la minimalisation n'intervient pas. ■

Exemple 1.5. (récursive) Soit P la fonction produit de $\mathbb{N}^2$ dans $\mathbb{N}$, c'est-à-dire $P = (\lambda N_1, N_2)(N_1 N_2)$. On a vu ci-dessus qu'on a

$$P = \mathbf{rec}(C_{1,0}, (\lambda N_1, N_2, N_3)(N_3 + N_1)).$$

Or on a

$$(\lambda N_1, N_2, N_3)(N_3 + N_1) = \mathbf{comp}((\lambda N_1, N_2, N_3)((N_3, N_1)) \ , \ S),$$
$$(\lambda N_1, N_2, N_3)((N_3, N_1)) = \mathbf{concat}((\lambda N_1, N_2, N_3)(N_3) \ , \ (\lambda N_1, N_2, N_3)(N_1)).$$

Les deux dernières fonctions sont les projections $\Pi_{3,1}$ et $\Pi_{3,3}$. On en déduit que la fonction P est primitive récursive, puisqu'elle peut se définir par

$$P = \mathbf{rec}(C_{1,0}, \mathbf{comp}(\mathbf{concat}(\Pi_{3,3}, \Pi_{3,1}), S)).$$

Considérons de même l'application exponentielle E définie par $E(N_1, N_2) = N_1^{N_2}$, soit $E = (\lambda N_1, N_2)(N_1^{N_2})$. On a une formule de récurrence analogue

$$E(N, K) = \begin{cases} 1 & \text{pour } K = 0, \\ E(N, K-1) * N - 1 & \text{sinon.} \end{cases}$$

On en déduit l'égalité

$$E = \mathbf{rec}(C_{1,1}, \mathbf{comp}(\mathbf{concat}(\Pi_{3,3}, \Pi_{3,1}), P)),$$

qui montre que E est primitive récursive puisque P l'est : on obtient une définition de E en termes des seules fonctions récursives de base en remplaçant P par sa définition – ou plutôt, une de ses définitions : il n'y a pas unicité – dans la définition ci-dessus, soit

$$E = \mathbf{rec}(C_{1,1}, \mathbf{comp} \quad (\mathbf{concat}(\Pi_{3,3}, \Pi_{3,1}),$$
$$\mathbf{rec}(C_{1,0}, \mathbf{comp}(\mathbf{concat}(\Pi_{3,3}, \Pi_{3,1}), S)))).$$

La définition précédente peut se réénoncer comme le fait que l'ensemble des fonctions récursives est le plus petit ensemble de fonctions contenant les fonctions de base S, $C_{p,K}$, $\Pi_{p,i}$ et D et clos par les opérations de composition, concaténation, définition par récurrence et définition par minimalisation. Comme à chaque fois qu'un ensemble est ainsi défini comme clôture, on en déduit la possibilité de démonstrations inductives.

Lemme 1.6. *Pour montrer qu'une propriété $\mathcal{P}$ est vraie pour toute fonction récursive F, il suffit de montrer que $\mathcal{P}$ est vraie pour les fonctions de base S, $C_{p,K}$, $\Pi_{p,i}$, D, et de montrer que, si $\mathcal{P}$ est vraie pour G et H, elle l'est également pour* $\mathbf{comp}(G, H)$, $\mathbf{concat}(G, H)$, $\mathbf{rec}(G, H)$ *et* $\mathbf{minim}(G)$.

> ***Démonstration :*** Soit A la famille de toutes les fonctions qui satisfont la propriété $\mathcal{P}$. Par hypothèse, A contient les fonctions de base, et il est clos par les opérations **comp**, ..., **minim**, donc A inclut le plus petit ensemble qui contient... et est clos par..., c'est-à-dire l'ensemble des fonctions récursives.

Par définition, chaque fonction récursive possède une définition en termes des fonctions de base S, D, $C_{p,K}$ et $\Pi_{p,i}$ et des opérations **comp**, **concat**, **rec** et **minim** : une telle définition est un mot sur l'alphabet (infini) dont les lettres sont S, D, $C_{p,K}$, $\Pi_{p,i}$, **comp**, **concat**, **rec**, **minim**, et des parenthèses. Le langage formé par ces définitions est engendré par la « grammaire » dont les productions sont (les guillemets sont ajoutés car, comme les paramètres p, K et i peuvent prendre une valeur arbitraire, il y a un nombre infini de productions)

$$S \longrightarrow S|D|C_{p,K}|\Pi_{p,i}|\mathbf{comp}(S, S)|\mathbf{concat}(S, S)|\mathbf{rec}(S, S)|\mathbf{minim}(S).$$

On pourra donc associer à toute définition de fonction récursive un arbre de dérivation dans la « grammaire » précédente (il s'agit là d'un arbre standard car, pour une définition de fonction donnée, seules un nombre fini de lettres peuvent intervenir). Comme dans le cas des expressions arithmétiques, on pourra aussi utiliser des arbres simplifiés où les parenthèses sont omises, et où les opérateurs sont remontés au sommet supérieur.

Exemple 1.7. (définition de fonction) Les arbres associés aux définitions des fonctions « produit » et « exponentielle » considérées plus haut sont respectivement

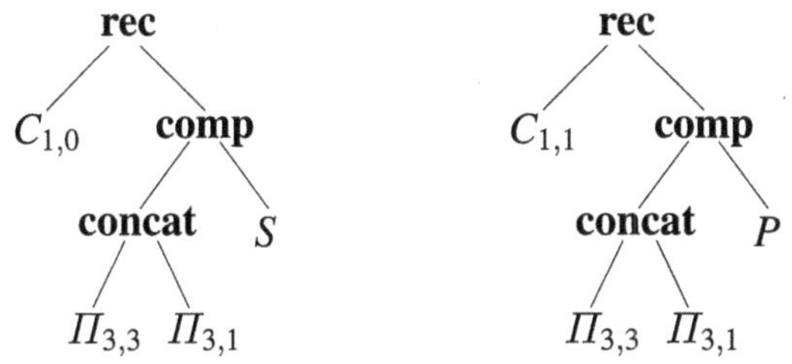

(Dans l'arbre de droite, il reste à substituer au sommet étiqueté P l'arbre de gauche pour obtenir une définition en termes des fonctions de base.) Noter qu'il n'y a évidemment pas unicité de ces définitions, ne serait-ce que parce qu'on ne change pas une fonction en la composant avec la fonction identité.

8.1.2 Calculabilité

Nous allons ici établir que toute fonction récursive est MT-calculable. D'après le lemme 1.6, la démonstration se décompose en plusieurs étapes obligées.

Lemme 1.8. *Les fonctions récursives de base sont MT-calculables.*

> ***Démonstration :*** Le résultat dans le cas de la somme et des projections a déjà été établi au chapitre 7. Le cas de la décrémentation D est trivial : toujours en base 1, il suffit d'effacer une lettre 1 pourvu qu'il y en ait au moins 2. Le cas des fonctions constantes $C_{p,K}$ est facile : les paramètres p et K étant fixés, on obtient une machine de Turing $\boldsymbol{M}_{p,K}$ calculant la fonction $C_{p,K}$ en base 1 en faisant effacer p blocs de lettres du ruban, puis en écrivant $K + 1$ lettres 1 de droite à gauche (au moyen de K états successifs « encore K lettres 1 à écrire », « encore $K - 1$ lettres 1 à écrire », ...) et en s'arrêtant sur la première de ces lettres.

Lemme 1.9. *Une fonction définie par récurrence de base et de pas MT-calculables est MT-calculable.*

> ***Démonstration :*** Supposons que $\boldsymbol{M}_1$ et $\boldsymbol{M}_2$ sont des machines de Turing pour un ruban calculant respectivement les fonctions G et H, disons en base 1. Supposons que les dimensions des domaines et images soient compatibles, et soit $F = \mathbf{rec}(G, H)$. On construit une machine de Turing $\boldsymbol{M}$ pour trois rubans calculant F de sorte que le calcul de $\boldsymbol{M}$ sur l'entrée associée à $(\vec{N}, K)$ sera le suivant : $[\vec{N}]_1$ suivi de $[K]_1$ est recopié sur le second ruban, et $[K]_1\square[0]_1$ sur le troisième ruban. D'abord $\boldsymbol{M}$ simule $\boldsymbol{M}_1$ sur le ruban 2. Si le calcul aboutit, on fait précéder le résultat du ruban 2, qui est $[G(\vec{N})]_1$ d'une copie de $[\vec{N}]_1$, qui est toujours sur le ruban 1, et de $[0]_1$. On entre alors dans

une boucle dont on sort quand le contenu du ruban 3 commence par un blanc. Les opérations à effectuer dans cette boucle sont

➤ simuler $\boldsymbol{M}_2$ sur le ruban 2 ;

➤ si le calcul aboutit, transformer le contenu du ruban 3, qui est de la forme $[K-i]_1\square[i]_1$, en $[K-i-1]_1\square[i+1]_1$;

➤ faire précéder le mot écrit sur le ruban 2 d'une copie de $[\vec{N}]_1\square[i]_1$.

De la sorte, le contenu du ruban 2 à l'entrée dans les boucles successives est $[G(\vec{N})]_1$, c'est-à-dire $[F(\vec{N},0)]_1$, puis $[F(\vec{N},1)]_1$, $[F(\vec{N},2)]_1$, *etc.* Lorsqu'on sort de la boucle, le contenu est $[F(\vec{N},K)]_1$, qu'il ne reste qu'à recopier sur le ruban 1.

Lemme 1.10. *Une fonction définie par minimalisation à partir d'une fonction MT-calculable est MT-calculable.*

Démonstration : Supposons que F est $\mathbf{minim}(G)$. On suppose que $\boldsymbol{M}_1$ est une machine de Turing pour un ruban calculant G en base 1. On construit une machine de Turing $\boldsymbol{M}$ pour trois rubans calculant F. La calcul de $\boldsymbol{M}$ sur l'entrée $\vec{N}$ s'initialise en écrivant $[0]_1$ sur le ruban 2. Ensuite on répète la boucle suivante :

➤ recopier $\vec{N}$ suivi du contenu du ruban 2 sur le ruban 3,

➤ simuler le calcul de $\boldsymbol{M}_1$ sur le ruban 3.

À chaque sortie de boucle, on teste si l'entier représenté sur le ruban 3 est nul ou non. Si oui, on a trouvé la valeur cherchée (sur le ruban 2). Sinon, on recommence après avoir incrémenté l'entier représenté sur le ruban 2.

Des résultats précédents et de la clôture déjà démontrée de la classe des fonctions MT-calculables par composition et concaténation, on déduit l'inclusion suivante.

Proposition 1.11. (MT-calculable) *Toute fonction récursive est calculable par machine de Turing.*

Notons que ce résultat donne un moyen pour démontrer la MT-calculabilité d'une fonction sans avoir à construire effectivement de machine de Turing la calculant.

8.1.3 Ensembles récursifs

Grâce à l'utilisation de la fonction indicatrice d'un ensemble, nous obtenons une notion naturelle de sous-ensemble récursif de $\mathbb{N}$, ou, plus généralement, de $\mathbb{N}^p$.

Définition 1.12. (récursif) Supposons que X est un sous-ensemble de $\mathbb{N}^p$. On dit que X est *récursif* (*resp.* primitif récursif) si sa fonction indicatrice ind_X est une fonction récursive (*resp.* primitive récursive). ■

Ici et dans toute la suite, ind_X désigne la fonction indicatrice standard, à valeurs dans $\{0,1\}$. Il résulte du fait que toute fonction récursive est MT-calculable que tout ensemble récursif est MT-décidable : en effet, si X est récursif, par définition la fonction ind_X est récursive, donc elle est MT-calculable, et donc X est MT-décidable.

On note Δ la fonction $(\lambda N_1,N_2)(\sup(N_1-N_2,0))$, appelée différence positive.

Lemme 1.13. *Les fonctions* Δ, sup, inf, $\text{ind}_{\{0\}}$ *et* $\text{ind}_<$ *sont primitives récursives.*

Démonstration : De l'égalité

$$\Delta(N,K) = \begin{cases} N & \text{pour } K = 0, \\ D(\Delta(N,K-1),0)) & \text{sinon,} \end{cases}$$

on tire la définition

$$\Delta = \mathbf{rec}(\Pi_{1,1}, \mathbf{comp}(\Pi_{3,3}, D)).$$

Ensuite on a

$$\sup(N_1, N_2) = N_2 + \Delta(N_1, N_2),$$

d'où on tire

$$(\lambda N_1, N_2)(\sup(N_1, N_2)) = \mathbf{comp}(\mathbf{concat}(\Pi_{2,2}, \Delta), S),$$

et, comme on a toujours

$$\inf(N_1, N_2) = N_1 + N_2 - \sup(N_1, N_2),$$

on tire de ce qui précède la récursivité de inf (on peut aussi utiliser l'égalité $\inf(N_1, N_2) = \Delta(N_1, \Delta(N_1, N_2))$).

De l'égalité

$$\text{ind}_{\{0\}}(K) = \begin{cases} 1 & \text{pour } K = 0, \\ 0 & \text{sinon} \end{cases}$$

on tire la définition

$$\text{ind}_{\{0\}} = \mathbf{rec}(C_{0,1}, C_{2,0}).$$

Enfin, notons que $N_1 < N_2$ est vrai si et seulement si $\Delta(N_2, N_1)$ n'est pas nul, donc si et seulement si on a $\text{ind}_{\{0\}}(\Delta(N_2, N_1)) = 0$, soit $\text{ind}_{\{0\}}(\text{ind}_{\{0\}}(\Delta(N_2, N_1))) = 1$. Donc $\text{ind}_<$ est récursive comme composée de fonctions récursives

On déduit facilement de ces calculs des propriétés de clôture de la famille des ensembles récursifs d'entiers.

Proposition 1.14. (clôture) *(i) Pour chaque entier p, les ensembles récursifs et les ensembles primitifs récursifs forment des algèbres de Boole de parties de* $\mathbb{N}^p$*, c'est-à-dire sont clos par union finie, intersection finie et complément. Toute partie finie de* $\mathbb{N}^p$ *est primitive récursive.*

(ii) L'image réciproque d'un ensemble récursif par une application récursive partout définie est un ensemble récursif.

Démonstration : Comme la fonction indicatrice de la réunion de deux ensembles est la borne supérieure des fonctions indicatrices de ces ensembles, la clôture par union est un corollaire immédiat du caractère récursif de la fonction sup. Il en va de même pour l'intersection avec la fonction inf. Pour le complément, on remarque que la récursivité de la fonction ind_X entraîne celle de la différence de $C_{p,1}$ et de ind_X, qui est la fonction indicatrice du complémentaire de X. Il ne reste qu'à montrer que les singletons sont récursifs. Soient K_1, ..., K_p des entiers quelconques. On remarque que $(N_1, ..., N_p) = (K_1, ..., K_p)$ équivaut à

$$\Delta(N_1, K_1) = \Delta(K_1, N_1) = ... = \Delta(N_p, K_p) = \Delta(K_p, N_p) = 0.$$

Donc on a l'égalité

$$\begin{aligned}\mathrm{ind}_{\{(K_1,...,K_p)\}}(N_1, ..., N_p) &= \mathrm{ind}_{\{0\}}(\Delta(N_1, K_1) + \Delta(K_1, N_1) + \\ &\quad ... + \Delta(N_p, K_p) + \Delta(K_p, N_p)),\end{aligned}$$

qui est aisément transformée en une définition récursive pour la fonction $\mathrm{ind}_{\{(K_1,...,K_p)\}}$.

Pour (ii), on remarque que la fonction indicatrice de $F^{-1}(X)$ est la composée de F et de la fonction indicatrice de X

On prendra garde qu'il n'est *pas* affirmé que l'image (directe) d'un ensemble récursif par une application récursive ait à être récursive : cette propriété est fausse.

Une application de ce qui précède est la possibilité de construire des fonctions récursives en séparant plusieurs cas *à condition que l'ensemble utilisé pour la séparation* soit un ensemble récursif.

Proposition 1.15. (définition par cas) *Supposons que les fonctions F_1 et F_2 définies sur $\mathbb{N}^p$ sont récursives (resp. primitives récursives), et que X est une partie récursive (resp. primitive récursive) de $\mathbb{N}^p$. Alors la fonction F définie par*

$$F(\vec{N}) = \begin{cases} F_1(\vec{N}) & \textit{pour } \vec{N} \in X, \\ F_2(\vec{N}) & \textit{sinon} \end{cases}$$

est récursive (resp. primitive récursive).

Démonstration : L'égalité

$$F(\vec{N}) = \mathrm{ind}_X(\vec{N}) \cdot F_1(n) + \mathrm{ind}_{\mathbb{N}^r \setminus X}(\vec{N}) \cdot F_2(\vec{N})$$

montre que F est récursive dès que F_1, F_2 et ind_X le sont.

La propriété précédente s'étend au cas d'une définition mettant en jeu plus de deux cas, à condition que chacun des ensembles utilisés dans la partition soit récursif.

Proposition 1.16. (presque partout nulle) *Supposons que F est une fonction partout définie sur $\mathbb{N}^p$ et nulle sauf en un nombre fini de points. Alors F est primitive récursive.*

Démonstration : Soit $\{\vec{N}_1, ..., \vec{N}_m\}$ l'ensemble des points où F ne s'annule pas. Alors F admet une définition par cas

$$F(\vec{N}) = \begin{cases} C_{p,F(\vec{N}_1)}(\vec{N}) & \text{pour } \vec{N} \in \{\vec{N}_1\}, \\ \cdots & \\ C_{p,F(\vec{N}_m)}(\vec{N}) & \text{pour } \vec{N} \in \{\vec{N}_m\}, \\ C_{p,0}(\vec{N}) & \text{sinon.} \end{cases}$$

Or les ensembles $\{\vec{N}_1\}$, ..., $\{\vec{N}_m\}$ et $\mathbb{N}^p \setminus \{\vec{N}_1, ..., \vec{N}_m\}$ sont primitifs récursifs.

8.2 RÉCURSIVITÉ DES FONCTIONS MT-CALCULABLES

Nous nous proposons de montrer qu'il existe beaucoup de fonctions (primitives) récursives. Pour cela, nous allons montrer que la plupart des fonctions usuelles sont récursives, et, plus généralement, nous allons montrer que toute fonction calculable par machine de Turing est récursive.

8.2.1 Fonctions usuelles

Pour démontrer le résultat précédent, nous aurons besoin de savoir qu'un certain nombre de fonctions usuelles sont récursives. Nous commençons donc par établir de tels résultats préliminaires.

Proposition 2.1. (polynôme) *Toute fonction polynomiale est primitive récursive.*

Démonstration : Les fonctions somme et produit sont récursives. Toute fonction polynomiale s'obtient en composant ces fonctions avec des fonctions constantes (les coefficients), et donc est aussi récursive.

Proposition 2.2. (sommation) *Supposons que F est une fonction récursive (resp. primitive récursive) de $\mathbb{N}^p$ dans $\mathbb{N}$. Alors la fonction*

$$(\lambda N_1, ..., N_p)(\sum_{i=0}^{N_p} F(N_1, ..., N_{p-1}, i))$$

est récursive (resp. primitive récursive).

Démonstration : Soit G la fonction ci-dessus. On a

$$G(N_1, ..., N_{p-1}, K) = \begin{cases} F(N_1, ..., N_{p-1}, 0) & \text{pour } K = 0, \\ G(N_1, ..., N_{p-1}, K-1) + F(N_1, ..., N_p) & \text{sinon.} \end{cases}$$

Donc G est définie par récurrence de base

$$(\lambda N_1, ..., N_{p-1})(F(N_1, ..., N_{p-1}, 0)),$$

laquelle est récursive comme composée de la concaténée de $\Pi_{p,1}$, ..., $\Pi_{p,p-1}$ et $C_{p,0}$ avec F, et de pas

$$(\lambda N_1, ..., N_p, N_{p+1})(N_p + F(N_1, ..., N_{p-1}, N_{p+1})),$$

laquelle est récursive pour les mêmes raisons et en outre parce que F et S le sont.

Lemme 2.3. *Les fonctions* $\mathrm{ind}_{2\mathbb{N}}$ *et* $(\lambda N)(N \operatorname{div} 2)$ *sont primitives récursives.*

Démonstration : De l'égalité

$$\mathrm{ind}_{\{2\mathbb{N}\}}(K) = \begin{cases} 1 & \text{pour } K = 0, \\ \mathrm{ind}_{\{0\}}(\mathrm{ind}_{2\mathbb{N}}(K-1)) & \text{sinon,} \end{cases}$$

on tire la définition

$$\mathrm{ind}_{\{2\mathbb{N}\}} = \mathbf{rec}(C_{0,1}, \mathbf{comp}(\Pi_{2,2}, \mathrm{ind}_{\{0\}})).$$

Ensuite, de l'égalité

$$K \operatorname{div} 2 = \begin{cases} 0 & \text{pour } K = 0, \\ (K-1) \operatorname{div} 2 + \mathrm{ind}_{2\mathbb{N}}(K) & \text{sinon,} \end{cases}$$

on tire la définition

$$(\lambda N)(N \operatorname{div} 2) = \mathbf{rec}(C_{0,0}, \mathbf{comp}(\mathbf{concat}(\Pi_{2,2}, \mathbf{comp}(\Pi_{2,1}, \mathrm{ind}_{2\mathbb{N}})), S),$$

On note V_2 la fonction « valuation en base 2 » qui, à tout entier N, associe le plus grand entier i tel que 2^i divise N.

Proposition 2.4. (valuation) *La fonction V_2 est primitive récursive.*

Démonstration : Soit F la fonction définie par

$$F(N) = \begin{cases} N \operatorname{div} 2 & \text{si } N \text{ est pair,} \\ N & \text{sinon.} \end{cases}$$

Comme les fonctions $(\lambda N)(N \operatorname{div} 2)$ et identité sont récursives, et que l'ensemble $2\mathbb{N}$ est récursif, la fonction F est récursive. Soit maintenant G la fonction définie par récurrence de base $\Pi_{1,1}$ (la fonction identité de $\mathbb{N}$) et de pas $(\lambda N_1, N_2, N_3)(F(N_2))$. La valeur de $G(N, K)$ est le résultat de l'application K fois itérée de F à N. Alors dire qu'on a $V_2(N) = P$, c'est dire que dans la suite

$$N, F(N), F(F(N)), \ldots$$

c'est-à-dire dans la suite $G(N,0), G(N,1), G(N,2), \ldots$, il y a exactement P termes qui diffèrent du terme suivant. On obtient donc

$$V_2(N) = \sum_{i=0}^{i=\infty} \mathrm{ind}_<(G(N, i+1), G(N, i)),$$

et aussi, comme on a certainement $V_2(N) \leqslant N$,

$$V_2(N) = \sum_{i=0}^{i=N} \mathrm{ind}_<(G(N, i+1), G(N, i)).$$

Comme G est primitive récursive, on déduit de la proposition 2.2 que la fonction W définie par $W(N, P) = \sum_{i=0}^{i=P} \mathrm{ind}_<(G(N, i+1), G(N, i))$ est primitive récursive. Il en est de même de la fonction V_2, puisqu'on a $V_2(N) = W(N, N)$ pour tout N.

8.2.2 Récurrence multiple

Nous avons considéré dans la construction des fonctions récursives des définitions par récurrence pour des fonctions à valeurs dans $\mathbb{N}$. On peut considérer plus généralement une définition par récurrence pour des fonctions à valeurs dans $\mathbb{N}^q$ avec q quelconque, ce qui revient à considérer la définition de q fonctions par des récurrences simultanées.

Définition 2.5. (récurrence multiple) Supposons que G et H sont deux fonctions respectivement de $\mathbb{N}^p$ et $\mathbb{N}^{p+q+1}$ dans $\mathbb{N}^q$. La fonction *définie par récurrence q-uple de base G et de pas H* est la fonction F de $\mathbb{N}^{p+1}$ dans $\mathbb{N}^q$ définie par

$$F(\vec{N}, K) = \begin{cases} G(\vec{N}) & \text{pour } K = 0, \\ H(\vec{N}, K, F(\vec{N}, K-1)) & \text{pour } K > 0. \end{cases}$$ ■

Comme plus haut, la notation précédente est un peu abusive : l'objet noté $\vec{N}, K, F(\vec{N}, K-1)$ n'est pas exactement un élément de $\mathbb{N}^{p+q+1}$, mais un élément de $\mathbb{N}^p \times \mathbb{N} \times \mathbb{N}^q$, et il faudrait faire intervenir des opérations de projection et de concaténation convenables. Ceci, au demeurant, n'a aucune importance réelle puisque toutes les transformations de suites nécessaires sont (primitives) récursives.

Lemme 2.6. *Pour chaque entier non nul q, il existe une bijection primitive récursive de $\mathbb{N}^q$ sur $\mathbb{N}$ dont l'inverse est aussi primitive récursive.*

Démonstration : Posons $\Phi_2(N_1, N_2) = 2^{N_1} * (2N_2 + 1)$. Alors Φ_2 est bijective puisque tout entier se décompose de façon unique en produit d'un nombre pair et d'un nombre impair, et Φ_2 est primitive récursive car le produit et l'exponentiation le sont. La bijection réciproque Φ_2^{-1} est également primitive récursive, car on a, en utilisant la fonction G définie dans la démonstration de la proposition 2.4, on a

$$\Phi_2^{-1}(N) = (V_2(N), G(N, N)),$$

et les fonctions V_2 et G sont primitives récursives. Donc le résultat est démontré pour $q = 2$. En posant

$$\Phi_q(N_1, ..., N_q) = \Phi_2(N_1, \Phi_{q-1}(N_2, ..., N_q)$$

on étend de proche en proche le résultat pour $q \geqslant 3$.

Nous allons montrer que toute fonction définie par récurrence multiple de base et de pas récursifs est récursive – ce qui n'est *pas* évident. L'idée est de ramener une récurrence q-uple à une récurrence simple en utilisant une bijection primitive récursive de $\mathbb{N}^q$ sur $\mathbb{N}$.

Proposition 2.7. (récurrence multiple) *Toute fonction définie par récurrence multiple de base et de pas récursifs (resp primitifs recursifs) est récursive (resp. primitif récursive).*

Démonstration : Supposons que F est définie par récurrence q-uple de base G et de pas H. Le problème pour se ramener à une récurrence simple est que la valeur de F pour la valeur K du paramètre de récurrence dépend des q composantes de la valeur de F pour $K - 1$. Par le lemme précédent, il existe une bijection primitive récursive Φ_q de $\mathbb{N}^q$ sur $\mathbb{N}$: on peut alors coder le q-uplet d'entiers $F(\vec{N})$ par le seul entier $\Phi_q(F(\vec{N}))$. On considère donc la fonction composée de F et de Φ_q, qui prend ses valeurs dans $\mathbb{N}$. On a alors par hypothèse

$$\Phi_q(F(\vec{N}, 0)) = \Phi_q(G(\vec{N})),$$

et, pour $K > 0$,

$$\begin{aligned}\Phi_q(F(\vec{N},K)) &= \Phi_q(H(\vec{N},K,F(\vec{N},K-1)))\\ &= \Phi_q(H(\vec{N},K,\Phi_q^{-1}(\Phi_q(\vec{N},K-1)))),\end{aligned}$$

ce qui montre que la fonction $\mathbf{comp}(F,\Phi_q)$ est définie par récurrence simple de base $\mathbf{comp}(G,\Phi_q)$ et de pas la fonction

$$(\lambda\vec{N},K,P)(H(\vec{N},K,\Phi_q^{-1}(P))).$$

Ces fonctions sont récursives, et il en est de même de $\mathbf{comp}(F,\Phi_q)$, puis de F, qui est la fonction composée $\mathbf{comp}(\mathbf{comp}(F,\Phi_q),\Phi_q^{-1})$. Si, de surcroît, G et M sont primitives récursives, il en est de même de F, puisque Φ_q et Φ_q^{-1} sont primitives récursives.

8.2.3 Contrôle d'une machine de Turing

On peut maintenant établir la réciproque de la proposition 1.11. Pour cela, l'idée de base est que l'ensemble du calcul d'une machine de Turing travaillant avec des entiers représentés dans une certaine base peut être décrit par des fonctions récursives.

Proposition 2.8. (récursive) *Toute fonction MT-calculable sur les entiers est récursive.*

Démonstration : Comme une fonction à valeurs dans $\mathbb{N}^q$ est récursive si et seulement si chacune de ses composantes l'est, c'est-à-dire chaque fonction obtenue par composition avec une projection, il suffit de montrer le résultat pour une fonction F de $\mathbb{N}^p$ dans $\mathbb{N}$. On suppose donc que $\boldsymbol{M}$ est une machine de Turing calculant la fonction $[F]_1$, c'est-à-dire la représentation de F en base 1. De plus, on suppose que $\boldsymbol{M}$ est une machine pour un ruban d'alphabet réduit à $\{1\}$, dont les états sont numérotés de 0 à d, 0 étant l'état initial, et d l'état acceptant.

La première étape consiste à coder par des entiers les configurations. Pour que le codage n'utilise qu'un nombre fini de paramètres, il est nécessaire de regrouper dans un seul entier l'information sur le contenu d'une infinité de cases. Dans une configuration un nombre fini de cases seulement portent un caractère, qui ici est nécessairement 1. Alors le ruban contient des caractères 1 séparés éventuellement par des blancs : ceci suggère de coder les blancs par des 0, et de considérer l'ensemble des caractères du ruban comme le développement binaire d'un entier. Précisément, on considère séparément deux demi-rubans correspondant respectivement à ce qui est à gauche de la case accessible, et à ce qui est à droite. On code le demi-ruban gauche par l'entier dont le développement binaire est le mot obtenu en remplaçant les blancs situés entre des 1 par des 0, ce qui n'introduit pas d'ambiguïté. Par symétrie, on code le demi-ruban droit par l'entier dont le développement binaire inversé est le mot similaire. Il reste à faire figurer le caractère de la case accessible et l'état, qui sont déjà tous deux des entiers. Cela revient à coder la configuration (f,p,q) par le quadruplet d'entiers

$$\Phi((f,p,q)) = (f(p), \sum_{i=1}^{\infty} f(p-i)2^i, \sum_{i=1}^{\infty} f(p+i)2^i, q).$$

Noter que Φ, qui est un codage des configurations par des éléments de $\mathbb{N}^4$, n'est pas injectif : deux configurations obtenues l'une à partir de l'autre par translation ont même image par Φ – un point sans influence ici. Comme exemple, le codage de la configuration

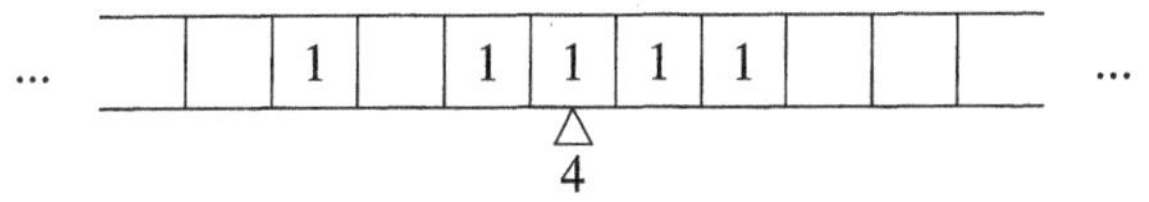

est le quadruplet $(1, 5, 3, 4)$.

On considère maintenant la fonction

$$G : \mathbb{N}^{r+1} \to \mathrm{Conf}_{\{1\},\{0,\ldots,d\}}$$

telle que $G(\vec{N}, t)$ soit la configuration obtenue après t étapes de calcul de la machine $\boldsymbol{M}$ à partir de la configuration initiale associée à $[\vec{N}]_1$. Le point essentiel est que la fonction composée $\mathbf{comp}(G, \Phi)$ est une fonction primitive récursive de $\mathbb{N}^{r+1}$ dans $\mathbb{N}^4$. On va en effet établir que $\mathbf{comp}(G, \Phi)$ est définie par une récurrence (quadruple) par rapport à sa dernière variable, ce qui correspond au fait que la t-ième configuration d'un calcul s'obtient de façon simple et uniforme à partir de la $(t-1)$-ième configuration. On notera G_1, ..., G_4 les composantes de la fonction $\mathbf{comp}(G, \Phi)$: il s'agit donc de montrer que les fonctions G_1, ..., G_4 sont primitives récursives.

On commence par les valeurs initiales. La configuration $G(\vec{N}, 0)$ est une suite de p blocs de 1 séparés par un blanc. La case accessible étant la première du premier groupe de 1, $\Phi(G(\vec{N}, 0))$ a la forme $(1, 0, m, 0)$. Autrement dit on a

$$\begin{cases} G_1(\vec{N}, 0) = 1 \\ G_2(\vec{N}, 0) = 0 \\ G_4(\vec{N}, 0) = 0. \end{cases}$$

Pour le calcul de $G_3(\vec{N}, 0)$, on remarque que l'entier dont le développement binaire (inversé) est un bloc de N chiffres 1 est $2^N - 1$. Donc l'entier dont le développement binaire inversé est un bloc de N_1 chiffres 1, suivi d'un blanc et d'un autre bloc de N_2 chiffres 1 est

$$(2^{N_1} - 1) + 2^{N_1+1}(2^{N_2} - 1) = 2^{N_1+N_2+1} - 2^{N_1} - 1.$$

De là on obtient la valeur

$$G_3(N_1, \ldots, N_p, 0) = 2^{N_1+\ldots+N_p+2p-1} - 1 - \sum_{i=1}^{p-1} 2^{N_1+\ldots+N_i+2i-2}.$$

Les résultats des sections précédentes impliquent que la fonction

$$(\lambda\vec{N})(\Phi(\mathbf{c}(\vec{N}, 0)))$$

est (primitive) récursive.

On passe au cas $t > 0$. Il s'agit de calculer la valeur de $\Phi(G(\vec{N}, t))$ à partir de celle de $\Phi(G(\vec{N}, t-1))$. Supposons données des valeurs quelconques $\vec{N}$ et t. Soient $(f, p, q) = G(\vec{N}, t-1)$ et $(f', p', q') = G(\vec{N}, t)$. Les éléments déterminant la transition de (f, p, q) à (f', p', q') sont $f(p)$ et q. Notons C, D, et E les fonctions de transition de la machine $\boldsymbol{M}$, spécifiant respectivement le nouveau caractère, le déplacement, et le nouvel état.

Supposons d'abord $D(q,f(p)) = +1$. Alors le caractère accessible de (f', p', q'), c'est-à-dire $f'(p')$, est celui qui était à droite de la case accessible de (f, p, q) : autrement dit, c'est le chiffre des unités du nombre $\sum_{i=1}^{\infty} f(p+i)2^i$. Le demi-ruban droit de (f', p', q') s'obtient à partir du demi-ruban droit de (f, p, q) en supprimant le caractère le plus à gauche : c'est dire que $\sum_{i=1}^{\infty} f'(p+i)2^i$ est le quotient (entier) de la division de $\sum_{i=1}^{\infty} f(p+i)2^i$ par 2. Quant au demi-ruban gauche de (f', p', q'), il s'obtient à partir du demi-ruban gauche de (f, p, q) en ajoutant le nouveau caractère $C(q,f(p))$ à droite du précédent demi-ruban : c'est dire qu'on a

$$\sum_{i=1}^{\infty} f'(p-i)2^i = 2\sum_{i=1}^{\infty} f(p-i)2^i + C(q,f(p)).$$

Ainsi, dans le cas où le déplacement de $G(\vec{N}, t-1)$ à $G(\vec{N}, t)$ est +1, on a les égalités suivantes

$$\begin{cases} G_1(\vec{N}, t) = G_3(\vec{N}, t-1) \bmod 2 \\ G_2(\vec{N}, t) = 2G_2(\vec{N}, t-1) + C(G_4(\vec{N}, t-1), G_1(\vec{N}, t-1)) \\ G_3(\vec{N}, t) = G_3(\vec{N}, t-1) \operatorname{div} 2 \\ G_4(\vec{N}, t) = E(G_4(\vec{N}, t-1), G_1(\vec{N}, t-1)) \end{cases}$$

Dans le cas où le déplacement de $G(\vec{N}, t-1)$ à $G(\vec{N}, t)$ est -1, on a des égalités similaires

$$\begin{cases} G_1(\vec{N}, t) = G_2(\vec{N}, t-1) \bmod 2 \\ G_2(\vec{N}, t) = G_2(\vec{N}, t-1) \operatorname{div} 2 \\ G_3(\vec{N}, t) = 2G_3(\vec{N}, t-1) + C(G_4(\vec{N}, t-1), G_1(\vec{N}, t-1)) \\ G_4(\vec{N}, t) = E(G_4(\vec{N}, t-1), G_1(\vec{N}, t-1)) \end{cases}$$

Finalement on peut regrouper ces deux familles d'égalités sous la forme

$$G_2(\vec{N}, t) = \begin{cases} 2G_2(\vec{N}, t-1) + C(G_4(\vec{N}, t-1), G_1(\vec{N}, t-1)) \\ \quad \text{si } D(G_4(\vec{N}, t-1), G_1(\vec{N}, t-1)) = 1, \\ G_2(\vec{N}, t-1) \operatorname{div} 2 \\ \quad \text{si } D(G_4(\vec{N}, t-1), G_1(\vec{N}, t-1)) = -1, \end{cases}$$

et de même pour G_1 et G_3. Les fonctions somme, produit, $(\lambda N)(N \bmod 2)$, $(\lambda N)(N \operatorname{div} 2)$ sont primitives récursives. Par la proposition 1.16, il en est de même des fonctions C, $\mathrm{ind}_{[D=+1]}$, $\mathrm{ind}_{[D=-1]}$, E, vues comme fonctions de $\mathbb{N}^2$ dans $\mathbb{N}$ en les prolongeant par 0 hors de leur domaine initial. Donc les formules ci-dessus expriment la valeur de la fonction $\mathbf{comp}(G, \Phi)$ en $(\vec{N}, t)$ comme fonction récursive de sa valeur en $(\vec{N}, t-1)$: il existe une fonction récursive H de $\mathbb{N}^4$ dans $\mathbb{N}^4$ telle qu'on ait

$$\Phi(G(\vec{N}, t)) = H(\Phi(G(\vec{N}, t-1))).$$

La correspondance H ne dépend que de la machine de Turing $\boldsymbol{M}$ considérée. Le détail de la définition de H est, en notant H_1, ..., H_4 ses quatre composantes

$$\begin{aligned}
H_1(N_1,\ldots,N_4) &= \begin{cases} N_3 & \text{si } D(N_4,N_1) = 1, \\ N_2 & \text{si } D(N_4,N_1) = -1, \end{cases} \\
H_2(N_1,\ldots,N_4) &= \begin{cases} 2N_2 + C(N_4,N_1) & \text{si } D(N_4,N_1) = 1, \\ N_2 \operatorname{div} 2 & \text{si } D(N_4,N_1) = -1, \end{cases} \\
H_3(N_1,\ldots,N_4) &= \begin{cases} N_3 \operatorname{div} 2 & \text{si } D(N_4,N_1) = 1, \\ 2N_3 + C(N_4,N_1) & \text{si } D(N_4,N_1) = -1, \end{cases} \\
H_4(N_1,\ldots,N_4) &= E(N_4,N_1),
\end{aligned}$$

formules dont le seul intérêt est de faire bien apparaître l'uniformité de la construction. Nous déduisons des résultats précédents que la fonction $\mathbf{comp}(G,\Phi)$, qui code le calcul de la machine $\boldsymbol{M}$, est primitive récursive.

La démonstration est presque achevée : il ne reste qu'à reconstruire la fonction F par hypothèse calculée par $\boldsymbol{M}$ à partir de la fonction G. Pour cela, introduisons la fonction (partielle) T de $\mathbb{N}^p$ dans $\mathbb{N}$ telle que $T(\vec{N})$ soit l'unique entier t tel que $G(\vec{N},t)$ est une configuration acceptante. Dire que $G(\vec{N},t)$ est acceptante, c'est dire que l'état est d, c'est-à-dire qu'on a $G_4(\vec{N},t) = d$, alors que, par construction, on a $G_4(\vec{N},t') < d$ pour $t' < t$. Donc $T(\vec{N})$ est, s'il existe, le plus petit entier t vérifiant $\Delta(d, G_4(\vec{N},t)) = 0$, avec $\Delta(d, G_4(\vec{N},t')) > 0$ pour $t' < t$. C'est dire que la fonction T est définie par minimalisation à partir de la fonction

$$(\lambda\vec{N},t)(\Delta(d,G_4(\vec{N},t))),$$

laquelle est récursive puisque G_4, la différence Δ et la constante $C_{p+1,d}$ le sont. Puisque T et G_3 sont récursives, il en est de même de la fonction composée

$$(\lambda\vec{N})(G_3(\vec{N},T(\vec{N}))).$$

Or, par hypothèse, la machine $\boldsymbol{M}$ calcule la fonction F : c'est dire que, si le calcul de $\boldsymbol{M}$ à partir de $\vec{N}$ atteint l'état d, la configuration obtenue alors est la configuration acceptante associée à la représentation unaire de l'entier $F(\vec{N})$. Du calcul effectué plus haut pour les configurations initiales, on déduit dans ce cas l'égalité

$$G_3(\vec{N},T(\vec{N})) = 2^{F(\vec{N})} - 1,$$

d'où

$$F(\vec{N}) = V_2(G_3(\vec{N},T(\vec{N})) + 1).$$

Si maintenant la valeur de $F(\vec{N})$ n'est pas définie, le calcul de $\boldsymbol{M}$ sur l'entrée $\vec{N}$ ne se termine jamais, donc la valeur de $T(\vec{N})$ n'est pas définie, non plus que celle de $V_2(G_3(\vec{N},T(\vec{N})) + 1)$. L'égalité ci-dessus est donc valable sans restriction. Comme la fonction V_2 est récursive, on conclut que F l'est également.

La démonstration précédente peut être facilement adaptée au cas d'une représentation en base B des entiers, avec $B \geqslant 2$. On peut alors coder le ruban par des entiers en utilisant la base $B+1$ au lieu de la base 2. Le principe reste exactement le même, à ceci près qu'on allègue le caractère primitif récursif de la valuation $B+1$-adique au lieu de celui de la valuation 2-adique. Les détails sont faciles.

En rapprochant le résultat précédent de la proposition 1.11, nous obtenons une équivalence. Cette équivalence est remarquable car elle relie deux notions introduites à partir d'approches et de points de vue très différents.

Corollaire 2.9. *Pour toute fonction F de $\mathbb{N}^p$ dans $\mathbb{N}^q$, il y a équivalence entre*

➤ *F est calculable par machine de Turing,*

➤ *F est récursive.*

Passant aux fonctions indicatrices, nous obtenons de même :

Corollaire 2.10. *Pour tout sous-ensemble X de $\mathbb{N}^p$, il y a équivalence entre*

➤ *X est décidable par machine de Turing,*

➤ *X est récursif.*

8.3 DEUX CONTRE-EXEMPLES

L'ensemble des fonctions sur les entiers n'est pas dénombrable, alors que l'ensemble des fonctions récursives l'est puisque le langage formé par les définitions récursives est lui-même dénombrable. Il doit donc exister des fonctions non récursives. Cet argument ne donne pas d'exemple concret de fonction non récursive. Dans cette section, nous construisons un tel exemple concret de fonction non récursive. Nous montrons également que l'inclusion des fonctions primitives récursives dans les fonctions récursives est stricte en construisant un exemple de fonction récursive non primitive récursive.

8.3.1 Le castor affairé

Imaginons une compétition entre les machines de Turing pour un ruban d'alphabet $\{1\}$ dont le but est d'écrire le plus grand nombre possible de 1 *et de s'arrêter* (sinon c'est triché). Le caractère répétitif d'une telle tâche a suggéré le nom de « castor affairé » (*busy beaver*).

Définition 3.1. (castor) Soit $\boldsymbol{M}$ une machine de Turing pour un ruban, d'alphabet $\{1\}$. Si le calcul de $\boldsymbol{M}$ à partir de l'entrée vide se termine, on définit $\phi(\boldsymbol{M})$ comme le nombre de caractères 1 écrits sur le ruban de la configuration terminale obtenue ; sinon on attribue à $\phi(\boldsymbol{M})$ la valeur conventionnelle 0. Alors, pour chaque entier N, on définit $U(N)$ comme la borne supérieure de tous les nombres $\phi(\boldsymbol{M})$ pour $\boldsymbol{M}$ machine de Turing à N états pour un ruban et d'alphabet $\{1\}$. ■

Le choix d'un alphabet à un élément est le pire choix possible : la valeur de $U(N)$ correspondant à un alphabet à deux lettres, ou davantage, est au moins égale à la valeur correspondant à un alphabet à un seul caractère. Donc les résultats négatifs obtenus dans ce cas restrictif s'étendent *a fortiori* aux autres cas.

Il existe un nombre fini de machines de Turing d'états 1, 2, ..., N et d'alphabet $\{1\}$. La borne supérieure d'un ensemble fini d'entiers est finie, et atteinte. Par conséquent, pour chaque entier N, l'entier $U(N)$ existe, et il existe une machine à N états telle que $\phi(\boldsymbol{M})$ est égal à $U(N)$. La fonction U est une fonction à la croissance extrêmement rapide. Seules ses toutes premières valeurs numériques sont connues.

Lemme 3.2. *La fonction U est strictement croissante.*

Démonstration : Supposons que $\boldsymbol{M}$ est une machine à N états vérifiant $\phi(\boldsymbol{M}) = U(N)$. On construit une machine $\boldsymbol{M}'$ en ajoutant à $\boldsymbol{M}$ les instructions suivantes, où on suppose que N est l'état terminal de $\boldsymbol{M}$,

$$(1, N) \mapsto (1, +1, N), \qquad (\square, N) \mapsto (1, +1, N+1).$$

Partant de la configuration vide, la machine $\boldsymbol{M}'$ simule d'abord le calcul de $\boldsymbol{M}$, et écrit donc $U(N)$ caractères avant d'entrer dans l'état N. Alors le pointeur se déplace (vers la droite) en laissant les caractères écrits, et en inscrivant un 1 supplémentaire sur le premier blanc rencontré. Ensuite $\boldsymbol{M}'$ s'arrête. Ainsi on a $\phi(\boldsymbol{M}') = U(N) + 1$, et donc $U(N+1) \geqslant U(N) + 1$ puisque $\boldsymbol{M}'$ a $N+1$ états.

Proposition 3.3. (non calculable) *Pour toute fonction MT-calculable F de* $\mathbb{N}$ *dans* $\mathbb{N}$, *on a* $F(N) < U(N)$ *pour tout entier N assez grand – et donc la fonction U n'est pas MT-calculable.*

Démonstration : Soit F une fonction MT-calculable quelconque. Quitte à remplacer F par la fonction également MT-calculable

$$(\lambda N)(\sum_{i=0}^{N} F(i)),$$

on peut supposer F croissante au sens large. La fonction $(\lambda N)(N^2)$ est MT-calculable puisque récursive, donc la fonction G définie par $G(N) = F(N^2)$ est aussi MT-calculable. Soit $\boldsymbol{M}$ une machine de Turing pour un ruban d'alphabet $\{1\}$ calculant $[G]_1$. Soit K le nombre d'états de $\boldsymbol{M}$. Soit N un entier quelconque. Il existe une machine de Turing $\boldsymbol{M}_N$ à $N+1$ états qui, à partir de la configuration vide, aboutit à une configuration où le mot $[N]_1$ est écrit et où son premier caractère est accessible. En enchaînant $\boldsymbol{M}$ à $\boldsymbol{M}_N$, c'est-à-dire en identifiant l'état terminal de $\boldsymbol{M}_N$ et l'état initial de $\boldsymbol{M}$, on obtient une machine à $N+K+1$ états qui fait passer de la configuration initiale vide à la configuration terminale associée à $[F(N^2)]_1$. Par définition de la fonction U, on a donc

$$F(N^2) + 1 \leqslant U(N+K+1).$$

Or, on peut supposer $K \geqslant 3$ et donc on a, pour $N \geqslant 2K$,

$$N + K + 1 < (N-1)^2,$$

et donc

$$F(N^2) < U((N-1)^2).$$

Comme U et F sont croissantes, on en déduit, pour $M \geqslant 4K^2$,

$$F(M) \leqslant F(N^2) < U((N-1)^2) < U(M),$$

où N est l'unique entier vérifiant $(N-1)^2 < M \leqslant N^2$.

Une machine de Turing $\boldsymbol{M}$ pour un ruban d'alphabet $\{1\}$ peut facilement être codée par un mot : par exemple, on peut voir la table de $\boldsymbol{M}$ comme une suite finie de quintuplets du type $(q, x, C(q, x), D(q, x), E(q, x))$, qu'on peut coder par une suite de 0 et de 1, c'est-à-dire un mot sur l'alphabet $\{0, 1\}$. Supposons fixé un tel codage, on déduit de la non-calculabilité de la fonction U le résultat suivant.

Proposition 3.4. (problème de l'arrêt) *L'ensemble des codes des machines de Turing dont le calcul à partir d'un ruban vide s'arrête en un nombre fini d'étapes est un langage non MT-décidable.*

Démonstration : (esquisse) On peut construire explicitement une machine de Turing $\boldsymbol{U}$ – dite machine universelle – qui, à partir du couple formé du code c d'une machine de Turing $\boldsymbol{M}$ et d'un mot w simule le calcul de $\boldsymbol{M}$ à partir de w : supposant le code c écrit sur un ruban, et le mot w écrit sur un second ruban, le principe est que, dans l'état q et si le caractère x est accessible sur le second ruban, la machine $\boldsymbol{U}$ lit le premier ruban jusqu'à trouver le code de l'instruction qui commence par $(q, x, ...)$, et, ensuite, effectue les modifications $(..., C(q, x), D(q, x), E(q, x))$ correspondantes.

Supposons qu'il existe une machine de Turing $\boldsymbol{M}_0$ qui, à partir du code d'une machine de Turing $\boldsymbol{M}$ quelconque, décide, en un nombre d'étapes dépendant de $\boldsymbol{M}$ mais toujours fini, si le calcul de $\boldsymbol{M}$ de l'entrée vide s'arrête ou non. Alors la fonction U serait MT-calculable : pour calculer $U(N)$, on énumérerait systématiquement tous les codes de machines de Turing à N états, et, pour celles dont $\boldsymbol{M}_0$ prédit que le calcul s'arrête en un nombre fini d'étapes, on ferait exécuter ledit calcul par la machine universelle $\boldsymbol{U}$, et on garderait en mémoire le nombre de 1 écrit au moment de l'arrêt. D'après le résultat précédent, ceci est impossible, ce qui signifie qu'il ne peut exister de machine de Turing $\boldsymbol{M}_0$ comme supposé.

Une machine de Turing peut être vue comme un modèle rudimentaire d'ordinateur, mais elle n'est pas programmable : son programme, c'est-à-dire sa table, est fixée une fois pour toutes. Par contre, une machine universelle du type ci-dessus est directement comparable à un ordinateur programmable puisqu'elle peut simuler n'importe quelle machine. L'idée d'une machine universelle, et donc d'un système programmable universel, est due à Turing (1935). Le problème de l'arrêt est important car il a été le premier problème concret dont on a établi l'indécidabilité. Notons que le résultat ne dit pas qu'il existe *un* code de machine de Turing pour lequel on ne puisse décider l'arrêt, il affirme qu'il n'existe pas une machine de Turing – c'est-à-dire un programme uniforme – qui décide pour *tous* les codes.

8.3.2 La fonction d'Ackermann

Une autre question naturelle est celle de l'existence de fonctions récursives non primitives récursives, c'est-à-dire de fonctions récursives dont toute définition récursive fait appel à l'opération de minimalisation. On sait que c'est le cas pour toute fonction non partout définie. Avec la fonction d'Ackermann, on va construire un exemple de fonction récursive partout définie et néanmoins non primitive récursive.

Définition 3.5. (Ackermann) La *fonction d'Ackermann* est la fonction A de $\mathbb{N}^2$ dans $\mathbb{N}$ définie par

$$A(M,N) = \begin{cases} N+1 & \text{pour } M = 0, \\ A(M-1,1) & \text{pour } M \geqslant 1 \text{ et } N = 0, \\ A(M-1, A(M,N-1)) & \text{pour } M,N \geqslant 1. \end{cases}$$

■

La fonction d'Ackermann est définie par une récurrence associée non pas à l'ordre usuel sur $\mathbb{N}$, mais à l'ordre lexicographique sur $\mathbb{N}^2$: $(M_1,N_1) < (M_2,N_2)$ est vrai si ou bien on a $M_1 < M_2$, ou bien on a $M_1 = M_2$ et $N_1 < N_2$. Le type d'ordre de cet ordre est l'ordinal ω^2, et l'absence d'une bijection de $\mathbb{N}$ sur $\mathbb{N}^2$ envoyant l'ordre usuel de $\mathbb{N}$ sur l'ordre précédent sur $\mathbb{N}^2$ fait qu'on ne peut ramener la récurrence ci-dessus à une récurrence usuelle sur les entiers comme on l'a fait plus haut pour les récurrences multiples.

Les valeurs de $A(M,N)$ pour M petit sont facilement déterminées. Ainsi on trouve

$$A(1,N) = N+2, \qquad A(2,N) = 2N+3.$$

La fonction $(\lambda N)(A(3,N))$ est déterminée par une récurrence linéaire qui lui donne une croissance exponentielle. La fonction $(\lambda N)(A(4,N))$ croît comme une tour d'exponentielles de hauteur linéaire.

Lemme 3.6. *La fonction d'Ackermann est MT-calculable – et donc récursive.*

Démonstration : Dans un premier temps, on construit une machine de Turing dont les calculs consistent à bâtir un fragment sans cesse croissant de la table des valeurs de la fonction A. Ces valeurs seront conservées sur un ruban spécial, par exemple sous la forme de triplets $(M,N,A(M,N))$. Le calcul comprend une succession de cycles, chaque cycle consiste à ajouter un nouveau triplet de type $(0,N,N+1)$, c'est-à-dire une valeur $A(0,N)$, puis à inscrire les conséquences de cette nouvelle valeur pour les valeurs non nulles du premier argument, s'il y en a. Ainsi au premier cycle, la seule valeur connue est celle de $A(0,0)$, qui ne permet de calculer aucune valeur $A(M,N)$ avec $M > 0$. Au second cycle, les valeurs connues sont $A(0,0)$ et $A(0,1)$. Cette dernière valeur se reporte comme $A(1,0)$. Au troisième cycle, la valeur $A(0,2)$ est ajoutée. Elle se reporte en $A(1,1)$, qui, à son tour, se reporte en $A(2,0)$. Deux choses sont à vérifier. La première est qu'il existe bien une machine de Turing engendrant la succession des cycles ci-dessus, la seconde est que toutes les valeurs de A sont bien obtenues ainsi. Pour le premier point, la boucle principale fait parcourir le ruban où sont mémorisées les valeurs déjà obtenues, dans un ordre convenable, à savoir dans l'ordre lexicographique croissant des arguments. Lorsqu'un triplet (M,N,P) n'est pas suivi par un triplet $(M,N+1,P')$, on part chercher vers la gauche un éventuel triplet du type $(M-1,P,Q)$, et, si on le trouve, on ajoute $(M,N+1,Q)$ à la place vacante. En fin de liste une procédure analogue ajoute le triplet $(M+1,0,P)$ si un triplet $(M, 1, P)$ est disponible. Ces opérations sont exactement des types qu'on a détaillés dans les chapitres antérieurs. Le fait que tout triplet $(M, N, A(M, N))$ finit par apparaître dans la liste se démontre par récurrence sur M. Pour $M = 0$, la propriété est vraie par construction. Sinon, on raisonne par récurrence sur N. Pour $N = 0$, on sait que le triplet $(M, 0, A(M, 0))$ apparaît puisqu'on a $A(M, 0) = A(M-1, 1)$. Sinon $(M, N-1, A(M, N-1))$ apparaît par hypothèse de récurrence sur N, puis $(M-1, A(M, N-1), A(M-1, A(M, N-1)))$ apparaît, par hypothèse de récurrence sur M : or, par définition, on a $A(M, N) = A(M-1, A(M, N-1))$.

Finalement, pour obtenir une machine de Turing qui calcule la fonction A, il suffit de modifier la machine précédente de sorte qu'à la fin de chaque cycle on cherche parmi les triplets disponibles un triplet de la forme (M, N, P) où M et N sont les valeurs des paramètres inscrits sur le premier ruban. Dès qu'un tel triplet est trouvé, on retourne la valeur P correspondante, qui est $A(M, N)$ – et on procède aux effacements de rigueur à la fin d'un calcul.

Il est facile de montrer que, pour chaque valeur de M, la fonction $(\lambda N)(A(M, N))$ est récursive – et même primitive récursive. Ceci est insuffisant pour conclure que A, en tant que fonction de deux variables, est récursive. Dans le cas présent, les machines de Turing permettent une démonstration de récursivité plus simple.

Lemme 3.7. *Les inégalités suivantes sont vérifiées pour tous M, N, K*

$$\begin{aligned} M+N &< A(M,N), \\ A(M,N) &< A(M,N+1), \\ A(M,N+K) &\leqslant A(M+K,N). \end{aligned}$$

Démonstration : On montre simultanément les deux premières inégalités par récurrence sur M. Pour $M = 0$, elles sont vraies par définition. Sinon, on a d'abord

$$M-1 < A(M-1, 0) < A(M-1, 1) = A(M, 0),$$

d'où $M < A(M, 0)$. On montre alors $A(M, N) < A(M, N+1)$ par récurrence sur N. Pour $N = 0$, on a

$$A(M, 0) = A(M-1, 1) < A(M-1, A(M, 0)) = A(M, 1)$$

puisque $(\lambda N)(A(M-1, N))$ est croissante par hypothèse de récurrence sur M et qu'on a $A(M, 0) > 1$. Ensuite, appliquant l'hypothèse de récurrence sur N, on a

$$\begin{aligned} A(M,N) &= A(M-1, A(M, N-1)) \\ &< A(M-1, A(M,N)) = A(M, A(N+1)) \end{aligned}$$

en appliquant à nouveau la croissance de $(\lambda N)(A(M-1, N))$. Enfin puisque $(\lambda N)(A(M, N))$ est strictement croissante, $A(M, 0) > M$ entraîne $A(M, N) > M+N$.

On montre la dernière inégalité par récurrence sur K. Pour $K = 0$, le résultat est trivial. Supposons $K = 1$. On a $A(M, 1) = A(M+1, 0)$. Pour N quelconque, on a

$M + N + 1 < A(M + 1, N)$, donc $N + 2 \leqslant A(M + 1, N)$, et, de là,

$$A(M, N + 2) \leqslant A(M, A(M + 1, N)) = A(M + 1, N + 1).$$

Suppsons maintenant $K \geqslant 2$. En appliquant l'hypothèse de récurrence, on obtient

$$A(M, N + K) \leqslant A(M + K - 1, N + 1) \leqslant A(M + K, N),$$

ce qui achève la démonstration.

Lemme 3.8. *Pour chaque entier N, la fonction $(\lambda M)(A(M, N))$ est strictement croissante.*

Démonstration : On a vu qu'on a $A(M, 0) < A(M, 1)$ pour tout M, ce qui donne $A(M, 0) < A(M + 1, 0)$. Pour $N \geqslant 1$, on a

$$A(M, N) < A(M, A(M + 1, N - 1)) = A(M + 1, N)$$

puisqu'on a $A(M + 1, N - 1) \geqslant A(M, N) > N$.

Lemme 3.9. *(i) Pour tous entiers M_1, M_2, il existe un entier M vérifiant, pour tout N,*

$$A(M_1, A(M_2, N)) \leqslant A(M, N).$$

(ii) Pour tous les entiers M_1, ..., M_p, il existe un entier M vérifiant, pour tout N,

$$\sum_{i=1}^{p} A(M_i, N) \leqslant A(M, N).$$

Démonstration : Soit d'abord M_0 un entier quelconque. Par le lemme 3.7, on a $A(M_0, N + 1) \leqslant A(M_0 + 1, N)$, d'où

$$A(M_0, A(M_0, N + 1)) \leqslant A(M_0, A(M_0 + 1, N)) = A(M_0 + 1, N + 1).$$

Par le lemme 3.8, il existe M' vérifiant $A(M', 0) \geqslant A(M_0, A(M_0, 0))$. Soit $M = \sup(M{+}1, M')$. Par le lemme 3.7 on a

$$A(M_0, A(M_0, N)) \leqslant A(M, N)$$

pour tout N. Soient maintenant M_1 et M_2 quelconques. Posons $M_0 = \sup(M_1, M_2)$. Si M est l'entier obtenu ci-dessus, on a pour tout N

$$A(M_1, A(M_2, N)) \leqslant A(M_0, A(M_2, N)) \leqslant A(M_0, A(N_0, N)) \leqslant A(M, N),$$

ce qui établit (i). Ensuite on a

$$A(M_1, N) + A(M_2, N) \leqslant 2A(M_0, N) \leqslant A(2, A(M_0, N)) \leqslant A(M, N)$$

en supposant $M_0 \geqslant 2$, puisqu'on a $A(2, N) = 2N + 3$. Ceci démontre (ii) dans le cas particulier $p = 2$. Il ne reste alors qu'à faire une récurrence facile sur p

Ayant ainsi fait provision de lemmes, il est facile de démontrer le résultat escompté.

Proposition 3.10. (non primitive récursive) *La fonction A est récursive, mais non primitive récursive.*

Démonstration : Comme A est récursive, il en est de même de la fonction $(\lambda N)(A(N,N))$, qu'on notera $\widehat{A}$. On va montrer que la fonction $\widehat{A}$ croît plus vite que toute fonction primitive récursive. On dira pour cela qu'une fonction F de $\mathbb{N}^p$ dans $\mathbb{N}^q$ est *M-lente* si, pour tout $(N_1, ..., N_p)$ dans $\mathbb{N}^p$, on a

$$F_1(N_1, ..., N_p) + ... + F_q(N_1, ..., N_p) \leqslant A(M, N_1 + ... + N_p),$$

en notant F_1, ..., F_q les composantes de F. On va montrer que toute fonction primitive récursive est M-lente pour un entier M convenable. Les fonctions de base sont 1-lentes, sauf chaque constante $C_{p,M}$, qui est M-lente.

Supposons que F est obtenue par concaténation de F_1 et F_2, respectivement M_1- et M_2-lentes. Par le lemme 3.9(ii), il existe M vérifiant pour tout N

$$A(M_1, N) + A(M_2, N) \leqslant A(M, N),$$

et donc F est M-lente.

Si F est obtenue par composition de F_1 et F_2, l'argument est le même, en utilisant un entier M vérifiant

$$A(M_1, A(M_2, N)) \leqslant A(M, N)$$

pour tout N.

Supposons maintenant que F est définie par récurrence de base G et de pas H, G étant M_1-lente et H étant M_2-lente. Il existe M_0 vérifiant $M_0 \geqslant M_1$ et

$$A(M_2, A(2, N)) \leqslant A(M_0, N)$$

pour tout N. Alors la fonction F est M-lente pour $M = M_0 + 1$. En effet, on montre l'inégalité $F(N_1, ..., N_p, K) \leqslant A(M, N_1 + ... + N_p + K)$ par récurrence sur K. Pour $K = 0$, il vient

$$\begin{aligned} F(N_1, ..., N_p, 0) &= G(N_1, ..., N_p) \\ &\leqslant A(M_1, N_1 + ... + N_p) \leqslant A(M, N_1 + ... + N_p). \end{aligned}$$

Pour $K > 0$, il vient, en appliquant l'hypothèse de récurrence,

$$\begin{aligned} F(N_1, ..., N_p, K) &= H(N_1, ..., N_p, K, F(N_1, ..., N_p, K - 1)) \\ &\leqslant A(M_2, N_1 + ... + N_p + K + F(N_1, ..., N_p, K - 1)) \\ &\leqslant A(M_2, N_1 + ... + N_p + K + A(M, N_1 + ... + N_p + K - 1)) \\ &\leqslant A(M_2, A(2, A(M, N_1 + ... + N_p + K - 1))) \\ &\leqslant A(M_0, A(M, N_1 + ... + N_p + K - 1)) = A(M, N_1 + ... + N_p + K). \end{aligned}$$

Soit M un entier quelconque. On a

$$\widehat{A}(M + 1) = A(M + 1, M + 1) > A(M, M + 1),$$

ce qui montre que $\widehat{A}$ n'est pas M-lente. La fonction $\widehat{A}$ ne pouvant être M-lente pour aucun entier M ne peut être primitive récursive. Il en est de même de la fonction A, puisque, si A était primitive récursive, $\widehat{A}$, obtenue par composition de concaténées de l'identité et de A le serait également.

EXERCICES

8.1. Montrer que la fonction F définie par $F_P(N,P) = N+1$ pour $N < P$ et $F(N,P) = 0$ pour $N \geqslant P$ est primitive récursive. En déduire que les fonctions $(\lambda N,P)(N \bmod P)$ et $(\lambda N,P)(N \operatorname{div} P)$ sont primitives récursives.

8.2. Notons $\emptyset_p$ la fonction de domaine vide sur $\mathbb{N}^p$. Montrer que $\emptyset_p$ est récursive. En déduire que toute fonction sur $\mathbb{N}^p$ dont le domaine est fini est récursive. Une telle fonction est-elle primitive récursive ?

8.3. Montrer que, si G_0, G_1 et H sont des fonctions (primitives) récursives respectivement de $\mathbb{N}^p$, $\mathbb{N}^p$ et $\mathbb{N}^{p+3}$ dans $\mathbb{N}$, il en est de même de la fonction F définie par

$$F(\vec{N},K) = \begin{cases} G_0(\vec{N}) & \text{pour } K = 0, \\ G_1(\vec{N}) & \text{pour } K = 1, \\ H(\vec{N},K,F(\vec{N},K-2),F(\vec{N},K-1)) & \text{sinon.} \end{cases}$$

Généraliser de 2 à un nombre quelconque (fixé) de valeurs.

(ii) En déduire que, pour entier p fixé, les fonctions $(\lambda N)(N \operatorname{div} p)$, $\mathrm{ind}_{p\mathbb{N}}$ et V_p (valuation p-adique) sont primitives récursives.

8.4. Montrer que toute fonction récursive possède une définition faisant intervenir au plus une fois l'opération de minimalisation.

8.5. Montrer que toute fonction appartenant à une classe DTIME$(T(n))$ avec T fonction primitive récursive est primitive récursive.

8.6. (i) Montrer que la fonction ind_S de $\mathbb{N}^3$ dans $\mathbb{N}$ définie par $\mathrm{ind}_S(N_1,N_2,N) = 1$ pour $N = N_1 + N_2$, et $\mathrm{ind}_S(N_1,N_2,N) = 0$ sinon est primitive récursive.

(ii) Que peut-on dire d'une façon générale de la fonction ind_F définie par $\mathrm{ind}_F(\vec{N},\vec{M}) = 1$ pour $\vec{M} = F(\vec{N})$, et $\mathrm{ind}_F(\vec{N},\vec{M}) = 0$ sinon quand F est une fonction récursive de $\mathbb{N}^p$ dans $\mathbb{N}^q$?

8.7. (i) Soit F la fonction $(\lambda N)([\sqrt{N}])$, où $[M]$ désigne la partie entière de l'entier M. Montrer que F est récursive et en donner une définition utilisant la minimalisation.

(ii) On note C l'ensemble des entiers qui sont des carrés. Montrer que la fonction ind_C est primitive récursive En déduire que F est primitive récursive. Généraliser à la réciproque d'une fonction primitive récursive quelconque.

8.8. On note $\mathbb{P}$ l'ensemble de nombres premiers, et p_N le N-ième élément de $\mathbb{P}$ en partant de $p_1 = 2$, $p_2 = 3$, *etc.* On étudie un codage par des entiers des suites finies d'entiers.

(i) Montrer que, pour chaque entier P, l'ensemble $P\mathbb{N}$ est récursif. Montrer que la fonction $(\lambda N, P)(\mathrm{ind}_{P\mathbb{N}}(N))$ est récursive, et en déduire que l'ensemble $\mathbb{P}$ est récursif.

(ii) Montrer que l'application $(\lambda N)(p_N)$ est récursive.

(iii) On définit le code d'une suite finie d'entiers $(N_1, ..., N_k)$ comme étant $2^{N_1+1}\ 3^{N_2+1}\ ...\ p_k^{N_k+1}$, et on le note $[\![N_1, ..., N_k]\!]$; le code de la suite vide est défini comme étant 1. Evaluer $[\![3, 1, 2]\!]$. Quelle est la suite codée par 3072 ? Quelle propriété de l'anneau $\mathbb{Z}$ assure que ce codage est une bijection ? Montrer que, pour tout entier fixé p, l'application F_p de $\mathbb{N}^p$ dans $\mathbb{N}$ qui envoie une suite sur son code est récursive, et qu'il en est de même de la fonction réciproque de F_p.

(iv) Montrer que la fonction L qui envoie tout entier N non nul sur l'unique entier k tel que N code une suite de longueur k est une fonction récursive. On note c_i la fonction (partielle) qui envoie l'entier N sur le i-ième facteur de la suite codée par N. Quel est le rapport entre le domaine de la fonction c_i et la fonction L ? Montrer que, pour chaque entier i, la fonction c_i est récursive, ainsi que la fonction de deux variables $(\lambda N, K)(c_K(N))$.

8.9. (i) On reprend les notations de l'exercice précédent. Pour F fonction de $\mathbb{N}^p$ dans $\mathbb{N}^q$, on note $[\![F]\!]$ la fonction de $\mathbb{N}$ dans $\mathbb{N}$ telle que $[\![F]\!](N) = M$ est vrai si et seulement si il existe une suite finie $(N_1, ..., N_p)$ telle qu'on ait $N = [\![N_1, ..., N_p]\!]$ et $M = [\![F(N_1, ..., N_p)]\!]$. Montrer que la fonction F est récursive si et seulement si la fonction $[\![F]\!]$ l'est.

(ii) On dit que la fonction F de $\mathbb{N}^{p+1}$ dans $\mathbb{N}$ est définie par *récurrence complète* de base G et de pas H si, pour tous $\vec{N}$ (de longueur convenable) et M, on a

$$F(\vec{N}, K) = \begin{cases} G(\vec{N}) & \text{pour } K = 0, \\ H(\vec{N}, K, [\![F(\vec{N}, 0), ..., F(\vec{N}, K-1)]\!]) & \text{sinon.} \end{cases}$$

Montrer que la récurrence usuelle est un cas particulier de récurrence complète. Montrer que, si les fonctions G et H sont récursives et si la fonction F est définie par récurrence complète de base G et de pas H, alors la fonction F est récursive.

8.10. On reprend les notations des exercices précédents. On va maintenant coder par des entiers les fonctions récursives elles-mêmes. Pour cela, on définit une fonction partielle Φ de $\mathbb{N}$ dans l'ensemble des fonctions récursives en posant

$$\Phi(N) = \begin{cases} S & \text{pour } N = [\![1]\!], \\ D & \text{pour } N = [\![2]\!], \\ C_{p,K} & \text{pour } N = [\![3,p,K]\!], \\ \Pi_{r,i} & \text{pour } N = [\![4,p,i]\!], \\ \mathbf{comp}(\Phi(N_1),\Phi(N_2)) & \text{pour } N = [\![5,N_1,N_2]\!], \\ \mathbf{concat}(\Phi(N_1),\Phi(N_2)) & \text{pour } N = [\![6,N_1,N_2]\!], \\ \mathbf{rec}(\Phi(N_1),\Phi(N_2)) & \text{pour } N = [\![7,N_1,N_2]\!], \\ \mathbf{minim}(\Phi(N_1)) & \text{pour } N = [\![8,N_1]\!]. \end{cases}$$

(i) Donner un entier N tel que $\Phi(N)$ est la fonction $C_{2,1}$; *idem* avec la fonction $(\lambda N)(N+1)$. La fonction Φ est-elle partout définie ? injective ? surjective (sur l'ensemble des fonctions récursives) ?

(ii) Montrer que la fonction U qui au couple d'entiers (M,N) associe le code de la valeur de la fonction $\Phi(M)$ en la suite codée par N est une fonction récursive.

(iii) De même, montrer que la fonction U_1 qui au couple d'entiers (M,N) associe la valeur de la fonction $\Phi(M)$ en N si $\Phi(M)$ est une fonction de $\mathbb{N}$ dans $\mathbb{N}$, et 0 sinon, est une fonction récursive.

(iv) En déduire que l'ensemble $\{N\,;\ U_1(N,N) \neq 1\}$ n'est pas un ensemble récursif.

8.11. On définit E_1 (*resp.* E_2) comme le plus petit ensemble de fonctions sur les entiers qui contienne les fonctions constantes $C_{p,K}$, les projections $\Pi_{p,i}$, la décrémentation D, et qui soit clos par concaténation, composition et définition par récurrence (*resp.* par ce qui précède, et, de surcroît, par minimalisation).

(i) Montrer que toute fonction F dans E_1 vérifie la condition

$$(\exists C)(\forall \vec{N})(\sup F(\vec{N}) \leqslant \sup(\sup \vec{N}, C))),$$

où, pour $\vec{P}$ suite finie d'entiers, $\sup \vec{P}$ désigne le plus grand de ces entiers. En déduire que la fonction somme S n'est pas dans E_1.

(ii) Montrer que les fonctions suivantes sont dans E_2 : la différence positive Δ, la fonction indicatrice $\mathrm{ind}_{\{0\}}$, la fonction successeur s définie par $s(N) = N+1$, et, finalement, la somme S. Que peut-on en conclure pour l'ensemble E_2 ?

8.12. On dit qu'une fonction sur les entiers est *élémentaire* si elle peut s'obtenir à partir de la somme S, de la différence positive Δ, du produit P, des fonctions contantes $C_{p,K}$, et des projections $\Pi_{p,i}$, par composition, concaténation, sommation, et passage au produit, ces deux opérations étant définies comme suit : pour F fonction de $\mathbb{N}^{p+1}$ dans $\mathbb{N}$, $\mathbf{som}(F)$ est la fonction G de $\mathbb{N}^{p+1}$ dans $\mathbb{N}$ définie par

$G(\vec{N}, M) = \sum_{i=0}^{M} F(\vec{N}, i)$, et, de même, **prod**$(F)$ est la fonction H définie par $H(\vec{N}, M) = \prod_{i=0}^{M} F(\vec{N}, i)$.

(i) Montrer que toute fonction élémentaire est primitive récursive.

(ii) Montrer que les fonctions indicatrices $\mathrm{ind}_{\{0\}}$ et $\mathrm{ind}_{\leqslant}$ sont élémentaires. En déduire que, pour tout ensemble fini A, la fonction indicatrice ind_A est élémentaire. Montrer que la fonction $(\lambda N)(2^N)$ est élémentaire.

(iii) On définit la fonction U de $\mathbb{N}^2$ dans $\mathbb{N}$ par la récurrence $U(N, M) = N$ pour $M = 0$, $U(N, M) = 2^{U(N, M-1)}$ sinon. Montrer que, pour toute fonction élémentaire F de $\mathbb{N}^p$ dans $\mathbb{N}^q$, il existe un entier C_F tel que, pour tout $\vec{N}$ dans $\mathbb{N}^p$, on ait $\Sigma F(\vec{N}) \leqslant U(\Sigma \vec{N}, C_F)$, en posant $\Sigma \vec{N} = N_1 + \ldots + N_k$ pour $\vec{N} = (N_1, \ldots, N_k)$. En déduire qu'il existe une fonction primitive récursive non élémentaire.

8.13. (i) On note $F(N)$ le N-ième chiffre après la virgule du développement décimal du réel $\sqrt{3}$. Montrer que $F(N)$ est l'unique entier M vérifiant

$$0 \leqslant M \leqslant 9 \text{ et } (\exists K)((10K + M)^2 < 3 \times 10^{2N} < (10K + M + 1)^2).$$

En déduire que la fonction F est récursive, et même primitive récursive.

(ii) Peut-on imaginer un résultat analogue pour le développement du réel e ? du réel π ?

Chapitre 9

Complexité algorithmique

Ce chapitre étudie la notion générale d'algorithme, à la fois d'un point de vue qualitatif et d'un point de vue quantitatif. Il commence par une présentation de la thèse de Church, qui est l'affirmation que toute procédure effective peut être simulée par une machine de Turing, puis introduit la notion de complexité d'un algorithme et donne quelques exemples d'évaluation pour des algorithmes usuels comme la multiplication des entiers ou des matrices.

9.1 LA THÈSE DE CHURCH

L'hypothèse de Church est la proposition – au sens de quelque chose qu'on propose, et non qu'on démontre – de définir la notion de calcul effectif comme calcul effectuable par une machine de Turing. Uns fois un tel cadre adopté, nous pouvons aborder les questions de complexité quantitative des algorithmes, et définir en particulier des classes de complexité.

9.1.1 Modèle de calcul

Dès qu'on s'intéresse aux aspects effectifs des mathématiques, deux questions de base sont :

➤ qu'est-ce qu'une solution effective d'une question ?

➤ étant données deux solutions d'une même question, quand dire que l'une est meilleure que l'autre ?

Un résultat effectif est un résultat qui non seulement démontre l'existence d'une solution pour le problème considéré, mais aussi donne une méthode permettant de calculer une telle solution. Par là, on entend une procédure ou un calcul qui, en un nombre fini d'étapes déterministes (c'est-à-dire sans choix aléatoires ou intervention d'éléments non contrôlés), mène des données à la solution en question – c'est-à-dire ce qu'on appelle usuellement un *algorithme*.

Le problème pour formaliser cette approche est de *définir* de façon précise quels types de calculs on autorise. Toute notion d'effectivité se réfère à un *modèle de calcul*. Nous avons jusqu'à présent défini plusieurs tels modèles de calcul : automates, automates à pile, machines de Turing de divers types. Ètant donné un modèle de calcul quelconque ***M***, deux questions se posent :

➤ est-il raisonnable de considérer comme effectifs les calculs effectués par ***M*** – autrement dit, ***M*** est-il bien un modèle de calcul ?

➤ est-il raisonnable de ne considérer comme effectifs que les calculs effectués par ***M*** – autrement dit ***M*** peut-il être appelé un modèle de calcul *complet* ?

La réponse à ces questions ne peut être que l'expression d'une intuition ou d'un concensus, mais certainement pas d'une démonstration, puisqu'elle réfère à une notion d'effectivité qui, justement, est à définir, mais ne l'est pas encore.

Dans le cas des automates, tout le monde devrait être d'accord pour qualifier d'effectifs les calculs qu'ils effectuent, ceux-ci consistant en une suite finie de transitions ne faisant appel qu'à des structures de contrôle finies. Par contre, il semble indéfendable de prendre comme définition de l'effectivité la calculabilité par automate. En effet, les calculs d'un automate à pile (déterministe) ne sont pas moins effectifs que ceux d'un automate, or le problème de décision pour le langage $\{a^p b^p \ ; \ p \geqslant 1\}$ est un exemple typique d'un problème décidable par automate à pile, donc décidable effectivement, mais non décidable par automate.

Considérons maintenant les machines de Turing. À nouveau, toutes les structures de contrôle sont effectives, et les transitions obéissent à un type unique qui réunit toutes les qualités pour être qualifié d'effectif. Donc il est raisonnable de considérer que tout objet calculable par machine de Turing est calculable effectivement. Se pose alors la question de la complétude, c'est-à-dire la question de savoir si, inversement, tout calcul qualifiable d'effectif peut être effectué par une machine de Turing. La *thèse de Church* – thèse ici au sens d'hypothèse – est l'affirmation de cette complétude. Autrement dit, la thèse de Church revient à poser l'équivalence

$$\text{calculable effectivement} \quad \Leftrightarrow \quad \text{calculable par machine de Turing,}$$

c'est-à-dire à prendre comme définition de la calculabilité la calculabilité par machine de Turing.

Comme on l'a dit plus haut, la thèse de Church ne risque pas d'être *démontrée*, puisqu'elle relie une notion mathématique, la calculabilité par machine de Turing, à une notion qui ne l'est pas, la calculabilité effective. Par contre, la thèse serait réfutée si on trouvait un jour un nouveau procédé que les mathématiciens seraient d'accord pour qualifier d'algorithmique, et qui ne pourrait pas être simulé par une machine de

Turing. Sont ainsi apparus de nouveaux modèles fondés sur des intuitions de physique (ordinateurs quantiques avec superposition possible de plusieurs états) ou de biologie (réseaux de neurones). Aucun de ces modèles ne contredit pour le moment la thèse de Church, et l'opinion générale est favorable à celle-ci, pour laquelle un faisceau convergent d'arguments peut être avancé

Deux types d'arguments existent. Les premiers consistent à vérifier « à la main » que divers calculs peuvent bien être simulés par une machine de Turing, ainsi qu'on l'a fait au chapitre 7. Les seconds consistent à montrer l'équivalence du modèle de calcul constitué par les machines de Turing avec d'autres modèles de calcul issus d'autres approches : par exemple, on a vu au chapitre 8 que le modèle de calcul constitué par les machines de Turing est, en ce qui concerne les ensembles et les fonctions sur les entiers, équivalent au modèle de calcul constitué par les ensembles et fonctions récursives. Une telle équivalence plaide en faveur du fait que la notion de calculabité par machine de Turing est une notion profonde, et qui, en particulier, ne dépend pas des choix contingents posés dans la construction des machines de Turing : un seul caractère accessible, déplacements d'une case, *etc.*

On peut aussi considérer d'autres modèles de calcul. Diverses « machines » ont ainsi été considérées, par exemple les machines à registres, ou machines RAM (« random access memory »). Une configuration de machine RAM consiste en une suite infinie de registres pouvant contenir des entiers, et la machine elle-même est une suite finie d'instructions élémentaires des types « ajouter au contenu du registre R_i le contenu du registre R_j », et de même avec les trois autres opérations arithmétiques, ainsi que des instructions de contrôle du type « retourner à l'instruction m » ou « si le contenu du registre R_i est nul, passer à l'instruction suivante, sinon l'omettre ». Il s'agit donc de programmes dans une sorte de langage–machine rudimentaire, la principale différence avec les machines de Turing tenant à ce que les contenus de tous les registres sont accessibles à tout instant, là où un seul caractère est accessible dans un calcul de machine de Turing.

À côté de ces modèles purement mathématiques, il est naturel de considérer les modèles de calcul constitués par les algorithmes implémentables dans un langage de programmation donné, par exemple PASCAL, C^{++} ou LISP, c'est-à-dire de considérer la classe des fonctions sur les entiers qui peuvent être calculées par un programme écrit dans un de ces langages. Or, on établit alors les résultats d'équivalence suivants, qui sont autant d'arguments en faveur de la thèse de Church.

Proposition 1.1. (équivalence) *Soit F une fonction de $\mathbb{N}^p$ dans $\mathbb{N}^q$. Les propriétés suivantes sont équivalentes :*

- *F est calculable par machine de Turing,*
- *F est récursive,*
- *F est calculable par machine RAM,*
- *F est calculable par un programme* PASCAL,
- *F est calculable par un programme C^{++},*
- *F est calculable par un programme* LISP.

Démonstration : (esquisse) Les machines de Turing apparaissent comme le modèle le plus rudimentaire, et il est très facile de simuler le calcul d'une telle machine à l'aide d'une machine RAM, ou d'écrire un programme PASCAL, C^{++} ou LISP qui simule ce calcul. Le passage inverse peut paraître plus délicat. En fait, il est facile de coder les configurations d'une machine RAM, suites d'entiers dont seulement un nombre fini sont non nuls à chaque instant, par des configurations de machines de Turing, par exemple en associant à la suite $(N_1, N_2, \ldots)$ le ruban contenant N_1 fois 1, puis un blanc, puis N_2 fois 1, puis un blanc, *etc.* Ensuite, il s'agit de vérifier que chaque type d'instruction élémentaire de machine RAM peut être programmé en langage de machine de Turing. De là découle l'équivalence des machines de Turing et des machines RAM.

Ceci fait, il suffit de montrer que tout calcul pouvant être programmé dans un des langages PASCAL, C^{++} ou LISP (ou autre...) peut être effectué par une machine RAM : à nouveau, la démonstration consiste à considérer les uns après les autres tous les types possibles d'instructions élémentaires de ces langages – ce qui revient essentiellement à en construire un compilateur, c'est-à-dire à traduire les programmes en instructions de langage–machine.

Les machines RAM constituent un modèle de calcul beaucoup plus proche des langages de programmation réels que les machines de Turing. Il pourrait donc être tentant de considérer directement celles-ci plutôt que celles-là comme modèle de calcul de base. En fait, l'avantage des machines de Turing tient, pour ce qui est de la théorie, à leur extrême simplicité : là où, pour établir un résultat sur les machines RAM, il est nécessaire de considérer tous les types possibles d'instructions de base, dans le cas des machines de Turing, un seul argument suffit, puisqu'il n'existe qu'un seul type de transition élémentaire. Ainsi, les machines de Turing sont un excellent modèle théorique, tandis que les machines RAM sont plus proches de la réalité des programmes informatiques.

Signalons pour terminer qu'il existe encore d'autres approches à la notion de calculabilité, en particulier le *lambda–calcul*, qui est à la base de certains langages de programmation comme CAML. A nouveau, un résultat d'équivalence affirme que toute fonction sur les entiers calculable en λ-calcul est récursive, et réciproquement.

9.1.2 Classes de complexité

Une fois choisi un modèle de calcul raisonnable, on peut aborder la question de la comparaison des algorithmes du point de vue de l'efficacité.

Ètant donnés deux algorithmes résolvant la même question, le principe pour les comparer consiste à évaluer le nombre d'étapes de calcul ou l'espace de mémoire utilisés pour passer des données initiales à la réponse finale. Pour qu'une telle comparaison fasse sens, il faut que les deux algorithmes soient spécifiés en termes d'un même modèle de calcul, et, en particulier, que les transitions élémentaires soient directement comparables. De ce point de vue, le modèle constitué par les machines de Turing est optimal, puisqu'il existe un seul type de transition élémentaire. Il est dès lors naturel d'évaluer la complexité d'un algorithme en comptant le nombre d'étapes de calcul d'une machine de Turing qui l'effectue.

Il est clair qu'un même algorithme formalisé dans deux modèles de calcul peut avoir des complexités différentes : par exemple, on a vu que le recopiage d'un mot de longueur n peut se faire en un nombre d'étapes appartenant à $O(n)$ à l'aide d'une machine de Turing pour deux rubans, alors que nous avons utilisé $O(n^2)$ étapes de calcul avec une machine pour un ruban – rien ne prouve que ce résultat est optimal, et, en fait, il ne l'est pas : on peut recopier avec un seul ruban en $O(n \log n)$ étapes, mais, par contre, on ne peut *pas* recopier en $O(n)$ étapes avec un seul ruban (voir Exercices du chapitre 7). Donc, même si, d'un point de vue qualitatif, les modèles de calcul constitués par les machines de Turing pour un ruban et par les machines de Turing pour deux rubans sont équivalents, ils ne le sont pas d'un point de vue quantitatif.

Étudier la complexité d'un algorithme en comptant les étapes nécessaires à sa réalisation par machine de Turing semble aller plus loin que la thèse de Church : on pourrait être d'accord avec le fait que tout algorithme peut être simulé par machine de Turing, mais penser que le nombre d'étapes que celles-ci utilisent n'a qu'un rapport lointain avec la complexité d'autres réalisations de l'algorithme, par exemple au moyen d'un programme PASCAL : voir la difficulté de simplement recopier un mot lorsqu'on utilise des machines de Turing à un seul ruban. En fait, les arguments qui montrent que toute machine RAM ou tout programme PASCAL peut être simulé par une machine de Turing montrent aussi que, sauf dans les cas de très petite complexité (complexité moins que quadratique), les évaluations de complexité sont du même ordre de grandeur, et donc qu'il n'y a pas de distorsion à utiliser les machines de Turing plutôt qu'un autre modèle de calcul.

En pratique, le nombre d'étapes de calcul (d'une machine de Turing ou de tout autre modèle de calcul) nécessaires au passage de la configuration initiale associée à une donnée w (en général, un mot) à la configuration terminale associée au résultat de l'algorithme (une réponse « oui/non » pour un problème de décision, ou une valeur $F(w)$ pour une fonction) dépend sauf cas exceptionnel de la donnée w, en particulier de sa taille $|w|$. Il est usuel de considérer la fonction qui, à chaque entier n, associe soit le plus grand possible, soit la moyenne des nombres d'étapes pour des données de longueur n.

Définition 1.2. (complexité) Supposons que $\boldsymbol{M}$ est une machine de Turing. On appelle *complexité dans le pire cas* et *complexité moyenne* de $\boldsymbol{M}$ les fonctions $c^{\boldsymbol{M}}_{pire}$ et $c^{\boldsymbol{M}}_{moy}$ définies par

$$c^{\boldsymbol{M}}_{pire}(n) = \sup_{|w| \leqslant n} c^{\boldsymbol{M}}(w) \quad \text{et} \quad c^{\boldsymbol{M}}_{moy}(n) = \frac{\sum_{|w| \leqslant n} c^{\boldsymbol{M}}(w)}{\sum_{|w| \leqslant n} 1},$$

où $c^{\boldsymbol{M}}(w)$ désigne le nombre d'étapes de calcul de $\boldsymbol{M}$ à partir de l'entrée w.

Supposons maintenant que $\mathcal{A}$ est un algorithme. On définit la complexité de $\mathcal{A}$ (dans le pire cas, ou en moyenne) comme la borne inférieure des complexités des machines de Turing effectuant $\mathcal{A}$ (respectivement dans le pire cas, ou en moyenne). ■

En pratique, on s'intéresse généralement au comportement asymptotique des fonctions de complexité, par exemple à la question de savoir si les fonctions $c^{\mathcal{A}}_{pire}$ ou $c^{\mathcal{A}}_{moy}$ sont linéaires, quadratiques, polynomiales, *etc.* On rappelle que la notation $f \in O(g)$ signifie qu'il existe une constante C, $C > 0$, telle que $f(n) \leqslant Cg(n)$ est vraie pour tout n assez grand. Ainsi, $f \in O(n)$ signifie que f est au plus linéaire, de même $f \in O(n^2)$ signifie que f est au plus quadratique, et $f \in \bigcup_k O(n^k)$ signifie que f est polynomiale.

La notation $f \in O(n)$ – voire $f = O(n)$, qui est franchement incorrecte puisque c'est un exemple où l'égalité n'est pas symétrique... – est usuelle, mais étrange car on écrit ici n pour la fonction identité $(\lambda n)(n)$, ce qui n'a de sens que s'il est clair que n est la variable de référence. Dans toute la suite, on réservera la variable n pour cet usage, à savoir la taille des données considérées. Ne pas oublier, que, pour toute base B au moins égale à 2, la taille de la représentation de l'entier N est de l'ordre de $\log_B(N)$, donc infiniment petite devant N.

Exemple 1.3. (complexité) Soit L un langage automatique. Un automate est un cas particulier de machine de Turing, et, pour un mot de longueur n, le calcul de l'automate comporte exactement n étapes. Ainsi la complexité du calcul de tout automate décidant L est au plus linéaire, qu'il s'agisse de complexité dans le pire cas ou de complexité moyenne.

Définition 1.4. (classes DTIME**)** Soit T une fonction non décroissante de $\mathbb{N}$ dans $\mathbb{N}$. On dit que le problème $\mathcal{P}$ appartient à la classe DTIME(T) – ou DTIME$(T(n))$ –, ou encore que $\mathcal{P}$ est résoluble *en temps T*, s'il existe une machine de Turing $\boldsymbol{M}$ résolvant $\mathcal{P}$ et telle que le calcul de $\boldsymbol{M}$ à partir d'une entrée de longueur au plus n se termine en au plus $T(n)$ étapes de calcul, pour n assez grand. ■

Ainsi, par exemple, le problème de décision de tout langage automatique appartient à la classe DTIME(n).

En comptant combien de cases de ruban sont utilisées au cours d'un calcul de machine de Turing, on obtient un second paramètre évaluant la complexité de celui-ci. On parle alors de complexité en *espace S* lorsque le calcul à partir d'une donnée de taille n utilise au plus $S(n)$ cases, et on introduit les classes DSPACE$(S(n))$ associées. Notons que l'espace est toujours majoré par le temps multiplié par le nombre de rubans, qui est fixe. Inversement, pour une machine donnée, il existe une constante c qu'on pourra calculer en fonction du nombre d'états et du cardinal de l'alphabet telle que tout calcul sur s cases dure au plus c^s étapes s'il se termine : en effet il n'y a qu'un nombre fini de configurations sur s cases (en gros $c^s \times s$), et, si le calcul est plus long, il repasse nécessairement deux fois par la même configuration, et y repasse alors une infinité de fois sans se terminer.

Les définitions précédentes sont très générales, et elles peuvent s'appliquer à des problèmes divers : décision, calcul de fonctions, *etc.* Noter que la complexité d'un problème dépend en général de la représentation des données. Par exemple, dans le cas des entiers, un même entier est représenté en base 1, 2, ou 10 par des mots de longueurs différentes, et, d'autre part, les algorithmes sont spécifiques à une base donnée. Ainsi, la division par 2 s'effectue en temps linéaire en toute base, mais en temps constant en base 2 inversée, c'est-à-dire si les nombres sont représentés en commençant par le chiffre des unités. Hors des très petites complexités, ces distinctions sont de peu d'importance : mise à part la base 1, le passage d'une base B_1 à une autre base B_2 peut se faire en temps quadratique, et, de là, tout problème sur les entiers qui a une complexité $T(n)$ dans la base B_1 a une complexité bornée par une quantité de l'ordre de $n^2 + T(Cn)$ dans une autre base, ce qui est en général équivalent quand T est au moins quadratique.

On a ainsi introduit une *hiérarchie* de classes de complexité. Une question naturelle est de savoir si cette hiérarchie en est bien une, c'est-à-dire si, par exemple, toutes les classes ne coïncident pas. Nous nous bornerons ici à mentionner sans démonstration deux résultats.

Proposition 1.5. (accélération linéaire) *Supposons que T est une fonction croissante au sens large vérifiant* $\lim(T(n)/n) = \infty$. *Alors, pour toute constante C positive, on a* $\mathrm{DTIME}(CT(n)) = \mathrm{DTIME}(T(n))$.

Proposition 1.6. (hiérarchie) *Supposons que T_1 et T_2 sont deux fonctions croissantes au sens large vérifiant* $T_1 \log(T_1) \in o(T_2)$. *Alors, l'inclusion de* $\mathrm{DTIME}(T_1(n))$ *dans* $\mathrm{DTIME}(T_2(n))$ *est stricte.*

9.2 MACHINES DE TURING NON DÉTERMINISTES

Partant de l'exemple des automates et les automates à pile, il est immédiat d'introduire les machines de Turing *non déterministes* : la définition est la même que pour les machines de Turing, sauf que plusieurs transitions peuvent être effectuées à partir d'une configuration donnée.

9.2.1 Résolution et vérification

Les détails de la construction des machines de Turing non déterministes sont faciles. De même que l'introduction d'un automate non déterministe $\boldsymbol{M}$ implique que, pour chaque mot w donné, il peut exister plusieurs lectures de w par $\boldsymbol{M}$, de même, l'introduction d'une machine de Turing non déterministe $\boldsymbol{M}$ entraîne que, pour chaque mot w, il peut exister plusieurs calculs de $\boldsymbol{M}$ à partir de w. Comme dans le cas des automates, on dira que la machine non déterministe $\boldsymbol{M}$ accepte le mot w si au moins un des calculs possibles de $\boldsymbol{M}$ à partir de w est acceptant, et même s'il en existe d'autres refusants ou non terminants à côté. De même, on dira que $\boldsymbol{M}$ refuse w si tous les calculs de $\boldsymbol{M}$ à partir de l'entrée w mènent à l'état $\perp$ en un nombre fini d'étapes. On dira que $\boldsymbol{M}$ décide le langage L si tous les mots de L sont acceptés *et* tous les mots non dans L refusés. De même, on dira qu'une fonction F est calculée par $\boldsymbol{M}$ si, pour toute entrée w, tous les calculs acceptants de $\boldsymbol{M}$ a partir de w mènent à la sortie $F(w)$, mais sans exclure qu'il existe, à côté, des calculs refusants ou non terminants.

Proposition 2.1. (simulation) *Toute machine de Turing non déterministe peut être simulée par une machine de Turing déterministe.*

Démonstration : Supposons que $\boldsymbol{M}$ est une machine de Turing non déterministe. Comme dans le cas des automates, nous construisons une machine de Turing déterministe $\boldsymbol{M}'$ dont l'unique calcul à partir de w inclut l'ensemble des calculs possibles de $\boldsymbol{M}$ à partir de w. On peut construire $\boldsymbol{M}'$ comme suit : supposons que chaque case de la table de $\boldsymbol{M}$ contient au plus d valeurs distinctes, c'est-à-dire que, à partir d'une configuration quelconque, au plus d transitions sont possibles. Le nombre d existe et est fini par définition. La machine $\boldsymbol{M}'$ garde le mot w initial en mémoire sur le premier ruban, sur le second ruban elle énumère tous les développements en base d d'entiers successifs, et, sur le troisième ruban, elle simule le calcul de $\boldsymbol{M}$ à partir de w contrôlé par l'entier du second ruban : supposons que l'entier en question ait pour développement le mot $x_1...x_\ell$, alors le calcul de $\boldsymbol{M}$ contrôlé par $x_1...x_\ell$ est la suite de configurations obtenue à partir de l'entrée w en effectuant, parmi les d transitions possibles dans la table de $\boldsymbol{M}$, celle qui porte le numéro x_1, puis celle qui porte le numéro x_2, *etc.* On convient que le calcul s'arrête et échoue si, à une étape, le chiffre x_i prescrit une transition qui n'existe pas dans la table de $\boldsymbol{M}$ (on n'a pas supposé qu'il y avait d valeurs dans chaque case de la table de $\boldsymbol{M}$, mais seulement que d est un majorant). Si $\boldsymbol{M}$ accepte w, cela signifie qu'il existe au moins un calcul de $\boldsymbol{M}$ qui mène de l'entrée w à l'état $\top$, ce calcul a un certain numéro N, et, donc, dans la simulation systématique de tous les calculs de $\boldsymbol{M}$, la machine $\boldsymbol{M}'$ parvient à l'état $\top$ lorsqu'elle effectue le calcul contrôlé par N, et donc elle accepte w. De même, si chaque calcul de $\boldsymbol{M}$ à partir de w mène à l'état $\perp$, il en est de même du calcul de $\boldsymbol{M}'$.

Il est commode d'imaginer une machine de Turing non déterministe comme une machine où on peut deviner des données. Par exemple, si on travaille avec des entiers représentés en base 10, avoir une transition multiple du type

$$(q, \square) \mapsto \{(0, +, q'), (1, +, q'), ..., (9, +, q')\}$$

revient à dire que, dans l'état q et en présence d'un blanc, on écrit un chiffre au hasard et on passe dans l'état q' – ou, de façon équivalente, on devine un chiffre. La définition des calculs qu'on a donnés ci-dessus revient à dire qu'une machine de Turing non déterministe $\boldsymbol{M}$ accepte un mot w si, quand on a fait les bons choix, c'est-à-dire quand on a bien deviné, alors on arrive à la solution, c'est-à-dire à une preuve que le mot est bien dans le langage considéré.

Exemple 2.2. (nombres composés) Soit $\mathbb{P}$ l'ensemble des nombres premiers, et $\mathbb{N} \setminus \mathbb{P}$ son complémentaire, l'ensemble des nombres composés. On peut construire simplement une machine de Turing non déterministe $\boldsymbol{M}$ décidant $\mathbb{N} \setminus \mathbb{P}$ (représenté dans une base B quelconque) comme suit : partant de l'entrée $[N]_B$, $\boldsymbol{M}$ devine la représentation en base B d'un entier quelconque P, au moyen de la suite des transitions

$$(0, \square) \mapsto \{(0, +, 0), (1, +, 0), ..., (9, +, 0), (\square, +, 1)\} :$$

par exemple, supposant $B \geqslant 8$ et partant d'une configuration

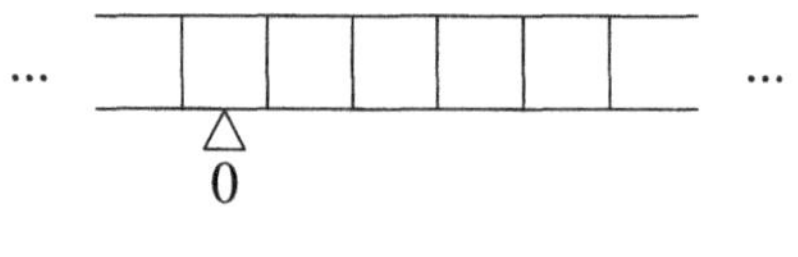

on peut parvenir à la configuration

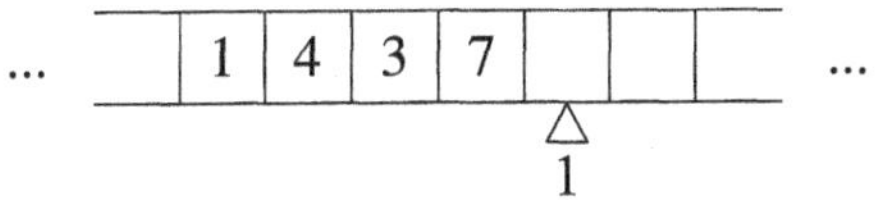

ainsi qu'à toute configuration du type $[P]_B\square\ldots$. Après cette phase initiale, si B n'est ni 0, ni 1, on effectue la division euclidienne du nombre $[N]_B$ par le nombre $[P]_B$, et, si le reste est nul, on accepte N. De la sorte, si N est un nombre composé, il existe au moins un choix qui mène à l'acceptation, à savoir chaque choix où P est un diviseur strict de N. Inversement, si N est premier, aucun choix ne peut convenir, et le mot est refusé : ici, tous les calculs s'arrêtent en un nombre fini d'étapes, pourvu qu'on prescrive que la longueur du candidat-diviseur P ne dépasse pas la longueur de N.

On voit sur l'exemple précédent l'intuition du calcul par machine non déterministe : plutôt que de d'imaginer un processus réellement non déterministe, on peut voir une machine de Turing non déterministe comme un dipositif de *preuve* ou de vérification : partant d'un problème donné, une machine de Turing déterministe résout le problème en trouvant la solution *et* en prouvant que celle-ci convient ; par opposition, une machine non déterministe concerne seulement la seconde phase : partant du problème, on suppose connu (deviné ou donné par un *deus ex machina*) un candidat-solution, et le calcul de la machine consiste à prouver, ou vérifier, ou certifier, que le candidat-solution convient effectivement. Par exemple, décider complètement le problème des nombres composés consiste, partant d'un nombre N, à en calculer un éventuel facteur propre, alors que la partie traitée par la machine non déterministe ci-dessus consiste à vérifier simplement que le nombre P est bien un diviseur de N.

9.2.2 Complexité non déterministe

Il est alors naturel d'introduire des notions de complexité (en temps ou en espace) non déterministes. On dira que la machine non déterministe $\boldsymbol{M}$ calcule en temps T si tout calcul de $\boldsymbol{M}$ à partir d'une entrée de longueur n s'arrête après au plus $T(n)$ étapes, au moins pour n assez grand.

Définition 2.3. (classes NTIME) Soit T une fonction (croissante au sens large) de $\mathbb{N}$ dans $\mathbb{N}$. On dit que le problème $\mathcal{P}$ appartient à la classe NTIME(T) – ou NTIME($T(n)$) –, ou encore que $\mathcal{P}$ est résoluble *en temps non déterministe* T s'il existe une machine de Turing non déterministe $\boldsymbol{M}$ résolvant $\mathcal{P}$ et telle que tout calcul de $\boldsymbol{M}$ à partir d'une entrée de longueur au plus n se termine en au plus $T(n)$ étapes de calcul, pour n assez grand. ■

Exemple 2.4. (complexité) L'existence de la machine de Turing esquissée dans l'exemple 2.2 montre que le problème de décision pour l'ensemble $\mathbb{N}\setminus\mathbb{P}$ des nombres composés appartient à la classe NTIME(Cn^2) pour une certaine constante C. En effet, pour $[N]_B$ de longueur n, écrire un candidat diviseur de longueur au plus n requiert

n étapes, puis effectuer la division euclidienne d'un nombre de n chiffres par un nombre d'au plus n chiffres requiert au plus de l'ordre de n^2 étapes.

Proposition 2.5. (comparaison) *Soit T une fonction (non décroissante) de $\mathbb{N}$ dans $\mathbb{N}$. On a la double inclusion*

$$\text{DTIME}(T(n)) \subseteq \text{NTIME}(T(n)) \subseteq \bigcup_{C \geqslant 1} \text{DTIME}(C^{T(n)}).$$

Démonstration : La première inclusion est évidente, car une machine de Turing déterministe est un cas particulier de machine non déterministe. La seconde résulte de la simulation d'une machine non déterministe $\boldsymbol{M}$ par une machine déterministe. Comme dans la démonstration de la proposition 2.1, soit d le nombre maximal de transitions dans chaque case de la table de $\boldsymbol{M}$. Pour une entrée w de longueur n, il existe au plus $d^{T(n)}$ calculs de $\boldsymbol{M}$ à partir de w, puisque, par hypothèse, chacun de ces calculs a une longueur bornée par $T(n)$. Donc le calcul de $\boldsymbol{M}'$ à partir de w a une longueur bornée par une quantité de l'ordre de $d^{T(n)} \times T(n)$, donc par $C^{T(n)}$ pour une constante C convenable.

Dans la mesure où le calcul d'une machine de Turing non déterministe n'est pas un algorithme, puisqu'il comporte des étapes de choix contredisant la définition même d'un algorithme, on peut se demander quelle pertinence peut avoir un résultat d'appartenance à une classe $\text{NTIME}(T(n))$. Cette pertinence est double : d'une part, les inclusions de la proposition 2.5 déduisent des bornes de complexité déterministes d'éventuelles bornes non déterministes. Par ailleurs, comme on l'a dit plus haut, décrire une solution par machine non déterministe revient non à résoudre le problème posé, mais à résoudre le sous-problème de la certification d'une solution de ce problème, lequel peut être intéressant en soi.

9.2.3 Le problème P = NP

Nous pouvons maintenant énoncer ce qui constitue la question ouverte la plus fameuse de la théorie de la calculabilité contemporaine.

Définition 2.6. (classes P et NP) La classe P des problèmes *de complexité polynomiale* est définie comme la réunion des classes $\text{DTIME}(n^k)$ pour k entier ; de même, la classe NP des problèmes *de complexité non déterministe polynomiale* est définie comme la réunion des classes $\text{NTIME}(n^k)$ pour k entier. ■

La dénomination précédente est raisonnable, car, asymptotiquement, tout polynôme est majoré par une fonction de la forme n^k. D'après la proposition 2.5, on a la double inclusion

$$\text{P} \subseteq \text{NP} \subseteq \bigcup_{k \geqslant 1} \text{DTIME}(2^{n^k}).$$

Exemple 2.7. *(P **et** NP)* D'après ce que nous avons vu jusqu'à présent, on peut affirmer que les opérations arithmétiques sur les entiers, le problème de décision de tout langage automatique sont dans la classe P, tandis que le problème de décision de l'ensemble des nombres composés est dans la classe NP (ce qui n'exclut pas *a priori* qu'il puisse être également dans P).

Par définition, les problèmes de la classe P sont ceux dont on sait trouver la solution en temps polynomial par rapport à la taille des données, alors que les problèmes de la classe NP sont ceux pour lesquels on sait vérifier une solution en temps polynomial par rapport à la taille des données.

Les classes P et NP sont des classes qu'on qualifie de robustes, au sens où elles résistent aux changements de modèles de calcul : par exemple, si on remplace les machines Turing par les machines RAM, on aboutit aux mêmes notions de problème polynomial et de problème non déterministe polynomial, car, si T est un polynôme, il en est de même de $(\lambda n)(Cn^2 + T(C'n)$. Ainsi, de même que la notion de problème décidable, la notion de problème polynomial a un contenu intrinsèque profond largement indépendant des définitions choisies.

Question. *A-t-on* P = NP *?*

Bien qu'une réponse négative P $\neq$ NP semble intuitive, la question est ouverte : personne à ce jour n'a réussi à décrire un problème dont on puisse vérifier une solution en temps polynomial mais dont on sache démontrer que la solution ne peut être trouvée en temps polynomial.

9.3 ÉVALUATION D'ALGORITHMES

La construction et l'évaluation des algorithmes est un sujet très vaste dont il est hors de question de faire le tour en quelques pages. De plus, il n'existe pas vraiment de méthode générale, et, pour chaque problème donné, les meilleurs algorithmes sont le plus souvent ceux qui utilisent des résultats profonds sur les structures spécifiques concernées : pour construire des algorithmes efficaces en théorie des nombres, il faut faire appel à des théorèmes de théorie des nombres, et de même en géométrie, ou en analyse, ou en théorie des graphes, *etc.*

Dans cette section, nous nous contenterons d'un très bref aperçu, en illustrant sur quelques exemples élémentaires les problèmes posés et quelques outils pour les aborder.

9.3.1 Algorithmes de tri

Supposons que $(X, <)$ est un ensemble totalement ordonné. Partant d'une suite d'éléments de X deux à deux distincts $(x_1, ..., x_n)$, on cherche l'unique permutation π de $\{1, ..., n\}$ telle que la suite $(x_{\pi(1)}, ..., x_{\pi(n)})$ soit strictement croissante : c'est le problème du *tri* pour $(X, <)$.

De nombreux algorithmes ont été décrits. On peut les comparer entre eux en évaluant le nombre de comparaisons élémentaires effectué par chacun, c'est-à-dire le nombre de paires (x, y) pour lesquelles on teste la relation $x < y$. Noter que cette évaluation n'est pertinente que si les éléments de X ont la même taille et sont également accessibles – ce qui n'est pas nécessairement le cas dans les exemples concrets – faute de quoi une étude plus fine est nécessaire.

Considérons d'abord la méthode naïve consistant à prendre les éléments x_i les uns après les autres, et à insérer chacun tour à tour à sa place dans la liste des $i-1$ éléments déjà triés $(x_{\pi_{i-1}(1)}, ..., x_{\pi_{i-1}(i-1)})$ en le comparant successivement avec $x_{\pi_{i-1}(1)}$, $x_{\pi_{i-1}(2)}$, ... Si la liste initiale $(x_1, ..., x_n)$ est décroissante, l'insertion de chaque nouvel élément se fait en une étape, et la procédure totale requiert n comparaisons. À l'opposé, si la liste initiale est croissante, l'insertion de x_i requiert $i-1$ comparaisons, et le tri complet requiert $1 + 2 + ... + (n-1) = n(n-1)/2$ comparaisons. Ce dernier cas est le pire, et nous pouvons énoncer le résultat suivant.

Proposition 3.1. (tri insertion) *La complexité dans le pire cas du tri par insertion d'une liste de longueur n est en* $O(n^2)$.

Une autre méthode pour trier la liste $(x_1, ..., x_n)$ consiste à partager la liste en deux moitiés approximativement égales, à trier chacune des deux sous-listes séparément, puis à fusionner les deux listes triées ainsi obtenues. Pour évaluer cette méthode, appelée tri par fusion, nous devons déterminer le coût de la fusion de deux listes croissantes $(y_1, ..., y_q)$ et $(z_1, ..., z_r)$ en une liste croissante $(x_1, ..., x_{q+r})$. L'élément x_1 est soit y_1, soit z_1 : pour le déterminer, il suffit de comparer y_1 et z_1. Ayant trouvé x_1, nous le retirons de celle des deux listes initiales qui le contenait, obtenant ainsi deux nouvelles listes $(y'_1, ..., y'_{q'})$ et $(z'_1, ..., z'_{r'})$ avec $q' + r' = q + r - 1$. Alors, l'élément x_2 est le plus petit des éléments restants, et on le trouve en comparant y'_1 et z'_1, et ainsi de suite. De la sorte, chaque élément x_i est obtenu au moyen d'une comparaison, et la liste fusionnée complète est obtenue en $q + r - 1$ comparaisons exactement (il n'y a pas de comparaison pour le dernier élément).

Supposons que nous voulons trier une liste $(x_1, ..., x_n)$ dont la longueur n est de la forme 2^k. Pour cela, nous partitionnons $(x_1, ..., x_n)$ en deux sous-listes $(x_1, ..., x_{2^{k-1}})$ et $(x_{2^{k-1}+1}, ..., x_n)$, que nous trions séparément par la même méthode, puis que nous fusionnons comme ci-dessus : la définition de la méthode est donc récursive, au sens où le cas de la longueur 2^k fait appel au cas de la longueur 2^{k-1}, et donc de proche en proche à tous les cas antérieurs.

Exemple 3.2. (tri fusion) Considérons des entiers et leur ordre usuel. Soit à trier la liste $s = (1, 13, 7, 4, 6, 11, 5, 9)$. Nous la partageons en les deux sous-listes $s_1 = (1, 13, 7, 4)$ et $s_2 = (6, 11, 5, 9)$. Soit à trier s_1. Nous la partageons en $s_{11} = (1, 13)$ et $s_{12} = (7, 4)$. Les listes s_{11} et s_{12} sont de longueur 2, elles se trient par une comparaison respectivement en $s'_{11} = (1, 13)$ et $s'_{12} = (4, 7)$. Ensuite, nous fusionnons s'_{11} et s'_{12}. En comparant 1 et 4, on obtient le premier élément 1, et il reste les listes (13) et (4, 7). En comparant 13 et 4, on obtient le deuxième élément 4, et il reste les listes (13) et (7). En comparant 13 et 7, on obtient le troisième élément 7, et le quatrième, 13. Donc le résultat du tri de s_1 est $s'_1 = (1, 4, 7, 13)$. De même, le résultat du tri de s_2 est $s'_2 = (5, 6, 9, 11)$, et, finalement, le résultat du tri de s est obtenu en fusionnant s'_1 et s'_2, soit $s' = (1, 4, 5, 6, 7, 9, 11, 13)$.

L'évaluation du nombre total de comparaisons a_k effectuées dans le tri par fusion d'une liste de longueur 2^k est immédiate : par construction, on a

$$a_1 = 1, \quad \text{et} \quad a_k = 2 \cdot a_{k-1} + 2^k - 1 \quad \text{pour } k \geqslant 2, \qquad (*)$$

puisque le tri d'une liste de longueur 2^k se décompose en le tri de deux listes de longueur 2^{k-1} puis en la fusion de deux listes triées de longueur 2^{k-1}, dont nous avons vu ci-dessus que le coût est $2^{k-1} + 2^{k-1} - 1$.

Il reste à résoudre la récurrence $(*)$. D'abord, posons $b_k = a_k - 1$. Nous obtenons

$$b_1 = 0, \quad \text{et} \quad b_k = 2b_{k-1} + 2^k \quad \text{pour } k \geqslant 2,$$

d'où

$$\begin{aligned} b_k &= 2b_{k-1} + 2^k = 4b_{k-2} + 2 \cdot 2^{k-1} + 2^k \\ &= \ldots = 2^{k-1}b_1 + 2^{k-2} \cdot 2^2 + \ldots + 2 \cdot 2^{k-1} + 2^k = k2^k, \end{aligned}$$

et, finalement, $a_k = k2^k - 1$.

Considérons maintenant le tri d'une liste de longueur n quelconque. Soit k le plus petit entier vérifiant $n \leqslant 2^k$. On peut appliquer la méthode précédente. Simplement, il peut se faire que la récurrence ne soit pas de longueur maximale : par exemple, pour $n = 6$, on partage la liste initiale en une sous-liste de longueur 4, et une de longueur 2 : le tri de la seconde se fait alors en une étape, et non en 5. La borne de complexité reste donc $k2^k - 1$, et, puisqu'on a $k < \log_2(n) + 1$ et $2^k < 2n$ par construction, le nombre d'étapes $c(n)$ vérifie l'inégalité

$$c(n) \leqslant 2(\log_2(n) + 1)n - 1,$$

ce qui permet d'énoncer le résultat suivant.

Proposition 3.3. (tri fusion) *La complexité dans le pire cas du tri par fusion d'une liste de longueur n est en $O(n \log_2(n))$.*

Au moins en termes de pires cas, l'algorithme de tri par fusion est donc meilleur que l'algorithme de tri par insertion. La méthode précédente consistant à partager la donnée en deux moitiés qu'on traite séparément, appelée « diviser pour régner » (*divide and conquer* en anglais), est un moyen puissant pour construire des algorithmes rapides, et elle peut être appliquée à de multiples situations, à savoir dès qu'on a une procédure efficace de fusion, c'est-à-dire permettant de construire une solution pour le problème initial à partir de solutions pour deux demi-problèmes associés.

9.3.2 Multiplication des entiers

Considérons la multiplication de deux entiers N_1, N_2 représentés en base B,

$$N_1 = \sum_{i=n-1}^{i=0} x_i B^i, \quad N_2 = \sum_{j=m-1}^{j=0} y_j B^j.$$

L'algorithme usuel calcule N_1N_2 en déterminant successivement chacun des produits $(\sum_i x_iB^i)y_0$, ..., $(\sum_i x_iB^i)y_{m-1}$, et en ajoutant les résultats dûment décalés pour tenir compte des facteurs B^j, ce qui donne le produit cherché par distributivité. Le nombre d'opérations élémentaires (appel à la table de multiplication ou d'addition) est de l'ordre de n^2, et, de façon précise, le nombre d'étapes de calcul d'une machine de Turing implémentant cet algorithme est de cet ordre, ainsi qu'on l'a vu au chapitre 7.

Proposition 3.4. (multiplication usuelle) *L'algorithme usuel de multiplication des entiers appartient à la classe de complexité* DTIME(n^2)*, et n'appartient à aucune classe* DTIME$(T(n))$ *avec $T(n)$ négligeable devant n^2.*

Démonstration : La borne supérieure en n^2 a été justifiée. Par ailleurs, si N_1 et N_2 sont des entiers de taille exactement n dont tous les chiffres sont non nuls, le nombre d'appel à la table de multiplication pour évaluer N_1N_2 est n^2, et il faut donc au moins n^2 étapes de calcul de machine de Turing pour arriver au résultat par cette méthode.

En vertu du théorème d'accélération linéaire (proposition 1.5), il est inutile de faire figurer une constante multiplicative devant le facteur n^2.

Nous allons voir deux exemples de méthodes plus rapides. La première consiste à appliquer la stratégie « diviser pour régner », et nous l'appellerons multiplication par dichotomie. Pour cela, on part de la formule

$$(N_{1,1}B^k + N_{0,1}) \cdot (N_{1,2}B^k + N_{0,2}) = M_1B^{2k} + (M_3 - M_1 - M_2)B^k + M_2,$$

avec $M_1 = N_{1,1}N_{1,2}$, $M_2 = N_{0,1}N_{0,2}$ et $M_3 = (N_{1,1}+N_{0,1})(N_{1,2}+N_{0,2})$. On déduit que le produit de deux entiers de longueur au plus $2k$ peut ainsi être déterminé en effectuant 3 produits et 5 additions d'entiers de longueur au plus k. Utilisant la formule ci-dessus comme méthode de fusion, on peut donc calculer récursivement le produit de deux entiers de longueur 2^k au moyen de 3 produits d'entiers de longueur 2^{k-1}, ces derniers étant calculés au moyen de 9 produits d'entiers de longueur 2^{k-2}, *etc.*

Notons a_k le nombre d'opérations élémentaires pour déterminer par cette méthode le produit de deux entiers de longueur 2^k. Le nombre d'opérations élémentaires pour déterminer la somme de deux entiers de longueur au plus n est $2n - 1$: n additions élémentaires, plus $n - 1$ retenues. On obtient donc

$$a_1 = 1, \quad \text{et} \quad a_k \leqslant 3a_{k-1} + 5 \cdot (2^k + 1) \quad \text{pour } k \geqslant 2.$$

Montrons par récurrence sur $k \geqslant 1$ l'inégalité $a_k \leqslant 2k3^k$. Pour $k = 1$, on a $a_1 = 1$, et l'inégalité est vraie. Pour $k = 2$, on a $a_2 \leqslant 28$, et l'inégalité est vraie. Sinon, on obtient par hypothèse de récurrence

$$a_k \leqslant 3a_{k-1} + 5 \cdot (2^k + 1) \leqslant 2(k-1)3^k + 5(2^k + 1) = 2k3^k - (2 \cdot 3^k - 5 \cdot 2^k - 5).$$

Or, pour $k \geqslant 3$, on a $5 \cdot 2^k + 5 \leqslant 3^k$.

Considérons alors le produit d'entiers de longueur n quelconque. Nous introduisons le plus petit k vérifiant $n \leqslant 2^k$, et appliquons ce qui précède. Nous obtenons pour le nombre $c(n)$ d'opérations élémentaires la majoration

$$c(n) \leqslant 2k3^k < 2(\log_2(n) + 1)n^{3/2}.$$

Proposition 3.5. (multiplication par dichotomie) *Pour tout ε positif, l'algorithme de multiplication des entiers par dichotomie appartient à la classe de complexité* $\mathrm{DTIME}(n^{3/2+\varepsilon})$.

On peut encore faire mieux. Au lieu de couper les entiers en 2, découpons-les en m morceaux, m étant un entier fixé. Il s'agit donc de mutiplier deux entiers mis sous les formes

$$N_1 = N_{m,1}B^{mk} + \ldots + N_{1,1}B^k + N_{0,1}, \quad N_2 = N_{m,2}B^{mk} + \ldots + N_{1,2}B^k + N_{0,2}.$$

Introduisons les polynômes $P_1(x)$ et $P_2(x)$:

$$P_1(x) = N_{m,1}x^m + \ldots + N_{1,1}x + N_{0,1}, \quad P_2(x) = N_{m,2}x^m + \ldots + N_{1,2}x + N_{0,2}.$$

Alors, par construction, on a $N_1 = P_1(B^k)$, $N_2 = P_2(B^k)$, et, donc, $N_1N_2 = P(B^k)$, où $P(x)$ est le polynôme produit $P_1(x)P_2(x)$. Le degré du polynôme $P(x)$ est (au plus) $2m$, donc $P(x)$ peut être déterminés à partir de $2m + 1$ quelconques de ses valeurs en utilisant les formules d'interpolation de Lagrange. Choisissons pour cela les entiers $-m$, $-m + 1$, ..., -1, 0, 1, ..., m. Par construction, chacun des coefficients de P_1 et P_2 a une représentation en base B de longueur moindre que k. Donc le nombre d'opérations pour déterminer les $2m + 1$ valeurs de $P(x)$, et, de là, ses coefficients, est de l'ordre de mk. Une fois les coefficients de $P(x)$ connus, le calcul de $P(B^k)$ peut se faire en un nombre d'opérations proportionnel à son degré augmenté de 1, soit $2m + 1$: pour cela, on écrit $P(x)$ sous la forme

$$M_0 + x(M_1/M_0 + x(M_2/(M_0M_1) + x(\ldots))).$$

Au total on obtient une multiplication des entiers telle que le nombre d'étapes $c(n)$ effectuées pour multiplier deux entiers de longueur au plus n satisfait à une relation du type

$$c(mk) \leqslant (2m + 1)c(k) + Cmk,$$

où C est une constante. Comme plus haut, on en déduit que, pour tout ε, il existe une constante C_ε vérifiant

$$c(n) \leqslant C_\varepsilon n^{\log_{2m}(2m+1+\varepsilon)}$$

pour n assez grand. En faisant croître m à son tour, on obtient le résultat suivant

Proposition 3.6. (multiplication rapide) *Pour tout ε positif, il existe un algorithme de multiplication des entiers appartenant à la classe de complexité* $\mathrm{DTIME}(n^{1+\varepsilon})$.

En choisissant comme points d'évaluation pour le calcul du produit de deux polynômes non pas les entiers $-m$, ..., m, mais 0 et les racines $2m$-èmes de l'unité dans $\mathbb{C}$, les polynômes interpolateurs prennent une forme symétrique qui rend les calculs encore plus efficaces : la méthode revient alors au calcul de ce qu'on appelle la transformée de Fourier rapide (FFT).

La question de la représentation des entiers est importante. Si, au lieu d'utiliser un développement dans une base fixée, on représentait les entiers par les exposants de leur décompositions en facteurs premiers, le calcul du produit serait un tout autre problème : il s'agirait alors, partant de deux listes (finies) $(e_1, e_2, \ldots)$ et $(f_1, f_2, \ldots)$, de calculer la liste $(e_1+f_1, e_2+f_2, ...)$. Noter que, dans ce contexte, l'addition serait, elle, (très) difficile à calculer, ce qui, à son tour, poserait des problèmes dans le calculs des exposants d'un produit : algorithmiquement, la représentation des entiers par les exposants de leur décomposition semble calamiteuse – et c'est probablement la raison pour laquelle personne apparemment ne l'a jamais utilisée pour calculer.

9.3.3 Calcul du pgcd

Considérons le calcul du pgcd de deux entiers. Pour cela, on sait qu'on peut utiliser l'algorithme d'Euclide : pour tout couple d'entiers A, B, il existe Q et R vérifiant $A = BQ+R$ et $0 \leqslant R < B$, et le pgcd de A et B est celui de B et R. Pour A et B entiers, posons

$$D_k(A, B) = \begin{cases} \sup(A, B) & \text{pour } k = 0, \\ \inf(A, B) & \text{pour } k = 1, \\ D_{k-2}(A, B) \bmod D_{k-1}(A, B) & \text{sinon,} \end{cases}$$

en posant $x \bmod 0 = x$ pour tout x. Alors le pgcd de A et B est le pgcd de $D_k(A, B)$ et $D_{k+1}(A, B)$ pour tout k, et donc c'est $D_\ell(A, B)$, où ℓ est le plus petit entier tel que $D_{\ell+1}(A, B)$ est nul.

Exemple 3.7. (algorithme d'Euclide) Partons des entiers 1952 et 1992. Les entiers $D_k(1952, 1992)$ successifs sont

1992, 1952, 40, 32, 8, 0, ...

et le pgcd de 1952 et 1992 est 8.

On se propose de calculer combien d'étapes sont nécessaires pour le calcul du pgcd par cette méthode. La suite des entiers $D_k(A, B)$ est strictement décroissante, donc, pour $A, B \leqslant N$, il est certain que N étapes au plus sont nécessaires. Nous allons voir qu'en fait le nombre d'étapes est très inférieur. La méthode utilisée consiste à renverser le problème. Plutôt que de partir d'un entier N et de chercher le nombre maximal $\ell(N)$ d'étapes d'itérations en partant d'entiers au plus égaux à N, nous choisissons un entier ℓ et nous cherchons quelle est la plus petite valeur $N(\ell)$ pour laquelle on peut trouver deux entiers $A, B \leqslant N(\ell)$ pour lesquels ℓ étapes d'itération sont nécessaires.

Lemme 3.8. *Supposons $D_k(A, B) \neq 0$ pour $0 \leqslant k \leqslant \ell$. Alors on a $D_0(A, B) \geqslant F_\ell$, où F_0, F_1, ... est la suite de Fibonacci définie par $F_0 = F_1 = 1$, $F_n = F_{n-1} + F_{n-2}$ pour $n \geqslant 2$.*

Démonstration : On utilise une récurrence sur $\ell \geqslant 1$. Pour $\ell = 1$, l'hypothèse $D_1(A, B) \neq 0$ signifie $\inf(A, B) \geqslant 1$, donc $D_0(A, B) = \sup(A, B) \geqslant 1 = F_1$. Supposons maintenant $\ell \geqslant 2$ et $D_k(A, B) \neq 0$ pour $0 \leqslant k \leqslant \ell$. En posant $A' = D_1(A, B)$, $B' = D_2(A, B)$, on a par contruction

$$D_k(A', B') = D_{k+1}(A, B)$$

pour $0 \leqslant k \leqslant \ell - 1$, d'où, par hypothèse de récurrence, $A' \geqslant F_{\ell-1}$ et $B' \geqslant F_{\ell-2}$. Or, par définition, on a

$$D_0(A,B) = D_1(A,B) \times Q + D_2(A,B) \quad \text{et} \quad 0 \leqslant D_2(A,B) < D_1(A,B)$$

pour un certain entier Q. Le quotient Q ne peut être nul, car on aurait alors $D_0(A,B) < D_1(A,B)$, contredisant la définition des entiers $D_k(A,B)$. On a donc $Q \geqslant 1$, et donc

$$D_0(A,B) \geqslant D_1(A,B) + D_2(A,B) \geqslant F_{\ell-1} + F_{\ell-2} \geqslant F_\ell.$$

Proposition 3.9. (algorithme d'Euclide) *Pour $A, B \leqslant N$, le nombre de divisions euclidiennes effectuées pour calculer le pgcd de A et B par l'algorithme d'Euclide est majoré par $\log_\phi(N) + 2$, où ϕ est le nombre $(1+\sqrt{5})/2$; le pire cas est obtenu lorsque A et B sont des nombres de Fibonacci consécutifs.*

Démonstration : On rappelle l'évaluation de F_m, qui est déterminé par une récurrence linéaire. On a

$$\begin{pmatrix} F_m \\ F_{m+1} \end{pmatrix} = M \begin{pmatrix} F_{m-1} \\ F_m \end{pmatrix},$$

où M est la matrice $\begin{pmatrix} 0 & 1 \\ 1 & 1 \end{pmatrix}$. Les valeurs propres de M sont les racines de l'équation $X^2 - X - 1 = 0$, à savoir le nombre d'or

$$\phi = \frac{1+\sqrt{5}}{2}$$

et $1 - \phi$. Les solutions de la récurrence forment un espace vectoriel de dimension 2. Deux solutions particulières sont constituées par les puissances de ϕ et celles de $1-\phi$. Toute autre solution s'obtient comme combinaison linéaire de celles-ci, c'est-à-dire qu'il existe deux réels λ et μ vérifiant pour tout entier m

$$F_m = \lambda\phi^m + \mu(1-\phi)^m.$$

Les valeurs de λ et μ sont déterminées par les conditions initiales $F_0 = F_1 = 1$, et on obtient finalement

$$F_m = \frac{1}{\sqrt{5}}(\phi^{m+1} + (-1)^m(\phi - 1)^{m+1}),$$

d'où on tire

$$F_m \geqslant \frac{1}{\sqrt{5}}\phi^{m+1} - 1.$$

Supposons alors $A, B \leqslant N$. Si la détermination du pgcd de A et B nécessite au moins m divisions successives, alors on a $N \geqslant F_m$ par le lemme 3.8. En rapprochant de l'évaluation de F_m, on obtient

$$\frac{1}{\sqrt{5}}\phi^{m+1} - 1 \leqslant N,$$

d'où

$$m \leqslant \log_\phi(\sqrt{5}(N+1)) - 1.$$

Le logarithme peut se développer en

$$\log_\phi(N) + \log_\phi(1 + \frac{1}{N}) + \frac{1}{2}\log_\phi(5),$$

$1/N$ est, par hypothèse, au plus égal à $1/3$, et finalement on obtient la majoration annoncée

La question de la représentation des entiers est, là encore, importante. Si, au lieu d'utiliser un développement dans une base fixée, on représentait les entiers par les exposants de leur décomposition en facteurs premiers, le calcul du pgcd s'effectuerait en temps linéaire, puisqu'il s'agirait alors, partant de deux listes (finies) $(e_1, e_2, ...)$ et $(f_1, f_2, ...)$, de calculer la liste $(\inf(e_1,f_1), \inf(e_2,f_2), ...)$.

9.3.4 Multiplication des matrices

Considérons maintenant la multiplication des matrices. Supposons que A et B sont deux matrices carrées de dimension n, et qu'on a $C = AB$. Notant $a_{i,j}$, $b_{i,j}$ et $c_{i,j}$ respectivement le coefficient de A, B, C situé sur la i-ième ligne et la j-ième colonne, la définition du produit donne la formule

$$c_{i,k} = \sum_j a_{i,j} b_{j,k}. \qquad (*)$$

Le calcul de chacun des n^2 coefficients de C requiert n multiplications de scalaires, et $n - 1$ additions. En prenant comme opérations élémentaires les additions et les multiplications de scalaires, on peut évaluer la complexité du calcul à l'aide de la formule $(*)$ par le décompte

$$\begin{cases} \text{nombre de multiplications} & : n^3, \\ \text{nombre d'additions} & : n^3 - n^2. \end{cases}$$

Proposition 3.10. (multiplication usuelle) *Le calcul du produit de deux matrices de dimension n par l'algorithme usuel requiert n^3 multiplications de scalaires.*

Ce qui précède ne constitue pas une évaluation complète de la complexité du produit de matrices, car les opérations sur les scalaires ne sont pas des opérations élémentaires, mais des suites d'opérations qui ont elles-mêmes un coût en termes de la taille des coefficients. De la même façon, il est raisonnable de définir la taille d'une matrice non comme sa dimension, mais comme la somme des longueurs des représentations de ses coefficients. Pour des matrices à coefficients entiers, une estimation très grossière est que, si la taille des matrices A et B définie comme ci-dessus est au plus n, leur dimension est au plus $n^{1/2}$, en supposant que chaque entier est représenté par un mot de longueur 1 au moins, et le calcul de AB se fait à l'aide d'au plus $(n^{1/2})^3$ multiplications d'entiers de taille au plus n (et autant d'additions), donc avec un coût total borné par $n^{3/2} \times n^2 = n^{7/2}$, d'où l'appartenance de la multiplication des matrices à coefficients entiers à la classe de complexité $\mathrm{DTIME}(n^{7/2})$. Il est clair que cette évaluation n'est pas optimale, puisque, si n est la somme des tailles de tous les coefficients d'une matrice, la taille moyenne de chacun d'eux est inférieure à n (voir Exercices). Tout ceci est schématique. En particulier, pour de grandes matrices, la représentation de la matrice est importante : par exemple, pour une matrice ayant beaucoup de coefficients nuls, il pourra être plus économique de représenter la matrice par la liste des triplets $(i, j, a_{i,j})$ vérifiant $a_{i,j} \neq 0$ que par la liste complète des $a_{i,j}$, ce qui modifie la notion de taille globale de la matrice elle-même.

Une fois de plus, nous allons voir que la borne précédente peut être améliorée en faisant appel à une méthode récursive fondée sur une dichotomie. Considérons d'abord le produit des matrices 2×2. L'algorithme usuel utilise 8 multiplications pour déterminer les 4 coefficients de la matrice-produit à l'aide des formules

$$\begin{cases} c_{11} = a_{11}b_{11} + a_{12}b_{21} \\ c_{12} = a_{11}b_{12} + a_{12}b_{22} \\ c_{21} = a_{21}b_{11} + a_{22}b_{21} \\ c_{22} = a_{21}b_{12} + a_{22}b_{22} \end{cases}$$

Considérons les expressions

$$\begin{cases} d_1 = (a_{11} + a_{22})(b_{11} + b_{22}) \\ d_2 = (a_{21} + a_{22})b_{11} \\ d_3 = a_{11}(b_{12} - b_{22}) \\ d_4 = a_{22}(b_{21} - b_{11}) \\ d_5 = (a_{11} + a_{12})b_{22} \\ d_6 = (a_{21} - a_{11})(b_{11} + b_{12}) \\ d_7 = (a_{12} - a_{22})(b_{21} + b_{22}). \end{cases}$$

Le calcul de d_1, ..., d_7 nécessite exactement 7 multiplications. Or on a les relations suivantes (relations de Strassen) :

$$\begin{cases} c_{11} = d_1 + d_4 - d_5 + d_7 \\ c_{12} = d_3 + d_5 \\ c_{21} = d_2 + d_4 \\ c_{22} = d_1 + d_3 - d_2 + d_6. \end{cases}$$

Par conséquent les coefficients du produit de deux matrices 2×2 peuvent être déterminés en 7 multiplications et 18 additions.

Les formules précédentes s'étendent à des dimensions supérieures en utilisant le produit par blocs. Supposons que A et B sont des matrices $2n \times 2n$. On peut les écrire chacune comme tableau de 4 matrices $n \times n$, disons A_{ij} et B_{ij}, et les 4 matrices C_{ij}

associées de la même façon à la matrice produit AB satisfont aux formules

$$C_{ij} = \sum_{k=1}^{k=2} A_{ik} B_{kj}.$$

Or les formules exprimant les c_{ij} à partir des d_k sont valables dans tout anneau, commutatif ou non, donc en particulier dans l'anneau des matrices $n \times n$. On peut donc calculer les C_{ij} à partir des D_k construits sur les A_{ij} et B_{ij} par les formules données plus haut. Ce faisant, on détermine les coefficients du produit de 2 matrices $2n \times 2n$ en effectuant 7 multiplications et 18 additions de matrices $n \times n$.

Supposons que A et B sont des matrices de dimension n. Si n est une puissance de 2, soit $n = 2^k$, l'algorithme de Strassen consiste à appliquer récursivement la méthode précédente : on détermine le produit de A et B au moyen de 7 produits de matrices de dimension 2^{k-1}, donc de 7^2 produits de matrices de dimension 2^{k-2}, *etc.* jusqu'à tomber sur 7^{k-1} matrices de dimension 1, c'est-à-dire des scalaires. Si n n'est pas une puissance de 2, on introduit comme d'habitude le plus petit entier k vérifiant $n \leqslant 2^k$, ce qui revient à border les matrices par des 0 à droite et en bas.

Le nombre $c(n)$ de multiplications de scalaires nécessaires à la multiplication de deux matrices de dimension n satisfait alors

$$c(n) \leqslant 7^k < 7^{\log_2(n)+1} = 7 \cdot e^{\ln(7) \cdot \ln(n)/\ln(2)} = 7 \cdot n^{\log_7(2)}.$$

Proposition 3.11. (multiplication rapide) *Le calcul du produit de deux matrices de dimension n par l'algorithme de Strassen requiert $O(n^{\log_2(7)})$ multiplications de scalaires.*

On a $\log_2(7) < 2,82 < 3$: on peut donc affirmer qu'asymptotiquement l'algorithme de Strassen est plus efficace que l'algorithme usuel pour le calcul du produit de deux matrices. On peut signaler que des méthodes analogues à la méthode de Strassen permettent d'obtenir des algorithmes de multiplication de matrices en $O(n^\alpha)$ avec $\alpha < 2,5$. La borne minimale n'est pas connue. Il est aussi à noter que chaque algorithme de multiplication rapide en $O(n^\alpha)$ donne automatiquement un algorithme de calcul de l'inverse d'une matrice, et, de là, de résolution de systèmes linéaires et de calcul de déterminant, de même complexité (voir Exercices).

EXERCICES

9.1. Soit à évaluer la complexité c d'un algorithme en fonction d'un paramètre n entier. On suppose qu'on a obtenu la relation $c(2n) \leqslant 2c(n) + \alpha n$, où α est une constante réelle strictement positive, et, d'autre part, on suppose que c est croissante au sens large. Quel ordre de grandeur peut-on déduire pour $c(n)$?

9.2. (i) Montrer qu'un entier P est premier si et seulement si il existe un élément d'ordre $P-1$ dans le monoïde multiplicatif $(\mathbb{Z}/P\mathbb{Z})^*$.

(ii) Supposons $P-1 = p_1^{e_1}...p_k^{e_k}$, où les p_i sont premiers. Montrer que la classe de l'élément Q est d'ordre $P-1$ dans $(\mathbb{Z}/P\mathbb{Z})^*$ si et seulement si on a $Q^{p_1^{e_1}...\widehat{q_i^{e_i}}...p_k^{e_k}} \not\equiv 1 (\text{mod}\, P)$ pour $i = 1, ..., k$.

(iii) En déduire que le problème de décision de l'ensemble $\mathbb{P}$ des nombres premiers appartient à la classe NP.

9.3. (i) Montrer que, pour tous A, B dans $\mathbb{Z}$, il existe Q et R uniques dans $\mathbb{Z}$ vérifiant $A = BQ + R$ et $-B \,\text{div}\, 2 < R \leqslant B \,\text{div}\, 2$: les entiers Q et R sont appelés quotients et restes de la division euclidienne centrée de A par B. Construire à l'aide de la division euclidienne centrée un algorithme de calcul de pgcd, et montrer que le nombre d'étapes d'itération pour le calcul du pgcd de A et B avec $A, B \leqslant N$ est borné par $\log_2(N)$.

(ii) Notant F_n le n-ième nombre de Fibonacci, montrer les égalités $F_{m+1} = 3F_{m-1} - F_{m-3}$ et $F_m = 2F_{m-1} - F_{m-3}$, et déduire que le pire cas de l'algorithme d'Euclide centré correspond aux nombres F_n.

9.4. (algorithme de Winograd) (i) On suppose $n = 2p$.
Montrer que, pour $c = a_1b_1 + a_2b_2 + ... + a_nb_n$, on a

$$c = \sum_{\ell=1}^{\ell=p}(a_{2\ell-1} + b_{2\ell})(a_{2\ell} + b_{2\ell-1}) - \sum_{\ell=1}^{\ell=p} a_{2\ell-1}a_{2\ell} - \sum_{\ell=1}^{\ell=p} b_{2\ell-1}b_{2\ell}. \qquad (*)$$

(ii) On considère le calcul du produit C de deux matrices carrées A, B de dimension $2p$. On note $a_{i,j}$, $b_{i,j}$, $c_{i,j}$ les coefficients génériques de A, B, C. On pose

$$a_i = \sum_{\ell=1}^{\ell=p} a_{i,2\ell-1}a_{i,2\ell} \qquad \text{et} \qquad b_j = \sum_{\ell=1}^{\ell=p} b_{2\ell-1,j}b_{2\ell,j}.$$

Utiliser la formule $(*)$ pour calculer les n^2 coefficients $c_{i,j}$ au moyen de seulement $n^3/2 + n^2/2$ multiplications de scalaires, et $n^3 + 5n^2/2 - n$ additions.

9.5. On note P_n l'ensemble des polynômes à coefficients dans $\mathbb{Z}$ de degré strictement inférieur à 2^n dont tous les coefficients sont, en valeur absolue, strictement inférieurs à 2^n. On étudie le coût de la multiplication sur P_n. Les entiers sont représentés en base 2, et on prend comme opérations élémentaires l'addition et la multiplication *modulo* 2.

(i) Montrer que, pour P, Q dans P_n, la détermination directe des coefficients de PQ demande $(2^n)^2$ produits d'entiers. En déduire une borne supérieure de complexité (en fonction de n) pour le calcul de PQ en opérations élémentaires si on utilise la multiplication usuelle des entiers, et si on utilise une multiplication rapide des entiers (on cherchera seulement des ordres de grandeur).

(ii) Montrer que, pour P, Q dans P_n, le développement binaire de $P(2^{3n})Q(2^{3n})$ détermine les coefficients de PQ. En utilisant un majorant de la longueur de l'entier $P(2^{3n})$, déduire une borne supérieure de complexité pour la détermination de PQ, et comparer avec (i).

9.6. Partant de A matrice carrée réelle de dimension n, on définit par récurrence des matrices A_k et des réels p_k pour $1 \leqslant k \leqslant n$ par

$$A_1 = A, \quad A_{k+1} = A_k A + p_k A, \quad p_k = -\mathrm{Tr}(A_k)/k,$$

où $\mathrm{Tr}(M)$ est la trace de M.

(i) Donner un ordre de grandeur du nombre d'opérations sur les réels nécessaires au calcul de p_1, ..., p_n (en utilisant l'algorithme standard de multiplications des matrices).

(ii) Soient a_1, ..., a_n des réels fixés. On note S_1, ..., S_n les valeurs des fonctions symétriques élémentaires de a_1, ..., a_n (S_1 est la somme des a_i, et S_n est leur produit). Montrer que, si A est la matrice diagonale dont les valeurs propres sont a_1, ..., a_n, alors on a, pour $1 \leqslant k \leqslant n$, la relation

$$A_k = A^k - S_1 A^{k-1} + S_2 A^{k-2} - \ldots + (-1)^{k-1} S_{k-1} A.$$

En déduire que p_1, ..., p_n sont les coefficients du polynôme caractéristique de A.

(iii) Étendre le résultat au cas d'une matrice diagonalisable, puis d'une matrice quelconque. En déduire une borne supérieure de complexité pour le calcul du polynôme caractéristique d'une matrice de dimension n.

9.7. On se propose de montrer que toute méthode de multiplication rapide des matrices donne automatiquement une méthode d'inversion de même complexité.

(i) On suppose que A est une matrice carrée inversible de dimension n, et on pose $E = D - CA^{-1}B$. Que vaut le produit

$$\begin{pmatrix} I_n & O_n \\ CA^{-1} & I_n \end{pmatrix} \begin{pmatrix} A & O_n \\ O_n & E \end{pmatrix} \begin{pmatrix} I_n & A^{-1}B \\ O_n & I_n \end{pmatrix} ?$$

En déduire que E et M sont simultanément inversibles et donner un développement par blocs de M^{-1} en fonction de A^{-1}, B, C, D et E^{-1}. Combien d'inversions et de produits de matrices $n \times n$ nécessite l'inversion d'une matrice de dimension $2n \times 2n$ par cette méthode ?

(ii) On note $F(n)$ le nombre d'opérations sur les scalaires effectuées pour le calcul de l'inverse d'une matrice $n \times n$ par la méthode précédente itérée, et $M(n)$ le nombre d'opérations sur les scalaires effectuées dans le calcul du produit de deux matrices $n \times n$ par une méthode « diviser pour régner » (par exemple la méthode de Strassen). Ètablir une borne sur $F(2^m)$, puis sur $F(n)$.

(iii) On tire au hasard et indépendamment quatre entiers a, b, c, d dans l'intervalle $\{1, 2, ..., N\}$ de $\mathbb{N}$. Montrer que la probabilité d'avoir $ad = bc$ est majorée par $1/N$. On tire au hasard et indépendamment neuf entiers $a_{1,1}$, $a_{1,2}$, $a_{1,3}$, $a_{2,1}$, $a_{2,2}$, $a_{2,3}$, $a_{3,1}$, $a_{3,2}$, $a_{3,3}$ dans le même intervalle. Montrer que la probabilité pour que le déterminant de la matrice 3×3 dont le terme générique est $a_{i,j}$ soit nul est majorée par $2/N$. Généraliser. Quel est le rapport entre les questions précédentes et l'algorithme de la question (i) ?

9.8. On suppose qu'on a trouvé une méthode pour multiplier deux matrices 3×3 nécessitant 21 multiplications scalaires, et n'utilisant que les propriétés d'anneau de la multiplication scalaire. En déduire une méthode de multiplication rapide de matrices $n \times n$, et en évaluer la complexité dans le pire cas. Cette méthode est-elle meilleure que la méthode de Strassen ? Plus généralement donner, pour chaque entier m, le nombre $F(m)$ à partir duquel une méthode de multiplication de matrices $m \times m$ en $F(m)$ multiplications scalaires induit une méthode de multiplication rapide asymptotiquement meilleure que la méthode de Strassen.

9.9. On considère diverses méthodes pour calculer le produit de deux polynômes, qu'on évalue en comptant le nombre $M(n)$ de multiplications scalaires utilisées pour le produit de deux polynômes de degré n.

(i) Que vaut $M(n)$ lorsqu'on applique directement la définition du produit de polynômes ?

(ii) En utilisant la formule

$$(x^m P_1 + P_0)(x^m Q_1 + Q_0) = x^{2m} P_1 Q_1 + x^m (P_1 Q_0 + P_0 Q_1) + P_0 Q_0 \qquad (*),$$

décrire une méthode de multiplication de polynômes pour laquelle $M(n)$ vérifie $M(2n) \leqslant 3M(n)$. En déduire une borne supérieure pour $M(n)$ en fonction de n.

(iii) En utilisant une formule analogue à (*) faisant intervenir des décompositions en sommes de trois termes, imaginer une méthode pour laquelle on ait $M(3n) = 6M(n)$, et en déduire une borne pour $M(n)$. Comparer avec la méthode de (ii).

9.10. On suppose que Σ_1 et Σ_2 sont deux alphabets non nécessairement disjoints. Pour L_1 langage sur Σ_1, et L_2 langage sur Σ_2, on appelle mélange de L_1 et L_2 l'ensemble $L_1 ш L_2$ des mots sur $\Sigma_1 \cup \Sigma_2$ formés en entremêlant un mot de L_1 et un mot de L_2. Précisément le mot $x_1 ... x_n$ est dans $L_1 ш L_2$ si et seulement si il existe une partition de l'intervalle $\{1, ..., n\}$ en deux ensembles $\{i_1, ..., i_p\}$, $\{j_1, ..., j_q\}$ vérifiant $i_1 < ... < i_p$, $j_1 < ... < j_q$, $x_{i_1} ... x_{i_p} \in L_1$ et $x_{j_1} ... x_{j_q} \in L_2$.

(i) On suppose Σ_1 et Σ_2 disjoints. Montrer que, si L_1 et L_2 appartiennent à la classe P, il en est de même de $L_1 ш L_2$.

(ii) Montrer que, si L_1 et L_2 appartiennent à la classe NP, il en est de même de $L_1 ш L_2$ (sans hypothèse particulière sur Σ_1 et Σ_2).

Chapitre 10

Logique booléenne

La logique mathématique étudie l'expression formelle des propriétés, et la façon dont on peut passer d'une propriété à une autre. Elle est donc liée à la notion de calcul : démontrer une propriété, ou plutôt la formule qui l'exprime, c'est développer un calcul qui aboutit à la formule souhaitée. Inversement, tout calcul peut être vu comme une démonstration de son résultat à partir des données initiales.

Dans ce chapitre, nous abordons la logique booléenne, ou calcul booléen : il s'agit d'une logique rudimentaire, dans laquelle on ne descend pas au-dessous du niveau « vrai–faux » : les variables considérées peuvent seulement se voir attribuer les valeurs « vrai » ou « faux ». Quoique élémentaire, cette logique pose des problèmes profonds. En particulier, nous établirons le théorème de Cook, qui relie la complexité du calcul booléen à la question P = NP.

10.1 FORMULES ET RÉALISATIONS

Toute propriété mathématique est exprimée au moyen de mots particuliers, appelés propositions, assertions, énoncés, ..., pour lesquels on définit une notion de vérité. Définir une logique formelle, c'est définir un ensemble précis de mots, qu'on appellera les *formules* de la logique considérée, puis une façon d'attribuer une valeur de vérité à ces formules.

10.1.1 Formules booléennes

La logique booléenne est la plus simple des logiques, construite à partir de variables pouvant recevoir soit la valeur « vrai », soit la valeur « faux », et assemblées à l'aide de connecteurs simples.

Définition 1.1. (formule) On appelle *variable* tout mot du type x_u, où u est le développement en base 10 d'un entier positif, c'est-à-dire tout mot engendré par la grammaire

$$V \to x_1 W | ... | x_9 W, \quad W \to W_1 | ... | W_0 | \varepsilon$$

avec V comme variable initiale, et les lettres x et $_1$, ..., $_0$ comme terminaux. On appelle *formule booléenne* tout mot sur l'alphabet $\{x, _1, ..., _9, _0, \wedge, \vee, \to, \leftrightarrow, (,) \top, \bot\}$ engendré par la grammaire précédente augmentée de

$$C \to \wedge | \vee | \to | \leftrightarrow, \quad S \to V | \neg(S) | (S)C(S) | \top | \bot,$$

avec S comme variable initiale. On note VAR l'ensemble des variables, et FORM l'ensemble des formules booléennes. ■

Exemple 1.2. (formule) Les mots x_2, $(x_1) \wedge (x_3)$, $((x_1) \wedge (x_3)) \to (x_2)$ sont des formules booléennes. Comme dans le cas des expressions arithmétiques, il est usuel de supprimer les parenthèses autour des variables, notant ainsi x_2, $x_1 \wedge x_3$, $(x_1 \wedge x_3) \to x_2$ les formules ci-dessus. Cela revient à remplacer dans la grammaire ci-dessus le dernier groupe de productions par

$$S \to V | \neg V | \neg(S) | (S)C(S) | VCV | VC(S) | (S)CV | \top | \bot.$$

Chaque formule booléenne peut être représentée par un arbre de dérivation pour la grammaire ci-dessus. Comme dans le cas des expressions arithmétiques et des définitions récursives, il est plus commode d'associer directement un arbre étiqueté dont les nœuds intérieurs sont étiquetés par les connecteurs $\wedge$, ..., $\leftrightarrow$, ce qui revient à supprimer les parenthèses dans l'arbre de dérivation et à faire remonter les connecteurs vers la racine, remplaçant

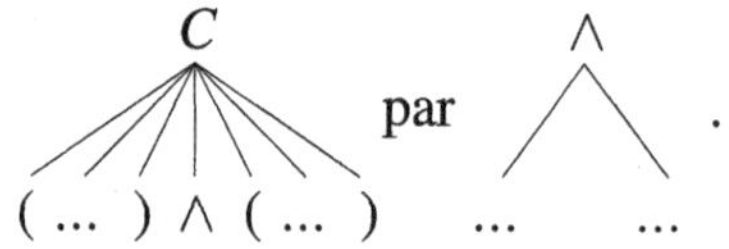

Ainsi, les arbres associés aux trois formules précédentes sont respectivement

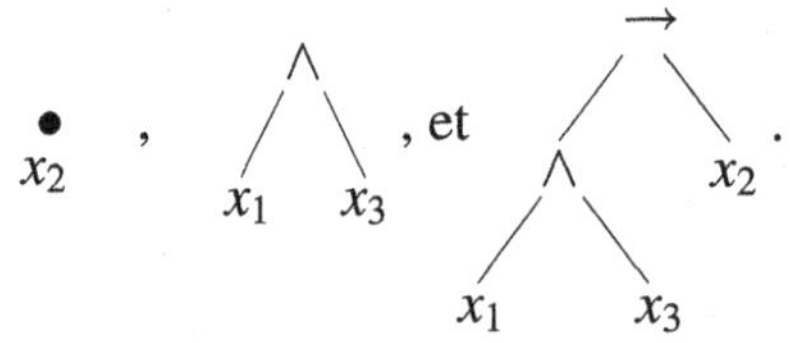

Une idée naturelle serait de *définir* les formules booléennes comme étant les arbres associés, ce qui reflèterait de façon optimale leur construction inductive. D'un autre côté, il est commode de pouvoir considérer les formules comme des mots, et nous nous en tiendrons ici à la définition traditionnelle.

Le point essentiel de la définition est que FORM est le plus petit ensemble de mots qui contient les variables, les lettres $\top$ et $\perp$, et qui est clos par les opérations $\Phi \mapsto \neg\Phi$ et $(\Phi, \Psi) \mapsto \Phi \wedge \Psi, ..., \Phi \leftrightarrow \Psi$. Ainsi, on a le principe d'induction suivant.

Proposition 1.3. (induction) *Pour montrer qu'une propriété $\mathcal{P}$ est vraie pour toute formule booléenne, il suffit de montrer*

- *que $\mathcal{P}$ est vraie pour $\top$, $\perp$, et les variables,*
- *que, si $\mathcal{P}$ est vraie pour Φ, alors elle est vraie aussi pour $\neg\Phi$,*
- *et que, si $\mathcal{P}$ est vraie pour Φ et Ψ, alors elle est vraie aussi pour $\Phi \wedge \Psi$, $\Phi \vee \Psi$, $\Phi \rightarrow \Psi$, et $\Phi \leftrightarrow \Psi$.*

Démonstration : L'ensemble des formules pour lesquelles $\mathcal{P}$ est vraie contient $\top$, $\perp$, et les variables et est clos par les les opérations $\Phi \mapsto \neg\Phi$ et $(\Phi, \Psi) \mapsto \Phi \wedge \Psi, ..., \Phi \leftrightarrow \Psi$, donc il inclut le plus petit ensemble qui inclue les variables et soit clos par les opérations considérées, lequel est l'ensemble de toutes les formules booléennes.

10.1.2 Valeurs de vérité

Pour attribuer une valeur de vérité « vrai » ou « faux », notée ici 1 et 0, à une formule booléenne Φ, on attribue une telle valeur aux variables, à $\top$ et $\perp$, puis on propage les valeurs en remontant dans l'arbre associé.

Définition 1.4. (réalisation) Supposons que Φ est une formule booléenne. Une *réalisation* (ou assignation de valeurs de vérité) pour Φ est une application de l'ensemble des variables figurant dans Φ dans l'ensemble $\{0, 1\}$. ∎

Il résulte de la proposition 1.3 que, pour toute application R de VAR dans $\{1, 0\}$, il existe une unique application $\widehat{R}$ de FORM dans $\{1, 0\}$ qui prolonge R, satisfait $\widehat{R}(\top) = 1$, $\widehat{R}(\perp) = 0$, et obéit aux règles inductives

$$\begin{aligned}
&\widehat{R}(\neg\Phi) = \neg\widehat{R}(\Phi), && \widehat{R}(\Phi \wedge \Psi) = \widehat{R}(\Phi) \wedge \widehat{R}(\Psi),\\
&\widehat{R}(\Phi \vee \Psi) = \widehat{R}(\Phi) \vee \widehat{R}(\Psi), && \widehat{R}(\Phi \rightarrow \Psi) = \widehat{R}(\Phi) \rightarrow \widehat{R}(\Psi),\\
&\widehat{R}(\Phi \leftrightarrow \Psi) && = \widehat{R}(\Phi) \leftrightarrow \widehat{R}(\Psi),
\end{aligned}$$

où $\neg$, $\wedge$, $\vee$, $\rightarrow$ et $\leftrightarrow$ désignent les opérations sur $\{0, 1\}$ définies par

$$\begin{gathered}
\neg 0 = 1, \qquad \neg 1 = 0,\\
0 \vee 0 = 0, \qquad 0 \vee 1 = 1 \vee 0 = 1 \vee 1 = 1\\
0 \wedge 0 = 0 \wedge 1 = 1 \wedge 0 = 0, \qquad 1 \wedge 1 = 1,\\
0 \rightarrow 0 = 0 \rightarrow 1 = 1 \rightarrow 1 = 1, \qquad 1 \rightarrow 0 = 0,\\
0 \leftrightarrow 0 = 1 \leftrightarrow 1 = 1, \qquad 0 \leftrightarrow 1 = 1 \leftrightarrow 0 = 0.
\end{gathered}$$

Exemple 1.5. (valeur de vérité) Soit Φ la formule $(x_1 \wedge x_3) \to x_2$. Supposons $R(x_1) = 1$, $R(x_2) = 0$, $R(x_3) = 1$. On trouve alors $\widehat{R}(x_1 \wedge x_3) = 1 \wedge 1 = 1$, puis $\widehat{R}(\Phi) = 1 \to 0 = 0$.

Définition 1.6. (satisfaction, valide, équivalence) ➤ Supposons que Φ est une formule booléenne, et R une réalisation. On dit que R *satisfait* Φ si $\widehat{R}(\Phi) = 1$ est vraie. Si T est un ensemble de formules booléennes, on dit que R *satisfait* T si R satisfait chaque formule dans T.

➤ On dit qu'une formule Φ ou un ensemble de formules T est *valide* si elle ou il est satisfait dans toute réalisation ; on dit que Φ ou T est *satisfaisable* si elle ou il est satisfait dans au moins une réalisation. On note SAT l'ensemble des formules satisfaisables.

• On dit que deux formules Φ, Φ' sont *équivalentes* si et seulement si, quelle que soit la réalisation R, Φ est satisfaite dans R si et seulement si Φ' l'est. ■

Par définition, la formule $\top$ est valide, et donc une formule Φ est valide si et seulement si elle est équivalente à $\top$. De même, une formule Φ est satisfaisable si et seulement si elle n'est pas équivalente à $\bot$. Il existe un lien immédiat entre formules valides et formules satisfaisables.

Lemme 1.7. *Soit Φ une formule booléenne quelconque. Alors Φ est satisfaisable si et seulement si $\neg\Phi$ n'est pas valide.*

Démonstration : Par construction, on a $\widehat{R}(\neg\Phi) = \neg\widehat{R}(\Phi)$ pour toute réalisation R, et donc Φ est satisfaite dans R si et seulement si $\neg\Phi$ ne l'est pas.

Considérons le problème de décision de l'ensemble SAT, qui consiste à partir d'un mot quelconque w sur l'alphabet considéré et à reconnaître si d'abord si w est une formule, puis, dans l'affirmative, si cette formule est satisfaisable. La première partie est facile : en effet, l'ensemble VAR est un langage automatique, et l'ensemble FORM est un langage algébrique.

Lemme 1.8. *Le langage* FORM *appartient à la classe* DTIME(n^2).

Démonstration : Nous pouvons décider si un mot w de longueur n est une formule ou non comme suit : nous lisons w de gauche à droite en cherchant les variables, c'est-à-dire les lettres x suivies de lettres $_1$ à $_0$ ne commençant pas par $_0$. Lorsqu'une variable est trouvée, on efface les indices, et on remplace x par S. Ceci peut être fait en $O(n)$ étapes. Ensuite on repart du début du mot, et on le relit de gauche à droite ; toutes les fois qu'on trouve un facteur $\neg(S)$, ou $(S) \wedge (S)$, ou $(S) \vee (S)$, ou $(S) \to (S)$, ou $(S) \leftrightarrow (S)$ (avec des blancs inclus), on le remplace par S, et on continue. Si le mot w est une formule, chaque nouvelle lecture supprime un niveau dans l'arbre associé, et donc, au bout d'un nombre d'itérations au plus égal à n (en fait $(n-1)/2$), il ne reste que S sur le ruban. Inversement, si la procédure mène à S, c'est que le mot initial est dans FORM. La procédure complète requiert au plus $n \times O(n) = O(n^2)$ étapes.

Ce qui précède est trivial, et il est clair que la partie difficile du problème est de tester la satisfaisabilité elle-même. Il existe une méthode « stupide » : déterminer systématiquement toutes les valeurs possibles correspondant aux différents choix pour les variables booléennes qui figurent dans la formule. Pour une formule Φ de longueur n, le nombre de variables figurant dans Φ est au plus n (et même $n/2$, puisque la longueur minimale d'une variable est 2), et donc il y a au plus 2^n réalisations à considérer. Pour chaque réalisation R, l'évaluation de $\widehat{R}(\Phi)$ se fait en temps $O(n^2)$. La méthode est la même que pour vérifier qu'un mot est une formule : dans un premier temps, on remplace chaque variable, ainsi que $\perp$ et $\top$, par la valeur 1 ou 0 que lui attribue R, puis, par des lectures successives, on remonte dans l'arbre. Chaque étape a un coût linéaire en n, et, à chaque étape, on peut évaluer ou moins une expression. Si l'arbre associé à Φ a pour hauteur h, on obtient la valeur de $\widehat{R}(\Phi)$ après h étapes, soit, puisqu'on a $h \leqslant n$, au plus $O(n^2)$ étapes. Nous pouvons donc énoncer le résultat suivant.

Proposition 1.9. (décidabilité) *Le problème de décision pour* SAT *appartient à la classe de complexité* DTIME$(n^2 2^n)$ *– donc* DTIME(2^{Cn}) *pour toute constante* C, $C \geqslant 1$.

La méthode précédente, appelée construction de la table de vérité de la formule, peut être améliorée en pratique.

Définition 1.10. (réduction) On appelle *réduction*, et on note red, l'application de FORM dans lui-même définie par règles inductives suivantes :

$\mathrm{red}(\Phi) = \Phi$ si Φ est une variable, $\perp$, ou $\top$;

$\mathrm{red}(\neg\Phi) = \neg\mathrm{red}(\Phi)$; $\mathrm{red}(\neg\top) = \perp$; $\mathrm{red}(\neg\perp) = \top$;

$\mathrm{red}(\Phi \vee \Psi) = \mathrm{red}(\Phi) \vee \mathrm{red}(\Psi)$; $\mathrm{red}(\Phi \vee \top) = \mathrm{red}(\top \vee \Phi) = \top$;

$\mathrm{red}(\Phi \vee \perp) = \mathrm{red}(\perp \vee \Phi) = \mathrm{red}(\Phi)$;

$\mathrm{red}(\Phi \wedge \Psi) = \mathrm{red}(\Phi) \wedge \mathrm{red}(\Psi)$; $\mathrm{red}(\Phi \wedge \top) = \mathrm{red}(\top \wedge \Phi) = \mathrm{red}(\Phi)$;

$\mathrm{red}(\Phi \wedge \perp) = \mathrm{red}(\perp \wedge \Phi) = \perp$;

$\mathrm{red}(\Phi \to \Psi) = \mathrm{red}(\Phi) \to \mathrm{red}(\Psi)$; $\mathrm{red}(\Phi \to \top) = \mathrm{red}(\perp \to \Phi) = \top$;

$\mathrm{red}(\Phi \to \perp) = \neg\mathrm{red}(\Phi)$; $\mathrm{red}(\perp \to \Phi) = \mathrm{red}(\Phi)$;

$\mathrm{red}(\Phi \leftrightarrow \Psi) = \mathrm{red}(\Phi) \leftrightarrow \mathrm{red}(\Psi)$;

$\mathrm{red}(\Phi \leftrightarrow \top) = \mathrm{red}(\top \leftrightarrow \Phi) = \mathrm{red}(\Phi)$;

$\mathrm{red}(\Phi \leftrightarrow \perp) = \mathrm{red}(\perp \leftrightarrow \Phi) = \neg\mathrm{red}(\Phi)$. ■

Le calcul de $\mathrm{red}(\Phi)$ pour toute formule Φ se fait en « remontant » l'évaluation dans l'arbre de Φ. Comme pour toute variable x_i on a posé $\mathrm{red}(x_i) = x_i$, une induction facile donne $\mathrm{red}(\Phi) = \Phi$ si Φ ne contient ni $\perp$ ni $\top$. Par contre, $\mathrm{red}(\Phi)$ peut être beaucoup plus court que Φ si Φ contient $\perp$ ou $\top$.

Lemme 1.11. *Pour toute* Φ *dans* FORM *et toute réalisation* R, *on a* $\widehat{R}(\Phi) = \widehat{R}(\mathrm{red}(\Phi))$.

Démonstration : On montre le résultat par induction sur la complexité de Φ. Pour $\Phi \in$ VAR, $\Phi = \top$, et $\Phi = \bot$, la propriété est vraie. Sinon, pour $\Phi = \neg\Psi$, on a $\mathrm{red}(\Phi) = \neg(\mathrm{red}(\Psi))$, et, par hypothèse de récurrence, $\widehat{R}(\Psi) = \widehat{R}(\mathrm{red}(\Psi))$, d'où

$$\widehat{R}(\Phi) = \neg(\widehat{R}(\Psi)) = \neg(\widehat{R}(\mathrm{red}(\Psi))) = \widehat{R}(\neg(\mathrm{red}(\Psi))) = \widehat{R}(\mathrm{red}(\Phi)).$$

La vérification est similaire pour $\Phi = \Psi \wedge \Theta$, $\Phi = \Psi \vee \Theta$, $\Phi = \Psi \rightarrow \Theta$ et $\Phi = \Psi \leftrightarrow \Theta$.

Supposons alors qu'on veuille tester la satisfaisabilité d'une formule Φ. Soit x_i une variable quelconque. On note $\Phi(x_i = \top)$ la formule obtenue en remplaçant chaque occurrence de x_i dans Φ par $\top$; si x_i n'apparaît pas dans Φ, on a $\Phi(x_i = \top) = \Phi$. De même, on note $\Phi(x_i = \bot)$ le résultat de la substitution de $\bot$ à toutes les occurrences de x_i dans Φ. Comme, dans toute réalisation, la valeur donnée à la variable x_i est soit $\top$, soit $\bot$, la formule Φ est satisfaisable si l'une au moins des deux formules $\Phi(x_i = \top)$, $\Phi(x_i = \bot)$ est satisfaisable, donc, par le lemme 3.6, si l'une au moins des formules $\mathrm{red}(\Phi(x_i = \top))$, $\mathrm{red}(\Phi(x_i = \bot))$ l'est. On en déduit un algorithme décidant la satisfaisabilité de Φ en considérant successivement chacune des variables qui apparaissent dans Φ, et, pour chacune d'elles, en substituant les deux valeurs possibles $\top$ et $\bot$. S'il n'y avait pas la réduction, ce procédé reviendrait exactement à évaluer les 2^p valeurs possibles de la formule en assignant à ses p variables toutes les valeurs possibles, c'est-à-dire à construire la table de vérité de Φ. Grâce à la réduction, on élimine dans les cas favorables une partie des calculs. Dans tous les cas, le calcul se déroule suivant un schéma d'*arbre*, où chaque étape se subdivise en deux étapes ultérieures.

Exemple 1.12. (réduction) Soit Φ la formule

$$(x_1 \rightarrow (x_2 \vee x_3)) \rightarrow ((x_1 \rightarrow x_2) \vee (x_1 \rightarrow x_3)).$$

On a d'abord

$$\Phi(x_1 = \bot) = (\bot \rightarrow (x_2 \vee x_3)) \rightarrow ((\bot \rightarrow x_2) \vee (\bot \rightarrow x_3)),$$

qui se réduit en $\top \rightarrow (\top \vee \top)$, donc en $\top$ puisqu'on a toujours $\mathrm{red}(\bot \rightarrow \Phi) = \top$. Donc on a $\mathrm{red}(\Phi(x_1 = \bot)) = \top$, ce qui permet d'ores et déjà de conclure que Φ est satisfaisable, puisque Φ est satisfaite dans toute réalisation R vérifiant $R(x_1) = \bot$.

Si on veut tester la validité de Φ, on évalue à son tour $\Phi(x_1 = \top)$. On trouve

$$\Phi(x_1 = \top) = (\top \rightarrow (x_2 \vee x_3)) \rightarrow ((\top \rightarrow x_2) \vee (\top \rightarrow x_3)),$$

qui se réduit en $\Phi_\top = (x_2 \vee x_3) \rightarrow (x_2 \vee x_3)$. Ensuite, on a

$$\Phi_\top(x_2 = \bot) = (\bot \vee x_3) \rightarrow (\bot \vee x_3),$$

qui se réduit en $\Phi_{\top,\bot} = x_3 \rightarrow x_3$, et

$$\Phi_\top(x_2 = \top) = (\top \vee x_3) \rightarrow (\top \vee x_3),$$

qui se réduit en $\top$. De cette dernière valeur, on déduit que $\Phi_\top(x_2 = \top)$ est valide. Il reste le cas de $\Phi_{\top,\bot} = x_3 \rightarrow x_3$. La formule $\Phi_{\top,\bot}(x_3 = \bot)$ est $\bot \rightarrow \bot$, qui se réduit en $\top$, tandis que $\Phi_{\top,\bot}(x_3 = \top)$ est $\top \rightarrow \top$, qui se réduit également en $\top$. Finalement,

$\Phi_{\top,\bot}$ est valide, il en est de même de $\Phi_\top$, et Φ elle-même est valide. On peut associer au calcul précédent l'arbre suivant, qui reflète les dichotomies successives :

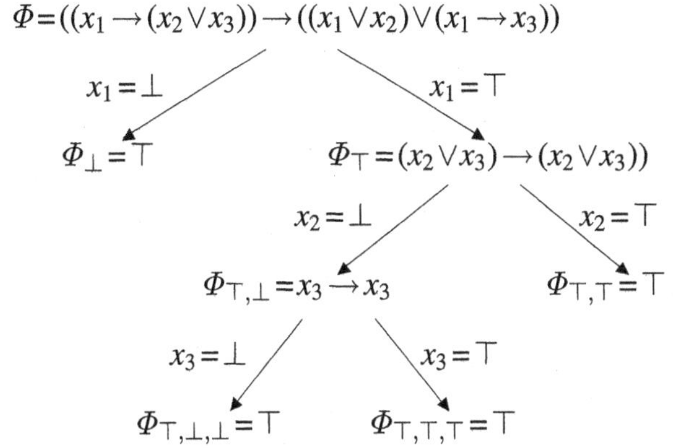

Notons que nous avons obtenu le résultat en effectuant seulement 4 calculs, et non les 8 calculs que la détermination systématique de la table de vérité aurait demandés.

10.1.3 Le théorème de compacité

Une propriété importante de la logique booléenne est le résultat suivant, appelé théorème de compacité car il résulte de la compacité de l'espace-produit $\{0,1\}^{\mathbb{N}}$ – et, en fait, il lui est équivalent.

Proposition 1.13. (compacité) *Supposons que T est un ensemble de formules booléennes dont tout sous-ensemble fini est satisfaisable. Alors T est satisfaisable.*

Démonstration : Soit E l'espace de Cantor $\{0,1\}^{\mathbb{N}_+}$ obtenu en munissant $\{0,1\}$ de la topologie discrète et en utilisant la topologie-produit sur E (nous notons $\mathbb{N}_+$ pour l'ensemble des entiers strictement positifs). La topologie de E est engendrée par les ouverts-fermés de la forme $U_{a_1,\dots,a_k} = \{s\ ;\ s(1) = a_1, \dots, s(k) = a_k\}$. Alors $\{0,1\}$ est compact, et, tout produit d'espaces compacts étant compact, E est compact.

Pour s dans E, on définit une réalisation R_s en posant $R_s(x_i) = 0$ pour $s_i = 0$ et $R_s(x_i) = 1$ pour $s_i = 1$. Alors, pour chaque formule booléenne Φ, soit

$$S(\Phi) = \{s \in E\ ;\ \widehat{R_s}(\Phi) = 1\}.$$

Ainsi, $S(\Phi)$ est l'ensemble des (codes des) réalisations qui satisfont Φ. Pour chaque formule Φ, il n'existe qu'un nombre fini de variables apparaissant dans Φ, et l'ensemble $S(\Phi)$ est une réunion finie d'ouverts-fermés, donc est lui-même un ouvert-fermé. Dire que T est réalisable signifie que l'ensemble

$$\bigcap_{\Phi \in T} S(\Phi)$$

est non vide. Comme l'espace E est compact, si cette intersection de fermés est vide, il existe un sous-ensemble fini T_0 de T tel que l'intersection $\bigcap_{\Phi \in T_0} S(\Phi)$ soit vide.

10.2 NOTION DE PREUVE

Une autre méthode pour établir qu'une formule booléenne est valide consiste à la *prouver*. Démontrer qu'une propriété mathématique ou un raisonnement est valide ne se fait en général pas en substituant systématiquement toutes les valeurs possibles aux variables – ce qui, du reste, n'a de sens que dans le cas où les variables ne peuvent prendre qu'un nombre fini de valeurs – mais en construisant une démonstration à partir d'autres propriétés antérieurement connues. Nous allons formaliser ici cette approche, en introduisant deux sortes de preuves, les preuves par coupure, et les preuves par résolution.

10.2.1 Preuves par coupure

Un exemple typique de déduction est le cas où on sait que les formules Φ et $\Phi \to \Psi$ sont valides : on peut alors en *déduire* que Ψ est également valide.

Définition 2.1. (coupure) Supposons que Φ, Ψ, Θ sont des formules booléennes. On dit que Φ est déduite de Ψ et Θ *par coupure* si on a $\Theta = \Psi \to \Phi$. ■

Exemple 2.2. (coupure) Supposons $\Psi = x_1 \vee x_2$ et $\Theta = (x_1 \vee x_2) \to x_1$. Alors x_1 se déduit par coupure à partir de Ψ et Θ.

L'utilisation de la règle de coupure seule ne permet pas de construire beaucoup de preuves. Pour augmenter le champ d'application, nous introduisons un autre procédé appelé substitution.

Définition 2.3. (substitution) Supposons que σ une application de VAR, ensemble des variables, dans FORM, et que Φ et Ψ sont des formules booléennes. On dit que Φ est déduite de Ψ *par la substitution* σ, et on note $\Phi = \Psi^\sigma$ si Φ est la formule obtenue en remplaçant chaque variable x_i de Ψ par $\sigma(x_i)$. ■

Définition 2.4. (preuve) Supposons que T est un ensemble de formules booléennes. On dit qu'une suite (finie) de formules booléennes $(\Phi_1, \Phi_2, ...)$ est une *preuve* par coupure et substitution à partir de T si, pour chaque entier i,

- Φ_i appartient à T, ou
- il existe j, k avec $j, k < i$ tels que Φ_i est obtenue par coupure à partir de Φ_j et Φ_k, ou
- il existe j avec $j < i$, tel que Φ_i est obtenue par substitution à partir de Φ_j.

On dit que Φ est *prouvable* par coupure et substitution à partir de T, et on note $T \vdash \Phi$, s'il existe au moins une preuve par coupure et substitution à partir de T se terminant par Φ. ■

La notion de preuve par coupure seule est définie de façon analogue. Il existe un lien évident entre prouvabilité et satisfaction d'une formule.

Lemme 2.5. *Supposons que Φ est prouvable par coupure et substitution à partir de T, et que T est valide. Alors Φ est valide.*

> ***Démonstration :*** On montre par récurrence sur p que, si Φ possède une preuve de longueur au plus p à partir de T, alors Φ est valide. Pour $p = 1$, la seule possibilité est $\Phi \in T$. Sinon, on observe que, si Φ et $\Phi \to \Psi$ sont satisfaites dans une réalisation R, il en est de même de Ψ. Par ailleurs, si Φ est valide, il en est de même de Φ^σ pour toute substitution σ. En effet, si R est une réalisation, on a $\widehat{R}(\Phi^\sigma) = \widehat{R^\sigma}(\Phi)$, où R^σ est la réalisation définie par $R^\sigma(x_i) = R(\sigma(x_i))$.

Un point remarquable est alors l'existence d'un ensemble fini universel de formules valides à partir duquel *toute* formule valide est prouvable par coupure et substitution.

Proposition 2.6. (théorème de complétude) *Soit* AX_0 *la famille des 16 formules booléennes suivantes :*

- $x_1 \to \top$;
- $\bot \to x_1$;
- $x_1 \to (x_2 \to x_1)$;
- $(x_1 \to (x_2 \to x_3)) \to ((x_1 \to x_2) \to (x_1 \to x_3))$;
- $(x_1 \wedge x_2) \to x_1$;
- $(x_1 \wedge x_2) \to x_2$;
- $(x_1 \to x_2) \to ((x_1 \to x_3) \to (x_1 \to (x_2 \wedge x_3)))$;
- $x_1 \to (x_1 \vee x_2)$;
- $x_2 \to (x_1 \vee x_2)$;
- $(x_1 \to x_3) \to ((x_2 \to x_3) \to ((x_1 \vee x_2) \to x_3))$;
- $(x_1 \to x_2) \to (\neg x_2 \to \neg x_1)$;
- $x_1 \to \neg(\neg x_1)$;
- $\neg(\neg x_1) \to x_1$;
- $(x_1 \leftrightarrow x_2) \to (x_1 \to x_2)$;
- $(x_1 \leftrightarrow x_2) \to (x_2 \to x_1)$;
- $(x_1 \to x_2) \to ((x_2 \to x_1) \to (x_1 \leftrightarrow x_2))$.

Alors, pour toute formule booléenne Φ, il y a équivalence entre

- *Φ est valide,*
- *Φ est prouvable par coupure et substitution à partir de* AX_0.

Le nombre 16 dans le théorème de complétude n'a rien de mystique... Il résulte simplement de notre choix des connecteurs de base, et du fait que la famille AX_0 comporte pour chaque connecteur deux ou trois axiomes qui en définissent l'usage, successivement $\to$, $\wedge$, $\vee$, $\neg$ et $\leftrightarrow$. Par exemple, si on renonce à l'usage de $\leftrightarrow$, les 13 premiers axiomes sont suffisants.

Corollaire 2.7. *Notons* AX *l'ensemble des formules obtenues par substitution à partir de* AX_0. *Alors, pour toute formule booléenne* Φ, *il y a équivalence entre*

- ➤ Φ *est valide,*
- ➤ Φ *est prouvable par coupure à partir de* AX.

Démonstration : (du corollaire) Supposons Φ valide. Par le théorème de complétude, Φ est prouvable par coupure et substitution à partir de AX. Supposons que $\Phi_1, ..., \Phi_p = \Phi$ est une preuve de ce type. Nous construisons une nouvelle preuve de Φ comme suit : si Φ_i est Φ_j^σ, nous remplaçons Φ_i par la suite $(\Phi_1^\sigma, ..., \Phi_j^\sigma)$, inductivement. La nouvelle preuve n'utilise pas la règle de substitution, et c'est une preuve à partir de AX.

Le résultat précédent montre que tout raisonnement logiquement correct (dans le cadre booléen, c'est-à-dire en particulier sans quantificateurs) peut s'obtenir à l'aide de l'unique règle de coupure en composant les schémas de raisonnement simples que représentent les formules de AX.

Il existe plusieurs démonstrations du théorème de complétude, mais elles sont toutes assez longues et pénibles, car il faut vérifier directement de nombreux cas, et nous les omettrons. Signalons qu'un ingrédient essentiel de la démonstration la plus naturelle consiste à établir d'abord le résultat suivant – qui est un corollaire du théorème lui-même.

Proposition 2.8. (théorème de déduction) *Pour* T *ensemble de formules booléennes, et* Φ, Ψ *formules booléennes, il y a équivalence entre*

- ➤ $\Phi \to \Psi$ *est prouvable par coupure à partir de* $T \cup \mathrm{AX}$;
- ➤ Ψ *est prouvable par coupure à partir de* $T \cup \{\Phi\} \cup \mathrm{AX}$.

D'un point de vue algorithmique, le théorème de complétude n'est pas comparable avec l'usage des tables de vérité comme solution du problème de décision de la validité. Si une formule Φ a une preuve simple à partir de AX, on peut obtenir sa validité rapidement, mais, faute d'un procédé systématique fabriquant une preuve si elle existe, on n'a aucune borne supérieure sur la longueur du calcul. La méthode qui, pour tester la validité d'une formule Φ, consisterait à énumérer toutes les preuves – ce qui est possible – en attendant de voir apparaître Φ, n'a pas de borne de complexité claire. Pire, dans le cas où Φ n'est pas valide, l'algorithme continue éternellement à énumérer des preuves où Φ n'apparaî jamais sans qu'à aucun moment fini on ait la certitude que Φ n'est pas valide. Autrement dit, on n'a pas un algorithme de décision pour les formules valides, mais seulement un *demi*-algorithme : si la réponse est positive, on le sait un jour, par contre, si elle est négative, on ne le sait jamais. Le théorème de complétude est donc un résultat plus théorique que pratique.

Pour terminer, nous mentionnons deux nouveaux corollaires.

Proposition 2.9. (conséquence) *Supposons que* T *est un ensemble de formules booléennes, et* Φ *une formule booléenne. Il y a équivalence entre*

➤ *Φ est prouvable par coupure à partir de $T \cup$ AX ;*

➤ *toute réalisation satisfaisant T satisfait Φ.*

Démonstration : Si R est une réalisation satisfaisant T, comme les formules de AX sont valides, elles sont aussi satisfaites dans R, et il en est de même de toute formule prouvable par coupure à partir de $T \cup$ AX.

Inversement, supposons que toute réalisation satisfaisant T satisfait Φ. Ceci signifie que l'ensemble $T \cup \{\neg\Phi\}$ n'est pas satisfaisable. Par le théorème de compacité (proposition 1.13), il existe un sous-ensemble fini $\{\Phi_1, ..., \Phi_n\}$ de T tel que $\{\Phi_1, ..., \Phi_n, \neg\Phi\}$ n'est pas satisfaisable. C'est dire que la formule $\Phi_1 \to (\Phi_2 \to ...(\Phi_n \to \Phi)...)$ est valide. Par le théorème de complétude, cette formule est donc prouvable par coupure à partir de AX, et, de là, en appliquant n fois le théorème de la déduction, on conclut que Φ est prouvable par coupure à partir de $\{\Phi_1, ..., \Phi_n\} \cup$ AX, donc de $T \cup$ AX.

Un autre corollaire du théorème de complétude est la version suivante de la démonstration par l'absurde.

Proposition 2.10. (absurde) *Pour tout ensemble de formules booléennes T, il y a équivalence entre*

➤ *T est satisfaisable ;*

➤ *$\perp$ n'est pas prouvable par coupure à partir de $T \cup$ AX.*

Démonstration : Supposons que T est satisfaisable. Il existe alors une réalisation R satisfaisant T. Comme les formules dans AX sont valides, elles sont satisfaites dans R, et, donc, il en est de même de toute formule déduite par coupure à partir de $T \cup$ AX. Donc $\perp$, qui n'est pas satisfaisable, ne peut être déduit.

Inversement, supposons T non satisfaisable. Alors toute réalisation satisfaisant T satisfait $\perp$ (puisqu'il n'en existe pas), donc, par la proposition 2.9, $\perp$ est prouvable par coupure à partir de $T \cup$ AX.

10.2.2 La méthode de résolution

On reprend du paragraphe précédent le principe d'utiliser une preuve pour établir la validité ou la satisfaisabilité d'une formule booléenne. Pour obtenir une méthode ayant un intérêt algorithmique, il faut restreindre les possibilités pour les preuves de partir dans n'importe quelle direction, c'est-à-dire s'efforcer de prouver la formule Φ en utilisant Φ elle-même.

Une idée naturelle est de ne pas considérer des formules arbitraires, mais de se restreindre à des formules de forme particulière. Ainsi, pour toute formule booléenne Φ, il est facile de construire de façon effective une formule booléenne Φ' ne contenant pas le symbole $\leftrightarrow$ et telle que Φ et Φ' soient équivalentes. Dès lors, il est suffisant d'étudier le problème de satisfaisabilité, ou de validité, pour les formules sans $\leftrightarrow$. On peut aller plus loin dans ce genre de réduction préliminaire.

Définition 2.11. (clause) On dit qu'une formule Φ dans FORM est une *clause booléenne* si Φ est soit $\top$, soit $\bot$, soit de la forme $L_1 \vee ... \vee L_n$, où chaque formule L_k est une variable ou la négation d'une variable. L'ensemble des clauses est noté FORM^{cl}. ■

Les formules $x_1 \vee (x_2 \vee x_3)$ et $(x_1 \vee x_2) \vee x_3$ ne coïncident *pas* : ce sont deux formules (= deux mots) différents – même si ces formules sont équivalentes. Pour donner un sens à la définition précédente, il *faut* donc fixer une convention, par exemple que $\Phi_1 \vee \Phi_2 \vee \Phi_3$ représente $\Phi_1 \vee (\Phi_2 \vee \Phi_3)$. Par ailleurs, permuter les facteurs L_i dans une clause revient à la remplacer par une clause équivalente. Quand on s'intéresse exclusivement à la satisfaisabilité, il est donc loisible de réarranger les facteurs L_i de sorte que les indices des variables aillent en croissant, et de supprimer les répétitions $x_i \vee x_i$.

Algorithme 2.12. (forme clausale)

But : *Partant d'une formule booléenne Φ, construire un ensemble de clauses $F(\Phi)$ tel que Φ est satisfaisable si et seulement si $F(\Phi)$ l'est.*

Méthode : *(i) Remplacer chaque sous-formule $\Psi \leftrightarrow \Theta$ par $(\Psi \rightarrow \Theta) \wedge (\Theta \rightarrow \Psi)$;*

(ii) Remplacer chaque sous-formule $\Psi \rightarrow \Theta$ par $\neg\Psi \vee \Theta$;

(iii) Remplacer chaque sous-formule $\neg(\Psi \wedge \Theta)$ par $\neg\Psi \vee \neg\Theta$, chaque sous-formule $\neg(\Psi \vee \Theta)$ par $\neg\Psi \wedge \neg\Theta$ et chaque sous-formule $\neg(\neg\Psi)$ par Ψ ; répéter cette transformation autant de fois que possible ;

(iv) Remplacer chaque sous-formule $\Psi \vee (\Theta_1 \wedge \Theta_2)$ ou $(\Theta_1 \wedge \Theta_2) \vee \Psi$ par $(\Psi \vee \Theta_1) \wedge (\Psi \vee \Theta_2)$; répéter cette transformation autant de fois que possible.

(v) La formule obtenue a la forme $C_1 \wedge ... \wedge C_n$ où $C_1, ..., C_n$ sont des clauses booléennes ; poser $F(\Phi) = \{C_1, ..., C_n\}$, ranger les variables en ordre croissant et supprimer les répétitions.

Démonstration : À l'issue des étapes (i) et (ii), il n'y a plus ni symbole $\leftrightarrow$, ni symbole $\rightarrow$, autrement dit, il n'y a plus que des $\neg$, des $\wedge$ et des $\vee$. À l'issue de l'étape (iii), tous les $\neg$ ont été descendus vers les feuilles de l'arbre associé autant que faire se peut, c'est-à-dire jusqu'aux variables, il ne reste donc plus qu'une combinaison par des $\wedge$ et des $\vee$ de variables et de négations de variables. Enfin, après l'étape (iv), il ne peut plus rester de symbole $\vee$ au-dessus d'un symbole $\wedge$: c'est dire que la formule obtenue est une conjonction de formules qui sont des disjonctions de variables et de négations de variables, c'est-à-dire une conjonction de clauses.

Comme chaque étape transforme une formule en une formule équivalente, la formule initiale Φ est équivalente à la formule $C_1 \wedge ... \wedge C_n$ finale. En particulier, Φ est satisfaisable si et seulement si $C_1 \wedge ... \wedge C_n$ l'est, donc si et seulement si l'ensemble $\{C_1, ..., C_n\}$ l'est.

Exemple 2.13. (forme clausale) Soit Φ la formule

$$(x_1 \vee \neg x_2) \rightarrow (x_2 \wedge x_3).$$

Après l'étape (ii), on obtient

$$\neg(x_1 \vee \neg x_2) \vee (x_2 \wedge x_3).$$

Après l'étape (iii), on obtient

$$(\neg x_1 \wedge x_2) \vee (x_2 \wedge x_3).$$

Après l'étape (iv), on a

$$((\neg x_1 \vee x_2) \wedge (\neg x_1 \vee x_3)) \wedge ((x_2 \vee x_2) \wedge (x_2 \vee x_3)),$$

et l'ensemble de clauses $F(\Phi)$ est l'ensemble des quatre clauses

$$\{\neg x_1 \vee x_2, \neg x_1 \vee x_3, x_2, x_2 \vee x_3\}.$$

Grâce au procédé précédent, il suffit désormais d'étudier la satisfaisabilité des ensembles de clauses. On a vu plus haut que, si une formule Φ n'est pas satisfaisable, alors $\perp$ est prouvable par coupure à partir de $\mathrm{AX} \cup \{\Phi\}$. On va voir maintenant que, si Φ est une conjonction de clauses non satisfaisable, alors il existe une preuve de $\perp$ à partir de Φ utilisant, au lieu de la règle de coupure, une autre règle appelée règle de résolution – ceci menant à un procédé algorithmiquement bien plus efficace.

Définition 2.14. (résolution) Supposons que C_1, C_2, et C sont des clauses. On dit que C est déduite de C_1 et C_2 par *résolution* en x_i si x_i apparaît dans C_1, $\neg x_i$ apparaît dans C_2, ou *vice versa*, et, en appelant C' le mot obtenu à partir de $C_1 \vee C_2$ en déplaçant les parenthèses, en supprimant les occurrences de x_i venant de C_1 et les occurrences de $\neg x_i$ venant de C_2 (ou *vice versa*), et en supprimant les répétitions, ou bien C' est non vide et on a $C = C'$, ou bien C' est vide, et on a $C = \perp$. ■

Exemple 2.15. (résolution) Soient $C_1 = \neg x_1 \vee x_2 \vee x_3$, $C_2 = x_1 \vee \neg x_3 \vee x_4$. Comme $\neg x_1$ apparaît dans C_1 et x_1 apparaît dans C_2, on peut résoudre x_1 entre C_1 et C_2 : le résultat est $\widehat{\neg x_1} \vee x_2 \vee x_3 \vee \widehat{x_1} \vee \neg x_3 \vee x_4$ (le chapeau pour les termes supprimés), qu'on réarrange en $x_2 \vee x_3 \vee \neg x_3 \vee x_4$. De même, la résolution en x_3 est possible, menant à $x_1 \vee \neg x_1 \vee x_2 \vee x_4$. Par contre, la réolution en x_2 ou x_4 est impossible.

Pour $C_1 = x_1$ et $C_2 = \neg x_1$, la résolution en x_1 mène à $\perp$. Noter par contre qu'à partir de $C_1 = x_1 \vee \neg x_1$, $C_2 = \neg x_1$, la résolution en x_1 donne $\neg x_1$.

Lemme 2.16. *Supposons que la clause C se déduit des clauses C_1 et C_2 par résolution en x_i. Alors il existe des clauses D_1, D_2 telles que C_1 est équivalente à $x_i \vee D_1$, C_2 est équivalente à $\neg x_i \vee D_2$, ou vice versa, et C est équivalente à $D_1 \vee D_2$.*

> ***Démonstration :*** Ceci résulte directement de la définition : D_1 est le reste de C_1 quand on a enlevé x_i, et $\perp$ pour $C_1 = x_i$, et D_2 est le reste de C_2 quand on a enlevé $\neg x_i$ (on pose $D_i = \perp$ quand il n'y a pas de reste).

Définition 2.17. (preuve) Supposons que T est un ensemble de clauses booléennes. On dit qu'une suite (finie) de clauses booléennes $(C_1, C_2, ...)$ est une *preuve par résolution* à partir de T si, pour chaque entier i,

➤ C_i appartient à T, ou

➤ il existe j, k avec $j, k < i$ tels que C_i est obtenue par résolution à partir de C_j et C_k. ■

On dit naturellement que C est prouvable par résolution à partir de T s'il existe au moins une preuve par résolution à partir de T se terminant par C. Si T' est un ensemble de clauses booléennes, on dit que T' est prouvable par résolution à partir de T si chaque clause dans T' est prouvable par résolution à partir de T.

Lemme 2.18. *Supposons que T et T' sont des ensembles de clauses booléennes, et que T' est prouvable par résolution à partir de T. Si T est satisfaisable, T' l'est aussi.*

> ***Démonstration :*** Il suffit de montrer que, si la clause C se déduit par résolution en x_i à partir des clauses C_1 et C_2, et que R est une réalisation satisfaisant C_1 et C_2, alors R satisfait aussi C. Par le lemme 2.16, supposons que C_1 est équivalente à $x_i \vee D_1$, C_2 à $\neg x_i \vee D_2$ et C à $D_1 \vee D_2$. Deux cas sont possibles. Supposons d'abord $R(x_i) = 0$. L'hypothèse que C_1 est satisfaite dans R entraîne que D_1 est satisfaite dans R, et donc C aussi. Supposons maintenant $R(x_i) = 1$. On a alors $\widehat{R}(\neg x_i) = 0$, et l'hypothèse que C_2 est satisfaite dans R entraîne que D_2 est satisfaite dans R, et donc C aussi.

Nous déduisons du lemme précédent que, si un ensemble de clauses booléennes T est satisfaisable, alors toutes les clauses prouvables par résolution à partir de T sont satisfaisables, et, en particulier, la clause $\perp$ ne peut pas être prouvable à partir de T. *A priori*, il n'y a pas de raison pour que l'implication réciproque soit vraie, c'est-à-dire que tout ensemble de clauses à partir duquel la clause $\perp$ n'est pas prouvable doive être satisfaisable. En fait, ce résultat est vrai, et il constitue un nouveau théorème de complétude, complétude de la résolution cette fois.

Proposition 2.19. (complétude de la résolution) *Pour tout ensemble T de clauses booléennes, il y a équivalence entre*

➤ *T est satisfaisable,*

➤ *$\perp$ n'est pas prouvable par résolution à partir de T.*

> ***Démonstration :*** On a déjà vu ci-dessus que, si T est satisfaisable, alors $\perp$ n'est pas prouvable par résolution à partir de T. Il s'agit de montrer la réciproque. Pour cela, on montre par récurrence sur $k \geqslant 1$, que, si T est un ensemble de clauses non satisfaisable où apparaissent au plus k variables, alors $\perp$ est prouvable par résolution à partir de T. Supposons $k = 1$. À équivalence près, il existe 4 clauses où n'apparaît au plus que la variable x_1, à savoir $\perp$, $\top$, x_1, et $\neg x_1$. Un ensemble T constitué de telles clauses est non satisfaisable si et seulement si il contient $\perp$, ou s'il contient à la fois x_1 et $\neg x_1$. Dans le premier cas, $\perp$ est dans T, dans le second, $\perp$ est prouvable par résolution à partir de x_1 et $\neg x_1$, donc à partir de T.
>
> Supposons maintenant $k \geqslant 2$, et $T = \{C_1, ..., C_n\}$. Supposant que x_1 apparaît dans T, on partitionne l'ensemble $\{1, ..., n\}$ en quatre parties disjointes I_1, ..., I_4 de sorte que
>
> ➤ pour i dans I_1, C_i est équivalent à une clause $x_1 \vee D_i$,

➤ pour i dans I_2, C_i est équivalent à une clause $\neg x_1 \vee D_i$,

➤ pour i dans I_3, C_i est équivalent à une clause D_i,

➤ pour i dans I_4, C_i est équivalent à une clause $x_1 \vee \neg x_1 \vee D_i$,

où, dans chaque cas, x_1 n'apparaît pas dans D_i. On note T_k l'ensemble des C_i pour $i \in I_k$. Par hypothèse l'ensemble $T_1 \cup T_2 \cup T_3 \cup T_4$, qui est T, est non satisfaisable. Les clauses de T_4 sont valides car $x_1 \vee \neg x_1$ est valide, donc l'ensemble $T_1 \cup T_2 \cup T_3$ est aussi non satisfaisable, puisque toute réalisation satisfaisant $T_1 \cup T_2 \cup T_3$ satisferait T. On envisage trois cas.

➤ L'ensemble T_1 est vide. Supposons que R satisfait T_3. Comme x_1 est absent des clauses de T_3, changer la valeur de $R(x_1)$ ne remet pas en cause la satisfaction de T_3, et donc on peut supposer $R(x_1) = 0$. Cette dernière hypothèse entraîne que T_2 est satisfaite dans R, et donc $T_2 \cup T_3$ est satisfaisable, ce qui contredit l'hypothèse. Donc T_3 n'est pas satisfaisable, et donc, par hypothèse de récurrence, la clause $\perp$ est prouvable par résolution à partir de T_3, donc de T.

➤ L'ensemble T_2 est vide. Un argument similaire montre que T_3 est non satisfaisable, car, sinon, il existerait une réalisation R de T_3 vérifiant $R(x_1) = 1$, donc satisfaisant T_1. On applique à nouveau l'hypothèse de récurrence pour conclure que $\perp$ est prouvable par résolution à partir de T_3, donc de T.

➤ Les ensembles T_1 et T_2 ne sont pas vides. Par construction, pour toute clause C_i dans T_1 et toute clause C_j dans T_2, il existe une clause obtenue par résolution en x_1 à partir de C_i et C_j, et, par le lemme 2.16, cette clause est équivalente à $D_i \vee D_j$. Soit T' l'ensemble des clauses ainsi obtenues. Par construction, la variable x_1 n'apparaît pas dans les clauses de T'. Nous allons montrer que l'ensemble $T_3 \cup T'$ n'est pas satisfaisable. Supposons, pour une contradiction, que R est une réalisation de $T_3 \cup T'$. Deux sous-cas sont possibles.

➤ Supposons d'abord que, pour tout i dans I_1, la clause D_i est vraie dans R. Soit R' la réalisation définie par $R'(x_1) = 0$, $R'(x_k) = R(x_k)$ pour $k \neq 1$. Comme x_1 n'apparaît pas dans les clauses D_i, R' satisfait chaque clause D_i pour $i \in I_1$, et, donc, R' satisfait T_1. De même, puisque, par hypothèse, R satisfait T_3, R' le satisfait aussi. D'autre part, puisqu'on a $\widehat{R'}(\neg x_1) = 1$, R' satisfait automatiquement T_2. Autrement dit, R' satisfait $T_1 \cup T_2 \cup T_3$, ce qui est impossible.

➤ Supposons maintenant qu'il existe i_0 dans I_1 tel que la clause D_{i_0} n'est pas satisfaite dans R. Par hypothèse, chacune des formules $D_{i_0} \vee D_j$ avec $j \in I_2$ est satisfaite dans R, ce qui entraîne que, pour tout j dans I_2, la clause D_j est vraie dans R. On est alors dans une situation symétrique à celle de ci-dessus. Soit R' la réalisation définie par $R'(x_1) = 1$, $R'(x_k) = R(x_k)$ pour $k \neq 1$. A nouveau, le fait que R satisfait $T_2 \cup T_3$ entraîne que R' satisfait aussi $T_2 \cup T_3$. D'autre part, puisqu'on a $R'(x_1) = 1$, R' satisfait automatiquement T_1. Autrement dit, R' satisfait $T_1 \cup T_2 \cup T_3$, ce qui est impossible.

Donc $T_3 \cup T'$ n'est pas satisfaisable. Par construction, la variable x_1 n'apparaît pas dans cet ensemble de clauses, donc, par hypothèse de récurrence, la clause $\perp$ est prouvable par résolution à partir de $T_3 \cup T'$. Comme chaque clause dans T' est elle-même prouvable par résolution à partir de $T_1 \cup T_2$, on conclut que $\perp$ est prouvable par résolution à partir de T.

Telle qu'elle est décrite ci-dessus, la méthode de résolution ne donne pas directement un algorithme, sauf à calculer systématiquement toutes les résolvantes comme dans la démonstration précédente. L'intérêt pratique de la méthode tient à ce que son efficacité peut être augmentée par le choix de *stratégies* de résolution évitant de calculer toutes les résolvantes. Si ces améliorations ne fonctionnent pas dans tous les cas, elles sont intéressantes pour des familles de clauses de forme particulières, ainsi pour les clauses de Horn définies comme les clauses où une variable au plus apparaît positivement.

10.3 COMPLEXITÉ DU PROBLÈME DE SATISFAISABILITÉ

Comme les formules de la logique ont pour vocation d'exprimer toute sorte de propriétés mathématiques, il n'est pas étonnant que les problèmes algorithmiques liés aux formules logiques apparaissent comme génériques en termes de complexité. Nous allons établir ici le théorème de Cook et Levin, qui affirme que le problème SAT est, en un sens précis, le plus difficile de tous les problèmes de la classe de complexité NP.

10.3.1 Le problème SAT

Nous avons établi dans la section 1 que le problème SAT, c'est-à-dire la question de décider si une formule booléenne donnée est ou non satisfaisable, peut être résolu algorithmiquement, par exemple en calculant systématiquement la table de vérité, d'où il ressort que SAT appartient à la classe de complexité $\mathrm{DTIME}(2^{Cn})$ pour toute constante C vérifiant $C \geqslant 1$. On a un résultat analogue en termes de complexité non déterministe.

Proposition 3.1. (complexité) *Le problème* SAT *appartient à la classe* NP.

> ***Démonstration :*** Soit à décider la satisfaisabilité d'une formule Φ de longueur n. Comme on l'a vu plus haut, une foix choisie une réalisation R, par exemple en supposant écrites les valeurs attribuées par R aux variables apparaissant dans Φ, déterminer si R satisfait ou non Φ se fait en $O(n^2)$ étapes. Or, écrire un choix de valeurs peut se faire en $O(n)$ étapes, puisqu'au plus n variables apparaissent dans une formule de longueur n. Ainsi, on peut construire une machine de Turing non déterministe $\boldsymbol{M}$ décidant SAT de sorte que, à partir de l'entrée w, $\boldsymbol{M}$ vérifie d'abord que w est bien une formule booléenne, si oui $\boldsymbol{M}$ écrit (sur un autre ruban) des valeurs de vérité arbitraires par des transitions du type
>
> $$(q, \square) \mapsto \{(1, +, q), (0, +, q), (\square, +, q')\},$$
>
> puis $\boldsymbol{M}$ teste si ce choix de valeurs satisfait w. Si w est une formule satisfaisable, l'un des calculs possibles de $\boldsymbol{M}$ à partir de w aboutit en $O(n^2)$ étapes à l'acceptation, alors que, sinon, aucun calcul de $\boldsymbol{M}$ à partir de w n'aboutit à l'acceptation. Par définition, $\boldsymbol{M}$ décide SAT en temps $O(n^2)$.

Nous avons mentionné au chapitre 9 que la question de savoir si l'inclusion de la classe P dans la classe NP est stricte est ouverte. Nous allons montrer ici qu'il existe un lien entre cette question générale et la question particulière de savoir si le problème SAT, qu'on sait appartenir à NP, appartient à P. Pour cela, la notion de *réduction* (polynomiale) d'un problème à un autre sera fondamentale.

Définition 3.2. (réduction) Soient Σ_1, Σ_2 deux alphabets, et L_1, L_2 deux langages d'alphabet Σ_1 et Σ_2 respectivement. On dit qu'une application F de Σ_1^* dans Σ_2^* est une *réduction polynomiale* de L_1 à L_2 si

- F est calculable en temps polynomial, et
- $w \in L_1$ équivaut à $F(w) \in L_2$ pour tout mot w sur Σ_1. ■

Proposition 3.3. (théorème de Cook et Levin) *Supposons que L est un langage appartenant à la classe* NP. *Alors il existe une réduction polynomiale de L à* SAT.

Démonstration : Le principe de la démonstration est le suivant. Par hypothèse, il existe une machine de Turing non déterministe $\boldsymbol{M}$ qui décide L en temps Cn^d. On suppose fixée une numérotation $\{x_1, ..., x_r\}$ de l'alphabet utilisé, et, de même, une numératation $\{q_1, ..., q_e\}$ de l'ensemble des états de $\boldsymbol{M}$. On considèrera le blanc comme le caractère numéro 0 de l'alphabet.

Soit w un mot de longueur n sur l'alphabet de L. Par hypothèse, w est dans L si et seulement si il existe une suite de configurations $(\boldsymbol{c}_0, \boldsymbol{c}_1, ..., \boldsymbol{c}_t)$ telle que

- $\boldsymbol{c}_0$ est la configuration initiale associée à w,
- pour chaque i, le passage de $\boldsymbol{c}_{i-1}$ à $\boldsymbol{c}_i$ obéit aux règles de transition spécifiées par $\boldsymbol{M}$,
- $\boldsymbol{c}_t$ est une configuration acceptante.

De plus, toujours par hypothèse, on sait que, si w est dans L, alors il existe une suite de configurations comme ci-dessus de longueur majorée par Cn^d. Quitte à modifier la machine de Turing $\boldsymbol{M}$ pour qu'elle reste dans l'état acceptant plutôt que de s'arrêter, on peut donc supposer qu'on a $t = Cn^d$.

Notons alors que, partant d'une configuration où le premier caractère du mot w est accessible, on ne pourra en Cn^d étapes accéder qu'aux cases dont le numéro est compris entre $-Cn^d$ et $+Cn^d$. De ce fait, et c'est là le point essentiel, une description complète du calcul $(\boldsymbol{c}_0, ..., \boldsymbol{c}_{Cn^d})$ peut être faite en spécifiant des paramètres en nombre fini borné par un polynôme en n. Plus précisément, une telle description peut être faite en spécifiant les valeurs « vrai » ou « faux » d'une famille de variables booléennes. Typiquement, on peut décrire le calcul en donnant les valeurs de vérité de variables booléennes telles que

- « le contenu de la case numéro m à l'étape i est le caractère numéro j de l'alphabet »,
- « l'état à l'étape i est l'état numéro k »,
- « la case accessible à l'étape i est la case numéro m ».

En faisant varier les paramètres m, i, j, et k respectivement de $-Cn^d$ à $+Cn^d$, de 0 à Cn^d, de 1 à r, et de 1 à e, on obtient une description complète d'un calcul de longueur au plus Cn^d de $\boldsymbol{M}$. Nous pouvons fixer une numérotation pour les variables du type ci-dessus, par exemple décider que la variable représentant la contrainte « le contenu de la case numéro m à l'étape i est le caractère numéro j de l'alphabet » sera x_N, où N est l'entier dont le développement en base 10 (ou 3...) est $1^m01^i01^j$ pour $m \geqslant 0$ et $2^{-m}01^i01^j$ pour $m < 0$. Dans la suite, nous noterons simplement $y_{m,i,j}$ cette variable, et, de même, nous noterons $z_{i,k}$ et $t_{m,i}$ les variables associées de même aux contraintes « l'état à l'étape i est l'état numéro k » et « la case numéro m est accessible à l'étape i ».

Spécifier des valeurs de vérité « vrai »–« faux » (ou 1–0) revient à spécifier une réalisation pour les formules booléennes. Donc, à ce point, nous avons obtenu, pour chaque n

un *codage* des calculs de $\boldsymbol{M}$ de longueur au plus Cn^d par des réalisations. Ce codage est injectif, la réalisation définit complètement le calcul. Par contre, il n'est pas surjectif : de nombreuses réalisations ne codent aucun calcul. Par exemple, une réalisation dans laquelle les deux variables $z_{3,2}$ et $z_{3,5}$, qui sont associées respectivement à

« l'état à l'étape 3 est l'état numéro 2 », et

« l'état à l'étape 3 est l'état numéro 5 »,

reçoivent toutes deux la valeur 1 ne peut coder un calcul, puisque, dans une configuration de machine de Turing, il n'y a qu'un état à chaque étape.

Le point essentiel est alors le suivant : pour chaque mot w, nous pouvons écrire une formule booléenne $\Phi(w)$ exprimant l'ensemble des contraintes que doit satisfaire une réalisation R pour coder un calcul acceptant de $\boldsymbol{M}$ de longueur Cn^d à partir de w. La formule $\Phi(w)$ est une (longue) conjonction de formules dont chacune exprime une contrainte élémentaire. Ces contraintes sont de trois sortes :

➤ traduire les contraintes sur $\boldsymbol{c}_0$, c'est-à-dire exprimer que R code un calcul partant de w,

➤ traduire les contraintes sur le passage de $\boldsymbol{c}_{i-1}$ à $\boldsymbol{c}_i$, c'est-à-dire exprimer que R code un calcul respectant les règles de transition de $\boldsymbol{M}$,

➤ traduire les contraintes sur $\boldsymbol{c}_{Cn^d}$, c'est-à-dire exprimer que R code un calcul acceptant.

Pour la première famille, un fragment typique de la formule est la conjonction des formules

$$y_{m,0,0} \wedge \neg y_{m,0,1} \wedge \ldots \wedge \neg y_{m,0,d}$$

pour $m = -CN^d, \ldots, -1, 0, n+1, \ldots, CN^d$: si cette formule est satisfaite dans la réalisation R, alors R code un calcul où les cases de numéro autres que 1, ..., n de la configuration initiale sont vides. De même, supposant qu'on a $w = x_{j_1} \ldots x_{j_n}$, un autre fragment de $\Phi(w)$ est la conjonction des formules

$$y_{m,0,j_m} \wedge \neg y_{m,0,1} \wedge \ldots \wedge \widehat{\neg y_{m,0,j_m}} \wedge \ldots \wedge y_{m,0,r}$$

pour $1 \leqslant m \leqslant n$: si cette formule est satisfaite dans la réalisation R, alors R code un calcul dont la configuration initiale où w est écrit sur les cases 1 à n. De même, le fragment

$$z_{0,1} \wedge \neg z_{0,2} \wedge \ldots \wedge \neg z_{0,e}$$

traduit qu'à l'étape 0, l'état est 1 (supposé initial), et que c'est le seul état.

Les contraintes de la deuxième famille sont semblables. Si les transitions permises par la table de $\boldsymbol{M}$ à partir de (x_j, q_k) sont

$$(x_{j_1}, \delta_1, q_{k_1}), \ldots, (x_{j_p}, \delta_1, q_{k_p}),$$

on écrira, pour chaque j, et chaque i, des formules du type

$$\begin{aligned}(y_{m,i,j} \wedge z_{i,k}) \rightarrow (\quad & (y_{m,i+1,j_1} \wedge \textstyle\bigwedge_{j \neq j_1} \neg y_{m,i+1,j} \wedge z_{i+1,k_1} \wedge \bigwedge_{k \neq k_1} \neg z_{i+1,k}) \\ & \vee \ldots \vee (y_{m,i+1,j_p} \wedge \textstyle\bigwedge_{j \neq j_p} \neg y_{m,i+1,j} \wedge z_{i+1,k_p} \wedge \bigwedge_{k \neq k_p} \neg z_{i+1,k}))\end{aligned}$$

qui expriment que, partant de (x_j, q_k) à l'étape i, les seules possibilités à l'étape $i+1$ sont celles stipulées par $\boldsymbol{M}$. Noter que la formule ci-dessus n'est pas complète, car elle ne prend pas en compte le déplacement de la case accessible.

Les contraintes de la troisième famille sont très simples à exprimer : supposant que l'état acceptant est q_e, la seule formule $z_{Cn^d,e}$ traduit le fait que la calcul est acceptant.

Les détails complets sont fastidieux, mais le point essentiel est qu'on peut effectivement écrire une formule $\Phi(w)$ du type souhaité, *et* que l'écriture de cette formule à partir de w et de $\boldsymbol{M}$ s'effectue – plus exactement, peut être effectuée par une machine de Turing – de façon uniforme et en temps polynomial par rapport à la longueur de w. L'application Φ est alors la réduction cherchée. En effet, par construction, toute réalisation satisfaisant $\Phi(w)$ code un calcul acceptant de $\boldsymbol{M}$ à partir de w, donc la formule $\Phi(w)$ est satisfaisable si et seulement si le mot w est accepté par $\boldsymbol{M}$: c'est dire que $\Phi(w)$ est dans SAT si et seulement si w est dans L.

10.3.2 Problèmes NP-complets

Le résultat précédent implique que le problème SAT est en un sens précis le plus difficile des problèmes de la classe NP.

Définition 3.4. (complet) Supposons que C est une classe de complexité. On dit que le problème (ou le langage) L est *C-complet* si L appartient à C et si tout problème dans C se réduit polynomialement à L. ∎

(La complexité de la réduction à considérer peut dépendre de la classe C concernée.) On peut réénoncer le théorème de Cook et Levin sous la forme suivante.

Proposition 3.5. (NP-complet) *Le problème* SAT *est* NP-*complet.*

Lemme 3.6. *Supposons qu'il existe une réduction polynomiale de L_1 à L_2, et que L_2 appartienne à la classe de complexité* P. *Alors L_1 appartient aussi à la classe de complexité* P.

Démonstration : Supposons que F est une réduction polynomiale de L_1 à L_2. Soit w un mot quelconque sur l'alphabet de L_1. Pour décider si w appartient ou non à L_1, on calcule $F(w)$, et on teste si $F(w)$ appartient ou non à L_2. Par définition, cette méthode décide L_2. Elle est de complexité polynomiale. En effet, supposons que F est calculable en temps Cn^k, et que L_2 est décidable en temps Dn^ℓ. Soit w un mot de longueur n. Le calcul de $F(w)$ requiert au plus Cn^k étapes, et la longueur du mot $F(w)$ est majorée par Cn^k, puisque chaque étape élémentaire écrit au plus un caractère du mot $F(w)$. Donc, la décision de $F(w) \in L_2$ requiert au plus $D(Cn^k)^\ell$ étapes, et, au total, la décision de $w \in L_1$ requiert au plus $Cn^k + D(Cn^k)^\ell$ étapes, quantité majorée par un polynôme en n.

Le lien entre le problème SAT et la question P = NP apparaît dans le résultat suivant.

Proposition 3.7. (SAT et P = NP) *Le problème* SAT *appartient à la classe* P *si et seulement si on a* P = NP. *En d'autres termes : le problème* P *n'appartient pas à la classe* P, *sauf si* P = NP *est vrai.*

Démonstration : Comme SAT est dans NP, P = NP entraîne SAT ∈ P. Inversement, supposons SAT ∈ P, et soit L un langage quelconque dans NP. Par le théorème de

Cook et Levin, il existe une réduction polynomiale de L à SAT. Donc, par le lemme 3.6, L est dans P, et on a P = NP.

Le problème SAT n'est pas le seul problème dont on ait démontré le caractère NP-complet. Au contraire, il existe une grande variété de tels problèmes. La méthode pour montrer qu'un langage L est NP-complet consiste la plupart du temps à le relier à un problème déjà connu pour être NP-complet.

Proposition 3.8. (critère) *Supposons que L appartient à* NP, *et que* SAT *se réduit polynomialement à L. Alors L est* NP*-complet.*

Démonstration : La composée de deux réductions polynomiales est une réduction polynomiale. Si donc SAT se réduit à L, alors tout problème dans NP, se réduisant à SAT, se réduit aussi à L, qui est donc NP-complet.

Le fait pour un langage ou un problème donné L d'être NP-complet n'apporte pas directement d'indication sur sa complexité déterministe, si ce n'est le même résultat que ci-dessus pour SAT, à savoir que L n'appartient pas à P, sauf si P = NP est vrai.

EXERCICES

10.1. Montrer que $\{0, 1\}$ équipé des opérations $\wedge$, $\vee$ et $\neg$ est une algèbre de Boole.

10.2. (i) Montrer que toute application de $\{0, 1\}^n$ dans $\{0, 1\}$ peut se définir à partir des opérations $\wedge$, $\vee$ et $\neg$.

(ii) En déduire que toute application de $\{0, 1\}^n$ dans $\{0, 1\}$ peut se définir à partir de l'unique opération définie par $x_1 \uparrow x_2 = \neg x_1 \wedge \neg x_2$.

10.3. Pour R_1, R_2 deux réalisations, on dit qu'on a $R_1 \leqslant R_2$ si $R_1(x_i) \leqslant R_2(x_i)$ est vraie pour toute variable x_i (en posant $0 < 1$). On dit qu'une formule booléenne Φ est croissante si, quand R_1 satisfait Φ et qu'on a $R_1 \leqslant R_2$, alors R_2 satisfait Φ. Donner un exemple de formule Φ telle que ni Φ, ni $\neg\Phi$ ne soit croissante. Montrer que Φ est croissante si et seulement si elle est équivalente à une formule écrite sans $\neg$, $\rightarrow$ ni $\leftrightarrow$.

10.4. On dit qu'un graphe orienté (V, E) est k-colorable s'il existe une application f de V dans $\{1, ..., k\}$ telle que $(x, y) \in E$ entraîne $f(x) \neq f(y)$. Montrer qu'un graphe orienté (V, E) est k-colorable si et seulement si tout sous-graphe fini de (V, E) l'est.

10.5. Montrer que, si T est un ensemble de n clauses booléennes mettant en jeu k variables, on peut décider si la clause $\perp$ est prouvable par résolution à partir de T en au plus $n^{2^k}/4^{2^k-1}$ résolutions.

10.6. On suppose que le langage L_1 est dans la classe de complexité DTIME(n^4) et que F est une réduction calculable en temps n^n de L_2 à L_1. Que peut-on en déduire quant à la complexité de L_2 ?

10.7. (i) On appelle *n-clause* une clause dans laquelle le symbole $\vee$ figure au plus $n - 1$ fois. Montrer que toute 4-clause est équivalente à une conjonction de deux 3-clauses. Généraliser.

(ii) On note 3-SAT l'ensemble des 3-clauses satisfaisables. Montrer que le langage 3-SAT est NP-complet.

10.8. On appelle problème du sac à dos le problème suivant : un ensemble fini d'entiers naturels S, et un entier N sont donnés, et on veut déterminer s'il existe un sous-ensemble S' de S tel que N est la somme des éléments de S'.

(i) Montrer que le problème du sac à dos est résoluble en temps non déterministe polynomial (par rapport à la somme des longueurs des représentations de N et des éléments de S).

(ii) Soit $\{C_1, ..., C_m\}$ un ensemble de 3-clauses mettant en jeu des variables parmi $x_1, ..., x_p$. On pose

$$a_i = 8^{i-1} + \sum_{x_i \text{apparaît dans } C_j} 8^{p+j-1},$$

$$b_i = 8^{i-1} + \sum_{\neg x_i \text{apparaît dans } C_j} 8^{p+j-1},$$

et on définit S comme l'ensemble des entiers a_i et b_i pour $1 \leqslant i \leqslant p$, ainsi que des entiers 8^{p+j-1} et $2 \cdot 8^{p+j-1}$ pour $1 \leqslant j \leqslant m$. On pose par ailleurs

$$N = \sum_i 8^{i-1} + 4 \cdot \sum_j 8^{p+j-1}.$$

Montrer que, si S' est une partie de S dont la somme est N, alors la réalisation R telle que $R(x_i)$ vaut 1 si et seulement si 8^{i-1} est dans S' satisfait $C_1, ..., C_m$. Inversement, montrer que, si R est une réalisation satisfaisant $C_1, ..., C_m$, on peut construire une solution S' au problème du sac à dos pour (S, N).

(iii) En déduire que le problème du sac à dos est NP-complet.

Chapitre 11

Logique du premier ordre

La logique du premier ordre, c'est la logique des formules mathématiques usuelles, telles que

$$(\forall x, y)(\exists z)(x + z = y + 1)$$

ou

$$(\forall \varepsilon > 0)(\exists \delta > 0)(|x - x_0| < \delta \to |f(x) - f(x_0)| < \varepsilon).$$

Le but de ce chapitre est, d'une part, de définir et d'expliquer les notions mises en jeu en logique et, d'autre part, d'énoncer, la plupart du temps sans démonstration mais de façon précise, quelques-uns des résultats principaux, notamment reliant la logique à la théorie de l'effectivité autour des notions, simples mais apparaissant souvent mystérieuses, de définissabilité, d'indécidabilité et d'incomplétude.

11.1 CALCUL DES PRÉDICATS

Une logique consiste en une *syntaxe*, à savoir un ensemble de formules, et une *sémantique*, à savoir un procédé permettant d'attribuer une valeur, par exemple « vrai » ou « faux », aux formules. Comme on l'a fait au chapitre précédent pour la logique booléenne, on décrit ici la syntaxe et la sémantique des logiques du premier ordre.

11.1.1 Termes et formules

Nous commençons par la syntaxe. Comme on souhaite pouvoir exprimer une large variété de propriétés, celle-ci doit être très flexible et, de ce fait, elle comporte un assez grand nombre de notions, au demeurant naturelles et simples.

Le principe est que les formules sont construites par combinaisons booléennes, c'est-à-dire combinaisons à l'aide de $\wedge$, $\vee$, $\neg$, $\rightarrow$, $\leftrightarrow$, et quantification à l'aide de $\exists$ et $\forall$ à partir de formules simples, dites *atomiques*, du type $t_1 = t_2$, $t_1 < t_2$, ..., d'une façon générale $r(t_1, ..., t_k)$ avec r symbole de relation k-aire, où t_1, ..., t_k sont des *termes*, eux-mêmes définis comme étant ou bien des variables, ou bien des noms d'objets fixés, ou bien des combinaisons de telles variables et noms à l'aide de symboles d'opération ou de fonction : ainsi, par exemple,

$$(\forall x_1)(\forall x_2)(x_1 \leqslant x_2 \leftrightarrow (\exists x_3)(x_1 + x_3 = x_2)) \qquad (*)$$

est une formule mettant en jeu les variables x_1, x_2 et x_3, un symbole de relation binaire $\leqslant$ et un symbole d'opération binaire + (ainsi que le symbole d'égalité).

On parlera de logiques du premier ordre, au pluriel, car on définit une logique comme relative à un choix fixé de symboles de relations et d'opérations. On appelle *signature* (= ensemble de signes) la donnée d'une liste, finie ou infinie, de tels symboles, avec la spécification de leur nature (relation ou opération) et leur arité (unaire, binaire, *etc.*). Ainsi, par exemple, on dit que $(*)$ est une formule du premier ordre relativement à la signature comportant $\leqslant$ comme relation binaire et + comme opération binaire. L'égalité est considérée comme symbole logique universel, et n'est donc pas reprise dans chaque signature spécifique.

À partir de cette description intuitive, il est facile de donner une définition formelle.

Définition 1.1. (terme) Soit Σ une signature. Un *terme* en Σ est un mot obtenu à partir de variables x_i en appliquant un nombre fini de fois des opérations $(t_1, t_2) \mapsto (t_1)f(t_2)$ avec f opérateur binaire dans Σ, et $(t_1, ..., t_k) \mapsto f(t_1, ..., t_k)$ avec f opérateur k-aire dans Σ et $k \neq 2$. On note TERM_Σ l'ensemble des termes en Σ. ■

Autrement dit, TERM_Σ est le plus petit ensemble de mots incluant l'ensemble VAR des variables x_i, et clos par chacune des opérations $(t_1, t_2) \mapsto (t_1)f(t_2)$ pour f opérateur binaire dans Σ, et $(t_1, ..., t_k) \mapsto f(t_1, ..., t_k)$ pour f opérateur k-aire dans Σ avec $k \neq 2$. Ceci est dire que le langage TERM_Σ est engendré par la grammaire

$$V \to x_1W|...|x_9W, \qquad W \to W_1|...|W_0|\varepsilon$$
$$O_0 \to f_{0,1}|f_{0,2}|... \quad O_1 \to f_{1,1}|f_{1,2}|... \quad O_2 \to f_{2,1}|f_{2,2}|...$$
$$T \to V|O_0|O_1(T)|(T)O_2(T)|O_3(T,T,T)|...$$

avec T comme variable initiale, et $f_{k,1}, f_{k,2}, ...$ énumération des opérateurs k-aires de Σ. Noter qu'on inclut la possibilité d'opérateurs 0-aires, qu'on appellera des *constantes*. Les opérateurs binaires sont supposés utilisés en notation algébrique, c'est-à-dire qu'on écrit – comme il est effectivement d'usage – $(t_1)f(t_2)$ plutôt que $f(t_1, t_2)$. Noter que la grammaire précédente n'en est une au sens du chapitre 8 que si la signature est finie, ce qu'on ne suppose pas nécessairement.

Exemple 1.2. (terme) Soit Σ_0 la signature composée de deux constantes 0 et 1, d'un opérateur unaire $-$, de deux opérateurs binaires $+$ et $*$, et d'un symbole de relation binaire $<$. Alors, d'après la définition précédente,

$$-(1), \quad (x_1)+(x_2), \quad ((x_2)*(0))+(x_1)$$

sont des termes sur Σ. Comme dans le cas des expressions arithmétiques, on peut modifier la définition – c'est-à-dire la grammaire – pour se conformer aux conventions usuelles d'écriture, supprimant notamment les parenthèses autour des variables, et donnant la priorité aux opérateurs unaires sur les opérateurs binaires, de sorte que -1, x_1+x_2 et $(x_2*0)+x_1$ soient aussi légitimes.

Définition 1.3. (formule) Soit Σ une signature. Une *formule atomique* en Σ est soit $\top$, soit $\bot$, soit un mot de la forme $t_1 = t_2$, ou $t_1\, r\, t_2$, où r est un symbole de relation binaire de Σ, ou $r(t_1, ..., t_k)$, où r est un symbole de relation k-aire de Σ avec $k \neq 2$. Une *formule* en Σ est définie comme un mot pouvant s'obtenir à partir de formules atomiques en Σ en appliquant un nombre fini de fois les opérations $\Phi \mapsto \neg(\Phi)$, $(\Phi,\Psi) \mapsto (\Phi)\wedge(\Psi)$, $(\Phi,\Psi) \mapsto (\Phi)\vee(\Psi)$, $(\Phi,\Psi) \mapsto (\Phi) \to (\Psi)$, $(\Phi,\Psi) \mapsto (\Phi) \leftrightarrow (\Psi)$, $\Phi \mapsto (\exists x_i)(\Phi)$, et $\Phi \mapsto (\forall x_i)(\Phi)$. L'ensemble des formules en Σ est noté FORM_Σ. ■

Ainsi, l'ensemble FORM_Σ des *formules* en Σ est le plus petit ensemble de mots contenant les formules atomiques en Σ, et clos par chacune des opérations $\Phi \mapsto \neg(\Phi)$, $(\Phi,\Psi) \mapsto (\Phi)\wedge(\Psi)$, $(\Phi,\Psi) \mapsto (\Phi)\vee(\Psi)$, $(\Phi,\Psi) \mapsto (\Phi) \to (\Psi)$, $(\Phi,\Psi) \mapsto (\Phi) \leftrightarrow (\Psi)$, et $\Phi \mapsto (\exists x_i)(\Phi)$, $\Phi \mapsto (\forall x_i)(\Phi)$ pour tout entier i. L'ensemble FORM_Σ est donc engendré par la grammaire

$$\begin{gathered}
V \to x_1W|...|x_9W, \quad W \to W_1|...|W_0|\varepsilon \\
O_0 \to f_{0,1}|f_{0,2}|... \quad O_1 \to f_{1,1}|f_{1,2}|... \quad O_2 \to f_{2,1}|f_{2,2}|... \\
T \to V|0_0|O_1(T)|(T)_2(T)|O_3(T,T,T)| \\
R_1 \to r_{1,1}|r_{1,2}|... \quad R_2 \to r_{2,1}|r_{2,2}|... \\
A \to \top|\bot|T = T|R_1(T)|TR_2T|R_3(T,T,T)|... \\
S \to A|\neg(S)|(S)\wedge(S)|(S)\vee(S)|(S) \to (S)|(S) \leftrightarrow (S)|(\exists V)(S)|(\forall V)(S)
\end{gathered}$$

avec S comme variable initiale, $f_{k,1}, f_{k,2}, ...$ énumération des symboles d'opérations k-aires de Σ, et $r_{k,1}, r_{k,2}, ...$ énumération des symboles de relations k-aires de Σ. Les mots terminaux dérivables à partir de V, T, A, et S sont respectivement les variables, les termes en Σ, les formules atomiques en Σ, et les formules en Σ.

Exemple 1.4. (formule) Soit à nouveau Σ_0 la signature de l'exemple 1.2. Alors

$$x_1 + x_2 < (x_2 * 0) + x_1$$

est une formule atomique en Σ_0, tandis que

$$\begin{gathered}
(\forall x_1)((x_1 + x_2 < x_2 * 0) \to (x_3 = x_4)), \\
(\exists x_1)(\forall x_2)(x_1 = x_2)
\end{gathered}$$

sont des formules en Σ_0. Comme précédemment, on pourra modifier la grammaire pour alléger quelques notations, supprimer quelques parenthèses, écrire $t_1 \neq t_2$ pour $\neg(t_1 = t_2)$, *etc.*

Comme dans le cas booléen, on peut associer à chaque formule un arbre qui en représente la construction inductive – à défaut de la définir comme étant cet arbre. Par exemple, l'arbre associé à la formule ci-dessus est

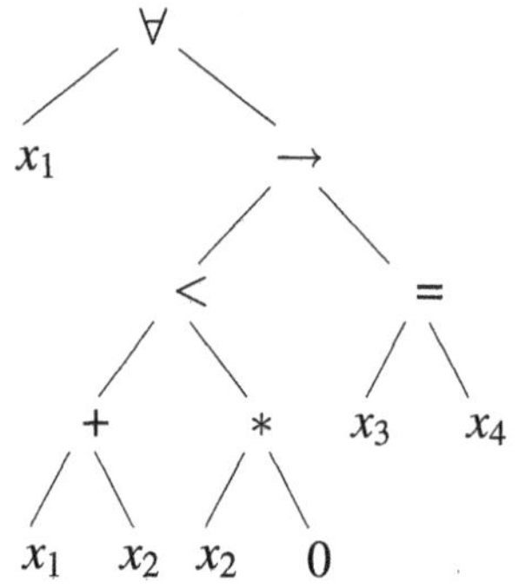

Le point techniquement important dans les définitions précédentes est leur caractère inductif, qui autorise des démonstrations par récurrence.

Proposition 1.5. (induction) *Soit Σ une signature. Pour montrer qu'une propriété $\mathcal{P}$ est vraie pour tout terme en Σ, il suffit de montrer*

➤ *que $\mathcal{P}$ est vraie pour les variables et les constantes (opérateurs* 0*-aires),*

➤ *et que, pour tout opérateur binaire f de Σ, si $\mathcal{P}$ est vraie pour t_1 et t_2, alors elle est vraie aussi pour $(t_1)f(t_k)$,*

➤ *et que, pour tout opérateur k-aire f de Σ, si $\mathcal{P}$ est vraie pour $t_1, ..., t_k$, alors elle est vraie aussi pour $f(t_1, ..., t_k)$.*

Pour montrer qu'une propriété $\mathcal{P}$ est vraie pour toute formule en Σ, il suffit de montrer

➤ *que $\mathcal{P}$ est vraie pour les formules atomiques,*

➤ *que, si $\mathcal{P}$ est vraie pour Φ, alors elle est vraie aussi pour $\neg(\Phi)$,*

➤ *que, si $\mathcal{P}$ est vraie pour Φ et Ψ, alors elle est vraie aussi pour $(\Phi)\wedge(\Psi)$, $(\Phi)\vee(\Psi)$, $(\Phi) \to (\Psi)$, et $(\Phi) \leftrightarrow (\Psi)$.*

➤ *et que, si $\mathcal{P}$ est vraie pour Φ, alors elle est vraie aussi pour $(\exists x_i)(\Phi)$ et $(\forall x_i)(\Phi)$ pour toute variable x_i.*

11.1.2 Réalisations et satisfaction

Introduire des formules n'a d'intérêt que si ces formules reçoivent un *sens*, lequel ici est une valeur de vérité. Comme dans le cas des formules booléennes, une telle valeur ne peut être attribuée qu'une fois les variables et les opérations de base interprêtés. On appelle réalisation la donnée de l'ensemble des paramètres permettant d'attribuer une valeur à la formule, donc de la réaliser, au sens où on la fait passer du monde abstrait des mots au monde concret du vrai ou faux. Dans le cas booléen, les variables reçoivent une valeur 0 ou 1, et définir une réalisation pour Φ consiste à assigner une telle valeur aux variables qui apparaissent dans Φ. Dans le cas du premier ordre, pour formaliser l'usage, les variables prennent des valeurs dans un domaine, par exemple les entiers ou les réels. Définir une réalisation consiste donc à choisir un domaine pour les variables, puis à choisir des opérations et des relations sur ce domaine comme interprétations pour les opérateurs et symboles de relation de la signature considérée.

Définition 1.6. (réalisation) Soit Σ une signature, soit $\Sigma = (f_1, f_2, ..., r_1, r_2, ...)$ où les f_i sont des opérateurs, et les r_j des symboles de relations (d'arités prescrites). Une *réalisation* pour Σ – aussi appelée *structure* de type Σ – est une suite finie $(D, F_1, F_2, ..., R_1, R_2, ...)$, où D est un ensemble non vide, et où, pour chaque i, F_i est une application de D^k dans D si f_i est un opérateur k-aire, et R_i est une relation k-aire sur D, c'est-à-dire un sous-ensemble de D^k, si r_i est un symbole de relation k-aire. On dit alors que D est le *domaine* de S, noté $D = \mathrm{Dom}(S)$, et que F_i (*resp.* R_i) est l'*interprétation* de f_i (*resp.* r_i) dans S, noté $F_i = f_i^S$ (*resp.* $R_i = r_i^S$). ■

Exemple 1.7. (réalisation) Une réalisation pour la signature Σ_0 de l'exemple 1.2 est la structure $(\mathbb{Z}, 0, 1, -^{\mathbb{Z}}, +^{\mathbb{Z}}, *^{\mathbb{Z}}, <^{\mathbb{Z}})$, où $-^{\mathbb{Z}}$ est l'opération « opposé » des entiers, $+^{\mathbb{Z}}$ leur somme, *etc.* Une autre réalisation est la structure $(\mathbb{R}, 0, 1, -^{\mathbb{R}}, +^{\mathbb{R}}, *^{\mathbb{R}}, <^{\mathbb{R}})$, où $-^{\mathbb{R}}$ est cette fois l'opération « opposé » sur $\mathbb{R}$. Noter que $(\mathbb{Z}, 2, 3, ^2, *^{\mathbb{Z}}, *^{\mathbb{Z}}, >^{\mathbb{Z}})$ est aussi une réalisation de Σ_0 : dans cette réalisation bizarre, l'interprétation de la constante 0 est l'entier 2, celui de l'opérateur – est la fonction carré, et celui de l'opérateur + est la multiplication. Cet exemple est donné pour souligner que les symboles de la signature peuvent recevoir n'importe quelle interprétation : ce sont des lettres vides de sens, et le sens ne vient qu'avec une interprétation, c'est-à-dire lorsque les symboles sont réalisés.

Il est alors facile de définir inductivement la *valeur* d'une formule dans une réalisation : il s'agit seulement de codifier la signification usuelle des connecteurs et des quantificateurs. Pour chaque terme t ou formule Φ, nous avons une notion évidente de variable apparaissant dans t ou Φ. On notera occasionnellement $t(x_1, ..., x_p)$ ou $\Phi(x_1, ..., x_p)$ un terme ou une formule où n'apparaissent que des variables parmi x_1, ..., x_p. On écrira $\vec{a}$ pour une suite finie $(a_1, ..., a_p)$.

Définition 1.8. (valeur) Soit Σ une signature, et S une structure de type Σ. Pour $t(x_1, ..., x_p)$ terme en Σ, la *valeur* de t dans S, notée t^S, est la fonction de $\mathrm{Dom}(S)^p$ dans $\mathrm{Dom}(S)$ définie inductivement par

$$t^S(\vec{a}) = \begin{cases} a_i & \text{pour } t = x_i, \\ f^S(t_1^S(\vec{a}), ..., t_k^S(\vec{a})) & \text{pour } t = f(t_1, ..., t_k) \\ & \quad \text{avec } f \text{ opérateur } k\text{-aire.} \end{cases}$$

Pour $\Phi(x_1, ..., x_p)$ formule en Σ, la *valeur* de Φ dans S, notée Φ^S, est le sous-ensemble de $\mathrm{Dom}(S)^p$ défini inductivement par

$$\Phi^S = \begin{cases} \mathrm{Dom}(S)^p & \text{pour } \Phi = \top \\ \emptyset & \text{pour } \Phi = \bot \\ \{\vec{a}\,;\, t_1^S(\vec{a}) = t_2^S(\vec{a})\} & \text{pour } \Phi = (t_1 = t_2), \\ \{\vec{a}\,;\, r^S(t_1^S(\vec{a}), ..., t_k^S(\vec{a}))\} & \text{pour } \Phi = r(t_1, ..., t_k), \\ & \quad r \text{ symbole de relation } k\text{-aire}, \\ \mathrm{Dom}(S)^p \setminus \Psi^S & \text{pour } \Phi = \neg(\Psi), \\ \Psi^S \cap \Theta^S & \text{pour } \Phi = (\Psi) \wedge (\Theta), \\ \Psi^S \cup \Theta^S & \text{pour } \Phi = (\Psi) \vee (\Theta), \\ (\mathrm{Dom}(S)^p \setminus \Psi^S) \cup \Theta^S & \text{pour } \Phi = (\Psi) \to (\Theta), \\ (\Psi^S \cap \Theta^S) \cup ((\mathrm{Dom}(S)^p \setminus \Psi^S)) \cap (\mathrm{Dom}(S)^p \setminus \Theta^S)) & \\ & \text{pour } \Phi = (\Psi) \leftrightarrow (\Theta), \\ \{\vec{a}\,;\, (\exists b)((a_1, ..., a_{i-1}, b, a_{i+1}, ..., a_p) \in \Psi^S)\} & \\ & \text{pour } \Phi = (\exists x_i)(\Psi), \\ \{\vec{a}\,;\, (\forall b)((a_1, ..., a_{i-1}, b, a_{i+1}, ..., a_p) \in \Psi^S)\} & \\ & \text{pour } \Phi = (\forall x_i)(\Psi). \end{cases}$$

Si $\vec{a}$ appartient à Φ^S, on dit que S *satisfait* Φ en $\vec{a}$ – ou encore que S satisfait $\Phi(\vec{a})$. ■

Exemple 1.9. (valeur) La définition précédente est fastidieuse mais triviale : dire que S satisfait $\Phi(a_1, ..., a_p)$ veut très exactement dire ce qu'on pense, c'est-à-dire que, lorsqu'on donne la valeur a_1 à x_1, ..., a_p à x_p, et qu'on évalue de proche en proche la formule en se servant des opérations et relations de S, alors on arrive à un résultat vrai. Ainsi, Φ^S est l'ensemble des valeurs des variables qui rendent la formule vraie. Le lecteur pourra vérifier par exemple que la valeur du terme $x_1 + 1$ dans la structure $(\mathbb{N}, 1, +^{\mathbb{N}})$ est l'application de $\mathbb{N}$ dans $\mathbb{N}$ qui, à tout entier N, associe $N + 1$. De même, la valeur dans $(\mathbb{N}, 1, +^{\mathbb{N}})$ de la formule $(\exists x_2)(x_1 = x_2 + 1)$ est l'ensemble des entiers N_1 vérifiant $N_1 \geqslant 1$.

La définition précédente est ambiguë : telle qu'on l'a définie, la valeur d'une formule dépend du choix de l'entier p, c'est-à-dire des variables. En fait, il n'y a pas vraiment de problème. Pour donner un énoncé précis, nous considérerons les occurrences libres et liées de variables. L'effet d'un quantificateur sur x_i est d'effacer la dépendance sur la valeur de x_i dans la sous-formule sur laquelle il porte. Cette notion de portée d'un quantificateur – dont la définition est claire en termes d'arbre représentant la formule – permet de distinguer pour chaque formule Φ et chaque variable x_i apparaissant dans Φ des occurrences *libres* et *liées* de x_i dans Φ : une occurrence de x_i est liée si elle est dans la portée d'un quantificateur. On a alors le résultat suivant, dont la vérification est laissée au lecteur (utiliser la proposition 1.5) :

Lemme 1.10. *Supposons que $\Phi(x_1, ..., x_p)$ est une formule en Σ, et S une réalisation de Σ. Alors la valeur Φ^S ne dépend que des variables x_i qui ont au moins une occurrence libre dans Φ.*

On peut lever l'ambiguïté dans la définition de la valeur d'une formule en appelant, pour Φ formule avec p variables possédant au moins une occurrence libre dans Φ, valeur de Φ dans la structure S le sous-ensemble de $\mathrm{Dom}(S)^p$ correspondant aux p variables libres de Φ. Dans la suite, nous utiliserons la notation $\Phi(x_1, ..., x_p)$ pour une formule où les seules variables ayant une occurrence libre sont parmi x_1, ..., x_p – même si d'autres variables apparaissent dans Φ.

Un cas particulier important est celui où il n'y a pas de variable libre.

Définition 1.11. (énoncé) On dit qu'une formule est un *énoncé* si toutes les occurrences de variables dans Φ sont liées. ■

Exemple 1.12. (énoncé) La formule $(\exists x_2)(x_1 = x_2 + 1) \wedge (\forall x_1)(x_1 = x_1)$ n'est pas un énoncé, puisque la première occurrence de x_1 (qui en a quatre en tout) est libre. Par contre, $(\forall x_1)(\exists x_2)(x_1 = x_2 + 1)$ est un énoncé. D'après le lemme 1.10, si S est une structure du type adapté, un énoncé Θ est ou bien toujours satisfait dans S, ou bien jamais. Dans la premier cas, on dit naturellement que S satisfait Θ, dans le second que S ne satisfait pas Θ. Par exemple, l'énoncé $(\forall x_1)(\exists x_2)(x_1 = x_2 + 1)$ est satisfait dans la structure $(\mathbb{Z}, 1, +^{\mathbb{Z}})$, mais non satisfait dans $(\mathbb{N}, 1, +^{\mathbb{N}})$. Si le choix des opérations et des relations est implicite, on les omet souvent : ainsi, on pourra simplement dire que l'énoncé $(\forall x_1)(\exists x_2)(x_1 = x_2 + 1)$ est satisfait dans $\mathbb{Z}$, mais non dans $\mathbb{N}$ – sans oublier néanmoins que cette formulation est ambiguë.

11.1.3 Pouvoir d'expression

Toutes les (fastidieuses) définitions précédentes ont été posées pour formaliser les formules mathématiques usuelles. Pour autant, toutes les formules utilisées en mathématiques ne sont pas des formules du premier ordre, car celles-ci admettent plusieurs limitations. La principale est la suivante : dans une formule du premier ordre – ou, plutôt, dans la façon de lui attribuer une valeur – toutes les variables représentent le même type d'objet, à savoir celui des éléments du domaine où on veut l'évaluer. Ainsi, une formule telle que

$$(\forall x > 0)(\exists n \in \mathbb{N})(nx > 1) \qquad (*)$$

utilisée pour exprimer l'archimédianité de l'ordre $<$ d'un corps n'est pas une formule du premier ordre. Le problème n'est pas qu'on ait écrit $(\forall x > 0)$ ou $(\exists x \in \mathbb{N})$, qu'on peut bien définir comme des raccourcis pour $(\forall x)(x > 0 \to ...)$ et $(\exists x)(x \in \mathbb{N} \wedge ...)$. Le problème est que, dans l'utilisation prévue, la variable x est supposée représenter un élément du corps ordonné qu'on étudie, alors que la variable n (qui peut aussi bien être notée x_2) est supposée représenter un entier, c'est-à-dire un élément d'un autre domaine.

Un autre exemple est la formule suivante, qui exprime le principe d'induction de Peano :

$$(\forall X)((0 \in X \wedge (\forall x)(x \in X \rightarrow x+1 \in X)) \rightarrow (\forall x)(x \in X)).$$

Cette formule n'est pas du premier ordre, car la variable x représente un entier, tandis que X représente un ensemble d'entiers. (On parle de formules du second ordre, pour des formules du type précédent, avec deux sortes de variables, l'une pour les éléments du domaine de la réalisation concernée, l'autre pour des ensembles d'éléments du domaine.)

Les restrictions précédentes dépendent du cadre considéré. On sait que tous les objets mathématiques peuvent se représenter par des ensembles – à défaut d'en être vraiment –, et nous pouvons aussi considérer qu'une formule comme $(*)$ est une formule du premier ordre relativement à une signature incluant la relation $\in$, une constante pour $\mathbb{N}$ et pour le corps K considéré, et que nous considérons comme réalisation un univers de la théorie des ensembles où tous ces objets existent. On imagine bien qu'une telle structure n'est pas très simple, et que ce n'est pas là le cadre optimal pour étudier l'archimédianité d'un corps.

Un dernier exemple de formule qui n'est pas du premier ordre est une formule de longueur infinie, par exemple du type

$$(x = 1) \vee (x * x = 1) \vee (x * x * x = 1) \vee \ldots$$

Considérer une telle formule peut être parfaitement légitime et correct dans le cadre de logiques dites infinitaires : simplement, il ne s'agit pas de formules du premier ordre.

À ce point, deux questions se posent :

➤ quelles propriétés sont exprimables par des formules du premier ordre ?

➤ quel intérêt y a-t-il à savoir qu'une propriété est exprimable par une propriété du premier ordre ?

La réponse à la seconde question tient aux résultats mentionnés dans la section suivante, à savoir qu'il existe des outils, à la fois théoriques et pratiques, permettant de reconnaître si un énoncé est conséquence d'un autre de façon plus ou moins algorithmique lorsqu'il s'agit d'énoncés du premier ordre, et que de tels résultats ne s'étendent pas à des logiques plus générales comme les logiques du second ordre ou les logiques infinitaires. De même, pour chaque famille d'énoncés du premier ordre T, il existe une théorie très élaborée – appelée théorie des modèles – qui étudie la famille des structures qui satisfont T, et qui, dans les bons cas, les classifie complètement. Là encore, il n'existe pas de théorie des modèles pour les autres logiques, du moins pas de théorie aussi développée. Cela dit, il n'y a pas de miracle à escompter : ce n'est pas parce qu'une propriété est exprimable par une formule du premier ordre qu'il devient automatiquement plus facile de la démontrer : le fait que le théorème de Fermat soit exprimé par la suite des énoncés $\neg(\exists x, y, z \geqslant 1)(x^n + y^n = z^n)$ (un par exposant n) n'a pas beaucoup aidé à sa démonstration... On peut quand même mentionner ici que ce sont des questions d'exprimabilité et de définissabilité par des formules du premier ordre qui ont été récemment à l'origine de nouveaux résultats fins de géométrie algébrique (démonstration par E. Hrushovski des conjectures de Mordell-Lang et de Manin–Mumford en toute caractéristique).

Revenons à la première question. On dit qu'une propriété $\mathcal{P}$ est *exprimée* par un énoncé du premier ordre Θ (ou par une famille T, éventuellement infinie, d'énoncés) si les structures mathématiques qui satisfont $\mathcal{P}$ sont exactement celles qui satisfont l'énoncé Θ (ou chacun des énoncés de T). Voici quelques exemples.

Exemple 1.13. (groupes) Certaines propriétés sont directement définies par des énoncés du premier ordre. Par exemple, la propriété qu'un ensemble G muni d'une opération binaire $*$ est un groupe est exprimée par les deux énoncés

$$(\forall x, y, z)(x * (y * z) = (x * y) * z),$$
$$(\exists e)((\forall x)(x * e = e * x = x) \wedge (\forall x)(\exists y)(x * y = y * x = e)),$$

(ou par l'unique énoncé qui a la conjonction des précédents). Noter que le fait que G est un groupe d'opération $*$, d'élément neutre 1 et d'inverse $^{-1}$ s'exprime également, relativement à la signature comprenant une constante 1, une opération unaire $^{-1}$ et une opération binaire $*$ par les énoncés alternatifs

$$(\forall x, y, z)(x * (y * z) = (x * y) * z),$$
$$(\forall x)(x * 1 = 1 * x = x),$$
$$(\forall x)(x * x^{-1} = x^{-1} * x = 1))$$

avec des quantifications purement universelles : on retrouve le cadre des variétés équationnelles du chapitre 2.

Exemple 1.14. (espaces vectoriels) Il semble y avoir un problème pour exprimer les axiomes d'un espace vectoriel par des formules du premier ordre, car deux types d'objets y apparaissent : les scalaires et les vecteurs. En fait, supposant le corps de base K fixé, on peut exprimer que E est un K-espace vectoriel à l'aide d'énoncés du premier ordre en introduisant une opération unaire $\lambda\cdot$ pour chaque scalaire λ. Les seules variables à considérer sont alors les vecteurs, et les axiomes sont des énoncés du premier ordre. Par exemple, pour chaque scalaire λ, on introduit l'axiome

$$(\forall x, y)(\lambda \cdot (x + y) = \lambda \cdot x + \lambda \cdot y), \textit{etc.}$$

Exemple 1.15. (corps algébriquement clos) La propriété d'être un corps est directement exprimée par la satisfaction d'un nombre (fini) d'axiomes qui sont des énoncés du premier ordre en une signature comportant deux opérateurs binaires, et des constantes pour le zéro et le un (on a noté au chapitre 2 que ces énoncés ne sont pas tous des identités).

Considérons la propriété additionnelle d'être algébriquement clos. Elle s'exprime par des énoncés du premier ordre. En effet, il suffit d'exprimer, pour chaque entier n, que chaque polynôme de degré n a un zéro, ce que fait l'énoncé

$(\forall x_0, x_1, ..., x_n)(\exists y)(x_n * y^n + ... + x_1 * y + x_0 = 0)$,

où y^n est une notation abrégée pour $y * (y * ...))$, n fois y.

Exemple 1.16. (torsion) Reprenons l'exemple des groupes, et considérons la propriété supplémentaire d'être de p-torsion, c'est-à-dire de satisfaire $x^p = 1$ pour tout x. Dans la signature $*, 1$, cette propriété se traduit par l'énoncé

$(\forall x)(x * x * ... * x = 1)$, p fois x.

Considérons maintenant la propriété d'être de torsion, c'est-à-dire la propriété que chaque élément est de p-torsion pour au moins un p, dépendant éventuellement de x. L'énoncé

$(\forall x)(\exists p \in \mathbb{N})(x^p = 1)$

ne peut convenir, car il fait intervenir deux variables de types différents. L'énoncé alternatif

$(\forall x)(x = 1 \vee x * x = 1 \vee x * (x * x) = 1 \vee ...)$

ne convient pas davantage, puisqu'il est infini. La question reste donc ouverte. L'absence de solution claire à l'exprimabilité au premier ordre de la torsion ne constitue évidemment pas une démonstration du fait que la propriété n'est pas exprimable. Nous verrons dans la section suivante comment démontrer un tel résultat.

Exemple 1.17. (caractéristique) De la même façon, la propriété qu'un corps est de caractéristique p s'exprime par la formule

$1 + 1 + ... + 1 = 0$, p fois 1.

Par contre, la propriété d'être de caractéristique nulle s'exprime naturellement à l'aide de la conjonction infinie

$(1 + 1 \neq 0) \wedge (1 + 1 + 1 \neq 0) \wedge (1 + 1 + 1 + 1 + 1 \neq 0) \wedge ...$,

laquelle n'est pas une formule du premier ordre, et il n'est pas clair qu'on puisse trouver une formule du premier ordre exprimant la propriété.

Exemple 1.18. (finitude) La propriété pour un ensemble d'être infini est exprimée par la satisfaction de la famille infinie d'énoncés du premier ordre (relativement à une signature vide) Θ_2, Θ_3, ..., où Θ_n est

$(\exists x_1)...(\exists x_n)(x_1 \neq x_2 \wedge x_1 \neq x_3 \wedge ... \wedge x_{n-1} \neq x_n)$.

La propriété d'avoir au plus n éléments est exprimée par l'énoncé $\neg\Theta_n$. Par contre, nous avons pour exprimer la propriété générale d'être fini à nouveau le même type de problème que pour la propriété d'être de torsion ou de caractéristique nulle.

11.2 THÉORÈMES DE COMPLÉTUDE

Reprenant les définitions de la logique booléenne, nous dirons qu'un énoncé du premier ordre Θ, ou un ensemble T de tels énoncés, est *satisfaisable* (*resp. valide*) s'il est satisfait dans au moins (*resp.* dans toute) réalisation. On étend cette définition aux formules : on dit qu'une formule Φ est valide si elle est satisfaite dans toute réalisation quelles que soient les valeurs attribuées aux variables. Il est facile de vérifier alors qu'une formule $\Phi(x_1, ..., x_p)$ (dont les variables libres sont parmi x_1, ..., x_p) est valide si et seulement si l'énoncé $(\forall x_1)...(\forall x_p)(\Phi(x_1, ..., x_p))$ l'est.

À la différence du cas booléen, il n'existe aucune méthode algorithmique naïve pour décider si un énoncé du premier ordre est valide (ou satisfaisable). En effet, nous n'avons posé aucune restriction sur les réalisations à considérer et, *a priori*, la validité met en jeu une infinité de réalisations, finies ou infinies. Il est toujours possible de tester systématiquement si une formule est satisfaite ou non dans une réalisation de domaine fini, mais ceci est impossible dès qu'on considère une réalisation infinie, ou une infinité de réalisations. Un des résultats fondamentaux de la logique, dû à K. Gödel, est qu'il existe néanmoins une méthode purement syntaxique, c'est-à-dire ne faisant appel à aucune réalisation, pour reconnaître les formules du premier ordre valides.

11.2.1 Preuves

Le résultat est qu'une formule du premier ordre est valide si et seulement si on peut la *prouver*. Nous avons déjà énoncé au chapitre 10 un théorème de complétude pour la logique propositionnelle. Nous allons énoncer ici un résultat analogue pour les logiques du premier ordre. Comme le contexte est beaucoup plus riche, il est nécessaire d'introduire davantage d'axiomes et une règle supplémentaire, mais le principe reste le même.

Définition 2.1. (coupure, généralisation) Supposons que Φ, Ψ, Θ sont des formules du premier ordre. On dit que Φ est déduite de Ψ et Θ *par coupure* si on a $\Phi = \Psi \to \Theta$; on dit que Φ est déduite de Ψ *par généralisation* si on a $\Phi = (\forall x_i)(\Psi)$ pour une variable x_i. ■

La règle de coupure pour les formules du premier ordre est le pendant de la règle de coupure pour les formules booléennes. Par construction, les règles de coupure et de généralisation sont valides, au sens que, si Ψ et Θ sont valides, et si Φ se déduit de Ψ et Θ par coupure, ou de Ψ par généralisation, alors Φ est valide. Dans le cas de la règle de généralisation, ce résultat ne fait qu'exprimer la définition de la validité d'une formule.

Proposition 2.2. (théorème de complétude, forme I) *Soit Σ une signature. On note AX_Σ la famille (infinie) de formules de FORM_Σ suivante :*

➤ *toutes les formules obtenues à partir des formules booléennes* AX *en substituant des formules en Σ aux variables ;*

➤ *toutes les formules de la forme $(\forall x_i)(\Phi \to \Psi) \to (\Phi \to (\forall x_i)(\Psi))$ où Φ et Ψ sont des formules et x_i n'a pas d'occurrence libre dans Φ ;*

➤ *toutes les formules du type $(\forall x_i)(\Phi(x_i)) \to \Phi(t)$, où toutes les occurrences de x_i sont libres dans $\Phi(x_i)$, t est un terme, et où $\Phi(t)$ est le résultat du remplacement de chaque occurrence de x_i par t dans $\Phi(x_i)$;*

➤ *toutes les formules du type* $(\exists x_i)(\Phi) \leftrightarrow \neg(\forall x_i)(\neg\Phi)$;

➤ *toutes les formules du type* $x_i = x_i$;

➤ *toutes les formules des types* $x_i = x_j \rightarrow (\Phi(x_i) \leftrightarrow \Phi(x_j))$, *où* $\Phi(x_k)$ *est une formule où toutes les occurrences de* x_i *et* x_j *sont libres.*

Alors, pour toute formule du premier ordre Φ *en* Σ, *il y a équivalence entre*

➤ Φ *est valide,*

➤ Φ *est prouvable par coupure et généralisation à partir de* AX_Σ.

Comme dans le cas booléen, il existe une forme alternative du théorème de complétude en terme de satisfaisabilité.

Définition 2.3. (cohérent) Soit T un ensemble de formules du premier ordre en Σ. On dit que T est *cohérent* si $\bot$ n'est pas prouvable par coupure et généralisation à partir de $T \cup \mathrm{AX}_\Sigma$. ■

Proposition 2.4. (théorème de complétude, forme II) *Soit* Σ *une signature, et* T *un ensemble d'énoncés du premier ordre en* Σ. *Il y a équivalence entre*

➤ T *est satisfaisable ;*

➤ T *est cohérent.*

De plus, si les conditions précédentes sont vérifiées, et si Σ *est au plus dénombrable, il existe une structure satisfaisant* T *dont le domaine est fini ou dénombrable.*

Il est clair que la forme II du théorème de complétude en implique la forme I. En effet, comme les règles de coupure et de généralisation sont valides, et que toutes les formules dans AX_Σ sont valides, toute formule prouvable à partir de AX_Σ est certainement valide. Inversement, supposons Φ valide. Alors la formule $\neg\Phi$ n'est pas satisfaisable, et donc, si la forme II du théorème de complétude est vraie, $\bot$ est prouvable à partir de $\{\neg\Phi\} \cup \mathrm{AX}_\Sigma$. Comme $\bot \rightarrow \Phi$ est dans AX_Σ, il en résulte que Φ est prouvable à partir de $\{\neg\Phi\} \cup \mathrm{AX}_\Sigma$. Par ailleurs, Φ est prouvable à partir de $\{\Phi\}$, donc à partir de $\{\Phi\} \cup \mathrm{AX}_\Sigma$. On en déduit que Φ est prouvable à partir de $\{\Phi \vee \neg\Phi\} \cup \mathrm{AX}_\Sigma$. Or $\Phi \vee \neg\Phi$ est prouvable à partir de AX_Σ, car la formule booléenne $x_1 \vee \neg x_1$ est prouvable par coupure à partir de AX en vertu du théorème de complétude pour la logique propositionnelle : on obtient alors une preuve pour $\Phi \vee \neg\Phi$ en partant d'une preuve booléenne pour $x_1 \vee \neg x_1$ et en substituant Φ à x_1 et par exemple $\top$ aux autres variables. Finalement, Φ est prouvable à partir de AX_Σ, ce qui donne la forme I du théorème de complétude.

Nous n'allons pas donner de démonstration formelle du théorème de complétude (dans sa forme II), mais seulement une esquisse.

Démonstration : Une direction est évidente : si $\bot$ est prouvable à partir de $T \cup \mathrm{AX}_\Sigma$, il ne peut exister de structure satisfaisant T, puisqu'une telle structure devrait aussi satisfaire toutes les formules prouvables à partir de T et AX_Σ.

Le problème est donc, partant d'un ensemble T supposé cohérent, de construire *ex nihilo* une structure S qui satisfasse toutes les formules de T. Les seuls objets dont nous disposons sont des objets syntaxiques : termes, formules. Une idée simple est de prendre comme domaine de S l'ensemble des termes en Σ, de sorte que chaque terme est interprêté par lui-même. Cette approche naïve ne peut suffire : si la formule $t_1 = t_2$ est prouvable à partir de $T \cup \mathrm{AX}_\Sigma$, elle n'est pas satisfaite dans la structure ainsi définie. Nous retrouvons une problématique introduite au chapitre 2 dans la description des systèmes libres : tout système est un quotient d'un système libre. Ici, TERM_Σ joue le rôle de structure libre, et nous allons introduire sur TERM_Σ une congruence $\equiv$, et construire la structure cherchée comme le quotient $\mathrm{TERM}_\Sigma/\equiv$. La définition de $\equiv$ s'impose : nous dirons que $t \equiv t'$ est vrai si et seulement si la formule $t = t'$ est prouvable à partir de $T \cup \mathrm{AX}_\Sigma$. Il est facile de montrer en utilisant AX_Σ que cette relation est bien une relation d'équivalence compatible avec les opérations, et on déduit sur le quotient une interprétation bien définie pour tout terme : on notera $\bar{t}$ l'interprétation du terme t, c'est-à-dire sa classe pour $\equiv$. Il reste à définir les relations. Là encore, la définition s'impose : on dira que $r(\bar{t}_1, ..., \bar{t}_k)$ est vraie dans S si la formule $r(t_1, ..., t_k)$ est prouvable à partir de $T \cup \mathrm{AX}_\Sigma$. À nouveau, les axiomes dans AX_Σ impliquent que cette définition est indépendante du choix des représentants des classes d'équivalence.

On a ainsi défini une structure S. Notons que, si Σ est au plus dénombrable, l'ensemble TERM_Σ est dénombrable, et donc le domaine de S est au plus dénombrable. Il s'agit maintenant d'établir que S satisfait les formules de T. À ce stade, cela n'est pas nécessairement le cas. Pour ce qui est des formules atomiques, nous avons fait le nécessaire en construisant S. Par contre, pour les formules avec quantificateur, nous ne savons rien. Comme $(\forall x)(\Phi)$ est équivalent à $\neg(\exists x)(\neg\Phi)$, il suffit de considérer le cas des quantifications existentielles. Le problème est que, jusqu'à présent, si une formule du type $(\exists x)(\Phi(x))$ est dans T, ou, plus généralement, est prouvable à partir de $T \cup \mathrm{AX}_\Sigma$, il n'y a aucune raison pour qu'elle soit satisfaite dans S. En supposant $\Phi(x)$ sans quantificateur, la seule situation où nous sommes certains que $(\exists x)(\Phi(x))$ est satisfaite dans T est celle où il existe un terme t tel que $\Phi(t)$ soit prouvable à partir de $T \cup \mathrm{AX}_\Sigma$, car alors $\Phi(\bar{t})$ est satisfaite dans S. L'idée est de se ramener à cette situation. Pour cela, supposant toujours que $\Phi(x)$ est une formule sans quantificateur, nous introduisons une constante supplémentaire c_Φ à la signature Σ et nous posons

$$T' = T \cup \{\Phi(c_\Phi)\}.$$

L'ensemble T' est un ensemble de formules en la signature étendue Σ', et le point technique est que l'hypothèse que T est cohérente implique que T' aussi est cohérente. La raison en est la présence de la formule $(\forall x)(\neg\Phi(x)) \longrightarrow \neg\Phi(c_\Phi)$ dans $\mathrm{AX}_{\Sigma'}$: si on pouvait déduire une contradiction à partir de $\Phi(c_\Phi)$, on pourrait aussi en déduire une à partir de $(\exists x)(\Phi(x))$, qui, par hypothèse, est prouvable à partir de T.

Le principe est alors le suivant. On pose $T_0 = T$ et $\Sigma_0 = \Sigma$, puis, partant de T_0, on construit une signature Σ_1 en ajoutant une constantes c_Φ pour chaque formule existentielle $(\exists x)(\Phi(x))$ prouvable à partir de $T_0 \cup \mathrm{AX}_\Sigma$, et on définit l'ensemble T_1 comme la réunion de T_0 et de toutes les formules $\Phi(c_\Phi)$. Alors T_1 est cohérent. On n'a pas encore terminé, car passer de T_0 à T_1 revient à traiter un étage de quantification, or il peut y avoir dans T des formules avec un nombre quelconque de quantifications. Pour cela, on itère l'opération précédente, en construisant une suite croissante de signatures $\Sigma_0 \subseteq \Sigma_1 \subseteq ...$ et une suite croissante d'ensembles de formules $T_0 \subseteq T_1 \subseteq ...$ de sorte que, pour chaque i, on passe de (Σ_{i-1}, T_{i-1}) à (Σ_i, T_i) comme on est passé de (Σ_0, T_0) à (Σ_1, T_1).

Soit alors Σ_∞ l'union des signatures Σ_i, et T_∞ celle des T_i. L'ensemble T_∞ est cohérent. Soit S_∞ la structure obtenue comme plus haut à partir des termes en Σ_∞ et de T_∞. Alors S_∞ satisfait toutes les formules sans quantificateur de T_∞. Mais, par construction, ceci implique que S_∞ satisfait toutes les formules, avec ou sans quantificateur, de T puisque, par induction, toute formule à n quantifications de T est synonyme à une formule sans quantification de T_n en un sens qui peut être rendu précis. Ceci achève la démonstration.

Nous pouvons maintenant déduire aisément plusieurs corollaires.

Proposition 2.5. (théorème de compacité) *Supposons que Σ est une signature et que T est un ensemble d'énoncés en Σ dont tout sous-ensemble fini est satisfaisable. Alors T est satisfaisable.*

Démonstration : Supposons T non satisfaisable. Alors, par le théorème de complétude, il existe une preuve de $\bot$ à partir de $T \cup \mathrm{AX}_\Sigma$. Soit T_0 le sous-ensemble de T constitué par les formules qui apparaisent dans cette preuve. Alors T_0 est fini, et, comme $\bot$ est prouvable à partir de $T_0 \cup \mathrm{AX}_\Sigma$, T_0 n'est pas satisfaisable.

Noter que, dans le cas booléen, nous avons établi le théorème de compacité indépendamment du théorème de complétude, par un argument direct. Une démonstration directe existe aussi dans le cas du premier ordre (voir Exercices).

Le résultat suivant est une extension facile du théorème de la déduction pour la logique booléenne (dont la démonstration n'utilise pas le théorème de complétude).

Proposition 2.6. (théorème de déduction) *Soit Σ une signature. Supposons que T est un ensemble de formules en Σ, Φ est un énoncé en Σ, et Ψ une formule en Σ. Alors il y a équivalence entre*

- *$\Phi \to \Psi$ est prouvable par coupure et généralisation à partir de $T \cup \mathrm{AX}_\Sigma$;*
- *Ψ est prouvable par coupure et généralisation à partir de $T \cup \{\Phi\} \cup \mathrm{AX}_\Sigma$.*

Démonstration : Si $\Phi \to \Psi$ est prouvable à partir de $T \cup \mathrm{AX}_\Sigma$, il est aussi prouvable à partir de $T \cup \{\Phi\} \cup \mathrm{AX}_\Sigma$. Comme Φ est aussi prouvable à partir de $T \cup \{\Phi\} \cup \mathrm{AX}_\Sigma$, on déduit par coupure que Ψ est prouvable à partir de $T \cup \{\Phi\} \cup \mathrm{AX}_\Sigma$.

Inversement, on montre par induction sur n que, si Ψ_1, ..., Ψ_n est une preuve à partir de $T \cup \{\Phi\} \cup \mathrm{AX}_\Sigma$, alors les formules $\Phi \to \Psi_i$ sont prouvables à partir de $T \cup \mathrm{AX}_\Sigma$. Pour $\Psi_n \in T \cup \{\Phi\} \cup \mathrm{AX}_\Sigma$, le résultat est évident. Pour $\Psi_j = \Psi_i \to \Psi_n$, $\Phi \to \Psi_n$ est prouvable à partir de $\Phi \to \Psi_i$ et $\Phi \to \Psi_j$, car la formule booléenne $(x_1 \to x_2) \to ((x_1 \to (x_2 \to x_3)) \to (x_1 \to x_3))$ est valide, donc prouvable. Enfin, pour $\Psi_n = (\forall x)(\Psi_i)$, la formule $\Phi \to \Psi_n$ est prouvable à partir de $\Phi \to \Psi_i$ et de AX_Σ, car $(\forall x)(\Phi \to \Psi_i) \to (\Phi \to (\forall x)(\Psi_i))$ appartient à AX_Σ.

Proposition 2.7. (conséquence) *Soit Σ une signature. Supposons que T est un ensemble de formules en Σ, et Φ une formule en Σ. Alors il y a équivalence entre*

- *Φ est prouvable par coupure et généralisation à partir de $T \cup \mathrm{AX}_\Sigma$;*
- *Φ est conséquence de T, ceci signifiant par définition que toute réalisation satisfaisant T satisfait Φ.*

Démonstration : (La démonstration est la même que dans le cas booléen). Si S est une réalisation satisfaisant T, comme les formules de AX_Σ sont valides, elles sont aussi satisfaites dans S, et il en est de même de toute formule prouvable par coupure à partir de $T \cup \text{AX}_\Sigma$.

Inversement, supposons que toute réalisation satisfaisant T satisfait Φ. Ceci signifie que l'ensemble $T \cup \{\neg\Phi\}$ n'est pas satisfaisable. Par le théorème de compacité, il existe un sous-ensemble fini $\{\Phi_1, ..., \Phi_n\}$ de T tel que $\{\Phi_1, ..., \Phi_n, \neg\Phi\}$ n'est pas satisfaisable, et donc la formule $\Phi_1 \to (\Phi_2 \to ...(\Phi_n \to \Phi)...)$ est valide. Par le théorème de complétude, cette formule est prouvable par coupure et généralisation à partir de AX_Σ, et, de là, en appliquant n fois le théorème de la déduction, on conclut que Φ est prouvable à partir de $\{\Phi_1, ..., \Phi_n\} \cup \text{AX}_\Sigma$, donc de $T \cup \text{AX}_\Sigma$.

On pourrait avoir l'impression que seules des formules triviales du genre $x_i = x_i$ ou $\Theta \to \Theta$ peuvent être valides, et donc que le contenu du théorème de complétude est assez faible. Les corollaires précédents montrent qu'il n'en est rien : ils permettent en effet d'affirmer que, dès qu'une propriété $\mathcal{P}$ est exprimable par un ensemble de formules du premier degré T, alors les conséquences de $\mathcal{P}$ qui sont elles-mêmes exprimables par une formule du premier ordre sont exactement celles qui sont prouvables par coupure et généralisation à partir de T. Par exemple, toute propriété des groupes exprimable par une formule du premier ordre doit être prouvable au premier ordre à partir des axiomes des groupes, c'est-à-dire sans faire appel à des constructions auxiliaires. Là encore, il ne va pas de soi qu'une telle propriété soit importante en pratique, mais l'expérience a montré qu'elle l'est au moins dans plusieurs cas, comme les exemples mentionnés plus haut en géométrie algébrique, ou encore dans le développement de la théorie des ensembles.

11.2.2 Applications

Le théorème de complétude est le point de départ de la théorie des modèles, étude systématique des structures du point de vue des formules du premier ordre qu'elles satisfont. Nous ne citerons que deux applications élémentaires.

Proposition 2.8. (théorème de Lowenheim-Skolem) *Soit Σ une signature finie ou dénombrable. Supposons que T est un ensemble satisfaisable de formules en Σ. Alors il existe une réalisation satisfaisant T dont le domaine est fini ou dénombrable.*

Démonstration : Le résultat est inclus dans notre formulation du théorème de complétude (forme II).

Une conséquence du théorème de Lowenheim–Skolem est que, pour toute structure même non dénombrable, il existe une structure dénombrable qui lui ressemble.

Définition 2.9. (théorie) Soit Σ une signature, et S une structure de type Σ. On appelle *théorie* (du premier ordre) de Σ l'ensemble $\text{TH}_\Sigma(S)$ des énoncés en Σ satisfaits dans S. ■

Exemple 2.10. (théorie) Soit Σ la signature composée de quatre opérateurs binaires +, −, ∗ et div et de deux constantes 0 et 1. La théorie de la structure $(\mathbb{N}, +^{\mathbb{N}}, -^{\mathbb{N}}, *^{\mathbb{N}}, \mathrm{div}^{\mathbb{N}}, 0, 1)$ est l'ensemble des énoncés du premier ordre satisfaits par les entiers munis des quatre opérations usuelles de l'arithmétique : il est naturel d'appeler cette théorie l'*arithmétique du premier ordre*.
Ainsi, par exemple, l'énoncé $(\forall x)(\exists x_1, x_2, x_3, x_4)(x = x_1 * x_1 + x_2 * x_2 + x_3 * x_3 + x_4 * x_4)$ est dans $\mathrm{TH}_\Sigma(\mathbb{N}, +^{\mathbb{N}}, -^{\mathbb{N}}, *^{\mathbb{N}}, \mathrm{div}^{\mathbb{N}}, 0, 1)$ – noté plus usuellement $\mathrm{TH}_\Sigma(\mathbb{N})$.

Nous déduisons du théorème de Lowenheim–Skolem le corollaire suivant.

Corollaire 2.11. *Soit Σ une signature au plus dénombrable. Alors, pour toute structure S de type Σ, il existe une structure S' de domaine au plus dénombrable satisfaisant* $\mathrm{TH}_\Sigma(S') = \mathrm{TH}_\Sigma(S)$.

Exemple 2.12. (théorie des réels) Soit $(\mathbb{R}, +, *, 0, 1, <)$ la structure formée par les nombres réels équipées des opérations de corps et de l'ordre. L'ensemble $\mathbb{R}$ est non dénombrable, mais, d'après le corollaire précédent, il doit exister une structure $(R', +', *', 0', 1', <')$ de domaine au plus dénombrable et telles que $\mathrm{TH}(R', +', *', 0', 1', <')$ coïncide avec $\mathrm{TH}(\mathbb{R}, +, *, 0, 1, <)$. Les structures $(\mathbb{R}, +, *, 0, 1, <)$ et $(R', +', *', 0', 1', <')$ sont indiscernables du point de vue des énoncés du premier ordre. Comme le fait d'être infini est exprimable par des énoncés du premier ordre, l'ensemble R' doit être infini, puisque $\mathbb{R}$ l'est. De même, comme le fait d'être un corps est exprimable au premier ordre, $(R', +', *', 0', 1')$ doit être un corps.

Le théorème de Lowenheim–Skolem implique que la propriété d'être dénombrable ne peut pas s'exprimer par un éoncé du premier ordre, ni par une famille dénombrable de tels énoncés. C'est un premier exemple où nous pouvons démontrer un résultat de non-exprimabilité au premier ordre.

À l'aide du théorème de compacité, nous pouvons obtenir d'autres résultats du même type.

Exemple 2.13. (caractéristique) Nous avons constaté dans la section 1 la difficulté d'exprimer par des énoncés du premier ordre la propriété pour un corps d'être de caractéristique finie. Nous pouvons maintenant démontrer que cette propriété ne peut pas s'exprimer ainsi. En effet, soit Ψ un axiome des corps, et supposons que Θ est un énoncé tel que les corps satisfaisant Θ soient exactement les corps de caractéristique non nulle. Pour chaque entier k, soit Φ_k l'énoncé $1 + 1 + \ldots + 1 \neq 0)$, k fois 1. Soit $T = \{\Psi, \Theta, \Phi_1, \Phi_2, \ldots\}$. Chaque sous-ensemble fini de T est satisfaisable : en effet, un tel sous-ensemble T_0 ne contient qu'un nombre fini d'énoncés Φ_k, et on obtient une structure S satisfaisant T_0 en considérant le corps $\mathbb{Z}/p\mathbb{Z}$, où p est un nombre premier plus grand que tous les indices k tels que Φ_k figure dans T_0. Or une structure satisfaisant T serait un corps de caractéristique non nulle, mais dont la caractéristique serait supérieure à tout entier. La seule possibilité est que l'énoncé Θ n'existe pas.

Un argument similaire permet de montrer qu'il ne peut exister d'énoncé du premier ordre exprimant la propriété pour un groupe d'être de torsion ou pour un ensemble d'être fini.

11.2.3 La méthode de résolution

De même que dans le cas du calcul propositionnel, les preuves par coupure et le théorème de complétude associé constituent un outil plus théorique que pratique, et des méthodes de preuve moins aveugles que la règle de coupure ont été développées. Nous allons brièvement décrire la méthode de résolution, qui repose sur les preuves par résolution de la logique booléenne. Cette méthode a mené au langage de programmation PROLOG, qui manipule des formules du premier ordre et repose sur une implémentation de la prouvabilité par résolution.

Définition 2.14. (clause) Soit Σ une signature. On appelle *clause* du premier ordre en Σ une formule de la forme $L_1 \vee \ldots \vee L_n$, où chaque L_i est un *littéral*, défini comme étant soit une formule atomique, soit la négation d'une formule atomique. De plus on suppose que l'égalité n'apparaît pas comme symbole de relation. ■

Proposition 2.15. (forme clausale) *Soit Σ une signature. Il existe un algorithme qui, partant d'une formule sans égalité Φ en Σ, construit un ensemble de clauses $F(\Phi)$ en Σ' tel que Σ' est obtenue à partir de Σ en ajoutant un nombre fini de nouveaux opérateurs et Φ est satisfaisable si et seulement si $F(\Phi)$ l'est.*

Démonstration : Le première étape consiste à transformer Φ en une formule équivalente où tous les quantificateurs sont en position initiale, c'est-à-dire une formule du type $(Q_1x_1)\ldots(Q_px_p)(\Phi(x_1,\ldots,x_p))$, où Q_k est soit $\forall$, soit $\exists$, et où Φ est sans quantificateur. Ensuite on applique à Φ l'algorithme de forme clausale de la logique booléenne. Au terme de cette transformation, le résultat est presque une conjonction de clauses du premier ordre, à ceci près qu'il peut y avoir des quantifications existentielles. Ces denières sont supprimées en introduisant de nouveaux opérateurs : ainsi la formule

$$(\forall x_1)(\exists x_2)(\forall x_3)(\exists x_4)(\Phi(x_1,x_2,x_3,x_4))$$

sera remplacée par

$$(\forall x_1,x_3)(\Phi(x_1,f_1(x_1),x_3,f_2(x_1,x_3))),$$

où f_1 est un nouvel opérateur unaire, et f_2 un nouvel opérateur binaire. Les deux formules ne sont pas équivalentes, mais la première formule est satisfaisable si et seulement si la seconde l'est, et donc, par définition, si et seulement si la formule sans quantificateur $\Phi(x_1,f_1(x_1),x_3,f_2(x_1,x_3))$ l'est.

On est donc ramené à étudier la satisfaisabilité des ensembles de clauses, et, pour cela, on utilise le principe de résolution. Le problème est qu'il ne suffit pas de considérer le cas où une même formule atomique apparaît sous forme positive et négative dans deux des clauses : définir ainsi la résolution donnerait une règle valide, mais non complète. Or, supposons que r est un symbole de relation binaire, f et g deux opérateurs respectivement binaires et unaires, c une constante, et qu'on part de deux clauses du type

$$\begin{cases} C_1 = r(f(x,y),x) \vee \ldots & , \\ C_2 = \neg r(z,g(c)) \vee \ldots & . \end{cases}$$

La résolution de C_1 et C_2 n'est pas directement possible, puisque ce n'est pas la même formule atomique qui apparaît. Maintenant, appelons *substitution* en Σ une application de VAR dans TERM_Σ, et, pour σ substitution en Σ et Φ formule en Σ, notons Φ^σ la formule obtenue en remplaçant dans Φ chaque occurrence de chaque variable x_i par le terme $\sigma(x_i)$. Dans l'exemple précédent, considérons la substitution σ définie par

$$\sigma : x \mapsto g(c), \quad y \mapsto y, \quad z \mapsto f(g(c),y).$$

Alors on trouve

$$(r(f(x,y),x))^\sigma = (r(z,g(c)))^\sigma = r(f(g(c),y),g(c)),$$

ce qui implique que les clauses C_1^σ et C_2^σ peuvent être résolues.

Définition 2.16. (unificateur) On dit que la substitution σ est un *unificateur* pour les formules atomiques Φ et Ψ si on a $\Phi^\sigma = \Psi^\sigma$. ■

Ainsi la substitution σ ci-dessus est un unificateur pour les formules atomiques $r(f(x,y),x)$ et $r(z,g(c))$. Il n'y a ni nécessaire existence, ni unicité de l'unificateur de deux formules quand il existe. Mais notons que si σ unifie Φ et Ψ, et si τ est une substitution quelconque, alors les formules $\Phi^{\sigma\tau}$ et $\Psi^{\sigma\tau}$ coïncident, autrement dit $\tau \circ \sigma$ est aussi un unificateur pour Φ et Ψ.

Proposition 2.17. (unification) *Il existe un algorithme qui, partant de deux formules atomiques Φ, Ψ, construit un unificateur pour Φ et Ψ, s'il en existe ; de plus, l'unificateur σ ainsi produit a la propriété que tout unificateur σ' de Φ et Ψ se factorise par σ, c'est-à-dire qu'il existe τ vérifiant $\sigma' = \tau \circ \sigma$.*

> ***Démonstration :*** (principe) Il ne peut y avoir d'unificateur que si les symboles de relation des deux formules atomiques sont les mêmes, et, dans ce cas, il s'agit d'unifier les termes qui se correspondent. Pour unifier des termes, on procède inductivement en faisant des produits de substitutions pour résoudre successivement chaque conflit qui se présente. Un conflit de type $f(\ldots)/g(\ldots)$ avec f, g opérateurs distincts n'est pas résoluble, non plus qu'un conflit de type $x/f(t_1, \ldots, t_k)$ où x est une variable apparaissant dans au moins un des termes $t_1, \ldots, t_k$. Par contre, un conflit de type $x/f(t_1, \ldots, t_k)$ avec x variable n'apparaissant dans aucun des termes $t_1, \ldots, t_k$ est résolu par la substitution $x \mapsto f(t_1, \ldots, t_k)$.

Exemple 2.18. (unification) Reprenons les formules $r(f(x,y),x)$ et $r(z,g(c))$ ci-dessus. Soit à unifier les termes $f(x,y)$ avec z et x avec $g(c)$. Le premier couple est unifié par $\sigma_1 : z \mapsto f(x,y)$. Il reste alors à unifier x^{σ_1}, qui est x, avec $g(c)^{\sigma_1}$, qui est $g(c)$. Ceci se fait par $\sigma_2 : x \mapsto g(c)$. Finalement, $\sigma_2 \circ \sigma_1$ est la substitution σ précédente, qui est l'unificateur le plus général des deux formules atomiques considérées.

(On notera qu'il n'y a pas exactement unicité de l'unificateur le plus général, mais seulement unicité à renommage près des variables.)

Si une clause est satisfaite dans une réalisation, il en est de même de toute clause obtenue par substitution à partir de celle-ci. On en déduit que, si $\perp$ est prouvable par résolution et substitution à partir d'un ensemble de clauses T, alors T n'est pas satisfaisable. À nouveau, le résultat remarquable est la réciproque, qui exprime la complétude de la méthode de résolution.

Comme un renommage des variables est un cas particulier de substitution, nous pouvons réunir en une seule opération substitution et résolution au sens précédent, et poser une définition précise :

Définition 2.19. (résolution) Supposons que C_1, C_2 et C sont des clauses du premier ordre. On dit que C est déduite de C_1 et C_2 par *résolution* si et seulement si il existe un littéral Φ de C_1 et un littéral $\neg\Psi$ de C_2 – ou *vice versa* – tels que, τ étant un renommage des variables de Ψ par des variables disjointes de celles de Φ, les formules atomiques Φ et Ψ^τ sont unifiables, et, σ étant l'unificateur de Φ et Ψ^τ fourni par la proposition 2.17, C est obtenu à partir de $C_1^\sigma \vee C_2^{\tau\sigma}$ en supprimant le littéral Φ^σ venant de C_1 et le littéral $\neg\Psi^{\tau\sigma}$ venant de C_2 (et C est $\perp$ si le résultat précédent est vide). ■

Proposition 2.20. (complétude de la résolution) *Soit Σ une signature. Pour tout ensemble T de clauses en Σ, il y a équivalence entre*

- *T est satisfaisable,*
- *$\perp$ n'est pas prouvable par résolution à partir de T.*

Exemple 2.21. (résolution) Considérons les quatre clauses suivantes :

$C_1 = \neg r(x_1, x_2) \vee r(x_2, x_1)$;

$C_2 = \neg r(x_3, x_4) \vee \neg r(x_4, x_5) \vee r(x_3, x_5)$;

$C_3 = r(x_6, f(x_6))$;

$C_4 = \neg r(c, c)$.

En unifiant $r(x_6, f(x_6))$ et $r(x_1, x_2)$ par $x_1 \mapsto x_6$ et $x_2 \mapsto f(x_6)$, on déduit de C_1 et C_2

$C_5 = r(f(x_1), x_6)$.

En unifiant $r(x_6, f(x_6))$ et $r(x_3, x_4)$ par $x_3 \mapsto x_6$ et $x_4 \mapsto f(x_6)$, on déduit de C_2 et C_3

$C_6 = \neg r(f(x_6), x_5) \vee r(x_6, x_5)$.

En unifiant $r(f(x_1), x_6)$ et $r(f(x_6), x_5)$ par $x_1 \mapsto x_6$ et $x_5 \mapsto x_6$, on déduit de C_5 et C_6

$C_7 = r(x_6, x_6)$.

En unifiant $r(x_6, x_6)$ et $\neg r(c, c)$ par $x_6 \mapsto c$, on déduit $\perp$ de C_4 et C_7, et on conclut que l'ensemble de clauses $\{C_1, C_2, C_3, C_4\}$ n'est pas satisfaisable.

À la différence du cas booléen, une infinité de clauses peuvent en général être déduites d'un ensemble initial, même fini, de clauses. Il est donc exclu d'énumérer toutes celles-ci en un temps fini, de même qu'il est exclu de tester toutes les réalisations possibles. Qu'il s'agisse de preuves par coupure et généralisation, ou de preuves par résolution, les théorèmes de complétude énoncés ici ne fournissent qu'une réponse partielle à la question de la reconnaissance des formules valides, et aux questions qui s'y rattachent : si une formule Φ est valide (ou, par contraposition, si $\neg\Phi$ est non satisfaisable), il est possible de l'établir en un temps fini ; par contre, si Φ n'est pas valide, nous n'avons pour le moment aucun moyen de le démontrer – sauf à construire une réalisation satisfaisant $\neg\Phi$, ce pour quoi il n'existe en général pas de méthode effective.

11.3 LOGIQUE ET COMPLEXITÉ

Dans cette dernière section, nous considérons les liens entre la logique du premier ordre et la théorie de la complexité, autour principalement de la notion de MT-décidabilité. Nous énoncerons ici, en général sans démonstration, un certain nombre de résultats négatifs qui établissent des limites fondamentales pour l'informatique.

11.3.1 Semidécidabilité

Qu'il s'agisse de preuves par coupure ou par résolution, les théorèmes de complétude entraînent un résultat de décidabilité effective. Nous avons introduit au chapitre 7 la notion de langage MT-décidable : un langage L est MT-décidable – ou, ce que nous avons vu équivalent, récursif – s'il existe une machine de Turing $\boldsymbol{M}$ qui décide L, au sens que, pour tout mot w sur l'alphabet considéré, le calcul de $\boldsymbol{M}$ à partir de w se termine en un nombre fini d'étapes, dans l'état acceptant pour $w \in L$, et dans l'état refusant pour $w \notin L$. Nous aurons ici besoin d'une notion affaiblie.

Définition 3.1. (MT-semidécidable) On dit qu'un langage L est *MT-semidécidable* s'il existe une machine de Turing $\boldsymbol{M}$ qui *semidécide* L, au sens que, pour $w \in L$, le calcul de $\boldsymbol{M}$ à partir de w se termine en un nombre fini d'étapes dans l'état acceptant, et, pour $w \notin L$, le calcul de $\boldsymbol{M}$ à partir de w ne se termine pas. ■

Tout langage MT-décidable est MT-semidécidable, car, supposant que la machine de Turing $\boldsymbol{M}$ décide L, on construit à partir de $\boldsymbol{M}$ une machine de Turing $\boldsymbol{M}'$ semidécidant L en remplaçant l'état refusant par un état « boucle » à partir duquel aucun calcul ne se termine.

L'inclusion réciproque n'a aucune raison d'être vraie – et, de fait, elle ne l'est pas : on peut montrer qu'il existe des langages MT-semidécidables non MT-décidables. Un argument heuristique qui rend ce résultat naturel (mais ne le démontre pas) est qu'il n'existe pas de moyen uniforme pour transformer une machine de Turing semidécidant un langage L en une machine de Turing décidant L, car il n'existe pas de moyen uniforme de reconnaître *a priori* si un calcul de machine doit se terminer ou non en un nombre fini d'étapes, ainsi qu'on l'a évoqué au chapitre 8.

Le contenu algorithmique des théorèmes de complétude est le suivant.

Proposition 3.2. (semidécidabilité) *Soit Σ une signature finie, et T un ensemble MT-semidécidable de formules du premier ordre en Σ. Alors l'ensemble des conséquences de T est MT-semidécidable. En particulier, l'ensemble des formules valides est MT-semidécidable.*

Démonstration : Le point essentiel est que l'ensemble des preuves (par coupure et généralisation) à partir de $T \cup \text{AX}_\Sigma$, considérées comme des mots – introduire une lettre $\|$ comme séparateur et écrire la preuve $\Phi_1, \Phi_2, \ldots$ comme le mot $\Phi_1 \| \Phi_2 \| \ldots$ – est un langage MT-semidécidable, et même MT-décidable si T l'est. En effet, pour reconnaître si un tel mot est une preuve, il suffit de savoir reconnaître si une formule est dans T, ou dans AX_Σ, ou si elle se déduit de formules antérieures par coupure ou par généralisation. Par définition, AX_Σ est un langage infini, mais décider si une formule donnée est d'un des cinq types de formules qui composent AX_Σ peut se faire effectivement : par exemple, décider si Φ est un axiome du type $(\forall x_i)(\Psi(x_i)) \to \Psi(t)$ peut se faire en cherchant d'abord si le connecteur principal de Φ est $\to$, puis en déduisant l'unique formule Ψ possible, en énumérant systématiquement tous les termes de longueur plus petite que Φ et en testant si le membre droite de Φ est ou non égal à $\Psi(t)$: le point essentiel est qu'il ne s'agit que de vérifications purement syntaxiques. Il en est de même pour la reconnaissance des règles de coupure et de généralisation.

Une question naturelle est de savoir si l'ensemble des conséquences d'un ensemble MT-décidable d'énoncés du premier ordre est MT-décidable. La réponse est négative, sauf dans des cas très simples.

Proposition 3.3. (indécidabilité) *Supposons que le signature Σ contient au moins un symbole de relation binaire. Alors l'ensemble des formules du premier ordre en Σ valides – qui est MT-semidécidable par le résultat précédent – n'est pas MT-décidable.*

Ce résultat implique qu'on ne peut espérer obtenir un véritable algorithme décidant la validité des formules du premier ordre comme on l'a fait en logique booléenne. En particulier, il ne peut exister de stratégie de résolution menant à coup sûr à une réponse en un temps fini, ce qui entraîne une limitation incontournable à toute utilisation de formules du premier ordre générales comme langage de programmation : il faut accepter ou bien que les programmes puissent ne pas se terminer, ou bien qu'il existe des formules pour lesquelles le programme ne trouve pas la réponse correcte.

Affirmer l'indécidabilité d'un langage L d'alphabet Σ ne signifie pas qu'il existe des mots sur Σ dont l'appartenance à L ne soit ni vraie, ni fausse, ou soit mystérieusement indécidable. Pour chaque mot w, une, et une seule, des deux possibilités $w \in L$, $w \notin L$ est vraie, et elle est décidable au sens où il existe un algorithme A_w qui donne la réponse pour ce mot-là, à savoir ou bien l'algorithme qui accepte toujours, ou bien l'algorithme qui refuse toujours. L'indécidabilité de L signifie qu'il n'existe pas un algorithme uniforme qui décide l'appartenance de w à L pour *tous* les mots w à la fois : c'est un résultat global, qui n'affirme *rien* pour chaque mot particulier.

11.3.2 Indécidabilité

À côté de la question de reconnaître les formules valides, qui inclut la question de reconnaître quelles formules sont conséquences d'un ensemble de formules données T, se pose aussi la question de partir d'une structure S fixée, et d'étudier la théorie de cette structure particulière. Par exemple, on peut considérer la structure constituée des entiers munis des quatre opérations et étudier la théorie de cette structure, qu'on a appelée ci-dessus l'arithmétique du premier ordre. À nouveau, on a un résultat d'indécidabilité.

Proposition 3.4. (indécidabilité) *L'arithmétique du premier ordre, c'est-à-dire le langage formé par l'ensemble des formules écrites avec* $+$, $-$, $*$ *et* div *et satisfaites dans* $\mathbb{N}$, *n'est pas un langage MT-semidécidable.*

Un ingrédient important dans la démonstration du résultat précédent consiste à caractériser les fonctions récursives par des formules du premier ordre, au moyen de l'importante – mais facile car intuitive – notion de *définissabilité.*

Définition 3.5. (définissabilité) Soit Σ une signature, et S une structure de type Σ. On dit qu'un élément c de Dom(S) est *définissable* dans S s'il existe une formule du premier ordre en Σ à une variable libre $\Phi(x)$ telle que c est le seul élément de S tel que $\Phi(c)$ soit satisfait dans S. De même, on dit qu'une opération k-aire f sur Dom(S) est définissable dans S s'il existe une formule du premier ordre en Σ à $k+1$ variables libres $\Phi(x_1, \ldots, x_k, x)$ telle que, pour tous a_1, ..., a_k, a dans Dom(S), $\Phi(a_1, \ldots, a_k, a)$ est satisfait dans S si et seulement si on a $a = f(a_1, \ldots, a_k)$. Finalement, on dit qu'une relation k-aire R sur Dom(S) est définissable dans S s'il existe une formule du premier ordre en Σ à k variables libres $\Phi(x_1, \ldots, x_k)$ telle que, pour tous a_1, ..., a_k dans Dom(S), $\Phi(a_1, \ldots, a_k)$ est satisfait dans S si et seulement si $R(a_1, \ldots, a_k)$ y est vraie. ■

Exemple 3.6. (définissabilité) L'entier 0 est définissable dans la structure $(\mathbb{N}, +)$: en effet, 0 est le seul entier pour lequel la formule

$$(\forall x_2)(x_2 + x_1 = x_2).$$

soit vraie. De même, l'ordre usuel $\leqslant$ sur les entiers est définissable dans $(\mathbb{N}, +)$, puisque $N_1 \leqslant N_2$ est vrai si et seulement si (N_1, N_2) satisfait la formule

$$(\exists x_3)(x_1 + x_3 = x_2).$$

L'ordre strict $<$ est définissable dans $(\mathbb{N}, +, 0)$, puisque $N_1 < N_2$ est vrai si et seulement si (N_1, N_2) satisfait la formule

$$(\exists x_3 \neq 0)(x_1 + x_3 = x_2) \text{ – formellement } (\exists x_3)(x_3 \neq 0 \wedge x_1 + x_3 = x_2).$$

Comme 0 est définissable dans $(\mathbb{N}, +)$, ceci entraîne que $<$ est définissable dans $(\mathbb{N}, +)$. En effet, on peut partir de la définition de $<$ dans $(\mathbb{N}, +, 0)$, et y remplacer chaque occurrence de 0 par sa définition dans $(\mathbb{N}, +)$: ainsi $N_1 < N_2$ est vrai si et seulement si (N_1, N_2) satisfait la formule

$$(\exists x_4)((\forall x_5)(x_5 + x_4 = x_5) \wedge (\exists x_3 \neq x_4)(x_1 + x_3 = x_2)).$$

L'entier 1 est définissable dans la structure $(\mathbb{N}, <, 0)$ par la formule

$$(x_1 \neq 0) \wedge (\forall x_2)(0 < x_2 \rightarrow (x_1 = x_2 \vee x_1 < x_2)).$$

À nouveau, comme $<$ et 0 sont définissables dans $(\mathbb{N}, +)$, on peut en déduire que 1 est définissable dans $(\mathbb{N}, +)$: partir de la définition de 1 dans $(\mathbb{N}, <, 0)$, et y remplacer chaque occurrence de $<$ et 0 par leurs définitions respectives dans $(\mathbb{N}, +)$. Les détails sont laissés au lecteur.

On a alors le résultat suivant, à nouveau dû à Gödel, et dont la démonstration est assez délicate (l'étape difficile consiste à montrer la clôture par définition par récurrence de l'ensemble des fonctions définissables).

Proposition 3.7. *Toute fonction MT-calculable est définissable dans* $(\mathbb{N}, +, *)$.

L'inclusion de la proposition 3.7 est stricte : il existe des fonctions qui sont définissables dans $(\mathbb{N}, +, *)$ mais non MT-calculables : par exemple, la fonction U du chapitre 8 (busy beaver) est définissable danss $(\mathbb{N}, +, *)$.

11.3.3 Incomplétude

En rapprochant les résultats précédents, à savoir la semidécidabilité de la validité et la non-semidécidabilité de l'arithmétique, on arrive aux « grands » théorèmes de la logique.

Définition 3.8. (axiomatisabilité) Supposons que S est une structure de signature Σ, et que T est un ensemble d'énoncés en Σ satisfait dans S. On dit que T *axiomatise* S si tout énoncé satisfait dans S est conséquence de T. ■

Cette définition correspond bien à la notion intuitive : axiomatiser un objet mathématique, c'est donner une liste de formules satisfaites par cet objet et dont toute formule satisfaite par ledit objet est conséquence.

Exemple 3.9. (axiomatisation) Considérons le corps $\mathbb{C}$, c'est-à-dire la structure $(\mathbb{C}, +, *, 0, 1)$. On sait que $\mathbb{C}$ est un corps algébriquement clos, donc les axiomes des corps sont satisfaits dans $\mathbb{C}$, et, de surcroît, chacune des formules

$$(\forall x_0, \ldots, x_n)(\exists x)(x_n * x^n + \ldots + x_1 * x + x_0 = 0),$$

où x^k désigne $x * (x * \ldots)$, k fois x, est satisfaite dans $\mathbb{C}$. On peut montrer que la famille des formules précédentes est une axiomatisation du corps $\mathbb{C}$, c'est-à-dire que *toute* formule du premier ordre en $+$ et $*$ vraie dans $\mathbb{C}$ en est conséquence – et donc, par le théorème de complétude, est prouvable à partir de celles-ci et des axiomes.

Proposition 3.10. (décidabilité) *Supposons que S est une structure possédant une axiomatisation MT-semidécidable. Alors la théorie du premier ordre de S est MT-semidécidable.*

Démonstration : Supposons que T est une axiomatisation MT-semidécidable de la structure S. Alors les énoncés satisfaits dans S sont les conséquences de T. Par le théorème de complétude, ces dernières sont les énoncés prouvables à partir de $T \cup \text{AX}_\Sigma$, donc, par la proposition 3.2, elles forment un ensemble MT-semidécidable.

Nous en déduisons par exemple que la théorie du corps $\mathbb{C}$ est MT-semidécidable – en fait, la théorie de $(\mathbb{C}, +, *)$ est même MT-décidable.

Revenons alors à l'arithmétique. Comme nous avons vu que la théorie de $(\mathbb{N}, +, *)$ n'est pas MT-semidécidable, nous déduisons immédiatement que la structure $(\mathbb{N}, +, *)$, n'admet aucune axiomatisation MT-semidécidable, ce que nous pouvons énoncer sous la forme suivante :

Proposition 3.11. (incomplétude) *Supposons que T est un ensemble MT-semidécidable d'énoncés d'arithmétique vrais dans* $\mathbb{N}$. *Alors il existe au moins un énoncé d'arithmétique vrai dans* $\mathbb{N}$ *et non prouvable à partir de T.*

Démonstration : Soit $\widehat{T}$ l'ensemble des énoncés d'arithmétique prouvables à partir de $T \cup \text{AX}_\Sigma$. Par hypothèse, T est inclus dans $\text{TH}(\mathbb{N}, +, *)$, donc il en est de même de $\widehat{T}$. Par la proposition 3.2, $\widehat{T}$ est MT-semidécidable. Or, nous savons que $\text{TH}(\mathbb{N}, +, *)$ n'est pas MT-semidécidable. Donc l'inclusion de $\widehat{T}$ dans $\text{TH}(\mathbb{N}, +, *)$ est stricte, ce qui signifie qu'il existe au moins un énoncé qui est dans $\text{TH}(\mathbb{N}, +, *)$, c'est-à-dire qui est vrai dans $\mathbb{N}$, mais qui n'est pas dans $\widehat{T}$, c'est-à-dire qui n'est pas prouvable à partir de T.

Mais alors, *quid* de l'axiomatisation de Peano ? Il n'y a pas de contradiction. Tout dépend de la forme sous laquelle on exprime l'axiome d'induction. Si on l'exprime sous la forme

$$(\forall X)((0 \in X \wedge (\forall x)(x \in X \rightarrow x + 1 \in X)) \rightarrow (\forall x)(x \in X)), \qquad (*)$$

alors ce n'est *pas* une formule d'arithmétique du premier ordre, et les résultats précédents ne s'appliquent pas. Maintenant, on peut transformer $(*)$ en une famille (infinie) d'énoncés d'arithmétique du premier ordre en écrivant systématiquement l'axiome

$$((\Phi(0) \wedge (\forall x)(\Phi(x) \rightarrow \Phi(x + 1))) \rightarrow (\forall x)(\Phi(x))$$

pour chaque formule d'arithmétique $\Phi(x)$ à une variable libre. Ce faisant, on obtient une famille MT-décidable d'énoncés du premier ordre, qu'on notera PEANO_1, pour « Peano du premier ordre ». Alors, les résultats précédents s'appliquent, et nous obtenons le résultat suivant.

Corollaire 3.12. *Il existe des énoncés d'arithmétique vrais dans* $(\mathbb{N}, +, *)$ *et non prouvable à partir de* PEANO_1.

11.3.4 Suites de Goodstein

Le résultat précédent, appelé *premier théorème d'incomplétude* de Gödel, est un des résultats majeurs de la logique du vingtième siècle. Pour autant, il nous laisse un peu insatisfaits, car il ne donne pas explicitement un exemple d'un énoncé d'arithmétique vrai mais néanmoins non prouvable à partir des axiomes de Peano.

Le *second théorème d'incomplétude* de Gödel répond à cette objection : il donne un tel exemple, en codant par des entiers la notion de preuve, en construisant un énoncé d'arithmétique traduisant la cohérence du système de Peano, et en montrant que cet énoncé, qui est vrai dans $\mathbb{N}$ sauf si l'arithmétique entière est contradictoire, ne peut être prouvé à partir de PEANO_1 – non plus que ne peut être prouvée à partir de T la cohérence de tout ensemble d'énoncés T qui inclut PEANO_1.

Ce résultat, aux conséquences mathématiques, informatiques, et philosophiques nombreuses, est fondamental. Pour autant, l'énoncé dont on montre qu'il ne peut être prouvé à partir de PEANO_1 reste peu intuitif. Nous terminerons ce chapitre en donnant un exemple beaucoup plus simple, obtenu en 1981 par Kirby et Paris, utilisant un argument original de Paris et Harrington.

Écrire un entier N en base B consiste à décomposer N sous la forme

$$N = c_1 \cdot B^{N_1} + \ldots + c_p \cdot B^{N_p},$$

où les chiffres c_i sont compris entre 0 et $B - 1$, et où les exposants N_i sont des entiers quelconques. On peut alors exprimer les exposants N_i eux-mêmes en base B, et itérer le processus. On appellera représentation de *N en base B itérée* la décomposition ainsi obtenue : par définition, il s'agit d'exprimer N au moyen des entiers 0 à $B - 1$, de la somme, des $B - 1$ multiplications $(\lambda N)(c \cdot N)$ pour $c = 1, \ldots, B - 1$, et de l'exponentiation $(\lambda N)(B^N)$.

Exemple 3.13. (base B itérée) Soit $N = 26$. La décomposition de N en base 2 est $26 = 2^4 + 2^3 + 2^1$: la décomposition de 4 est $4 = 2^2$, celle de 3 est $3 = 2^1 + 1$, et, finalement, la décomposition de N en base 2 itérée est

$$26 = 2^{2^{2^1}} + 2^{2^1+1} + 2^1.$$

De même, on pourra vérifier que la décomposition de N en base 3 itérée est

$$26 = 2 \cdot 3^2 + 2 \cdot 3 + 2.$$

(Pour 2, on a écrit 2^1 dans le cas de la base 2 itérée, car 2 n'est pas un chiffre en base 2, alors qu'on a écrit simplement 2 dans le cas de la base 3, car 2 est alors un chiffre, c'est-à-dire un entier plus petit que la base choisie.)

On définit alors, pour $B_2 \geqslant B_1 \geqslant 2$, une fonction F_{B_1,B_2} de $\mathbb{N}$ dans $\mathbb{N}$ comme suit : $F_{B_1,B_2}(N)$ est l'entier obtenu en décomposant N en base B_1 itérée, puis substituant partout l'exponentielle de base B_2 à l'exponentielle de base B_1, et évaluant le résultat. Par exemple, on a

$$F_{3,4}(26) = F_{3,4}(2 \cdot 3^2 + 2 \cdot 3 + 2) = 2 \cdot 4^2 + 2 \cdot 4 + 2 = 42,$$

$$F_{2,3}(26) = F_{2,3}(2^{2^{2^1}} + 2^{2^1+1} + 2^1) = 3^{3^{3^1}} + 3^{3^1+1} + 3^1 = 3^9 + 3^4 + 3 = 19767.$$

On construit maintenant une fonction G de $\mathbb{N}^2$ dans $\mathbb{N}$ comme suit : pour chaque N, la suite des entiers $G(N, P)$ est définie en partant de $G(N, 2) = N$, puis en posant

$$G(N, P + 1) = F_{P,P+1}(G(N, P)) - 1.$$

Ainsi, par exemple, partant de $G(4, 2) = 4$, on forme

$G(4, 3) = F_{2,3}(4) - 1 = 26,$

$G(4, 4) = F_{3,4}(26) - 1 = 41$ (ainsi qu'on l'a vu ci-dessus),

$G(4, 5) = F_{4,5}(41) - 1 = 60,$

$G(4, 6) = F_{5,6}(60) - 1 = 83,$ *etc.*

À l'évidence, la suite des entiers $G(4, P)$ tend vers l'infini avec P... et, pourtant, on a le résultat suivant :

Proposition 3.14. (suites de Goodstein) *(i) Pour tout entier N, il existe un entier P tel que $G(N, P)$ vaut* 0.

(ii) La fonction qui associe à tout entier N le plus petit entier P vérifiant $G(N, P) = 0$ croît plus vite que toute fonction dont on peut montrer l'existence à partir de PEANO$_1$ *– donc (i), c'est-à-dire l'énoncé $(\forall x)(\exists y)(G(x, y) = 0)$, est un énoncé d'arithmétique vrai dans $\mathbb{N}$, mais non prouvable à partir de* PEANO$_1$.

La démonstration de (i) est facile, à condition de se placer dans le cadre de la théorie des ensembles, c'est-à-dire de postuler l'existence d'objets infinis : on construit alors une arithmétique qui prolonge l'arithmétique des entiers à des nombres infinis appelés ordinaux, et la convergence des suites de Goodstein s'en déduit rapidement.

La démonstration de (ii) est très difficile. Pour chaque entier N, on peut montrer dans l'arithmétique de Peano qu'il existe un entier P vérifiant $G(N, P) = 0$ (voir Exercices pour le cas $N = 4$). Le problème est que l'argument change pour chaque valeur de N, et (ii) affirme qu'il ne peut pas exister un même argument valable pour tous les entiers N à la fois.

Le résultat précédent peut ouvrir des abîmes de perplexité du point de vue de mathématiques effectives. D'un côté, on voit que l'introduction d'objets infinis permet de démontrer de nouveaux résultats sur les entiers, résultats effectifs au sens où ils mettent en jeu une fonction G qui est MT-calculable. Noter que la fonction qui associe à N le plus petit P vérifiant $G(N, P) = 0$, étant définie par minimalisation à partir de G, est elle-même récursive. D'un autre côté, les entiers P dont on affirme l'existence sont gigantesques, au-delà de toute expression à l'aide des quatre opérations de l'arithmétique lorsqu'on part d'une valeur de N plus grande que 4, et on peut s'interroger sur la signification du résultat d'existence de l'entier P associé – revenant ainsi à la question jamais complètement tranchée de ce qu'est l'*existence* en mathématiques.

EXERCICES

11.1. Pour R relation binaire sur X, on dit que $(a_1, ..., a_k)$ est un cycle de longueur k pour R si on a à la fois $a_1 \, R \, a_2$, ..., $a_{k-1} \, R \, a_k$, et $a_k \, R \, a_1$. Que signifie le fait de ne pas avoir de cycle de longueur 1 ? de longueur 2 ? Montrer que la propriété d'avoir un cycle de longueur finie ne peut pas s'exprimer par une formule du premier ordre en R.

11.2. On dit qu'un ensemble d'énoncés du premier ordre T en une signature Σ est *complet* si, pour tout énoncé Θ en Σ, ou bien Θ ou bien $\neg\Theta$ est prouvable à partir de $T \cup \mathrm{AX}_\Sigma$. Montrer que, pour toute structure S de type Σ, $\mathrm{TH}_\Sigma(S)$ est complet.

11.3. Étant donné un ensemble I, on appelle *ultrafiltre* sur I un ensemble U de parties de I vérifiant (i) $\emptyset \notin U$, (ii) $(A \in U \wedge A \subseteq B) \Rightarrow B \in U$; (iii) $A, B \in U \Rightarrow A \cap B \in U$; (iv) $(\forall A \subseteq I)(A \in U \vee I \setminus A \in U)$.

(i) Montrer que, pour tout élément a de I, l'ensemble $U_a = \{A \subseteq I \; ; \; a \in A\}$ est un ultrafiltre sur I.

(ii) Montrer que, si U est un ultrafiltre sur I, alors la fonction indicatrice de U est une mesure sur $\mathfrak{P}(I)$ à valeurs dans $\{0, 1\}$.

(iii) On suppose que U est un ultrafiltre sur I, que Σ est une signature, et que $(S_i)_{i \in I}$ est une famille de réalisations de Σ indexée par I. Sur le produit $\prod_i S_i$, on considère la relation $\equiv$ telle que $(a_i)_{i \in I} \equiv (a'_i)_{i \in I}$ est vraie si et seulement si $\{i \in I \; ; \; a_i = a'_i\}$ est dans U, c'est-à-dire, en suivant l'intuition que les parties de I qui sont dans U sont grosses, si a_i et a'_i sont égales « U-preque partout ». Montrer que les opérations des structures S_i induisent des opérations bien définies sur le quotient $\prod_i S_i / \equiv$. On définit alors l'*ultraproduit* des S_i par U comme la structure S de domaine $\prod_i S_i / \equiv$ équipée des opérations précédentes, et des relations telles que, notant $\overline{(a_i)_i}$ la classe d'équivalence de la suite $(a_i)_i$ dans S, $R(\overline{(a_{i,1})_i}, ..., \overline{(a_{i,k})_i})$ est satisfaite dans S si et seulement si $R(a_{i,1}, ..., a_{i,k})$ est satisfaite dans S_i pour U-presque tout i, c'est-à-dire que l'ensemble des i tels que $R(a_{i,1}, ..., a_{i,k})$ est satisfaite dans S_i est dans U. Montrer que, pour toute formule du premier ordre $\Phi(x_1, ..., x_k)$ en Σ, $\Phi(\overline{(a_{i,1})_i}, ..., \overline{(a_{i,k})_i})$ est satisfaite dans S si et seulement si $\Phi(a_{i,1}, ..., a_{i,k})$ est satisfaite dans S_i pour U-presque tout i (théorème de Łoś).

11.4. En admettant que, si F est un ensemble de parties d'un ensemble I tel que l'intersection d'un nombre fini d'éléments de F n'est jamais vide, alors il existe un ultrafiltre sur I incluant F, déduire de l'exercice précédent une démonstration directe du théorème de compacité des logiques du premier ordre n'utilisant pas le théorème de complétude.

11.5. Montrer que, si l'élément a est définissable dans la structure S, et que b est définissable dans (S, a), alors b est définissable dans S. Traiter de même le cas des opérations et des relations.

11.6. Montrer que les fonctions S, $C_{p,K}$, $\Pi_{p,i}$ et D sont définissables dans $(\mathbb{N}, +, *)$, et que la famille des fonctions sur les entiers qui sont définissables dans $(\mathbb{N}, +, *)$ est close par composition, concaténation et minimalisation. Quel est le problème avec la définition par récurrence ?

11.7. (i) On note $|$ la relation de divisibilité sur $\mathbb{N}$; montrer que l'entier 1 est définissable dans $(\mathbb{N}, |)$.

(ii) Montrer que la relation (unaire) « n est un nombre premier » est définissable dans $(\mathbb{N}, |)$.

(iii) Montrer que les opérations binaires pgcd et ppcm sont définissables dans $(\mathbb{N}, |)$.

11.8. (i) On note s l'opération successeur de $\mathbb{N}$, c'est-à-dire la fonction $(\lambda N)(N+1)$. Montrer que s est définissable dans $(\mathbb{N}, <)$.

(ii) Montrer que, pour tous entiers p, q, r il y a équivalence entre $s(pr)s(qr) = s(s(pq)r^2)$ et la disjonction $r = 0$ ou $p + q = r$. En déduire que l'addition est définissable dans $(\mathbb{N}, *, <)$.

11.9. Montrer que 0 est définissable dans $(\mathbb{Z}, +)$, mais que 1 n'y est pas définissable.

11.10. (i) Montrer que l'ordre usuel des entiers est définissable dans $(\mathbb{Z}, +, *)$.

(ii) Montrer que l'ordre usuel des réels est définissable dans la structure $(\mathbb{R}, +, *)$. En déduire que tout réel algébrique y est définissable.

(iii) Montrer que la relation « $x \in \mathbb{R}$ » est définissable dans la structure $(\mathbb{C}, +, *, \sigma)$, où σ désigne la conjugaison. Montrer que le nombre complexe i n'est pas définissable dans $(\mathbb{C}, +, *, \sigma)$, mais que tout nombre complexe algébrique est définissable dans la structure $(\mathbb{C}, +, *, \sigma, i)$. Comment établir l'implication réciproque ?

11.11. (i) Soit Σ la signature consistant en une constante 0, un opérateur unaire s, et un opérateur binaire +, et soit T la famille suivante d'énoncés en Σ :

$(\forall x)(x = 0 \vee (\exists y)(x = s(y)))$,

$(\forall x)(\forall y)(s(x) = s(y) \to x = y)$,

$(\forall x)(x + 0 = 0 + x = x)$,

$(\forall x)(\forall y)(x + s(y) = s(x + y))$.

Vérifier que $(\mathbb{N}, 0, s^{\mathbb{N}}, +^{\mathbb{N}})$ satisfait T, où $s^{\mathbb{N}}$ désigne l'application successeur $(\lambda N)(N + 1)$.

(ii) On définit une réalisation R pour Σ de domaine $\mathbb{N} \cup \mathbb{N} \times \mathbb{Z}$ en posant $0^R = 0$, $s^R(N) = N + 1$, $s^R((N, P)) = (N, P + 1)$, et $N_1 +^R N_2 = N_1 + N_2$, $(N_1, P_1) +^R N_2 = (N_1, N_2 + P_1)$, $N_1 +^R (N_2, P_2) = (N_2, N_1 + P_2)$, $(N_1, P_1) +^R (N_1, P_2) = (N_1, P_1 + P_2)$, $(N_1, P_1) +^R (N_2, P_2) = (N_1 + 2N_2, P_1 + P_2)$ pour $N_1 \neq N_2$. Montrer que R satisfait T.

(iii) Vérifier que $+^R$ n'est ni commutative, ni associative, et en déduire que la commutativité et l'associativité ne peuvent pas se prouver à partir de T.

11.12. (i) Montrer que la fonction G de Goodstein est MT-calculable.

(ii) Montrer qu'il existe un entier P vérifiant $G(3, P) = 0$; *idem* avec $G(4, P)$.

Solutions des exercices

SOLUTIONS DES EXERCICES DU CHAPITRE 1

1.1. Non. Le monoïde $(\mathbb{N}, +, 0)$ est monogène : il existe un élément, à savoir 1, qui engendre le monoïde. À l'opposé, $(\mathbb{N}, \times, 1)$ n'est pas monogène : pour tout entier p, le sous-monoïde de $(\mathbb{N}, \times, 1)$ engendré par p consiste en les multiples de p, et il existe toujours un entier qui n'est pas multiple de p. Or un monoïde isomorphe à un monoïde monogène est monogène.

1.2. Non, si Σ a au moins deux éléments. Pour $a \neq b$, on a $(ab)^R = ba \neq a^R b^R$.

1.3. (i) Par définition, $u \ll u$ est impossible. Supposons qu'on a à la fois $u \ll v$ et $v \ll u$. Cela signifie qu'il existe w, w', x, y, x', et y' satisfaisant $x < y$, $x' > y'$, $wx \sqsubseteq u$, $wy \sqsubseteq v$, $w'x' \sqsubseteq u$, et $w'y' \sqsubseteq v$. On ne peut avoir $w = w'$, car, alors, on aurait à la fois $x < y$ et $x > y$. Donc l'un des mots w, w' est un préfixe strict de l'autre, soit par exemple $w \sqsubset w'$. Mais alors on devrait avoir à la fois $wx \sqsubseteq w'$ et $wy \sqsubseteq w'$, ce qui est impossible. Donc $\ll$ est antisymétrique. Supposons maintenant $u \ll v \ll w$. Par définition, il existe w', x', y' et w'', x'', y'' vérifiant $x' < y'$, $x'' < y''$, $w'x' \sqsubseteq u$, $w'y' \sqsubseteq v$, $w''x'' \sqsubset v$, et $w''y'' \sqsubseteq y''$. Trois cas sont possibles : pour $w' \sqsubset w''$, on déduit $u \ll w$ de $w'x' \sqsubset u$ et $w'y' \sqsubseteq v$; pour $w' = w''$, on déduit $u \ll w$ de $x' < y' = x'' < y''$; pour $w'' \sqsubset w'$, on déduit $u \ll w$ de $w''x'' \sqsubset u$ et $w''y'' \sqsubseteq v$. Donc $\ll$ est transitive. Le fait que $u \ll v$ entraîne $wu \ll wv$ et $uw \ll vw$ pour tout w se montre de la même façon.

(ii) Par définition, les relations $\sqsubseteq$ et $\ll$ sont disjointes. La relation $\leqslant^*$ est réflexive ; d'après la remarque précédente, on ne peut avoir à la fois $u \sqsubseteq v$ et $v \ll u$, donc $\leqslant^*$ est antisymétrique. Pour la transitivité, $\sqsubseteq$ et $\ll$ sont transitives, donc il suffit de traiter les cas mixtes $u \sqsubseteq v \ll w$ et $u \ll v \sqsubseteq w$: le premier entraîne $u \sqsubseteq w$ ou $u \ll w$, le second entraîne $u \ll w$. Donc $\leqslant^*$ est transitive, et c'est une relation d'ordre. Cet ordre est total, car, pour $|u| \leqslant |v|$, si u n'est pas préfixe de v, il existe un plus grand préfixe commun w pour u et v, donc deux lettres x et y satisfaisant $wx \sqsubseteq u$ et $wy \sqsubseteq v$, et, alors on a $u \leqslant^* v$ ou $v \leqslant^* u$ suivant les deux cas $x < y$ et $y < x$.

1.4. Supposons $\varepsilon \in L$, et soit w quelconque dans L. On a $w = w \cdot \varepsilon$, donc $w \in L^2$. Inversement, supposons $L \subseteq L^2$. Soit w un mot de L de longueur minimale. Par hypothèse, on a $w \in L^2$, donc il existe u et v dans L vérifiant $w = uv$. Par hypothèse, on a $|w| = |u| + |v| \geqslant 2|w|$, donc $|w| = 0$, et $w = \varepsilon$.

1.5. Soient A, B, C trois parties quelconques de M, et x un élément de $A \cdot (B \cdot C)$. Par définition, il existe a dans A et y dans $B \cdot C$ vérifiant $x = ay$, puis b dans B et c dans C vérifiant $y = bc$. On a alors $x = a(bc) = (ab)c$, d'où $x \in (A \cdot B) \cdot C$, et $A \cdot (B \cdot C) \subseteq (A \cdot B) \cdot C$. On montre de même l'autre égalité, et que $\{1\}$ est élément neutre.

1.7. (i) Une direction est évidente. Pour l'autre, c'est-à-dire pour montrer que $uv = vu$ entraîne l'existence de w, p et q comme souhaité, on utilise une récurrence sur la somme n des longueurs de u et v. Pour $n = 0$, on a nécessairement

$u = v = \varepsilon$, et il suffit de prendre $w = \varepsilon$, $p = q = 1$. Sinon, on sépare deux cas. Pour $u = \varepsilon$, on peut prendre $w = v$, $p = 0$, $q = 1$. De même pour $v = \varepsilon$. Supposons $u, v \neq \varepsilon$. Supposons $|u| \leqslant |v|$. On a $u \sqsubseteq uv$, donc $u \sqsubset vu$, et, de là, $u \sqsubset v$. Il existe donc v_1 vérifiant $v = uv_1$. On a alors $uv = uuv_1 = vu = uv_1u$, donc (simplification à gauche) $uv_1 = v_1u$. Par construction, on a $|u| + |v_1| < |u| + |v|$, donc, par hypothèse de récurrence, il existe w, p et q_1 vérifiant $u = w^p$, $v_1 = w^{q_1}$. On a alors $v = w^q$, avec $q = q_1 + p$.

(ii) Utiliser (i).

1.8. Supposons $wu = vw$, avec w de longueur minimale. Si v est vide, on a $u = v$, et (ii) est trivialement vérifiée. Supposons $v \neq \varepsilon$. Supposons d'abord $|w| \leqslant |v|$. Alors w, qui est préfixe de wu donc de vw, est préfixe de v. Il existe donc w_1 vérifiant $v = ww_1$. On a alors $wu = ww_1w$, donc $u = w_1w$, ce qui donne (ii) en posant $w_2 = w$. Supposons maintenant $|w| > |v|$. Cette fois, v est préfixe de w : il existe w' vérifiant $w = vw'$, et on obtient $vw'u = vvw'$, donc $w'u = uw'$. Par construction, on a $|w'| = |w| - |v|$, donc l'existence de w' contredit la minimalité du mot w : ce cas est donc exclu.

1.9. Supposons que w est dans L et commence par a. Si w finit par b, on peut écrire $w = aub$, et, par construction, u est dans L puisqu'on a $|u|_a = |w|_a - 1 = |w|_b - 1 = |u|$. Si w finit par a, il existe au moins un préfixe strict non vide u de w appartenant à L. En effet, considérons la fonction f de $\{1, ..., |w|\}$ dans $\mathbb{Z}$ qui associe à i l'entier $|u|_a - |u|_b$, où u est le préfixe de w de longueur i. Par hypothèse, on a $f(1) = +1$, et $f(|w| - 1) = -1$. Il doit donc exister i vérifiant $f(i) = 0$, et le préfixe u correspondant est dans L, de même que le mot v défini par $w = uv$.

SOLUTIONS DES EXERCICES DU CHAPITRE 2

2.1. Supposons que E est un espace vectoriel, et $\equiv$ est une congruence sur E. Soit F le classe d'équivalence du vecteur nul. Alors F est un sous-espace vectoriel de E. En effet, si on a $a \equiv b \equiv 0$, et si λ et μ sont des scalaires, la compatibilité de $\equiv$ avec la somme et les multiplications par λ et μ entraîne $\lambda a + \mu b \equiv 0$, soit $\lambda a + \mu b \in F$. Inversement, supposons que F est un sous-espace vectoriel de E. Définissons une relation $\equiv_F$ sur E par $a \equiv a' \Leftrightarrow a' - a \in F$. Alors $\equiv_F$ est une congruence sur E. En effet, on a $a - a = 0 \in F$, $a' - a \in F$ entraîne $a - a' \in F$, et la conjonction de $a' - a \in F$ et $a'' - a' \in F$ entraîne $a'' - a \in F$; de plus $a' - a \in F$ entraîne $\lambda a' - \lambda a \in F$ pour tout scalaire λ, et $(b + a' + c) - (b + a + c) \in F$ pour tous vecteurs b et c. Enfin, si Φ est l'application des congruences de E dans les sous-espaces vectoriels de E qui associe à $\equiv$ la classe de 0, et Ψ l'application des sous-espaces vectoriels de E dans les congruences de E qui associe à F la congruence $a' - a \in F$, Φ et Ψ sont réciproques l'une de l'autre, et, donc, elles établissent des bijections.

2.2. Appliquer les définitions.

2.3. On sait que Σ engendre Σ^*. Inversement, supposons que A engendre Σ^*, et soit x un élément de Σ. Il doit exister des éléments $a_1, ..., a_p$ dans A vérifiant $x = a_1 \cdots a_p$. La seule possibilité est $p = 1$, donc $x \in A$.

2.4. La famille $\{aa, ab, ba, bb\}$ est libre dans $\{a, b\}^*$, car la décomposition en bi-lettres d'un mot (de longueur paire) est unique. La famille $\{aa, ab, ba, bb\}$ n'est pas génératrice dans $\{a, b\}^*$, car tout mot dans le sous-monoïde engendré par aa, ab, ba, bb a une longueur paire, donc les mots de longueur impaire ne sont pas dans ce sous-monoïde.

(ii) Considérer par exemple le sous-monoïde de $\{a, b\}^*$ engendré par a, ab, ab^2, ab^3, ...

2.5. Le monoïde-quotient est isomorphe à $(\mathbb{N}, +, 0)$.

2.6. (i) Par construction, tout élément de M se décompose comme produit fini d'éléments de B, donc B engendre M. De plus, si B' engendre M et que w appartient à B, alors nécessairement w appartient à B'. En effet, w n'est pas le mot vide, et il doit donc s'exprimer comme un produit fini $w_1...w_p$ de mots non vides dans B'. Pour $p \geqslant 1$, on déduirait $w \in M^2$, contredisant $w \in B$. Donc B est inclus dans B'.

(ii) Les mots dans M qui ne peuvent pas se décomposer comme produit de deux mots dans M sont a, ab et ba. Or B n'est pas libre dans M, puisqu'on a $(a)(ba) = (ab)(a)$. D'après (i), le monoïde M ne peut admettre de base, puisque la seule base possible serait $\{a, ab, ba\}$, et cette dernière famille n'est pas libre. Donc M n'est pas un monoïde libre.

2.7. Remarquer par exemple que la relation $\Sigma^* \cdot \Sigma^* = \Sigma^*$ est vraie, alors que, dans un monoïde libre le seul élément a vérifiant $a^2 = a$ est l'élément neutre.

2.8. (i) La relation $\equiv_{m,p}$ est l'intersection de la relation « être congru *modulo* p », dont on sait qu'elle est une congruence sur le groupe $(\mathbb{Z}, +)$, donc sur le monoïde $(\mathbb{N}, +)$, et de la relation $x = y$ ou $(x \geqslant m$ et $y \geqslant m)$. Cette dernière relation est la relation d'équivalence associée à la partition de $\mathbb{N}$ en $\{0\}$, $\{1\}$, ..., $\{m-1\}$, $\mathbb{N} \setminus \{0, ..., m-1\}$, et elle est compatible avec l'addition puisque $x \geqslant m$ entraîne $x + y \geqslant m$. Donc $\equiv_{m,p}$ est une congruence sur $(\mathbb{N}, +, 0)$. Elle a $m + p$ classes, à savoir les m singletons $\{0\}$,$\{1\}$, ..., $\{m-1\}$, et les p classes $\{x \geqslant m\ ;\ x \equiv q \pmod{p}\}$ pour $q = 0, ..., p-1$.

(ii) L'application f est un homomorphisme, donc la relation $f(x) = f(y)$ est une congruence. De plus, f est surjective puisque a engendre le monoïde M. Si f est injective, alors c'est un isomorphisme.

(iii) Supposons $x, y \geqslant m$. On peut écrire $x = m + x' + kp$, $y = m + y' + \ell p$ avec $0 \leqslant x' < p$, $0 \leqslant y' < p$ et $k, \ell \geqslant 0$. Par induction sur k, on a $a^{m+kp} = a^m$ pour tout k. Donc on a $a^x = a^{x'} a^{m+kp} = a^{m+x'}$, et, de même, $a^y = a^{m+y'}$. Si $x \equiv_{m,p} y$ est vrai, alors x' et y' sont égaux, et on a donc $a^x = a^y$. Inversement, supposons $a^x = a^y$. On a donc $a^{m+x'} = a^{m+y'}$. Supposons par exemple $x' \leqslant y'$. En multipliant par $a^{p-y'}$, on obtient

$a^{m+x'+p-y'} = a^{m+p} = a^m$, donc, par définition de p, on a $x' + p - y' \geqslant p$, d'où $x' = y'$, soit $x \equiv_{m,p} y$. On conclut que les monoïdes à un générateur sont le monoïde libre $(\mathbb{N}, +, 0)$ et chacun des monoïdes $(\mathbb{N}, +, 0)/\equiv_{m,p}$. Une présentation de ce dernier est $[a\ ;\ a^{m+p} = a^p]$.

2.10. (i) Par définition, on a $M = \{a, b\}^*/\equiv$, où $\equiv$ est la congruence sur le monoïde $\{a, b\}^*$ engendrée par l'unique paire (ba, a). Puisque M est engendré par a et b, tout élément de M peut s'écrire comme produit de puissances de a et b, et il s'agit de montrer que toute telle expression est équivalente vis-à-vis de $\equiv$ à une expression du type particulier $a^p b^q$. Le résultat est vrai pour les éléments a et b eux-mêmes, et, pour une induction, il suffit de montrer que le produit de deux éléments de la forme $a^p b^q$ est encore de cette forme. Pour cela, il suffit d'établir la formule explicite indiquée dans l'énoncé. Le résultat est évident pour $p' = 0$; pour $p' \geqslant 1$, les a du second bloc absorbent tous les b du premier bloc, et il ne reste que $a^{p+p'} b^q$.

(ii) Soient (p, q), (p', q') et (p'', q'') trois éléments quelconques de $\mathbb{N}^2$. Pour $p' = p'' = 0$, on trouve

$$((p, q) * (p', q')) * (p'', q'') = (p, q + q' + q'') = (p, q) * ((p', q') * (p'', q''))\ ;$$

pour $p' = 0$ et $p'' \geqslant 1$, on trouve

$$((p, q) * (p', q')) * (p'', q'') = (p + p', q' + q'') = (p, q) * ((p', q') * (p'', q''))\ ;$$

pour $p' \geqslant 1$ et $p'' \geqslant 1$, on trouve

$$((p, q) * (p', q')) * (p'', q'') = (p + p' + p'', q'') = (p, q) * ((p', q') * (p'', q''))\ ;$$

donc l'opération $*$ est associative sur $\mathbb{N}^2$. Il est immédiat que $(0, 0)$ est élément neutre, donc $(\mathbb{N}^2, *, (0, 0))$ est un monoïde. Ensuite, on a $(p, q) = (1, 0)^p * (0, 1)^q$ pour tous p et q, et un calcul direct donne $(0, 1) * (1, 0) = (1, 0)$. Il en résulte que le monoïde $(\mathbb{N}^2, *, (0, 0))$ est engendré par $(1, 0)$ et $(0, 1)$ soumis à la relation $(0, 1) * (1, 0) = (1, 0)$, et, par conséquent, le monoïde $(\mathbb{N}^2, *, (0, 0))$ est un quotient du monoïde M de présentation $[a, b\ ;\ ba = a]$: il existe un homomorphisme surjectif f de M sur $\mathbb{N}^2$ qui envoie a sur $(1, 0)$ et b sur $(0, 1)$. Il reste à montrer que cet homomorphisme f est injectif, c'est-à-dire que les éléments $(1, 0)$ et $(0, 1)$ de $\mathbb{N}^2$ ne vérifient pas d'autres relations que celles qui découlent de $(0, 1) * (1, 0) = (1, 0)$. Or, nous avons montré en (i) que l'application g envoyant (p, q) sur $a^p b^q$ est un homomorphisme de $(\mathbb{N}^2, *, (0, 0))$ sur M, et, par construction, l'application composée $g \circ f$ est l'identité de M : ceci entraîne que f est injective, donc est un isomorphisme. Attention ! Rien ne prouve *a priori* que $f \circ g$ soit l'identité de $\mathbb{N}^2$, car on ne sait pas au départ que la décomposition d'un élément de M sous la forme $a^p b^q$ est unique.

2.11. Analogue à l'exercice précédent.

2.12. (i) Supposons que f est un homomorphisme de G dans le groupe additif $\mathbb{Z}$ vérifiant $f(a) = 1$. Alors on a $f(a^n) = n \cdot 1 = n \neq 0 = f(1)$, une contradiction. Il ne peut donc exister de tel homomorphisme f, et donc la famille $\{a\}$ n'est pas libre.

(ii) Il existe des groupes non commutatifs : par exemple, le groupe symétrique S_3, dans lequel les deux transpositions (1 2) et (2 1) ne commutent pas. Soit f l'application qui envoie a sur (1 2) et b sur (1 3). Alors f ne peut pas se prolonger en un homomorphisme de G dans S_3, puisqu'on n'a pas $f(a)f(b) = f(b)f(a)$.

2.13. Quel que soit le groupe G et l'élément a de G, il existe un homomorphisme de $(\mathbb{Z}, +)$ dans G qui envoie 1 sur a, à savoir l'application f qui envoie 0 sur l'unité de G, n sur a^n, et $-n$ sur $(a^{-1})^n$. Démontrer que f est un homomorphisme consiste à vérifier la validité des règles de calcul avec les puissances. Ce n'est pas difficile, mais cela nécessite d'étudier tous les cas séparément.

Les groupes monogènes sont donc d'une part le groupe libre $\mathbb{Z}$, d'autre part les quotients de $\mathbb{Z}$: comme tout sous-groupe de $\mathbb{Z}$ est du type $n\mathbb{Z}$, il s'agit des groupes cycliques $\mathbb{Z}/n\mathbb{Z}$.

2.14. Soit r un entier quelconque. Il existe des groupes infinis à r générateurs. Or tout groupe à r générateurs est quotient d'un groupe libre de rang r, et un quotient d'un groupe fini est fini. Donc un groupe libre ne peut être fini : en effet, s'il existait un groupe libre à r générateurs qui soit fini, n'importe quel quotient d'un tel groupe libre, donc n'importe quel groupe à r générateurs, serait aussi fini, ce qui n'est pas.

2.18. On sait que D_{2n} consiste en les n rotations d'angle $2k\pi/n$, et en les n symétries dont l'axe est la médiane d'un des côtés du polygone considéré (cas n impair), ou une médiane ou une diagonale (cas n pair). Les éléments a et b étant définis comme dans l'énoncé, il en résulte que a et b engendrent D_{2n}, puisque toute rotation est une puissance de a, et toute symétrie est conjuguée de b par une puissance de a. Par ailleurs, un calcul direct donne $a^n = 1$, $b^2 = 1$ et $bab = a^{n-1}$. Donc le groupe D_{2n} est un quotient du groupe G de présentation $\langle a, b\ ;\ a^n = 1, b^2 = 1, bab = a^{n-1}\rangle$. Pour montrer que D_{2n} est en fait isomorphe à G, il suffit de montrer que G a au plus $2n$ éléments. Pour cela, on montre que tout élément de G peut s'exprimer comme a^p avec $0 \leqslant p < n$, soit comme $a^p b$ avec $0 \leqslant p < n$. C'est en effet le cas de a et b eux-mêmes. Ensuite, on a $a^p a^{p'} = a^{(p+p')\mathrm{mod} n}$, en utilisant éventuellement $a^n = 1$. De même, on a $a^p a^{p'} b = a^{(p+p')\mathrm{mod} n} b$. Puis on trouve pour $p' \geqslant 1$ $a^p b a^{p'} = a^{(p-p')\mathrm{mod} n} b$, en utilisant $ba = a^{n-1}b$. Finalement, on a $a^p b a^{p'} b = a^{(p-p')\mathrm{mod} n}$.

2.21. (i) Le mot $(ab)(b^{-1}b^{-1})(ba)(a^{-1}a^{-1})$ se réduit au mot vide, ce qui est dire que la famille formée des quatre mots $w_1 = aa$, $w_2 = ab$, $w_3 = ba$, $w_4 = bb$ satisfait la relation $w_2 w_4^{-1} w_3 w_1^{-1} = 1$. Cette relation est non triviale, puisque le mot $x_2 x_4^{-1} x_3 x_1^{-1}$ est un mot réduit. Donc la famille considérée n'est pas libre dans le groupe libre engendré par a et b.

(ii) On montre par induction sur ℓ que, si sw est un mot réduit de longueur ℓ sur l'alphabet $\{x^{\pm 1}, y^{\pm 1}, z^{\pm 1}\}$, et si s est une des 6 lettres $x, x^{-1}, y, y^{-1}, z, z^{-1}$, alors le mot red($f(sw)$) commence toujours par la première moitié de $f(s)$ – f étant l'homomorphisme qui envoie $x^{\pm 1}$ sur $b^{\pm 1}$, $y^{\pm 1}$ sur $ab^{\pm 1}a^{-1}$, $z^{\pm 1}$ sur $a^2 b^{\pm 1} a^{-2}$. Autrement dit, même si des réductions sont possibles quand on concatène des mots a, aba^{-1}, a^2ba^{-2} et leurs inverses, néanmoins chaque mot laisse une trace indestructible de sorte que le résultat final ne peut provenir que d'une concaténation unique (aux réductions libres près). Donc, supposons que sw est réduit. Si sw est de longueur 1, $f(sw)$ est l'un des 6 mots b, aba^{-1}, a^2ba^{-2}, b^{-1}, $ab^{-1}a^{-1}$, $a^2b^{-1}a^{-2}$, qui sont réduits. Sinon, supposons $s = x$, et donc $f(x) = b$. Par hypothèse d'induction, red($f(w)$) commence soit par b, soit par $ab^{\pm 1}$, soit par $a^2b^{\pm 1}$: dans chacun des 5 cas, le b venant de $f(s)$ n'est pas réduit par $f(w)$. De même, si s est x^{-1}, alors $f(s)$ est b^{-1}, et red($f(w)$) commence maintenant par b^{-1} ou par a : à nouveau le b de $f(s)$ n'est pas réduit par $f(w)$. Supposons maintenant $s = y$, donc $f(s) = aba^{-1}$. Alors red($f(w)$) commence par a, a^{-1}, ab, a^2b ou a^2b^{-1}. Dans chaque cas, seul le a final dans aba^{-1} peut être réduit, et et il reste au moins ab. L'argument est semblable dans les autres cas. Donc, si w est un mot réduit w sur $\{x^{\pm 1}, y^{\pm 1}, z^{\pm 1}\}$, le mot red($f(w)$) ne peut être vide, puisqu'il commence par la première moitié de $f(s)$, s étant la première lettre de w. Donc la famille $\{b, aba^{-1}, a^2ba^{-2}\}$ est libre.

(iii) Non : on a en (ii) un groupe libre de rang 2 avec un sous-groupe libre de rang 3.

SOLUTIONS DES EXERCICES DU CHAPITRE 3

3.3. Soient p, n deux entiers, $p \geqslant 0$, $n \geqslant 1$.
Définissons $T : \{0, 1, ..., n-1\} \times \{a, b\} \to \{0, 1, ..., n-1\}$ par $T(q, a) = q + 1$ pour $q < n - 1$, $T(n-1, a) = 0$, $T(q, b) = q$ pour $q < n$. Alors l'automate $(\{0, 1, ..., n-1\}, \{a, b\}, T, 0, \{p\})$ décide l'ensemble des mots contenant un nombre de a congru à p *modulo* n.

3.6. Utiliser d'une part un produit cartésien d'automates, et, d'autre part, un AFN, qu'on déterminise ensuite.

3.7. Commencer par construire un AFN qui décide le langage considéré, puis le déterminiser.

3.8. Considérer d'abord le complémentaire de L, et décomposer la construction en étapes successives en utilisant des opérations booléennes.

3.12. Un mot w sur l'alphabet $\{0, 1, ..., 9\}$ est le développement en base 10 d'un entier si et seulement si il est égal au mot 0, ou alors il ne commence pas par 0. De même, un mot sur l'alphabet $\{0, 1, ..., 9\} \cup \{,\}$ est le développement en base 10 d'un rationnel si et seulement si c'est le développement d'un entier, ou c'est le développement d'un entier suivi d'une virgule suivie par une suite de chiffres ne se terminant pas par 0.

3.13. Poser $Q = \{0, 1, ..., n\}$, $I = \{0\}$, $A = \{n\}$, et définir T par $T(0, a) = \{0, 1\}$, $T(0, x) = \{0\}$ pour $x \neq a$, et $T(q, x) = q + 1$ pour $1 \leqslant q < n$ et tout x. Alors la seule façon d'être accepté par l'AFN (Q, Σ, T, I, A) est d'être un mot de la forme $wax_2...x_n$.

3.14. Soit w un mot de longueur minimale accepté par l'automate $\boldsymbol{M}$: il existe un chemin étiqueté w qui va de l'état initial à un état acceptant dans le graphe de $\boldsymbol{M}$. Si la longueur de w excède m, ce chemin repasse au moins deux fois par le même état q. Soit w' le mot obtenu à partir de w en supprimant les lettres qui étiquettent la boucle précédente autour de l'état q. Alors w' est accepté par $\boldsymbol{M}$, contredisant la minimalité de w.

3.15. L'intersection de deux langages automatiques est automatique.

3.16. Supposons que $\boldsymbol{M}$ est un automate décidant L. On construit un automate $\boldsymbol{M}'$ décidant Pref(L) à partir de $\boldsymbol{M}$ en gardant les transitions, mais en proclamant acceptants tous les états à partir desquels un état acceptant est accessible, c'est-à-dire, notant $\boldsymbol{M} = (Q, \Sigma, T, q_0, A)$, on pose $A' = \{q; (\exists w \in \Sigma^*)(T^*(q, w) \in A)\}$. Alors (Q, Σ, T, q_0, A') décide Pref(L).

3.17. Supposons que $\boldsymbol{M}$ est un automate décidant L, soit $\boldsymbol{M} = (Q, \Sigma, T, q_0, A)$. Posons $\boldsymbol{M}' = (Q, \Sigma, T, I, A)$, où I est l'ensemble des états accessibles pour $\boldsymbol{M}$ à partir de q_0, c'est-à-dire tous les états q tels qu'il existe au moins un mot u vérifiant $T^*(q_0, u) = q$. Alors $\boldsymbol{M}'$ accepte w si et seulement si il existe un état q et un mot u vérifiant $T^*(q_0, u) = q$ et $T^*(q, w) \in A$, donc si et seulement si w est dans Suff(L).

3.18. Supposons que $\boldsymbol{M}$ est un automate décidant L. On construit un automate $\widetilde{\boldsymbol{M}}$ décidant $\widetilde{L}$ en ajoutant à $\boldsymbol{M}$ un nouvel état-puits $\perp$, c'est-à-dire qu'on pose $\widetilde{T}(\perp, x) = \perp$ pour tout x – quand on est dans le puits, on y reste – et, pour chaque état acceptant q de $\boldsymbol{M}$, on remplace toutes les flèches issues de q par des flèches allant vers $\perp$.

3.19. Pour reconnaître si un mot w est dans L', il faut traiter les lettres par paquets de deux. Pour cela, on lit w en mettant en mémoire les lettres impaires dans l'état. Supposons que (Q, Σ, T, q_0, A) décide L. On définit un nouvel automate en posant $Q' = Q \cup (Q \times \Sigma)$, $T'(q, x) = (q, x)$ (on met x en mémoire, sans oublier q), $T'((q, x), y) = T^*(q, yx)$. On montre alors par récurrence sur n l'égalité

$$T'^*(q, x_1x_2x_3x_4...x_{2n-1}x_{2n}) = T^*(q, x_2x_1x_4x_3...x_{2n}x_{2n-1}),$$

et donc l'automate (Q', Σ, T', q_0, A) décide L'.

3.20. (i) Le langage L_{q_1,q_2} est décidé par l'automate $(Q, \Sigma, T, q_1, \{q_2\})$.

(ii) Supposons que (Q, Σ, T, q_0, A) décide L.
Posons $Q' = \{q \in Q\,;\, (\exists u \in L_0)(T^*(q, u) \in A, Q'' = \{q \in Q\,;\, (\exists u \in L_0)(T^*(q_0, u) = q$.
Alors on a

$$L/L_0 = \bigcup_{q' \in Q'} L_{q_0,q'} \text{ et } L\backslash L_0 = \bigcup_{q'' \in Q'', q \in A} L_{q'',q},$$

et on utilise le résultat de (i) et la clôture des langages automatiques par union finie.

3.21. Supposons $\boldsymbol{M} = (Q, \Sigma, T, q_0, A)$. Comme la longueur de w n'est pas bornée, on ne peut mettre en mémoire le mot w pour simuler une seconde lecture à l'issue de la première. Par contre, l'action de w sur Q est entièrement décrite par la fonction $f_w : q \mapsto T^*(q, w)$, et la fonction f_{wx} se calcule à partir de f_w et de x par la formule $f_{wx}(q) = T(f_w(q), x)$. On pourra donc utiliser comme ensemble d'états l'ensemble Q' des fonctions de Q dans Q. En définissant $\widetilde{T}(f, x)$ pour $f \in Q'$ et $x \in \Sigma$ par $\widetilde{T}(f, x)(q) = T(f(q), x)$, et en partant de $q'_0 = \mathrm{id}_Q$, on obtient un automate qui a la propriété que, pour tout mot w sur Σ, on a $\widetilde{T}^*(q'_0, w) = f_w$.

De la même façon, si on définit $T'(f, x)$ pour $f \in Q'$ et $x \in \Sigma$ par

$$T'(f, x)(q) = T(f(T(f(q), x)), x)),$$

on obtient $T'^*(q'_0, w) = f_{ww}$. Il suffit alors de poser $A' = \{f \in Q' \,;\, f(q_0) \in A\}$ pour que l'automate $(Q', \Sigma, T', q'_0, A')$ accepte exactement les mots w dont le carré est dans L.

SOLUTIONS DES EXERCICES DU CHAPITRE 4

4.1. Construire d'abord un automate $\boldsymbol{M}_1$ qui accepte les mots admettant ab comme préfixe. En déduire un automate $\boldsymbol{M}$ qui décide L ; le minimaliser. Choisir, pour chaque état q de $\boldsymbol{M}^{min}$ un mot w (de longueur minimale) qui mène à cet état.

4.2. Dire que L a m classes à droite équivaut à dire que L est décidé par un automate à m états. Si c est le cardinal de Σ, le nombre d'automates d'alphabet Σ dont les états sont $1, ..., m$ est borné par $m^{cm} \times m \times 2^m$: il y a m^{cm} choix pour la fonction de transition, m choix pour l'état initial, et 2^m choix pour l'ensemble des états acceptants. Donc $m^{cm} \times m \times 2^m$ est aussi une borne pour le nombre de langages d'alphabet Σ ayant m classes à droite.

4.3. Comme pour tout langage L, nous avons d'abord $L/\varepsilon = L$. Ensuite, pour $p \geqslant q \geqslant 1$, nous avons $L/a^pb^q = \{b^{p-q}\}$, car a^pb^p est le seul mot de L admettant a^pb^q comme préfixe. Pour $p \geqslant 0$, nous avons $L/a^p = \{a^rb^{p+r} ; r \geqslant 0\} = L \cdot \{b^p\}$. Enfin, pour tout mot w qui n'est pas des types précédents, c'est-à-dire qui est soit de la forme a^pb^q avec $q > p$, soit pas de la forme a^pb^q, c'est-à-dire qui contient un b avant un a, on a $L/w = \emptyset$. Tous les mots ont été considérés, et on conclut qu'il existe une infinité de classes à droite pour L, à savoir les classes des mots a^p, $p \geqslant 0$, et celles des mots a^pb, $p \geqslant 0$.

4.4. Il existe $n + 2$ classes pour L_n : pour tout mot w de longueur p avec $p < n$, on a $L_n/w = L_{n-p}$; pour tout mot w de longueur p avec $p \geqslant n$, on a $L_n/w = \{a, b\}^*$ pour $w \in L_n$, et $L_n/w = \emptyset$ pour $w \notin L_n$. Il existe un AFN à $n + 1$ états qui décide L_n sur le modèle de celui qui considère la n-ième lettre de la fin ; sa déterminisation n'ajoute qu'un seul état, et la situation est très différente du cas précédent : lorsqu'on part du début du mot, l'appartenance au langage est fixée pour toujours lorsque la n-ième lettre est atteinte, alors que, lorsqu'on part de la fin, rien n'est jamais fixé.

4.5. (i) Les états sont les classes *modulo* 4. On construit la fonction de transition en appliquant la formule

$T(q,x) = (3q + x) \bmod 4$;

l'état 0 est initial, l'état 1 acceptant.

(ii) Le langage L est l'intersection du langage L_1 décidé par l'automate de (i) et du langage L_2 défini par $L_2 = \{0\} \cup \{1,2\} \cdot \{0,1,2\}^*$. Ce dernier est décidé par un automate à quatre états. En effectuant le produit cartésien des deux automates, puis en minimalisant, on trouve finalement l'automate suivant, à 6 états :

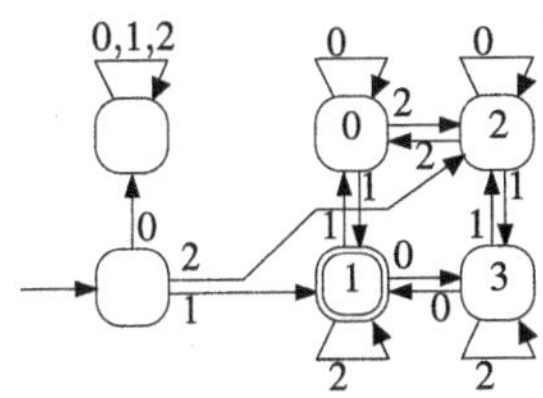

4.6. Pour (ii), définissons un homomorphisme f par $f(a) = f(c) = a$ et $f(b) = b$. Alors on a $f^{-1}[L] \cap \{a\}^* \cdot \{b\}^* \cdot \{c\}^* = L_1$, avec $L_1 = \{a^p bc^p ; p \geqslant 1\}$. Si L était automatique, il en serait de même de $f^{-1}[L]$, donc de L_1. De même, définissons un homomorphisme g par $g(a) = a$, $g(b) = \varepsilon$, et $g(c) = b$. Alors $g[L_1]$ est le langage $\{a^p b^p ; p \geqslant 1\}$, dont on sait qu'il n'est pas automatique. Si L_1 était automatique, il en serait de même de $g[L_1]$. Donc ni L, ni L_1 ne sont automatiques.

4.8. On utilise la propriété d'itération. Supposons qu'il existe un entier N tel que tout mot a^p avec p premier $\geqslant N$ admette une décomposition itérable. Considérons un tel mot a^p. Il doit exister 3 entiers p_1, p_2, p_3 satisfaisant $p = p_1 + p_2 + p_3$, $p_2 > 0$, et $(\forall k)(p_1 + kp_2 + p_3$ est premier). Choisir $k = p_1 + p_3$ donne une contradiction.

4.9. (i) Utiliser la propriété d'itération avec les N premières positions marquées et considérer le mot $a^N b^{N+1}$.

(ii) Utiliser la propriété d'itération avec les N dernières positions marquées et considérer le mot $a^{N+1} b^N$.

(iii) Si la langage était automatique, il en serait de même de son complémentaire dans $\{a,b\}^*$, et de l'intersection de ce dernier avec le langage automatique $\{a\}^* \cdot \{b\}^*$, laquelle est le langage non automatique $\{a^p b^p ; p \geqslant 0\}$.

4.12. Supposons que $\boldsymbol{M}$ est un AFN décidant L, soit $\boldsymbol{M} = (Q, \Sigma, T, I, A)$. On définit un nouvel AFN $\boldsymbol{M}^R$ par $\boldsymbol{M}^R = (Q, \Sigma, T^R, A, I)$ avec $T^R(q,x) = \{p \; ; \; T(p,x) = q\}$. Le graphe de $\boldsymbol{M}^R$ s'obtient à partir de celui de $\boldsymbol{M}$ en renversant toutes les flèches et échangeant états initiaux et acceptants. Alors il existe un chemin étiqueté w entre les états q et q' dans le graphe de $\boldsymbol{M}$ si et seulement si il existe un chemin étiqueté w^R entre les états q' et q dans le graphe de $\boldsymbol{M}^R$. En particulier, w est accepté par $\boldsymbol{M}^R$ si et seulement si w^R est accepté par $\boldsymbol{M}$, et L^R est décidé par $\boldsymbol{M}^R$.

Autre solution. On montre par induction sur le nombre minimal d'opérations union, produit et étoile nécessaire par construire L à partir de singletons que, si L est régulier, alors L^R est régulier. Si L est un singleton ou l'ensemble vide, on a $L = L^R$. Sinon, pour $L = L_1 \cup L_2$, on a $L^R = L_1^R \cup L_2^R$; pour $L = L_1 \cdot L_2$, on a $L^R = L_2^R \cdot L_1^R$; pour $L = L_0^*$, on a $L^R = (L^R)^*$. (On rappelle que l'application $w \mapsto w^R$ n'est *pas* un endomorphisme du monoïde Σ^*.)

4.13. Supposons $\Sigma = \{x_1, ..., x_n\}$, et soit $\boldsymbol{M}$ un automate décidant L. Il s'agit de construire un AFNε $\boldsymbol{M}_1$ à partir de $\boldsymbol{M}$ de sorte que la lecture de $f(x_i)$ par $\boldsymbol{M}_1$ provoque la même transition que celle de x_i par $\boldsymbol{M}$. Supposons $f(x_i) = y_1...y_{m_i}$. On construit $\boldsymbol{M}_1$ en gardant les états de $\boldsymbol{M}$, et en remplaçant chaque transition $q_1 \xrightarrow{x_i} q_2$ de $\boldsymbol{M}$ par une suite

$$q_1 \xrightarrow{y_1} q_1^1 \xrightarrow{y_2} q_1^2 ... \xrightarrow{y_{m_i}} q_1^{m_i} \xrightarrow{\varepsilon} q_2$$

où q_1^1, ..., $q_1^{m_i}$ sont de nouveaux états.

4.14. (i) Les seuls facteurs de longueur 2 des mots dans $\{ab\}^* \cdot \{cd\}^*$ sont *ab*, *ba*, *bc*, *cd* et *dc*, précisément les facteurs qu'évite L_2. Donc, si L était automatique, L_1 le serait aussi, car on a $L_1 = L \cap (\{a, b, c, d\}^* \setminus L_2)$, et L_2, donc $\{a, b, c, d\}^* \setminus L_2$, est automatique. Or L_1 n'est pas automatique, car, par exemple, l'image de L_1 par l'homomorphisme qui envoie a sur a, b sur ε, c sur b et d sur ε, laquelle est le langage non automatique $\{a^p b^p \ ; \ p \geqslant 1\}$.

(ii) Soit w un mot de L avec 5 positions marquées. Supposons d'abord que w appartient à L_1, soit $w = (ab)^p(cd)^p$. Soit (w_1, w_2, w_3) une décomposition de w dans laquelle chaque composante contient au moins une position marquée, et où w_2 est de longueur 1. Tout mot $w_1 w_2^k w_3$ avec $k \geqslant 2$ contient un des facteurs *aa*, *bb*, *cc* ou *dd*, donc appartient à L_2, et donc à L. Par ailleurs, le mot $w_1 w_2^0 w_3$, c'est-à-dire $w_1 w_3$, contient soit *aa* (si w_2 est un b non final), soit *bb* (si w_2 est un a non initial), soit *ac* (si w_2 est le b final), soit *bd* (si w_2 est le c initial), soit *cc* (si w_2 est un d non final), soit *dd* (si w_2 est un c non initial). Dans tous les cas, il s'agit d'un mot dans L_2, donc dans L. Supposons maintenant w dans L_2. Il existe k tel que $w(k)w(k+1)$ est l'un des mots *aa*, *ac*, ..., *dd*. L'une des positions marquées p_i avec $i = 2, 3$ ou 4, n'est ni k, ni $k+1$. En prenant pour w_1 le mot $w \restriction \{1, ..., p_i - 1\}$, pour w_2 le mot $w(p_i)$ et pour w_3 le mot $w \restriction \{p_i + 1, ..., |w|\}$, on peut répéter ou supprimer à volonté le facteur w_2 sans sortir de L_2, donc de L.

4.16. Supposons que (Q, Σ, T, q_0, A) est un automate décidant L. Pour chaque mot w sur Σ, notons f_w la fonction de Q dans Q définie par $f_w(q) = T^*(q, w)$. Supposons que w et w' sont deux mots non équivalents vis-à-vis de $\sqrt{L}$. Il existe donc un mot u vérifiant $wu \in \sqrt{L}$ et $w'u \notin \sqrt{L}$ (ou *vice versa*), soit $wuwu \in L$ et $w'uw'u \notin L$. Par construction, on a

$$\begin{aligned} T^*(q_0, wuwu) &= T^*(f_w(T^*(f_w(q_0), u), u)) \\ &\neq T^*(q_0, w'uw'u) = T^*(f_{w'}(T^*(f_{w'}(q_0), u), u)), \end{aligned}$$

donc les fonctions f_w et $f_{w'}$ ne peuvent coïncider. Il en résulte que, si m est le cardinal de Q, il existe au plus m^m classes à droite suivant le langage $\sqrt{L}$. Ce dernier est donc automatique.

4.17. (i) Interdire tous les mots de longueur 2.

(ii) Tout langage fini est automatique. Si a et aaa sont dans L, alors a ne peut être interdit, et, de là, aa est dans L (considérer deux cas $a \in L_{deb}$ et $a \notin L_{deb}$). Donc $\{a, aaa\}$, qui est automatique puisque fini, ne peut être local.

(iii) L'image de L_M par π est L. Ainsi tout langage automatique est la projection d'un langage local.

(iv) Ètudier $(L_1 \cdot \Sigma^*) \cap (L_2 \cdot \Sigma^*)$ et déduire que l'intersection de deux langages locaux est locale. Par (i), la réunion de deux langages locaux n'est pas forcément locale. Les langages locaux ne peuvent être clos par complémentaire, sinon, étant clos par intersection, ils seraient aussi clos par union. Ils ne sont pas clos par image homomorphe, puisque tout langage automatique est image homomorphe d'un langage local.

SOLUTIONS DES EXERCICES DU CHAPITRE 5

5.2. (i) Soit w un mot de L de longueur au moins 3. Trois cas sont possibles.

Cas 1. Le mot w commence par a, soit $w = aw'$. Alors le mot w' a deux b de plus que de a : il doit donc exister un préfixe u de w' qui a un b de plus que de a, autrement dit un préfixe u dans L. Alors, si w' est uv, v aussi est dans L, et on a $w = auv$.

Cas 2. Le mot w finit par a, soit $w = w'a$. Alors le mot w' a deux b de plus que de a, il a un préfixe u qui a un b de plus que de a, et, si w' est uv, alors on a $w = uva$, et u et v sont dans L.

Cas 3. Le mot w commence et finit par b. Alors on a $w = bw'b$, où w' contient un a de plus que de b. Soit u' le plus long préfixe de w' qui contient autant de a que de b : alors w' s'écrit $u'av'$, où v' aussi contient autant de a que de b. On a alors $w = uav$, où u est bu' et v est $v'b$, et u et v sont dans L par construction.

(ii) On montre par induction sur la longueur d'une dérivation que, si S dérive u en p étapes, alors on a $|u|_b + |u|_S = |u|_a + 1$. Pour $p = 0$, on a $u = S$, et le résultat est vrai. Sinon, soit v le mot précédant u dans une dérivation de u à partir de S : par hypothèse de récurrence, on a $|v|_b + |v|_S = |v|_a + 1$. Or, quelle que soit la production de G utilisée pour passer de v à u, soit elle ajoute un a et deux S, soit elle remplace un S par un b, donc l'égalité pour v entraîne l'égalité pour u. On a donc $L(G) \subseteq L$. (On pourrait aussi bien considérer pour v le premier mot dérivé de S dans une dérivation de u à partir de S.)

Inversement, on montre par induction sur la longueur de w que $w \in L$ entraîne $w \in L(G)$. Pour w de longueur 0 ou 1, l'implication est évidente. Sinon, d'après (i), il existe u et v dans L vérifiant $w = auv$, $w = uav$, ou $w = uva$. Par hypothèse d'induction, G dérive u et v à partir de S ; on obtient alors dans chaque cas une dérivation pour w, soit respectivement

$S \vdash_G aSS \vdash_G^* auS \vdash_G^* auv = w,$

$S \vdash_G SaS \vdash_G^* uaS \vdash_G^* uav = w,$

$S \vdash_G SSa \vdash_G^* uSa \vdash_G^* uva = w.$

Donc on a $L \subseteq L(G)$, et, finalement, $L = L(G)$.

5.5. Posons $L_1 = \{a^p b^q c^r \ ; \ p < r\}$ et $L_2 = \{a^p b^q c^r \ ; \ p > r\}$. Alors le langage considéré est la réunion de L_1 et L_2, et il suffit de montrer que L_1 et L_2 sont algébriques. Or, on a $L_1 = L_3 \cdot \{c\} \cdot \{c\}^*$ et $L_2 = \{a\}^* \cdot \{a\} \cdot L_3$, avec $L_3 = \{a^p b^q c^p \ ; \ p, q \geqslant 0\}$: comme les langages $\{a\}$, $\{c\}$, $\{a\}^*$ et $\{c\}^*$ sont algébriques, et que tout produit fini de langages algébriques est algébrique, il suffit de montrer que L_3 est algébrique pour conclure que L_1 et L_2 le sont. Soit alors G la grammaire de productions $S \rightarrow aSc|A$, $A \rightarrow bA|\varepsilon$. Tout mot de la forme $a^p b^q c^p$ est G-dérivable à partir de S en $p + q + 1$ étapes ; inversement, les mots G-dérivables à partir de S sont tous les mots de la forme $a^p S c^p$, tous les mots de la forme $a^p b^q A c^p$, et tous les mots de la forme $a^p b^q c^p$, ainsi que le montre une récurrence immédiate sur la longueur de la dérivation. Donc G engendre L_3, qui est donc algébrique.

5.6. Le seul problème est qu'il peut exister plusieurs états initiaux, alors qu'on exige de n'avoir qu'une variable initiale. Introduire une nouvelle variable initiale S et une production $S \rightarrow q$ pour chaque état initial q de l'AFN.

5.7. Introduire les productions $S \rightarrow xSx|x|\varepsilon$ pour tout terminal x. (On rappelle que l'application $w \mapsto w^R$ n'est *pas* un homomorphisme.)

5.8. Notant G et G' les deux grammaires, on remarque que $S \vdash_G^* (S)S$ est vrai, et donc on a $L(G') \subseteq L(G)$. Inversement, on montre par induction sur la longueur n de w que $w \in L(G)$ entraîne $w \in L(G')$. Pour $n = 0$, on a $w = \varepsilon$, et le résultat est vrai. Sinon, il existe w_1 et w_2 dans $L(G)$ vérifiant $w = (w_1)w_2$, car w commence par (, et on définit w_1 comme le plus court mot tel que w_1 est dans $L(G)$ et $(w_1$ est un préfixe de w. Par hypothèse de récurrence, w_1 et w_2 sont dans $L(G')$, et, donc, $(w_1)w_2$ est encore dans $L(G')$.

5.9. (i) Remplacer $S \rightarrow (S)+(S)$ par $S \rightarrow (S)+(S)|V+V|V+(S)|(S)+V$, et de même pour $*$.

(ii) Introduire une nouvelle variable M représentant les monômes, c'est-à-dire les produits de variables, avec les productions $M \rightarrow V * M|\varepsilon$ (de sorte que les mots dérivables à partir de M sont les produits finis de mots dérivables à partir de V, donc de variables), puis $S \rightarrow M|(S) + (S)|M + (S)|(S) + M|M + M$, et de même pour $*$, comme en (i).

(iii) Pour une notation complètement parenthésée, il suffit d'ajouter les productions $S \rightarrow \cos(S)|\sin(S)|\tan(S)$ aux productions précédentes. Pour une notation allégée où on souhaite écrire $\cos x$ plutôt que $\cos(x)$, on ajoute les productions $S \rightarrow \cos V|\sin V|\tan V$.

5.11. Supposons que G est une grammaire engendrant le langage L, et f l'homomorphisme considéré. Définir une nouvelle grammaire G' en remplaçant chaque production $X \to u$ de G par la production $X \to f(u)$.

SOLUTIONS DES EXERCICES DU CHAPITRE 6

6.2. (ii) Considérer le mot *aabbaabb*.

6.3. Le principe est clair : la variable S étant en attente sur la pile, si on voit la lettre $*$, on remplace S par $*SS$, et on lit le $*$, si on voit la lettre x ou la lettre y, on remplace S par x ou y, et on lit cette lettre. On déduit immédiatement un automate à pile déterministe, dont l'alphabet de pile est $\{S\}$, et qui a un unique état. Les transitions font empiler un S lorsqu'on lit $*$, et dépiler un S lorsqu'on lit x ou y.

6.4. (i) non algébrique (appliquer la propriété d'itération) ;

(ii) algébrique (considérer $S \to aaSb|\varepsilon$) non automatique (nombre de classes à droite ou itération) ;

(iii) algébrique (produit de $\{a\}^*$ et du précédent) non automatique (nombre de classes à droite ou itération) ;

(iv) non algébrique (itération).

6.5. (i) La grammaire $S \to aSb|\varepsilon$ est linéaire.

(ii) Supposons que G_1 et G_2 sont des grammaires linéaires. Supposant les variables de G_1 et G_2 disjointes, et appelant S_1 et S_2 leurs variables initiales, une grammaire engendrant $L(G_1) \cup L(G_2)$ est obtenue en ajoutant aux productions de G_1 et G_2 les productions $S \to S_1|S_2$, laquelle est linéaire si G_1 et G_2 le sont. De même, pour l'image par un homomorphisme f, remplacer chaque terminal x par $f(x)$ dans une production linéaire donne une nouvelle production linéaire.

(iii) Tout arbre de dérivation pour une grammaire linéaire est maigre, au sens où chaque niveau contient au plus une variable, et même exactement une variable pour chaque niveau sauf le dernier. Reprenant la démonstration de la propriété d'itération, et considérant cette fois la première répétition de variable en partant de la racine de l'arbre, on obtient exactement le résultat demandé.

(iv) Posons $L = \{a^p b^p c^q d^q\,;\, p \geqslant 1 \text{ et } q \geqslant 1\}$. Supposons que L vérifie la propriété d'itération du (iii). Soit N la constante dont l'existence est affirmée. Considérons le mot $a^N b^N c^N d^N$, qui est dans L. Il doit exister une décomposition $a^N b^N c^N d^N = w_1 \ldots w_5$ telle que, pour tout k, le mot $w_1 w_2^k w_3 w_4^k w_5$ est encore dans L, $w_2 w_4$ n'est pas vide, et la longueur de $w_1 w_2 w_4 w_5$ est au plus N. Ceci entraîne que w_2 ne contient que des a, et w_4 ne contient que des d. Il en résulte que le mot $w_1 w_2^2 w_3 w_4^2 w_5$ contient plus de a que de b, ou plus de d que de c. Dans tous les cas, il ne peut appartenir à L, et ce langage n'est donc pas linéaire.

Comme le langage L est le produit des deux langages $\{a^p b^p\,;\, p \geqslant 1\}$ et $\{c^q d^q\,;\, q \geqslant 1\}$, qui sont linéaires par (i), on conclut que le produit de deux langages linéaires n'est pas nécessairement linéaire.

6.6. Le langage L est l'intersection du langage algébrique $\{w \in \{a,b\}^*\,;\, |w|_a = |w|_b\}$ et du langage automatique $\{a\}^* \cdot \{b\}^* \cdot \{a\}^* \cdot \{b\}^*$, donc il est algébrique. On construit un automate à pile décidant L en empilant une lettre S à la lecture d'un a, et en dépilant à la lecture d'un b, tout en contrôlant à l'aide des états que le mot lu se compose d'un bloc de a suivi d'un bloc de b suivi d'un bloc de a suivi d'un bloc de b.

6.8. Déduire de la propriété d'itération que tout langage algébrique sur $\{a\}$ est ultimement périodique, c'est-à-dire qu'il existe des entiers N et P tels que, pour $n \geqslant N$, a^n est dans L si et seulement si a^{n+P} y est.

6.9. Un palindrome peut s'écrire sous la forme ww^R, ou wxw^R, en notant w^R l'image-miroir de w. On obtient un automate à pile (non déterministe) décidant l'ensemble des palindromes en utilisant le principe suivant : il y a deux états 0 et 1, et on peut passer à tout moment de 0 à 1 soit par ε-transition, soit en lisant une lettre sur le ruan ; dans l'état 0, on recopie les lettres du ruban sur la pile ; dans l'état 1, on vide la pile si la lettre de dessus de pile coïncide avec la lettre du ruban – et, sinon, on refuse le mot ; un mot est accepté si, après le dernier caractère, le caractère sur la pile est la variable initiale, c'est-à-dire si toutes les lettres ayant été écrites sur la pile en ont ensuite été effacées. La seule façon d'accepter un mot est qu'il puisse se décomposer en ww^R ou wxw^R, et, inversement, tout tel mot est accepté.

SOLUTIONS DES EXERCICES DU CHAPITRE 7

7.2. Définir la machine de sorte que la lecture de $a^p b^q c^r$ fasse recopier le bloc de a sur le second ruban, puis comparer le bloc de b du premier ruban au bloc de a du second (sans effacer ce dernier), puis comparer le bloc de c du premier ruban à nouveau au bloc de a du second ruban. Utiliser les états pour rejeter les mots non dans $\{a\}^* \cdot \{b\}^* \cdot \{c\}^*$.

7.5. Utiliser deux rubans, et recopier d'abord le second entier sur le second ruban, puis lire les deux entiers de droite à gauche en comparant les chiffres. Utilisant trois états notés [=], [<] et [>] qui résument l'information acquise à chaque étape, on peut poser

$$(q, x, y) \mapsto \begin{cases} (x, -, y, -, [<]) & \text{pour } x < y, \\ (x, -, y, -, q) & \text{pour } x = y, \\ (x, -, y, -, [>]) & \text{pour } x > y, \end{cases}$$

$(q, x, \square) \mapsto (x, -, \square, -, [>])$, $(q, \square, y) \mapsto (\square, -, y, -, [<])$, et partir de l'état [=] (on a écrit – partout pour -1, déplacement vers la gauche).

7.6. On suit l'algorithme usuel. On utilise une machine pour trois rubans. Ayant recopié les deux entiers sur deux rubans, et partant de la droite de chacun d'eux, on écrit le résultat sur le troisième ruban. Pour cela, on pose, en introduisant deux états [0] et [1] correspondant à la retenue possible :

$$([r], x, y, \square) \mapsto \begin{cases} (x, -, y, -, x-y-r, -, [0]) & \text{pour } x \geqslant y+r, \\ (x, -, y, -, 10+x-y-r, -, [1]) & \text{pour } x < y+r \end{cases}$$

(en notant – pour -1, déplacement à gauche).

7.7. Dans le cas d'un diviseur fixé, ou d'un diviseur à un chiffre, on peut utiliser les états pour mettre en mémoire le reste, puisque celui-ci ne peut prendre qu'un nombre fini de valeurs. On peut n'utiliser ici qu'un ruban, car chaque chiffre du dividende donne un chiffre du quotient et n'est plus réutilisé en plus. La transition générique pour une division par C est

$([r], x) \mapsto ((10 * r + x) \operatorname{div} C, +, (10 * r + x) \bmod C)$.

Pour le cas général, on peut utiliser quatre rubans, le premier pour le dividence, le second pour le diviseur, le troisième pour le quotient, et le dernier pour le reste. On mime l'algorithme usuel : on progresse de gauche à droite dans le dividende, en prenant en compte le premier chiffre du diviseur et le chiffre courant du dividende, puis en calculant le reste, et en l'otant du dividende. Si la soustraction n'est pas possible, on recommence en diminuant le quotient d'une unité.

7.8. Mimer l'algorithme élémentaire jadis enseigné au collèhe et fondé sur l'identité $(10N + x)^2 = 100N^2 + 20Nx + x^2$.

7.10. Définir un codage Φ des configurations à un ruban dans les configurations à un demi-ruban de sorte que le contenu de la case $-i$ soit reporté dans la case $2i + 1$, le contenu de la case $+i$ reporté dans la case $2i + 2$, le contenu de la case 0 dans la case 1, et que la case 2 contienne un nouveau caractère \$ spécifique. Ainsi le codage de

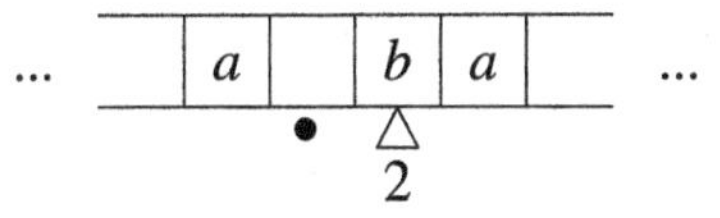

est la configuration

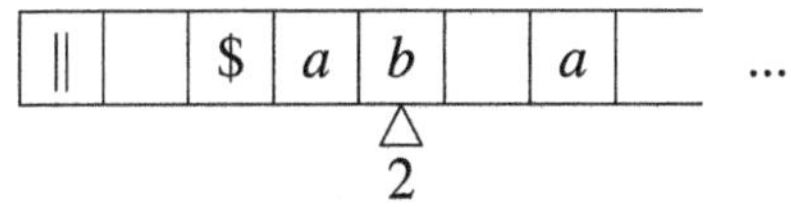

Soit $\boldsymbol{M}$ une machine de Turing pour un ruban. On définit une machine pour un demi-ruban $\boldsymbol{M}'$ simulant $\boldsymbol{M}$ en dédoublant les déplacements et les inversant éventuellement. Les états de $\boldsymbol{M}'$ contiennent, outre un état de $\boldsymbol{M}$, une information sur la parité de la case accessible, qu'on maintient à jour à chaque étape : ainsi, à chaque état q

de $\boldsymbol{M}$, correspondent deux états q_+ et q_- de $\boldsymbol{M}'$ dont la signification est « Je suis dans l'état q et dans la partie positive du ruban » et *idem* avec la partie négative. Si $\boldsymbol{M}$ prescrit d'aller à droite quand x est lu dans l'état q, alors $\boldsymbol{M}'$ prescrit d'aller deux cases à droite quand x est lu dans l'état q_+ (avec un état intermédiaire nécessaire), et d'aller deux cases à gauche quand x est lu dans l'état q_-. Des clauses spéciales sont nécessaires au passage par la case 0, qui est repéré par le caractère spécifique \$.

7.11. On peut coder une configuration avec cases indexées par $\mathbb{Z}^2$ par une configuration standard indexée par $\mathbb{Z}$ en fixant une bijection entre $\mathbb{Z}^2$ et $\mathbb{Z}$. Pour que la simulation soit ensuite possible, il faut choisir une bijection simple, par exemple un balayage en spirale de carrés de taille croissante. Pour faciliter la tâche de simulation des déplacements, on peut ajouter dans la configuration codante des repères, par exemple sur le sens de parcours – par contre, il est exclu de faire figurer d'une façon ou d'une autre les coordonnées complètes du point codé, puisqu'il s'agit d'une information de taille non bornée.

7.12. (i) Aller chercher le second blanc vers la droite, et revenir en effaçant tout jusqu'au second blanc sur la gauche.

(ii) Supposons que $\boldsymbol{M}$ est une machine du type souhaitée. Par hypothèse, $\boldsymbol{M}$ travaillant à partir de la configuration initiale $\boldsymbol{c}$ associée à un ruban vide mène en un certain nombre fini d'étapes m à une configuration terminale où le ruban est vide. Soit alors $\boldsymbol{c}'$ la configuration initiale où un unique caractère est écrit sur la case de numéro $m+2$. Le calcul de $\boldsymbol{M}$ à partir de $\boldsymbol{c}$ comporte, par hypothèse, m étapes, donc les seules cases qui peuvent être accessibles au moins une fois durant le calcul sont de numéro compris entre $1-m$ et $1+m$. Pour ce qui concerne ces cases, les configurations $\boldsymbol{c}$ et $\boldsymbol{c}'$ coïncident, donc le calcul de $\boldsymbol{M}$ à partir de $\boldsymbol{c}'$ se termine aussi en m étapes, et le caractère de la case $m+2$ ne peut avoit été effacé.

7.13. Supposons que la machine $\boldsymbol{M}$ décide le langage L d'alphabet Σ. D'après l'exercice précédent, on ne peut espérer construire une machine $\boldsymbol{M}'$ du type voulu en se contentant d'enchaîner derrière $\boldsymbol{M}$ une « gomme de Turing » qui effacerait systématiquement tout ruban. Il faut donc modifier $\boldsymbol{M}$ dès le départ. On peut (par exemple) soit utiliser des caractères-butoirs comme dans la démonstration de la proposition 3.5, soit utiliser un faux blanc. Pour cela, on introduit un nouveau caractère $\Box'$, et on définit $\boldsymbol{M}'$ à partir de $\boldsymbol{M}$ en partant de $\boldsymbol{M}$, et en remplaçant partout l'écriture de $\Box$ par celle de $\Box'$, tout en définissant les transitions à partir de $\Box'$ comme celles à partir de $\Box$. De la sorte, le calcul de $\boldsymbol{M}'$ à partir de w est le même que celui de $\boldsymbol{M}$, à ceci près que toutes les cases qui ont été accessibles au moins une fois portent soit un caractère de Σ, soit la lettre $\Box'$, mais jamais un blanc. Il est alors facile d'effacer le ruban en allant à droite jusqu'au premier blanc véritable ($\Box$ et non $\Box'$), puis en revenant vers la gauche en effaçant tout jusqu'au premier blanc véritable.

7.14. (i) Quitte à agrandir l'alphabet, on peut supposer que $\boldsymbol{M}$ laisse une trace écrite dans chaque case qui a été accessible au moins une fois : il suffit d'ajouter un nouveau caractère $\Box'$ qui provoque les mêmes transitions que le blanc.

(ii) Partant de machines $\boldsymbol{M}_1$ et $\boldsymbol{M}_2$ construisant S_1 et S_2 et satisfaisant les conditions additionnelles de (i), on construit $\boldsymbol{M}$ comme suit : $\boldsymbol{M}$ simule d'abord $\boldsymbol{M}_1$, puis elle va au premier blanc libre à droite sur le second ruban, et commence à simuler $\boldsymbol{M}_2$. Si elle ne revient jamais sur la portion de ruban où $\boldsymbol{M}_1$ a écrit, tout va bien. Sinon, c'est-à-dire si le calcul de $\boldsymbol{M}_2$ revient à gauche de la case initiale, on efface tout le calcul de $\boldsymbol{M}_2$, et on le reprend du début en partant une case plus à droite, et ainsi de suite jusqu'à ce qu'il n'y ait plus d'intersection entre le mot écrit par $\boldsymbol{M}_1$ et celui écrit par $\boldsymbol{M}_2$. Le calcul de $\boldsymbol{M}$ se fait en espace $S_1 + S_2$.

7.15. (vi) Pour le produit, montrer d'abord que, s'il existe une T-horloge, il existe une T-antihorloge, définie comme une T-horloge à ceci près qu'on part d'une configuration où le dernier caractère (et non le premier) est accessible. Montrer ensuite que, s'il existe une T-horloge, il existe une T-horloge avec la propriété supplémentaire que le mot écrit sur le premier ruban au départ est lu exactement une fois de gauche à droite, et ses caractères ne sont jamais modifiés au cours du calcul.

7.18. (ii) Partant de deux machines de Turing $\boldsymbol{M}_1$ et $\boldsymbol{M}_2$ semidécidant L_1 et L_2 respectivement, on construit une machine de Turing $\boldsymbol{M}$ qui simule en parallèle $\boldsymbol{M}_1$ et $\boldsymbol{M}_2$ (sur des rubans disjoints) et qui s'arrête dès qu'un des deux calculs est terminé, en acceptant si le calcul de $\boldsymbol{M}_1$ est terminé, et en refusant si le calcul de $\boldsymbol{M}_2$ est terminé, et pas celui de $\boldsymbol{M}_1$. Soient L'_1 l'ensemble des mots acceptés par $\boldsymbol{M}$, et L'_2 son complémentaire. Les langages L'_1 et L'_2 répondent à la question.

(iii) Pour le domaine, le résultat est clair. Supposant que F est une fonction de $\mathbb{N}$ dans $\mathbb{N}$, pour décider si l'entier P est dans l'image de F, on peut faire calculer successivement $F(0)$, $F(1)$, $F(2)$, ... et tester si le résultat est P : si c'est le cas, on le saura après un nombre fini d'essais, sinon, le calcul ne se termine pas. Le problème est que, si F n'est pas partout définie, il existe des valeurs de N pour lesquelles le calcul de $F(N)$ ne converge pas, et on ne peut attendre que celui-ci soit terminer pour passer à la valeur suivante. Une solution consiste à effectuer 1 étape du calcul de $F(0)$, puis 2 étapes des calculs de $F(0)$ et $F(1)$, puis 3 étapes 2 étapes des calculs de $F(0)$, $F(1)$ et $F(2)$, *etc.*

SOLUTIONS DES EXERCICES DU CHAPITRE 8

8.1. Les fonctions $(\lambda N, P)(N+1)$ et $(\lambda N, P)(0)$ sont primitives récursives ; la fonction F est définie par cas à partir des deux précédentes fonctions, et le sous-ensemble de $\mathbb{N}^2$ séparant les cas est $\{(N,P)\ ;\ N < P\}$, qui est primitif récursif. Donc F est primitive récursive. On a alors

$$K\mathrm{mod}P = \begin{cases} 0 & \text{pour } K = 0, \\ F((K-1)\mathrm{mod}P, P) & \text{pour } K \geqslant 1, \end{cases}$$

ce qui montre que la fonction $(\lambda P, K)(K\text{mod}P)$ est définie par récurrence de base $(\lambda P)(0)$, c'est-à-dire $C_{1,0}$, et de pas $(\lambda N_1, N_2, N_3)(F(N_3, N_1))$, c'est-à-dire

$$\mathbf{comp}(\mathbf{concat}(\Pi_{3,3}, \Pi_{3,1}), F).$$

Comme F est primitive récursive, la fonction $(\lambda P, K)(K\text{mod}P)$ est primitive récursive, et il en est de même de la fonction $(\lambda N, P)(N\text{mod}P)$ obtenue en inversant les arguments, puisqu'on peut écrire

$$(\lambda N, P)(N\text{mod}P) = \mathbf{comp}(\mathbf{concat}(\Pi_{2,2}, \Pi_{2,1}), (\lambda P, K)(K\text{mod}P)).$$

Ensuite, on a

$$K\text{div}P = \begin{cases} 0 & \text{pour } K = 0, \\ (K-1)\text{div}P + \text{ind}_{\{0\}}(K\text{mod}P) & \text{pour } K \geqslant 1, \end{cases}$$

et le caractère primitif récursif de $(\lambda N, P)(N\text{mod}P)$ et de $\text{ind}_{\{0\}}$ entraîne donc celui de $(\lambda N, P)(N\text{div}P)$.

8.2. On a $\emptyset_p = \mathbf{minim}(C_{p+1,1})$. Si F est définie sur l'ensemble fini $\{\vec{N}_1, ..., \vec{N}_m\}$, F admet une définition par cas comme dans la démonstration de la proposition 1.16 en remplaçant $C_{p,0}$ par $\emptyset_p$. Une fonction primitive récursive est partout définie.

8.3. Utiliser une bijection primitive récursive Φ_2 de $\mathbb{N}^2$ sur $\mathbb{N}$ et considérer la fonction F_1 définie par $F_1(\vec{N}, K) = \Phi_2(F(\vec{N}, K), F(\vec{N}, K+1))$.

8.4. Si F est récursive, alors F est MT-calculable. Or la démonstration de la proposition 2.8 fournit une définition de la fonction calculée par une machine de Turing faisant appel à exactement une minimalisation, à savoir celle qui correspond au temps d'arrêt T.

8.5. Dans la démonstration du fait que toute fonction MT-calculable est récursive, le seul endroit où une minimalisation est nécessaire est la définition de la fonction temps d'arrêt T de la machine de Turing considérée. Si on sait par hypothèse que la fonction T est primitive récursive, alors toute la construction se fait sans minimalisation. Pour le détail, modifier la machine de Turing de sorte qu'elle reste dans une configuration terminale une fois celle-ci atteinte ; ainsi, on peut supposer que le résultat d'un calcul sur une entrée de longueur n est lu exactement après $T(n)$ étapes.

8.7. Utiliser l'égalité $\text{ind}_C(N) = \sum_{i=0}^{i=N} \text{ind}_{\{i^2\}}(N)$, et exprimer $[\sqrt{N}]$ en fonction de $[\sqrt{N-1}]$ et de ind_C.

8.8. (i) L'entier P étant fixé, la fonction $(\lambda N)(N\text{mod}P)$ est MT-calculable, donc récursive ; on a alors $\text{ind}_{P\mathbb{N}} = \circ((\lambda N)(N\text{mod}P), \text{ind}_{\{0\}})$. De même, la fonction de deux variables $(\lambda N, P)(N\text{mod}P)$ est MT-calculable, donc récursive, et il en est de même de la fonction $(\lambda N, P)(\text{ind}_{P\mathbb{N}}(N))$, qui est la composée de la précédente et de $\text{ind}_{\{0\}}$ – noter que ce n'est pas parce que, pour chaque P, la fonction d'une variable $\text{ind}_{P\mathbb{N}}$ est récursive que la fonction de deux variables $(\lambda N, P)(\text{ind}_{P\mathbb{N}}(N))$ l'est nécessairement. L'entier N étant premier si et seulement si il n'appartient à aucun ensemble $p\mathbb{N}$ avec

$2 \leqslant p < N$, on a $\mathrm{ind}_{\mathbb{P}}(N) = 1 - \sum_{i=2}^{i=N} \mathrm{ind}_{i\mathbb{N}}(N)$. Par la proposition 2.2, ceci entraîne que la fonction $\mathrm{ind}_{\mathbb{P}}$ est récursive.

(ii) La fonction F qui, à chaque entier N, associe le nombre de nombres premiers au plus égaux à N est récursive, puisqu'on a $F(N) = \sum_{i=1}^{i=N} \mathrm{ind}_{\mathbb{P}}(i)$. La fonction $(\lambda N)(p_N)$ peut être définie par minimalisation à partir de F : l'entier P est le N-ième nombre premier si on a $F(P) \geqslant N$ et $F(K) < N$ pour $K < N$, ce qui donne $(\lambda N)(p_N) = \mathbf{minim}(G)$, avec $G = (\lambda N, P)(\Delta(N, F(P))$. Ceci laisse ouverte la question de savoir si la fonction $(\lambda N)(p_N)$ est primitive récursive : elle l'est, mais, pour le montrer, il faut disposer d'une borne supérieure effective pour le N-ième nombre premier (par exemple 2^N) pour pouvoir utiliser l'exercice 4.

(iii) On a $[\![3, 1, 2]\!] = 2^4 3^2 5^3 = 18000$, et $3072 = 2^{10} 3^1 = [\![9, 0]\!]$. Le codage est bijectif car l'anneau $\mathbb{Z}$ est factoriel. La fonction F_p est composée de fonctions polynômes et exponentielles, elle est donc (primitive) récursive. Il en est de même de l'application réciproque, car, pour chaque nombre premier k fixé, la valuation k-adique V_k est (primitive) récursive.

(iv) Par définition, le domaine de la fonction C_i est l'ensemble des entiers N vérifiant $L(n) \geqslant i$. La fonction L et les fonctions C_i sont récursives car MT-calculables : il existe une machine de Turing qui, partant d'une représentation d'un entier N, décompose cet entier en facteurs premiers, par exemple par énumération systématique de tous les entiers inférieurs et calcul des quotients ; à partir de la décomposition de N, le calcul de $L(N)$ et $C_i(N)$ pour $i \leqslant L(N)$ s'effectuent uniformément – encore une fois, noter que le fait que chaque fonction C_i soit récursive n'entraîne pas que la fonction de deux variables $(\lambda N, K)(C_K(N))$ soit récursive.

8.9. (i) Par définition, la fonction $[\![F]\!]$ est la composée dans cet ordre du décodage F_p^{-1}, de F, et du codage F_q ; de même, F est la composée du codage F_p, de $[\![F]\!]$, et du décodage F_q^{-1}. Comme F_p, F_p^{-1}, F_q et F_q^{-1} sont (primitives) récursives, $[\![F]\!]$ est (primitive) récursive si et seulement si F l'est.

(ii) Dans une définition de F par récurrence complète, la valeur en K dépend non seulement de la valeur en $K - 1$ mais plus généralement de toutes les valeurs antérieures. Une récurrence simple est un cas particulier de récurrence complète : avec les notations usuelles, la valeur $H(\vec{N}, K, F(\vec{N}, K - 1))$ peut s'écrire $H(\vec{N}, K, c_{K-1}([\![F(\vec{N}, 0), ..., F(\vec{N}, K - 1)]\!]))$, soit $H'(\vec{N}, K, [\![F(\vec{N}, 0), ..., F(\vec{N}, K - 1)]\!])$ où H' est définie par $H'(\vec{N}, K, P) = H(\vec{N}, K, c_{K-1}(P))$. Comme la fonction $(\lambda N, K)(c_K(N))$ est récursive, la récursivité de H entraîne celle de H'.

Soit F' la fonction de $\mathbb{N}^{p+1}$ dans $\mathbb{N}$ définie par

$$F'(\vec{N}, K) = [\![F(\vec{N}, 0), ..., F(\vec{N}, K)]\!].$$

Alors la fonction F' est définie par une récurrence simple de base et de pas récursifs. En effet, on a $F'(\vec{N}, 0) = [\![F(\vec{N}, 0)]\!] = 2^{G(\vec{N})+1}$, et, pour $K > 0$,

$$F'(\vec{N}, K) = [\![F(\vec{N}, 0), ..., F(\vec{N}, K - 1), H(\vec{N}, K, F'(\vec{N}, K - 1))]\!]$$

et donc $F'(\vec{N}, K) = \mathrm{conc}(F'(\vec{N}, K - 1), H(\vec{N}, K, F'(\vec{N}, K - 1)))$, en désignant par conc la fonction qui code la concaténation en associant au code de la suite $(N_0, ..., N_p)$ et à l'entier N le code de la suite $(N_0, ..., N_p, N)$. On vérifie que cette dernière fonction est récursive, donc F' est récursive, et, finalement, on définit F à partir de F' comme étant sa dernière composante par l'égalité $F(\vec{N}, K) = c_K(F'(\vec{N}, K))$.

8.10. (ii) Utiliser une récurrence complète par rapport à la variable M.

(iii) L'argument est le même, l'application injective $(\lambda N)([\![N]\!])$ et sa réciproque étant toutes deux récursives.

(iv) Soit $X = \{N\ ;\ U_1(N, N) \neq 1\}$. Supposons X récursif. Alors la fonction ind_X est récursive. Par (iii), il existe au moins un entier M vérifiant $\mathrm{ind}_X(N) = U_1(M, N)$ pour tout entier N. Considérons la valeur de $\mathrm{ind}_X(M)$. Pour $M \in X$, on a $\mathrm{ind}_X(M) = 1$, et, par définition de X, $U_1(M, M) \neq 1$, contredisant l'égalité $\mathrm{ind}_X(M) = U_1(M, M)$. Pour $M \notin X$, on a $\mathrm{ind}_X(M) = 0$, et, par définition de X, $U_1(M, M) = 1$, contredisant à nouveau l'égalité $\mathrm{ind}_X(M) = U_1(M, M)$. La seule possibilité est que l'hypothèse que X est récursif soit fausse.

8.11. (i) Utiliser une induction : montrer que la propriété est vraie pour les fonctions de base, puis qu'elle est préservée par concaténation, composition et définition par récurrence. La fonction S ne peut être dans E_1 car il n'existe pas de constante C telle qu'on ait $N_1 + N_2 \leqslant \sup(N_1, N_2) + C$.

(ii) À partir du moment où S est dans E_2, E_2 est l'ensemble de toutes les fonctions récursives.

8.13. (i) Posons $X = \{(P, N)\ ;\ P^2 < 3 \times 10^N < (P+1)^2\}$. Alors on a $F(N) = M$ si et seulement si il existe K entre 1 et 10^N tel que $(10K + M, N)$ appartienne à X. On peut donc écrire

$$F(N) = 0 \times \textstyle\sum_{i=1}^{i=10^N} \mathrm{ind}_X(10i, N) + 1 \times \sum_{i=1}^{i=10^N} \mathrm{ind}_X(10i+1, N) + \\ \dots + 9 \times \textstyle\sum_{i=1}^{i=10^N} \mathrm{ind}_X(10i+9, N).$$

Comme l'ensemble X est primitif récursif, ceci montre que la fonction F est primitive récursive.

(ii) Le résultat est analogue pour π ou e, mais les formules d'encadrement sont plus compliquées, puisque ces nombres ne sont pas définis par une équation algébrique telle que $x^2 = 3$, mais, par exemple, comme somme de séries convergentes explicites, telles que l'application qui donne les coefficients soit une fonction (primitive) récursive.

SOLUTIONS DES EXERCICES DU CHAPITRE 9

9.2. (i) L'entier P est premier si et seulement si la partie multiplicative de $\mathbb{Z}/P\mathbb{Z}$ est un groupe cyclique, donc si et seulement si il existe un entier Q dont la classe engendre $(\mathbb{Z}/P\mathbb{Z})^*$.

(ii) On a $Q^{P-1} \equiv 1 (\text{mod } P)$ pour tout entier Q non mutiple de P, et l'ordre r de la classe de Q dans $(\mathbb{Z}/P\mathbb{Z})^*$ est un diviseur de $Q-1$. Les nombres $p_i^{e_i}$ sont deux à deux premiers entre eux, donc, pour montrer $r = Q-1$, il suffit de montrer que r ne divise aucun des nombres $p_1^{e_1} \ldots \widehat{p_i^{e_i}} \ldots p_k^{e_k}$.

(iii) Supposant devinés le nombre Q et la décomposition en facteurs premiers de $P-1$, on peut montrer que P est premier en vérifiant que chacun des nombres p_i est premier (récursivement), en vérifiant qu'on a $P-1 = p_1^{e_1} \ldots p_k^{e_k}$, et, finalement, qu'on a $Q^{p_1^{e_1} \ldots \widehat{q_i^{e_i}} \ldots p_k^{e_k}} \not\equiv 1 (\text{mod } p)$ pour $i = 1, \ldots, k$. Ce dernier calcul peut se faire en temps polynomial par rapport à la taille de la représentation de P en base B (pas par rapport à P...) en remarquant que Q^{B^k} se calcule inductivement en k étapes (et non en B^k étapes).

9.3. (i) Le reste est divisé par au moins 2 à chaque étape : un reste nul est donc obtenu en au plus $\log_2(N)$ étapes.

(ii) On a $\log_2(N) < log_\phi(N)$ pour tout N, ce qui montre l'algorithme centré est plus efficace que l'algorithme usuel. En utilisant les formules de l'énoncé, qui se démontrent par récurrence sur m, on montre que le pire cas correspond à nouveau à un couple initial (F_n, F_{n-1}), car le reste centré des divisions de F_{m+1} et F_m par F_{m+1} est $(-)F_{m-3}$, et la suite des restes centrés est obtenue à partir de la suite des restes standards en prenant un terme sur deux.

9.4. (ii) Calculer les n scalaires a_i et b_j nécessite np multiplications et $n(p-1)$ additions ; ensuite le calcul de chaque coefficient $c_{i,j}$ nécessite n additions, p multiplications et 2 additions. (Noter que l'algorithme de Winograd est *toujours* meilleur que l'algorithme usuel, dont il divise le nombre de multiplications par 2, alors que l'algorithme de Strassen ne prend l'avantage que pour les grandes valeurs de n, de l'ordre de $n \geqslant 60$).

9.6. (i) La complexité est en $O(n^4)$.

(ii) Utiliser la formule

$$\Sigma_k - S_1\Sigma_{k-1} + S_2 S_{k-2} - \ldots + (-1)^{k-1} S_{k-1}\Sigma_1 + (-1)^k k S_k = 0,$$

où Σ_i est la somme des puissances i-ièmes de $a_1, \ldots, a_n$.

(iii) Si on a $A = PA'P^{-1}$, avec P inversible et A' diagonale, les réels p'_k calculés à partir de A' sont les coefficients du polynôme caractéristique de A', qui est celui de A. Or la trace est un invariant de similitude. Par récurrence sur k, on déduit $A_k = PA'_kP^{-1}$ et $p_k = p'_k$ pour tout k, et, donc, la méthode fonctionne pour A diagonalisable. Pour A quelconque, on peut raisonner comme suit. Les matrices diagonalisables forment un sous-ensemble dence dans l'espace de toutes les matrices, et l'application qui à une matrice associe les coefficients de son polynôme caractéristique est continue. Le résultat s'étend donc aux matrices quelconques, car la construction des A_k et des p_k ne fait appel qu'à des additions et des multiplications, mais pas à des divisions.

9.8. La complexité est en $O(n^{\log_3(21)})$, asymptotiquement meilleure que la méthode de Strassen puisqu'on a $\log_3(21) < \log_2(7)$.

9.9. (ii) S'inspirer de ce qui a été fait pour la multiplication des entiers.

(iii) Utiliser les valeurs $2^8 = 256$, $3^5 = 243$, $3^8 = 6561$, $6^5 = 7776$ pour la comparaison.

9.10. (ii) Deviner une partition du mot w dont on veut tester l'appartenance à $L_1 ш L_2$ en deux mots w_1 et w_2, et tester l'appartenance de w_i à L_i pour $i = 1, 2$.

SOLUTIONS DES EXERCICES DU CHAPITRE 10

10.2. (i) On montre le résultat par récurrence sur n. Pour $n = 1$, les seules applications sont les constantes de valeur 0 et 1, l'identité et la négation, définies respectivement par $x_1 \wedge \neg x_1$, $x_1 \vee \neg x_1$, x_1 et $\neg x_1$.
Sinon, on a $f(x_1, ...x_n) = (\neg x_n \wedge f(x_1, ..., x_{n-1}, 0)) \vee (x_n \wedge f(x_1, ..., x_{n-1}, 1))$, et, par hypothèse de récurrence, $f(x_1, ..., x_{n-1}, 0)$ et $f(x_1, ..., x_{n-1}, 1)$ s'expriment à l'aide de $\wedge$, $\vee$ et $\neg$.

(ii) Il suffit donc de définir $\neg$, $\wedge$ et $\vee$ à partir de $\uparrow$. Or on a $\neg x_1 = x_1 \uparrow x_1$, $x_1 \wedge x_2 = \neg x_1 \uparrow \neg x_2$, et $x_1 \vee x_2 = \neg(\neg x_1 \wedge \neg x_2)$.

10.3. On sait que toute formule est équivalente à une formule sans $\rightarrow$ ni $\leftrightarrow$. On peut donc se restreindre à ces formules. Une induction facile montre que, si Φ est sans négation, alors Φ est croissante. Supposons inversement que Φ est croissante. Supposons que les variables apparaissant dans Φ sont (parmi) x_1, ..., x_n. Soit E l'ensemble de toutes les réalisations de $\{x_1, ..., x_n\}$ satisfaisant Φ. On peut supposer E non vide, car, sinon, Φ est équivalente à $\perp$. Pour R dans E, soit Ψ_R la conjonction des variables x_i vérifiant $R(x_i) = 1$, et soit Ψ la disjonction des formules Ψ_R pour R dans E. Alors Ψ est sans négation, et on va voir que Φ et Ψ sont équivalentes. En effet, par construction, chaque réalisation R dans E satisfait Ψ_R, donc Ψ, et donc Ψ est conséquence de Φ. Inversement, supposons que R' satisfait Ψ. Alors R' satisfait une des formules Ψ_R avec $R \in E$. C'est dire qu'on a $R \leqslant R'$. Puisque R satisfait Φ et que Φ est croissante, R' satisfait Φ.

10.4. Soit $a_1, a_2, ...$ une énumération de V (nous supposons ici V dénombrable, mais cette hypothèse peut être levée). On fixe une injection F de $\mathbb{N} \times \{1, ..., k\}$ dans $\mathbb{N}$, et on code toute application f de V dans $\{1, ..., k\}$ par la réalisation R_f définie par $R_f(x_{F(i,j)}) = 1$ si et seulement si $f(a_i) = j$. Dire que f obéit aux contraintes qui définissent la k-colorabilité signifie que la réalisation R_f satisfait à chacune des formules booléennes $x_{F(i,j)} \rightarrow \neg x_{F(i',j)}$ dès que $(a_i, a_{i'})$ est dans E. Soit T l'ensemble de ces formules booléennes, et, de même, soit, pour W sous-ensemble fini de V, T_W le sous-ensemble de T formé par les formules associées aux seuls sommets de W. Par construction, le graphe (V, E) est k-colorable si et seulement si l'ensemble T est satisfaisable. Par le théorème de compacité, ceci est vrai si et seulement si chaque sous-ensemble fini de T est satisfaisable, donc si et seulement si chaque ensemble T_W est satisfaisable.

10.5. Supposons que les variables apparaissant dans T sont x_1, ..., x_k, notons T_i l'ensemble de clauses obtenu à partir de T en formant de proche en proche toutes les résolvantes pour éliminer x_1, ..., x_i. Soit n_i le cardinal de T_i. Par hypothèse, on a $n_0 = n$, et, par construction, on a une égalité du type $n_i = r + pq$, avec $p + q + r \leqslant n_{i-1}$, ce qui entraîne $n_i \leqslant n_{i-1}^2/4$, d'où le résultat par induction sur i. (Noter que la borne n'est sûrement pas optimale, car on peut supprimer les clauses redondantes, et il n'existe que 3^k clauses à k variables.)

10.7. (i) La clause $x_1 \vee x_2 \vee x_3 \vee x_4$ est équivalente à la conjonction de $x_1 \vee x_2 \vee x_5$ et de $x_5 \leftrightarrow (x_3 \vee x_4)$. Or cette dernière formule est équivalente à la conjonction de $x_3 \vee x_4 \vee \neg x_5$, $\neg x_3 \vee x_5$ et $\neg x_4 \vee x_5$. Par récurrence, on déduit que tout clause est équivalente à une conjonction de 3-clauses.

(ii) La méthode précédente associe à tout ensemble de clauses T un ensemble de 3-clauses équivalent en un nombre d'étapes polynomial par rapport à la longueur de T, donc définit une réduction polynomiale de SAT à 3-SAT.

10.8. (i) On devine une partie S' de S en temps linéaire, puis on vérifie si la somme des éléments de S' est N à nouveau en temps linéaire.

(ii) Le mot $[N]_8$ est composé de m chiffres 4, suivis de p chiffres 1. Supposons que N est la somme des éléments de S', et soit j quelconque. Le chiffre 4 en position $p+j$ de la droite dans $[N]_8$ ne peut venir seulement des entiers 8^{p+j-1} et $2 \cdot 8^{p+j-1}$, qui contribuent au plus pour 3, donc il doit exister soit un nombre a_i, soit un nombre b_i qui contribue à ce chiffre 4 ; dans le premier cas, cela signifie que la variable x_i apparaît dans C_j, donc la réalisation R satisfait C_j par construction ; dans le second cas, $\neg x_i$ apparaît dans C_j, mais, alors, le chiffre 1 en position i de la droite dans $[N]_8$ ne peut venir que de b_i, donc a_i n'est pas dans S', $R(x_i)$ vaut 0, et R satisfait encore C_j.

Inversement, supposons que R est une réalisation satisfaisant C_1, ..., C_m. Soit S' l'ensemble des entiers a_i avec $R(x_i) = 1$, et des entiers b_i avec $R(x_i) = 0$. La somme des éléments de S' exprimée en base 8 comporte m chiffres compris entre 0 et 3, suivis de p chiffres 1, et l'hypothèse que R satisfait C_j implique que le $p + j$-ième chiffre en partant de la droite est non nul. En ajoutant à S' des entiers 8^{p+j-1} et $2 \cdot 8^{p+j-1}$ convenables pour chaque j, on construit S'' dont la somme des éléments exprimée en base 8 comporte m chiffres 4 suivis de p chiffres 1, c'est-à-dire dont la somme des éléments est égale à N.

(iii) On a donc ainsi défini une réduction polynomiale du problème 3-SAT au problème du sac à dos. Par la proposition 3.8, ce dernier est donc NP-complet.

SOLUTIONS DES EXERCICES DU CHAPITRE 11

11.1. Ne pas avoir de cycle de longueur 1 est être antiréflexif ; ne pas avoir de cycle de longueur 2 est être antisymétrique. La non-exprimabilité résulte du théorème de compacité. Pour chaque entier, il existe un énoncé Θ_k exprimant que R n'a pas de cycle de longueur k, par exemple $\neg(\exists x_1)...(\exists x_k)(x_1 R x_2 \wedge ... \wedge x_k R x_1)$. Supposons que Θ exprime que R a un cycle de longueur finie. Alors l'ensemble $\{\Theta, \Theta_1, \Theta_2, ...\}$ n'est pas satisfaisable, mais tout sous-ensemble fini l'est.

11.2. Soit Θ un énoncé quelconque en Σ. Alors ou bien Θ, ou bien $\neg\Theta$ est satisfait dans S, donc appartient à $\text{TH}_\Sigma(S)$, et, *a fortiori*, est prouvable à partir de $T \cup \text{AX}_\Sigma$.

11.3. (iii) La définition des ultrafiltres est faite sur mesure pour que tout fonctionne (du reste il existe une sorte de réciproque). Supposons par exemple que $*$ est un opérateur binaire, et qu'on a $(a_i)_i \equiv (a'_i)_i$ et $(b_i)_i \equiv (b'_i)_i$. Alors on a $(a_i * b_i)_i \equiv (a'_i * b'_i)_i$. En effet, posons $A = \{i \in I\ ;\ a_i = a'_i\}$, $B = \{i \in I\ ;\ b_i = b'_i\}$, et $C = \{i \in I\ ;\ a_i * b_i = a'_i * b'_i\}$. Par construction, on a $A \cap B \subseteq C$. Or l'hypothèse est que A et B sont dans U : par définition d'un ultrafiltre, on déduit que C est dans U.

On montre le théorème de Łoś par induction sur la formule Φ de la même manière. Le passage à la négation est assuré par l'hypothèse que $A \notin U$ entraîne $I \setminus A \in U$. Les détails sont faciles. L'ultraproduit S est une sorte de moyenne des structures S_i : pour toute propriété $\mathcal{P}$ exprimable au premier ordre, $\mathcal{P}$ est vraie dans la structure S si et seulement si elle est vraie dans preque toute structure S_i.

11.4. Supposons que T est un ensemble d'énoncés en Σ dont tout sous-ensemble fini est satisfaisable. Enumérons T comme $\{\Phi_p\ ;\ p \in X\}$, et soit I l'ensemble des parties finies de X. Par hypothèse, pour chaque i dans I, il existe une réalisation S_i de Σ dans laquelle toutes les formules Φ_p pour $p \in i$ sont satisfaites. Pour p dans X, posons $A_p = \{i \in I\ ;\ p \in i\}$. L'intersection d'un nombre fini d'ensembles A_p n'est jamais vide, puisque $A_{p_1} \cap ... \cap A_{p_k}$ contient $\{p_1, ..., p_k\}$. Il existe donc un ultrafiltre U sur I qui contient chaque ensemble A_p. Soit S l'ultraproduit des structures S_i par U. Pour chaque formule Φ_p dans T, l'ensemble A_p est dans U, donc l'ensemble des indices i pour lesquels Φ_p est satisfaite dans S_i est dans U, donc, par le théorème de Łoś (exercice précédent), Φ_p est satisfaite dans S.

11.5. Supposons que $\Phi(x, a)$ est une définition de b dans la structure (S, a), et que $\Psi(x)$ est une définition de a dans S. Alors la formule $(\exists x_1)(\Psi(x_1) \wedge \Phi(x, x_1))$ est une définition de a dans S, car $(\exists x_1)(\Psi(x_1) \wedge \Phi(b, x_1))$ est satisfaite dans S en prenant $x_1 = a$, et d'un autre côté, si $(\exists x_1)(\Psi(x_1) \wedge \Phi(b', x_1))$, il existe a' dans $\text{Dom}(S)$ satisfaisant $\Psi(a') \wedge \Phi(b', a')$, donc on a nécessairement $a' = a$, puis $b' = b$. Les autres cas sont similaires.

11.6. Dans $(\mathbb{N}, +, *)$, l'addition est définie par la formule $x_1 + x_2 = x$: par définition, une opération est toujours définie à partir d'elle-même. On a vu que 0 et 1 sont définissables dans $(\mathbb{N}, +, *)$. Par récurrence, on en déduit que chaque entier K est définissable, et, de là, la fonction $C_{p,K}$ admet la définition $x = M$. La projection $\Pi_{p,i}$ est définie par $x = x_i$, et la décrémentation D par $(x_1 = 0 \wedge x = 0) \vee (x_1 \neq 0 \wedge x + 1 = x)$: ceci est une définition dans $(\mathbb{N}, +, *, 0, 1)$, mais nous pouvons en déduire une définition dans $(\mathbb{N}, +, *)$ en remplaçant 0 et 1 par des définitions. Supposons G et H définies dans $(\mathbb{N}, +, *)$ respectivement par Ψ et Θ. Alors, $(\vec{P}, \vec{Q}) = \mathbf{concat}(G, H)(\vec{N})$ est vraie si et seulement si on a $\Psi(\vec{N}, \vec{P}) \wedge \Theta(\vec{N}, \vec{Q})$; $\vec{P} = \mathbf{comp}(G, H)(\vec{N})$ est vraie si et seulement si $(\exists \vec{y})(\Psi(\vec{N}, \vec{y}) \wedge \Theta(\vec{y}, \vec{P}))$ est vraie ; $P = \mathbf{minim}(G)(\vec{N})$ est vraie si et seulement si $(\forall K < P)(\exists M > 0)(\Psi(\vec{N}, K, M)) \wedge \Psi(\vec{N}, P, 0)$ l'est. Or on sait que $<$ est définissable dans $(\mathbb{N}, +, *)$. Le problème avec la récurrence est que, pour définir $M = F(\vec{N}, P)$ avec $F = \mathbf{rec}(G, H)$, il faudrait pouvoir utiliser la suite des valeurs $(F(\vec{N}, 0), F(\vec{N}, 1), ..., F(\vec{N}, P))$: or une suite finie d'entiers n'est pas un entier, et, dans une formule du premier ordre, on ne peut utiliser simultanément des variables pour des entiers et des variables pour des suites finies d'entiers. La solution de Gödel consiste à coder les suites finies d'entiers par des entiers, d'une façon définissable dans $(\mathbb{N}, +, *)$.

11.9. L'entier 0 est défini dans $(\mathbb{Z}, +)$ comme l'unique élément neutre de +. L'application $f : x \mapsto -x$ est un automorphisme non trivial du groupe $(\mathbb{Z}, +)$. Une induction facile montre que, pour chaque formule $\Phi(\vec{x})$ en +, $\Phi(\vec{a})$ est satisfait dans $(\mathbb{Z}, +)$ si et seulement si $\Phi(f(\vec{a}))$ l'est. Donc, en particulier, toute formule satisfaite en 1 est aussi satisfaite en -1, et donc une telle formule ne peut définir 1.

11.10. La théorie T est une sorte de théorie de Peano très faible, où on n'a gardé que l'injectivité du successeur et la définition par récurrence de l'addition. Les vérifications sont élémentaires. Si la commutativité pouvait se prouver à partir de T, alors elle serait satisfaite dans tout réalisation satisfaisant T, donc, en particulier, dans R.

11.11. (i) Il existe une machine de Turing qui, partant de deux entiers N et B, détermine la décomposition de N en base B itérée.

(ii) Un calcul direct donne $G(3, 7) = 0$. Pour 4, les choses sont plus compliquées... Le point est que, pour chaque base B, on trouve une décomposition du type $G(4, B) = aB^2 + bB + c$, en partant de $G(4, 3) = 2 \cdot 3^2 + 2 \cdot 3 + 2$. On trouve $G(4, 12) = 2 \cdot 12^2 + 11$, d'où $G(4, 23) = 2 \cdot 23^2$, puis $G(4, 24) = 24^2 + 23 \cdot 24 + 23$, et, ensuite, on n'a plus que des polynômes du type $B^2 + bB + c$. À chaque étape, c diminue, et, quand c arrive à 0, b diminue à son tour en produisant un nouveau facteur c égal à la base du moment diminuée de 1. Après $3(1 + 2 + ... + 2^{26})$ étapes, on arrive à B^2, et donc, à l'étape suivante, on passe à une expression du premier degré $bB + c$, avec $b = c = B - 1$. À partir de là, il n'y a plus que des polynômes de degré 1, et le processus continue : le coefficient c diminue jusqu'à 0, et, à ce moment, b diminue d'une unité en engendrant un nouveau c. Au total, on arrive (enfin) à 0 pour $P = 2 + 3 \cdot (2^{26+3 \cdot 2^{27}-2}) + 2 = 3 \cdot 2^{402653211} - 2$.

Bibliographie

AHO A., HOPCROFT J. ET ULLMANJ., *The Design and Analysis of Efficient Computer Algorithms*, Addison-Wesley, 1979.

AHO A., HOPCROFT J. ET ULLMAN J., *Concepts fondamentaux de l'informatique*, Dunod, 1998.

AUTEBERT J.M., *Langages algébriques*, Masson, 1987.

AUTEBERT J.M., *Complexité et décidabilité*, Masson, 1992.

AUTEBERT J.M., *Théorie des langages et des automates*, Masson, 1994.

BERSTEL J., *Transductions and context-free languages*, Teubner, 1979.

BOOLOS G.S. ET JEFFREY R.C., *Computability and Logic*, Cambridge University Press, 1989.

CORI R., ET LASCAR D., *Logique mathématique*, Masson, 1993.

DEHORNOY P., *Complexité et décidabilité*, Springer, 1993.

EPSTEIN D. ET *al.*, *Word Processing in Groups*, Jones and Barlett, 1992.

FROIDEVAUX C., GAUDEL M.-C. ET SORIA M., *Types de données et algorithmes*, McGraw-Hill, 1990.

GAREY M.R., ET JOHNSON D.S., *A Guide to the Theory of MP-Completeness*, Freeman, 1979.

GRAHAM R., KNUTH D.E. ET PATASHNIK O., *Concrete Mathematics*, Addison-Wesley, 1989.

HOPCROFT J. ET ULLMAN J., *Introduction to Automata Theory, Languages and Computation*, Addison-Wesley, 1979.

LOTHAIRE M., *Combinatorics on Words*, Addison-Wesley, 1983.

MARGENSTERN M., *Langage Pascal et logique du premier ordre*, Masson, 1989.

MANIN YU., *A Course in Mathematical Logic*, Springer, 19779.

SEDGEWICK R. ET FLAJOLET PH., *Analysis of Algorithms*, Addison-Wesley, 1996.

STERN J., *Fondements mathématiques de l'informatique*, McGraw-Hill, 1990.

WOLPER P., *Introduction à la calculabilité*, Interéditions, 1991.

Index

P

R

S

T

U

V

Imprimé en France
FRHW010956130726
48686FR00012B/188